Surprenantes images des mathématiques

Georg Glaeser • Konrad Polthier

Traduction : Janie Molard

8, rue Férou – 75278 Paris cedex 06
www.editions-belin.com – www.pourlascience.com

Sommaire

© Éditions Belin 2013   ISSN 0224-5159   ISBN 978-2-7011-5695-8

Introduction
à l'édition allemande

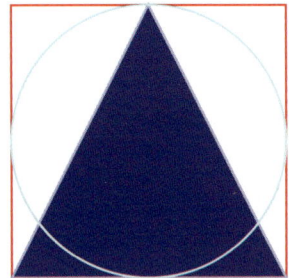

Depuis quelques années, les mathématiques et la visualisation vont de pair et contribuent à se développer mutuellement : ainsi, les mathématiques développent de nouveaux algorithmes pour le graphisme assisté par ordinateur et, réciproquement, profitent de la mise en images de structures souvent abstraites. Les mathématiques n'apparaissent plus comme de longues listes de nombres et de formules complexes, mais présentent aussi leur côté attrayant en images d'une beauté époustouflante et en relations enfin dévoilées sous une forme accessible à tous.

Dans ce livre, nous montrons sous une forme imagée, parfois inédite, les côtés fascinants et vivants des mathématiques. Jamais jusqu'à présent n'a été couverte, comme nous le faisons ici, une telle variété de branches des mathématiques, à travers lesquelles nous guidons le lecteur en images.

L'Homme a un penchant visuel, comme en témoignent ces images qui s'impriment en une fraction de seconde dans la conscience : il n'est pas surprenant que la meilleure marque distinctive d'une entreprise soit son logo. Celui-ci est souvent un simple motif géométrique. L'image ci-dessus à gauche pourrait être le logo d'*Archimède* – de même que la spirale logarithmique ci-dessus à droite pourrait être le logo de *Jakob I. Bernoulli*. Ces deux mathématiciens avaient souhaité que leur « logo » fût gravé sur leur tombe, mais le sculpteur a façonné pour Bernoulli une spirale d'Archimède…

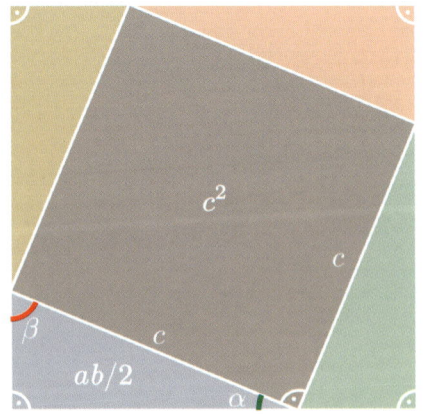

Nombre d'images de ce livre sont comme un logo, en ce sens qu'elles symbolisent d'une façon caractéristique un thème particulier, un théorème ou une méthode. Elles couvrent dans leur diversité une étendue qui va des mathématiques étudiées à l'école jusqu'à la recherche contemporaine. À côté des figures classiques, nous avons en outre développé des représentations qui sont présentées ici pour la première fois.

La maxime suivante, presque banale à l'école, nous a régulièrement dépannés : « Si tu n'as aucune idée de la solution, fais donc un dessin. » Par exemple, pour démontrer le théorème de Pythagore, prenons la figure en bas de la page précédente. On remarque tout de suite que :

$$(a + b)^2 = 2ab + c^2$$
$$\Rightarrow a^2 + 2ab + b^2 = c^2 + 2ab$$
$$\Rightarrow a^2 + b^2 = c^2$$

Nous avons intégré beaucoup de dessins semblables dans le livre, entre autres pour que le lecteur, qui est peut-être aussi enseignant, ait directement le dessin adéquat sous la main.

Ce fut un défi d'arriver à combiner suffisamment d'explications et de formules d'une part, et la compréhension intuitive que fournissent l'observation et l'expérimentation avec des images d'autre part. La plupart des sujets sont traités sur une double page : un thème est présenté sur la page de gauche, et approfondi avec davantage de textes et d'illustrations sur la page de droite. Pour prolonger ce premier aperçu, nous proposons quelques références bibliographiques et d'adresses Internet, afin que le lecteur intéressé puisse creuser le sujet sans se perdre dans de longues recherches.

Une partie des images proviennent de la collection privée des auteurs et ont été réalisées au fil des années. D'autres images extraordinaires ont généreusement été mises à notre disposition par de nombreux collègues du monde entier, mathématiciens ou travaillant sur le graphisme digital.

Nous avons également bénéficié du vif soutien de collaborateurs pour la réalisation de certains textes et images de ce livre. Leurs noms et, le cas échéant, leurs sites Internet figurent dans les références en bas de page et dans la table des images en fin d'ouvrage. Nous adressons un remerciement tout particulier à *Franz Gruber*, *Kai Lawonn* et *Günter Wallner* pour les figures qu'ils ont réalisées eux-mêmes.

La mise en page du livre a été développée et réalisée par *Peter Calvache* et *Marianne Braun*. En plus de leurs images et de leurs idées, tous deux ont contribué de façon significative à la réussite du projet. Nous remercions *Gerd Baron*, *Herbert Löffler*, *Ulrich Reitebuch* et *Sylvia Rockel* pour leurs corrections constructives. La coopération entre Berlin et Vienne sur le plan technique a été possible grâce à Tobias Pfeiffer. Sur le plan de l'édition, nous tenons à remercier particulièrement *Andreas Rüdinger* qui a accompagné intensivement de ses propositions constructives chaque étape de la réalisation du livre.

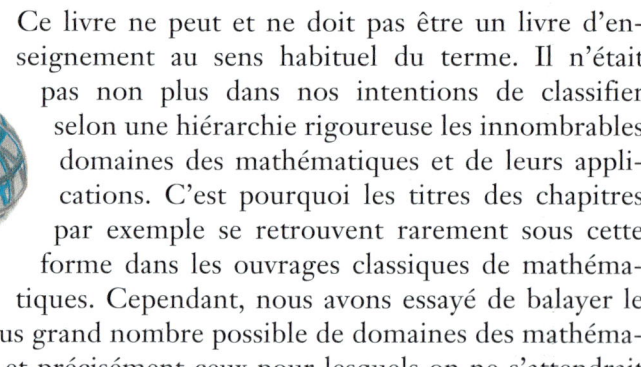

Ce livre ne peut et ne doit pas être un livre d'enseignement au sens habituel du terme. Il n'était pas non plus dans nos intentions de classifier selon une hiérarchie rigoureuse les innombrables domaines des mathématiques et de leurs applications. C'est pourquoi les titres des chapitres par exemple se retrouvent rarement sous cette forme dans les ouvrages classiques de mathématiques. Cependant, nous avons essayé de balayer le plus grand nombre possible de domaines des mathématiques, et précisément ceux pour lesquels on ne s'attendrait pas à trouver d'images adéquates et instructives.

15 chapitres ont ainsi été établis, sans que leur ordre suive un quelconque schéma logique : nous espérons que le lecteur ouvrant ce livre pour la première fois sera agréablement surpris à chaque nouvelle page et à chaque nouveau chapitre. Contrairement à l'usage, nous ne commençons donc pas par les problèmes les plus simples, mais nous nous précipitons d'emblée dans la diversité mathématique. On peut ainsi débuter la lecture de ce volume n'importe où.

Grâce à la diversité et à la difficulté variable des thèmes abordés, nous espérons nous adresser à tous les lecteurs qui prennent plaisir à la réflexion mathématique : les profanes motivés de tous âges, les élèves, les enseignants, les étudiants et, bien sûr, les « vrais » mathématiciens qui souhaitent voir leur science enfin mise en images. C'est dans cet esprit que nous souhaitons à tous un agréable voyage à travers les surprenantes images des mathématiques !

Georg Glaeser et **Konrad Polthier**
Vienne et Berlin, mars 2009

Préface à la seconde édition

La seconde édition a été complètement revue et complétée par huit nouvelles doubles pages comportant des images spectaculaires. Nous remercions tous nos lecteurs pour les commentaires variés qu'ils nous ont envoyés et souhaitons que cette nouvelle édition vous inspire de la même façon.

Georg Glaeser et **Konrad Polthier**
Vienne et Berlin, mai 2010

▲ Le théorème de Pythagore est l'un des plus connus et des plus mémorables en géométrie. Ci-dessus, il est mis en relief à l'aide de petits blocs de couleurs faciles à compter. L'aire du carré rouge est égale à la somme des aires des carrés bleu et vert: $3^2 + 4^2 = 5^2$.

Les types de polyèdres

Les solides de l'espace à trois dimensions les plus simples ont des faces polygonales planes, qui sont accolés selon des segments de droite nommés arêtes. Depuis l'Antiquité, les polyèdres de Platon ont joué un grand rôle, et ont même influé sur nos représentations du monde. On retrouve les solides d'Archimède et d'autres polyèdres réguliers en cristallographie et dans les systèmes biologiques.

Ces dernières années, les modèles à base de polyèdres sont devenus d'utilisation courante, car nombre de formes de l'espace à trois dimensions sont élégamment décrites par les ordinateurs à l'aide de maillages constitués de polygones.

La géométrie différentielle discrète est une nouvelle discipline mathématique qui a fait surgir de nouvelles questions liées à la généralisation, des résultats classiques de la géométrie des surfaces lisses aux maillages de polyèdres.

Les solides de Platon

▲ Tétraèdre, cube, icosaèdre et octaèdre... symboles des éléments de la nature.

Dans l'Antiquité déjà, les solides de Platon étaient admirés comme des créations divines pour leur régularité et leur beauté. Nous considérons souvent que les entités mathématiques, comme les nombres entiers naturels, sont des éléments universels qui ont existé de toute éternité; parmi ces entités mathématiques, les solides de Platon brillent d'un éclat particulier.

Les polyèdres de Platon sont des objets très réguliers: chaque face est un polygone régulier, toutes les faces d'un polyèdre de Platon sont identiques et les configurations des sommets sont totalement symétriques. Comme le savaient déjà les Grecs du temps de Platon, de tels polyèdres sont au nombre de cinq et de

CHAPITRE 1 • LES TYPES DE POLYÈDRES

cinq seulement : le tétraèdre, l'hexaèdre (ou cube), l'octaèdre, l'icosaèdre et le dodécaèdre. Les cinq polyèdres de Platon sont nommés d'après leur nombre de faces. Le dodécaèdre n'a été trouvé que plus tard, ce qui lui a conféré un caractère à part.

Si les quatre premiers polyèdres incarnent les éléments de la philosophie grecque de la nature (la terre, le feu, l'air, l'eau), le cinquième, le dodécaèdre, représente l'Univers tout entier (il en est la quintessence, du latin *quinta essentia*, cinquième essence). Dans les dialogues du *Timée*, Platon (428-348 av. J.-C.) établit une philosophie de la nature fondée sur les polyèdres de Platon. Environ deux mille ans après Platon, les polyèdres platoniciens sont mobilisés par Kepler… pour décrire le Système solaire ! D'après Kepler (1571-1630), les planètes se déplacent sur des sphères inscrites ou circonscrites à des polyèdres de Platon emboîtés.

Encore aujourd'hui, les solides de Platon n'ont rien perdu de leur pouvoir de fascination. En effet, nous cohabitons en harmonie avec de nombreux solides réguliers, sous forme de radiolaires, cristaux, virus, fullerènes, ballons de football et autres.

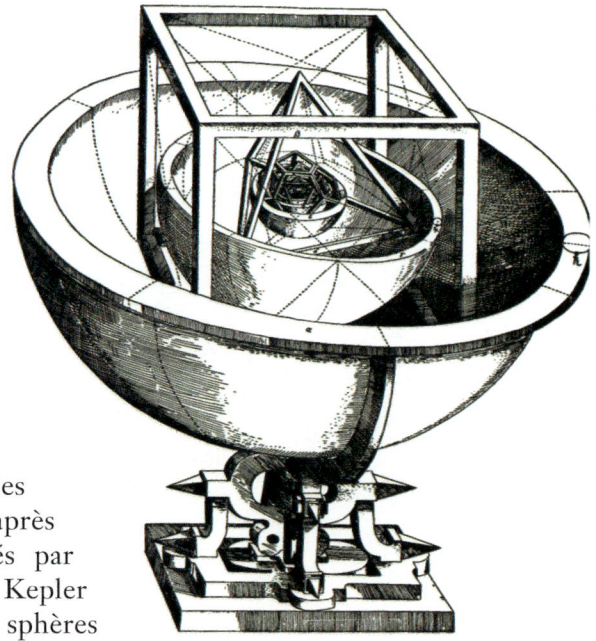

▲ Modèle du Système solaire selon Kepler.

▲ Le dodécaèdre, la « quintessence » de l'Univers.

▲ Cristaux de sel en forme de cube.

❯ Images issues de B. Janzen, K. Polthier, *MESH – Eine Reise durch die diskrete Geometrie,* DVD Video – Springer, 2008.
❯ Voir un extrait : www.youtube.com/watch?v=ETL-tVYwMSV.
❯ Platon, *Timée,* fr.wikisource.org/wiki/Timée_(trad._Chambry).
❯ Image du modèle de Système solaire selon Kepler : http://en.wikipedia.org/wiki/File:Kepler-solar-system-1.png.
Original paru dans : J. Kepler, *Mysterium Cosmographicum,* 1596
❯ Sur les solides de Kepler, voir : http://www.astropolis.fr/articles/Biographies-des-grands-savants-et-astronomes/Kepler/astronomie-Johannes-Kepler.html#platon.
❯ Sur les radiolaires, ces polyèdres naturels, voir : http://www.mnhn.fr/mnhn/geo/radiolaires/2decouverte.html.

Dualité et symétrie

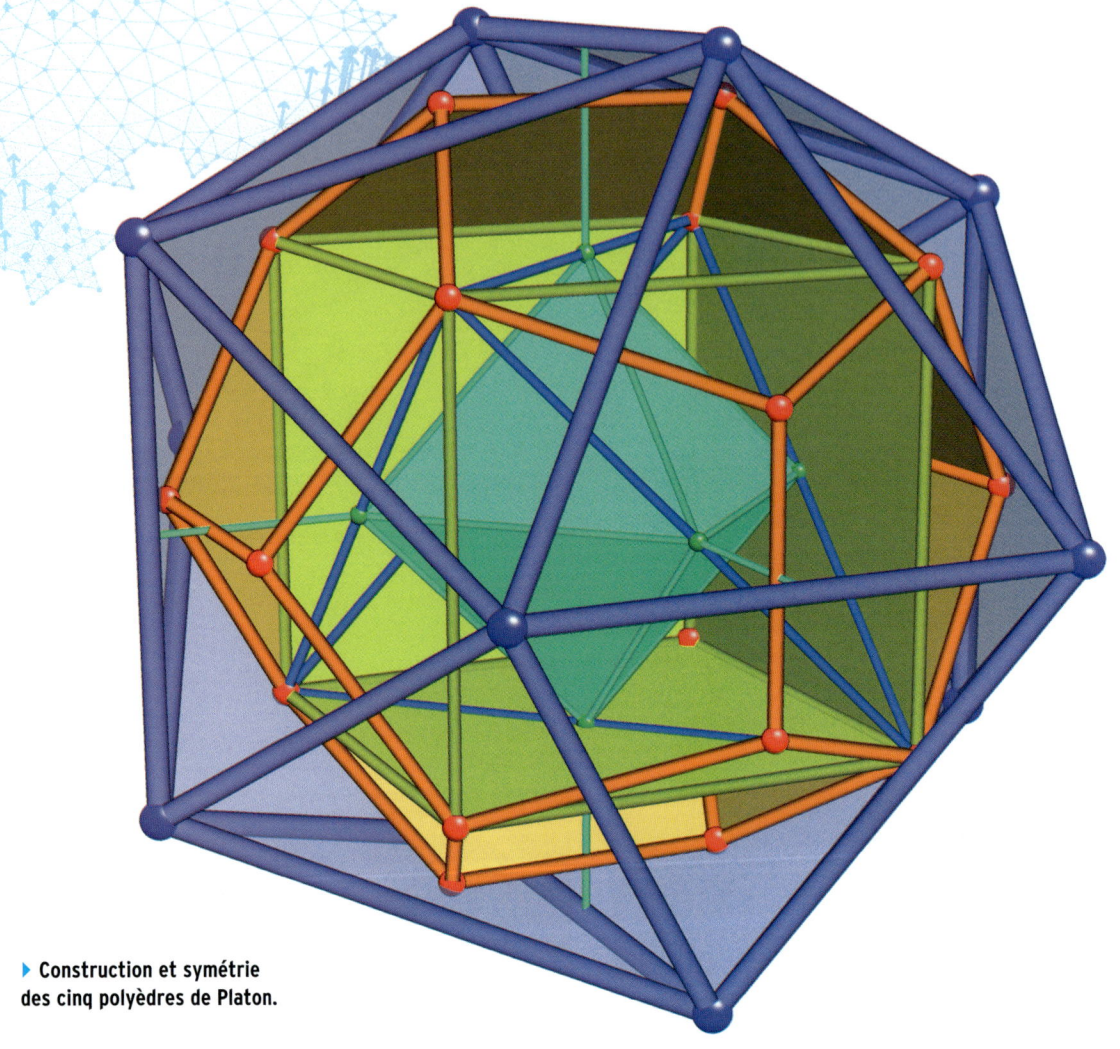

▶ **Construction et symétrie
des cinq polyèdres de Platon.**

À première vue, les cinq polyèdres de Platon apparaissent comme des entités uniques et indépendantes. En les emboîtant adroitement, nous pouvons cependant discerner des relations dans leur construction et leurs symétries. Dans l'image ci-dessus, considérons tout d'abord un cube : nous obtenons un octaèdre, dit octaèdre dual (voir page de droite), en plaçant ses sommets au centre des faces du cube. Afin de mieux nous repérer, nous avons prolongé en vert les axes de l'octaèdre passant par les sommets.

Le tétraèdre vient s'inscrire entre le cube et l'octaèdre en reliant un sommet sur deux du cube. Chacune des six faces du cube contient, selon une de ses diagonales, une arête du tétraèdre. Posons maintenant un « toit » orange sur chaque face du cube. Pour cela, choisissons une hauteur sous le faîte telle que deux toits voisins le long d'une même arête du cube forment un pentagone régulier. Aux douze arêtes du cube s'ajustent ainsi les douze pentagones d'un dodécaèdre. Par ce procédé, nous déduisons aussi facilement des nombres de sommets (8) et d'arêtes (6) du cube, le nombre de sommets (8 + 2 × 6) et d'arêtes (5 × 6) du dodécaèdre. Pour finir, nous inscrivons le dodécaèdre dans son solide dual, l'icosaèdre.

Le système d'axes en vert passe par le milieu de six des 30 arêtes de l'icosaèdre. Par quatre rotations de cet ensemble autour d'un axe passant par le centre du solide et d'un sommet quelconque de l'icosaèdre, nous obtenons au total cinq ensembles d'arêtes disjointes qui reforment le solide complet. L'icosaèdre présente encore d'autres symétries de ce genre : elles regroupent d'ailleurs tous les groupes de symétrie des polyèdres de Platon.

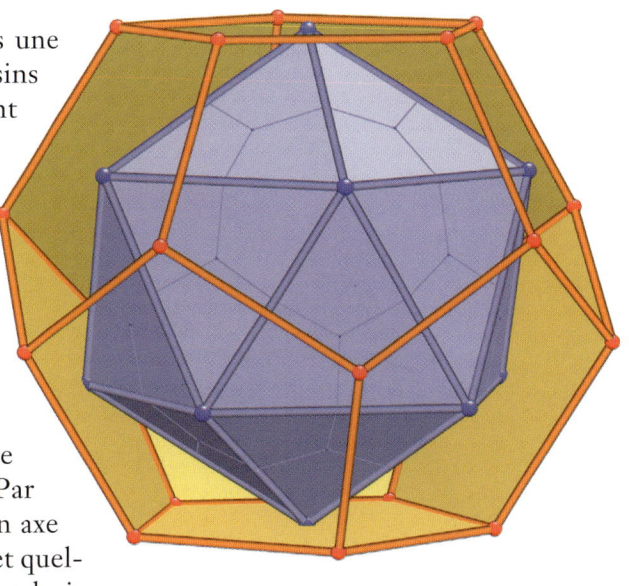

▲ **Dodécaèdre et icosaèdre.**

Dualité

Les polyèdres de Platon sont associés en paires de solides duaux : dodécaèdre-icosaèdre, cube-octaèdre et tétraèdre-tétraèdre. Dans des solides duaux, les sommets de l'un (en bleu) sont les milieux des faces de l'autre (en orange) et inversement. Par conséquent, les nombres de sommets et de faces de deux solides duaux se correspondent « en croix » dans le tableau, et les solides ont le même nombre d'arêtes.

	Sommets	Arêtes	Faces
Tétraèdre	4	6	4
Cube	8	12	6
Octaèdre	6	12	8
Dodécaèdre	20	30	12
Icosaèdre	12	30	20

Par ailleurs, la somme *nombre de sommets – nombre d'arêtes + nombre de faces*, dénommée caractéristique d'Euler-Poincaré, est toujours égale à 2.

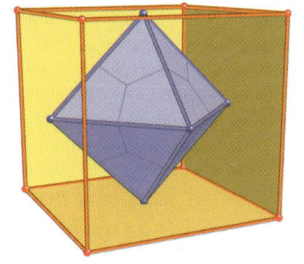

▲ **Cube et octaèdre duaux.**

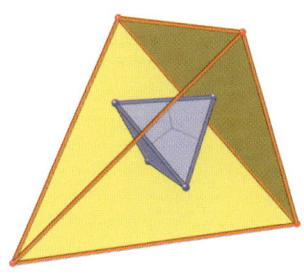

▲ **Couple de tétraèdres auto-duaux.**

➤ I. Agricola, T. Friedrich, *Elementary Geometry*, American Mathematical Society, 2008.
➤ H. S. M. Coxeter, *Regular Polytopes*, Dover Publications, 1973.

Polyèdres archimédiens

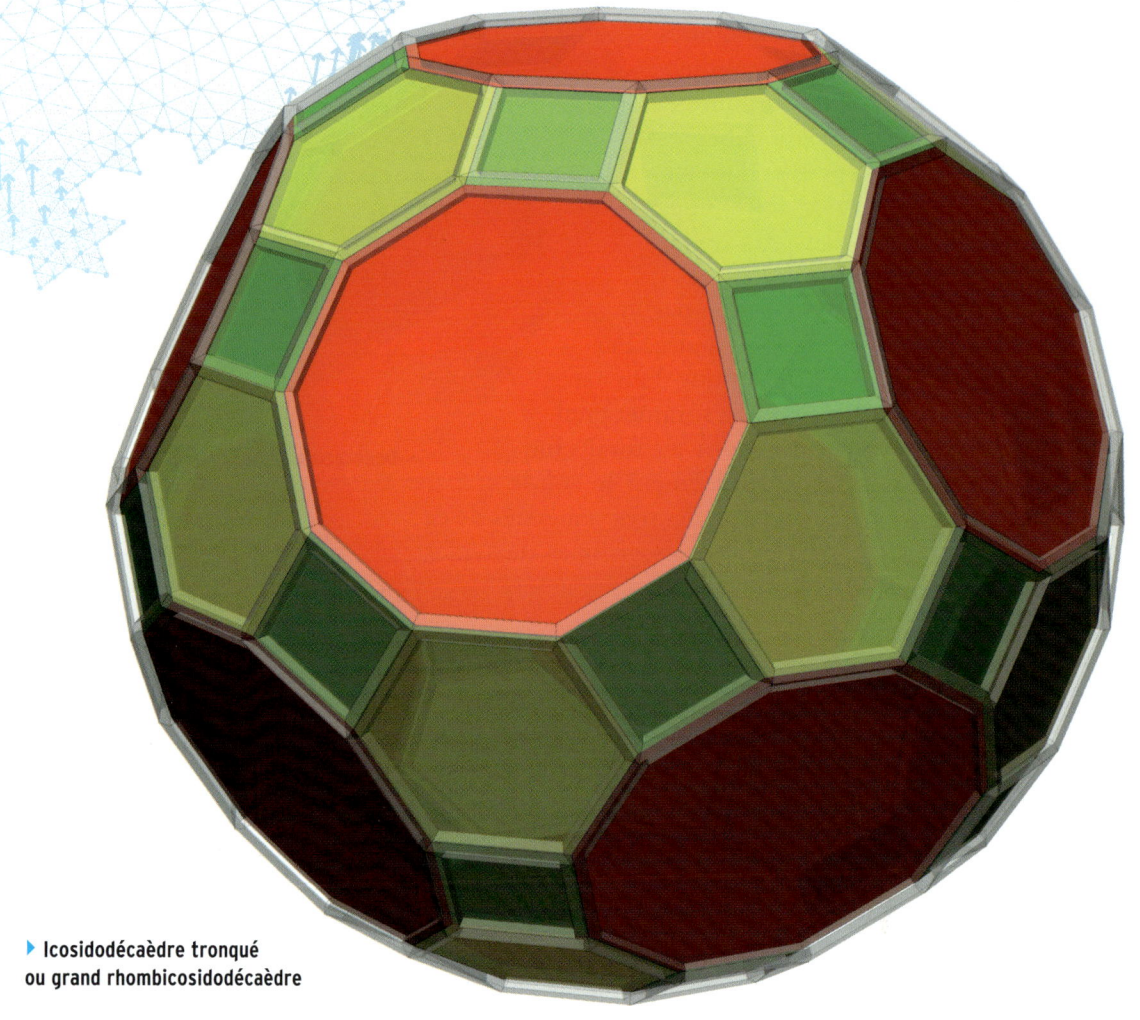

▶ **Icosidodécaèdre tronqué ou grand rhombicosidodécaèdre**

Les polyèdres archimédiens, ou solides d'Archimède, arrivent au deuxième rang de complexité parmi les polyèdres convexes, après les polyèdres de Platon. Leurs faces sont constituées de polygones réguliers plans. Chaque sommet peut être transformé en un autre par une rotation ou une réflexion, de sorte que le polyèdre image soit indiscernable de son antécédent. Par définition, sont exclus de cette classe de polyèdres, dits semi-réguliers, les polyèdres de Platon (réguliers) ainsi que les prismes et les antiprismes. De même, ne sont pas non plus comptabilisées les images du cube adouci et du dodécaèdre adouci dans un miroir (ces deux solides existent en effet sous deux formes, appelées lévomorphe et dextromorphe, images l'une de l'autre dans un miroir). En tout, nous avons 13 polyèdres archimédiens, résultat déjà connu de celui dont ils portent le nom, Archimède (287-212 av. J.-C.).

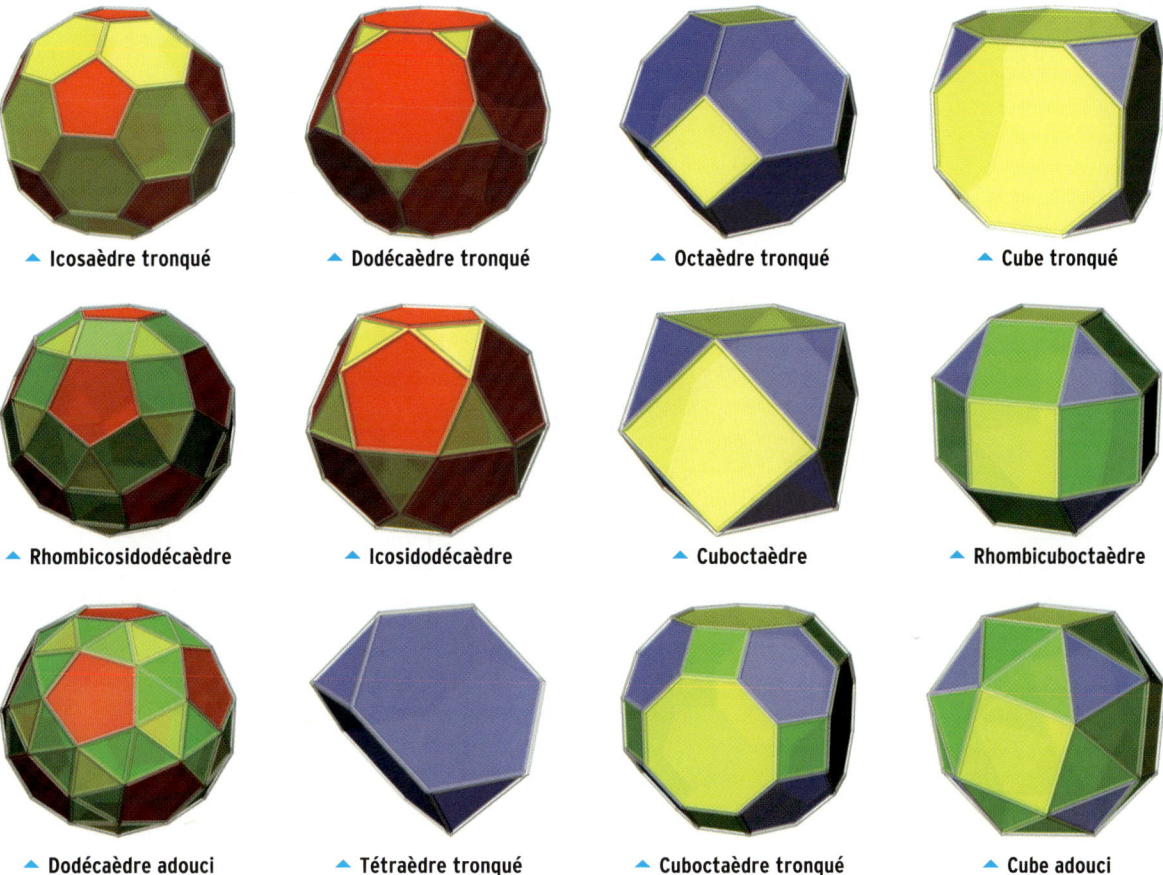

▲ Icosaèdre tronqué   ▲ Dodécaèdre tronqué   ▲ Octaèdre tronqué   ▲ Cube tronqué

▲ Rhombicosidodécaèdre   ▲ Icosidodécaèdre   ▲ Cuboctaèdre   ▲ Rhombicuboctaèdre

▲ Dodécaèdre adouci   ▲ Tétraèdre tronqué   ▲ Cuboctaèdre tronqué   ▲ Cube adouci

Les solides d'Archimède s'obtiennent plus ou moins facilement à partir des solides platoniciens en leur tronquant des sommets et des arêtes. C'est de ce procédé que viennent des noms comme cube tronqué. Dans notre galerie ci-dessus et page précédente, les polyèdres sont placés de façon à pouvoir être comparés. Les faces, dont la position et l'orientation sont identiques, sont de même couleur : l'image page précédente et les cinq polyèdres des deux premières colonnes à gauche (sans le tétraèdre tronqué) contiennent six polyèdres dont les faces rouges font partie d'un dodécaèdre sous-jacent et dont les faces jaunes font partie d'un icosaèdre. Les deux colonnes de droite rassemblent un deuxième groupe de six polyèdres dont les faces jaunes font partie d'un cube et dont les faces bleues font partie d'un octaèdre. Le tétraèdre tronqué apparaît comme cas particulier dans cette galerie, puisque le tétraèdre est son propre dual et qu'en continuant à sectionner les petits côtés du tétraèdre tronqué, l'on obtiendrait de nouveau un tétraèdre.

➤ P. Adam, A. Wyss, *Platonische und archimedische Körper, ihre Sternformen und polaren Gebilde*, Freies Geistesleben, 1994.
➤ G. W. Hart *http://www.georgehart.com/virtual-polyhedra/vp.html* Virtual Polyhedra.
➤ Sur les solides d'Archimède, voir : *http://fr.wikipedia.org/wiki/Solide_d'Archimède*.
➤ Sur les polyèdres duaux, voir : *http://fr.wikipedia.org/wiki/Dual_d%27un_poly%C3%A8dre*.
➤ Sur les antiprismes semi-réguliers, voir le site d'Éric Weisstein : *http://mathworld.wolfram.com/Antiprism.html*.

Les polyèdres de Johnson et de Catalan

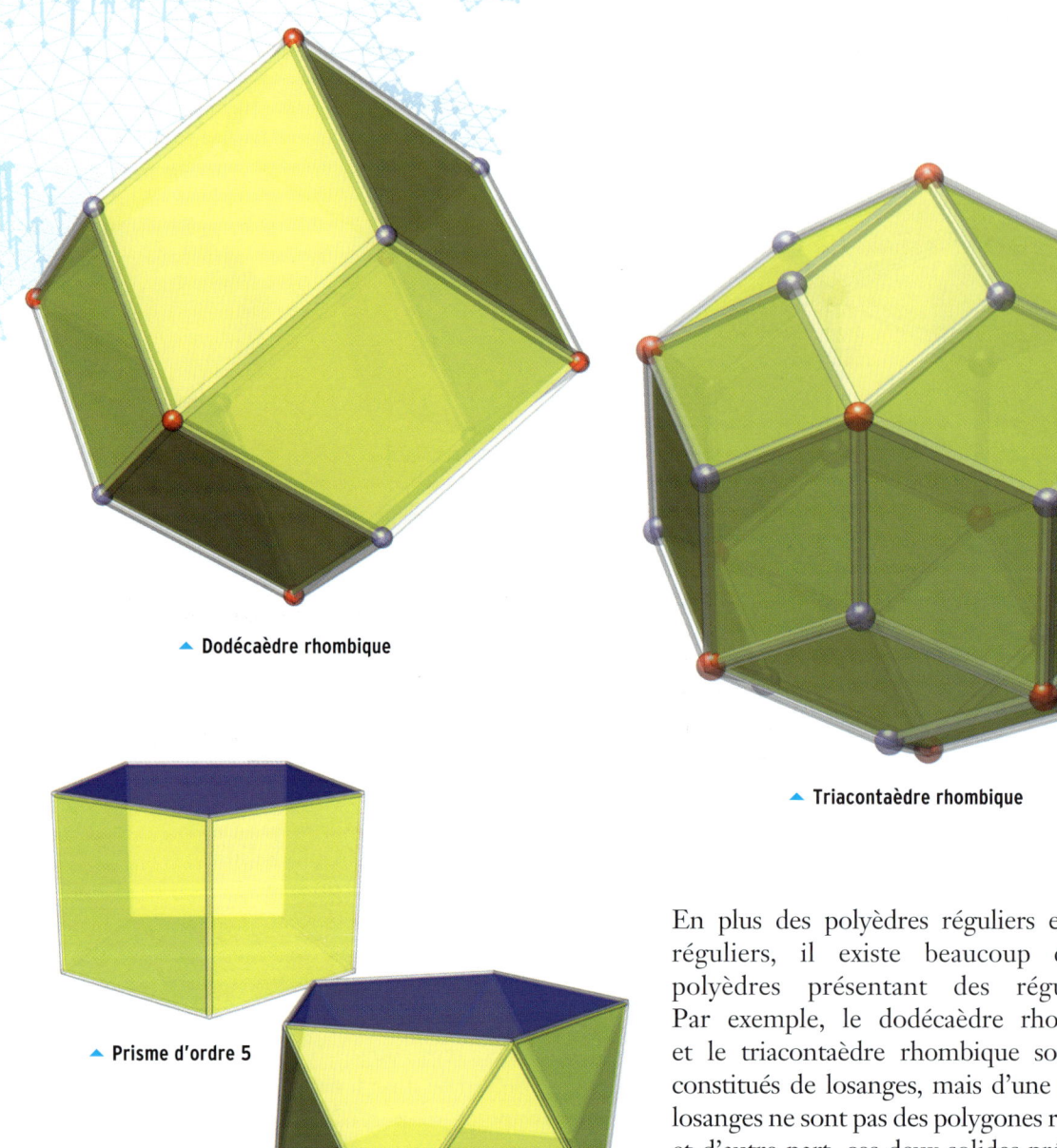

▲ **Dodécaèdre rhombique**

▲ **Triacontaèdre rhombique**

▲ **Prisme d'ordre 5**

▲ **Antiprisme d'ordre 5**

En plus des polyèdres réguliers et semi-réguliers, il existe beaucoup d'autres polyèdres présentant des régularités. Par exemple, le dodécaèdre rhombique et le triacontaèdre rhombique sont bien constitués de losanges, mais d'une part les losanges ne sont pas des polygones réguliers et d'autre part, ces deux solides présentent des sommets de types différents (en rouge et bleu ci-dessus) d'où partent des nombres d'arêtes différents. Les polyèdres étoilés (en haut à droite) ne sont pas convexes et ne sont donc pas non plus réguliers.

À chaque polygone régulier, on peut associer un prisme et un antiprisme l'admettant pour base. En raison du principe de leur construction, leur groupe de symétrie est limité et ils sont exclus des polyèdres archimédiens.

▲ Petit dodécaèdre étoilé.

▲ Grand dodécaèdre étoilé.

Les deux dodécaèdres étoilés étaient déjà connus de Kepler, qui les a décrits en 1619. Les deux polyèdres s'obtiennent en «tirant vers l'extérieur» les milieux des faces d'un dodécaèdre (à gauche), ou d'un icosaèdre (à droite).

Une observation remarquable a été faite en 1930 par **Jeffrey C. P. Miller** (1906-1981) qui découvrit un nouveau polyèdre presque archimédien, le pseudo-rhombicuboctaèdre. On dit «presque», car il faut s'affranchir de la condition d'égalité globale des sommets (chaque sommet ne peut plus être transformé en un autre par une rotation ou une réflexion) mais on peut simplement comparer les configurations des sommets. Nous obtenons ce polyèdre en tournant le tiers inférieur d'un rhombicuboctaèdre de 45°. Il appartient à la classe des solides de Johnson, qui regroupe tous les polyèdres convexes avec des faces régulières, en plus de ceux que nous avons déjà traités.

Les polyèdres de Catalan, quant à eux, sont constitués de faces identiques non régulières et sont duaux des polyèdres archimédiens, les sommets et les faces de l'un correspondant aux faces et sommets du polyèdre de l'autre type.

Comme les polyèdres archimédiens correspondants ont des faces différentes, les polyèdres de Catalan ont des sommets de types différents. L'image de droite montre la construction d'un polyèdre de Catalan (en bleu) à partir des milieux des faces d'un cube adouci.

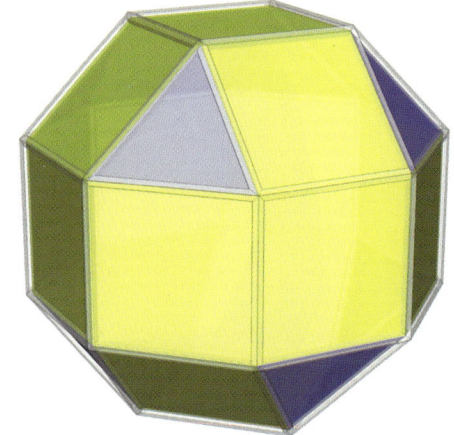

▲ Pseudo-rhombicuboctaèdre.

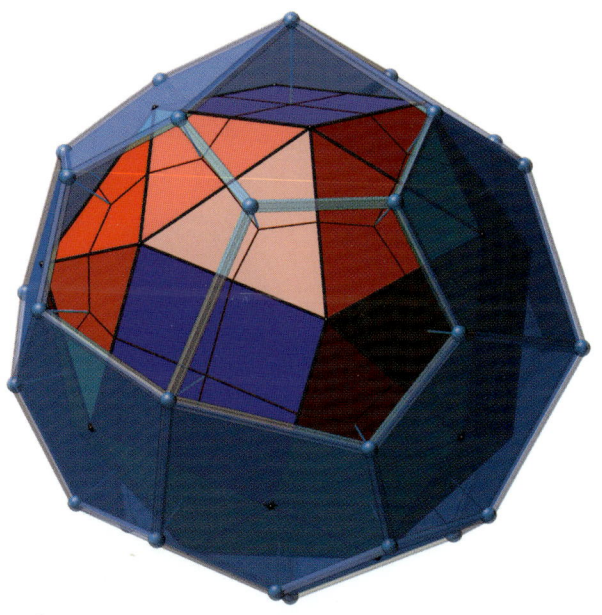

▲ Polyèdre de Catalan correspondant au cube adouci.

➤ M. J. Wenninger, *Polyhedron Models*, Cambridge University Press, 1989.
➤ A. Holden, *Shapes, Space and Symmetry*, Dover Publ., 1991.
➤ Sur les solides de Johnson, voir : *http://fr.wikipedia.org/wiki/Solide_de_Johnson*.
➤ Marcel Berger, *Pour la Science* n° 176, p. 72 et *Dossier Pour la Science* n° 41 p. 40.
➤ Définition d'un antiprisme : http://fr.wikipedia.org/Antiprisme.

La géométrie du ballon de football

La symétrie de la sphère

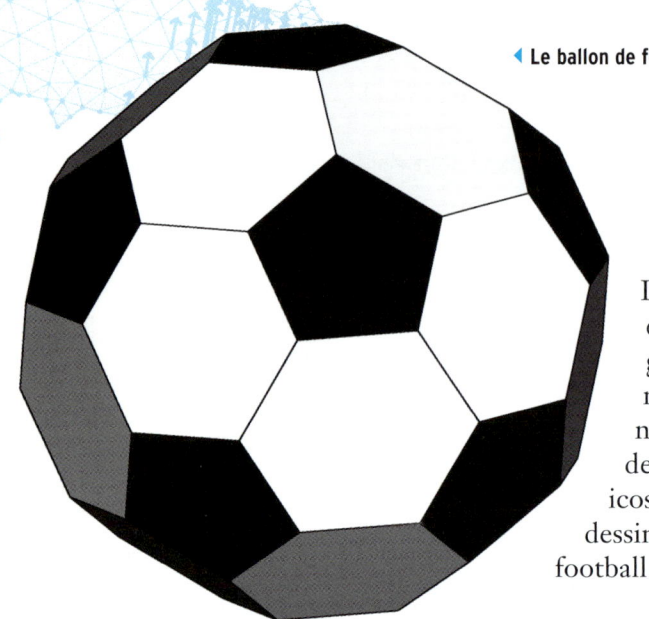

◀ **Le ballon de football classique.**

Le ballon de football classique en cuir est formé de 20 hexagones blancs et 12 pentagones noirs cousus ensemble. Ces nombres rappellent le nombre de faces et de sommets d'un icosaèdre dont les arêtes ont été dessinées en noir sur le ballon de football de l'Europass (ci-dessous).

Plusieurs théories rivalisent pour expliquer pourquoi le ballon de foot classique a précisément été réalisé à partir d'un icosaèdre tronqué. On aurait pu choisir un autre polyèdre archimédien ou régulier. Comparé à d'autres solides dont les rayons des sphères circonscrite et inscrite se trouvent dans un rapport comparable, le ballon de football classique minimise effectivement le nombre d'arêtes par sommet (3), ainsi que le nombre de morceaux de cuir (32) et de coutures (90). Dans un certain sens, le ballon de football classique est donc optimal. Le ballon de la coupe du monde 2006 (*Teamgeist*, « esprit d'équipe » en allemand) et le ballon de la coupe d'Europe 2008 (*Europass*), à la forme similaire, montrent des ressemblances significatives avec le ballon de foot classique : pour mettre les différentes symétries en évidence, les arêtes d'un dodécaèdre ont été tracées en rouge. Les lignes bleues sont celles d'un cube dont les faces sont associées chaque fois à un motif en forme de « bride » reliant deux faces du dodécaèdre.

▲ **L'Europass de la Coupe du Monde 2008 avec ses symétries.**

▲ **Cube avec la symétrie du cristal de pyrite.**

Le *Teamgeist* de 2006 et l'*Europass* de 2008 ont la symétrie d'un cristal de pyrite. Comme un dodécaèdre, le cristal est constitué de 12 pentagones, cependant les longueurs des côtés des pentagones sont différentes et les pentagones sont jointifs deux à deux le long de leur plus petit côté. Ce qui fait que le ballon de football actuel a une symétrie réduite comparé au ballon classique composé de pentagones et d'hexagones.

La série d'images de cette page montre la construction de l'*Europass* à partir d'un cube. Tout d'abord, les faces du cube sont orientées par une « bride » : celle-ci est tournée à chaque fois de 90° par rapport aux faces voisines. Sur la deuxième image, on a enfilé sur le cube un dodécaèdre avec la symétrie du cristal de pyrite, en associant une paire de pentagones à chaque face du cube. En arrondissant la forme obtenue, on achève le ballon de football.

Dans le procédé de fabrication de la société *Adidas*, on commence par réaliser une peau interne de caoutchouc en forme de dodécaèdre, sur laquelle sont ensuite thermocollées au laser les 14 pièces de cuir (six pièces en forme de « bride » et huit pièces interstitielles).

L'analyse mathématique des propriétés de symétrie des ballons de football actuels ne préjuge naturellement pas de leurs qualités physiques.

▲ **Construction du ballon de football *Europass* à partir du cube jusqu'à la sphère en passant par le dodécaèdre de pyrite.**

➤ V. Braungardt, D. Kotschick, *Die Klassifikation von Fußballmustern*, Math. Semesterberichte, 54:53-68, 2007.
➤ Sur les différents ballons Adidas, voir : *http://news.adidas.com*.
➤ Sur les groupes ponctuels de symétrie en dimension 3, voir : *http://en.wikipedia.org/wiki/Point_groups_in_three_dimensions*.
➤ Pour les secrets mathématiques d'un ballon de football : *http://mathematiques.ac-bordeaux.fr/profplus/clindoeil/curiosites/maths_buis/balfoot.pdf*.
➤ Voir aussi le site : *http://jean-luc.bregeon.pagesperso-orange.fr/Page%200-1.htm* ou l'article p. 10 de la revue *Tangente* : n° 86, mai-juin 2002.

Tétraèdres particuliers

avec des faces isométriques

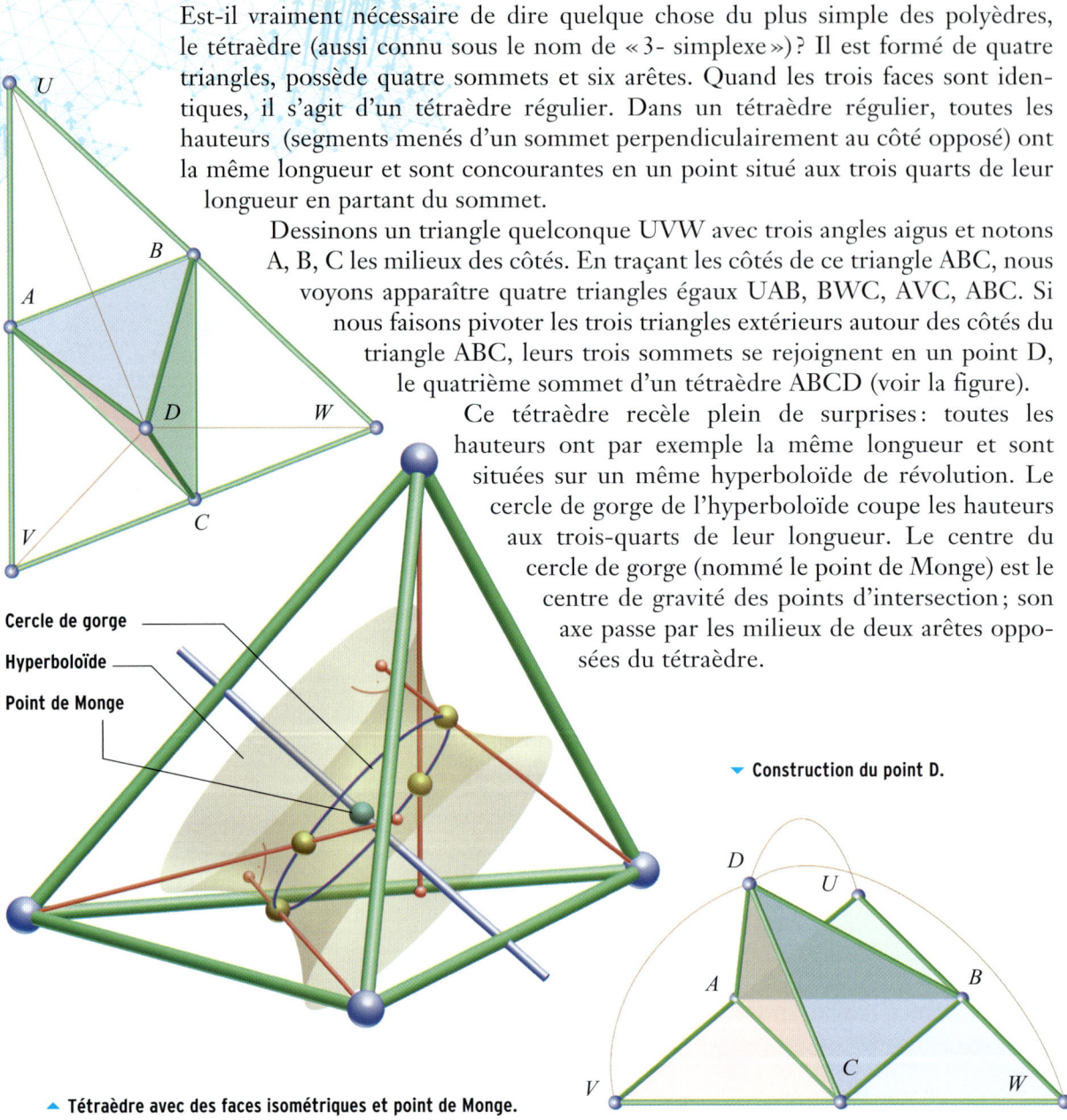

Est-il vraiment nécessaire de dire quelque chose du plus simple des polyèdres, le tétraèdre (aussi connu sous le nom de « 3- simplexe ») ? Il est formé de quatre triangles, possède quatre sommets et six arêtes. Quand les trois faces sont identiques, il s'agit d'un tétraèdre régulier. Dans un tétraèdre régulier, toutes les hauteurs (segments menés d'un sommet perpendiculairement au côté opposé) ont la même longueur et sont concourantes en un point situé aux trois quarts de leur longueur en partant du sommet.

Dessinons un triangle quelconque UVW avec trois angles aigus et notons A, B, C les milieux des côtés. En traçant les côtés de ce triangle ABC, nous voyons apparaître quatre triangles égaux UAB, BWC, AVC, ABC. Si nous faisons pivoter les trois triangles extérieurs autour des côtés du triangle ABC, leurs trois sommets se rejoignent en un point D, le quatrième sommet d'un tétraèdre ABCD (voir la figure).

Ce tétraèdre recèle plein de surprises : toutes les hauteurs ont par exemple la même longueur et sont situées sur un même hyperboloïde de révolution. Le cercle de gorge de l'hyperboloïde coupe les hauteurs aux trois-quarts de leur longueur. Le centre du cercle de gorge (nommé le point de Monge) est le centre de gravité des points d'intersection ; son axe passe par les milieux de deux arêtes opposées du tétraèdre.

Cercle de gorge

Hyperboloïde

Point de Monge

▼ Construction du point D.

▲ Tétraèdre avec des faces isométriques et point de Monge.

➤ B. Odehnal, « The altitude of tetrahedra », Technical Report, Technische Universität Wien, 2009.
➤ Sur le point de Monge, on peut lire : http://math.u-bourgogne.fr/IREM/fichiers_images/Feuilledevigne/2009/DERAY112.pdf.

Le système réglé des hauteurs
L'équivalent de l'orthocentre dans l'espace

Un triangle possède toujours un orthocentre, le point de concours des hauteurs. Ce théorème peut-il se généraliser à l'espace, autrement dit un tétraèdre possède-t-il toujours un orthocentre ? Pour le tétraèdre régulier c'est bien le cas, mais pas en général. Dans ce cas général, les quatre hauteurs issues des sommets A, B, C et D ne sont pas concourantes. Le point qu'elles « entourent » se dénomme point de Monge.

Trois droites non concourantes et non parallèles déterminent un « système réglé », c'est-à-dire une famille linéaire de droites engendrant une quadrique.

Jakob Steiner (1796-1863) découvrit en 1827 que les quatre hauteurs du tétraèdre sont contenues dans un même système réglé (toujours hyperbolique), le système réglé des hauteurs. **Hans Havlicek** et **Günter Weiß** ont maîtrisé ce système réglé d'une façon originale, aussi bien par le calcul que graphiquement.

Dans certaines conditions, ce système réglé peut être un hyperboloïde de révolution. L'image en bas à droite illustre une telle situation. Sur les deux images, la ligne dite ligne de striction (le lieu des pieds de la perpendiculaire commune à deux génératrices voisines) est dessinée en bleu. Dans le cas de l'hyperboloïde de révolution, cette courbe est le cercle de gorge.

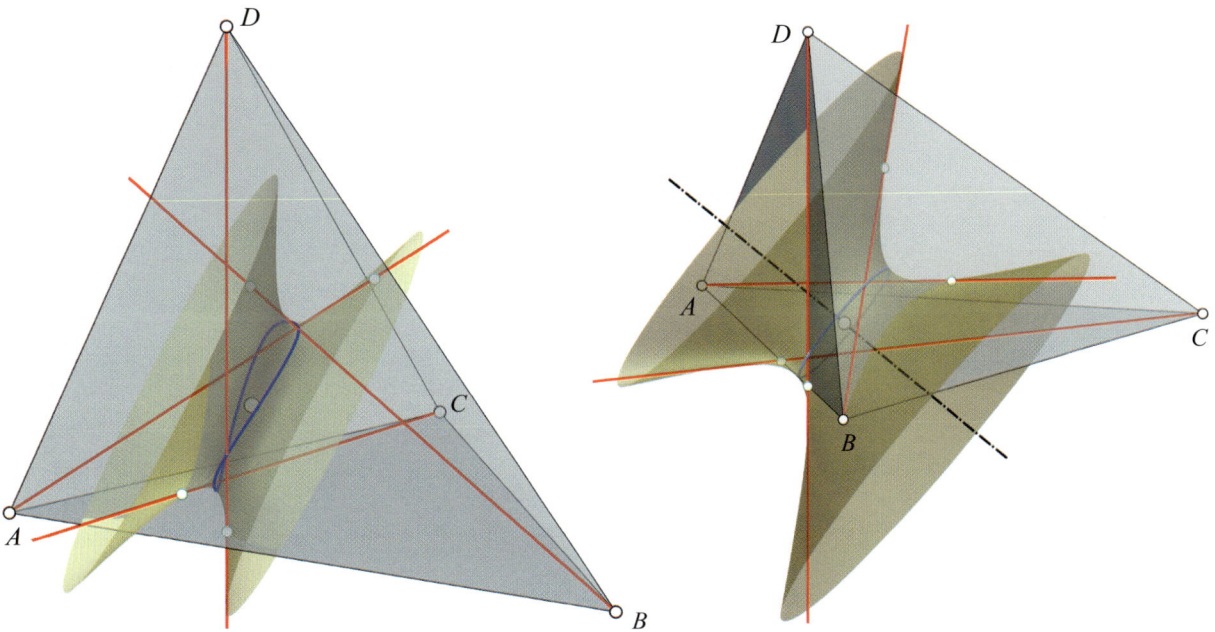

▲ **Tétraèdres avec le système réglé et la quadrique des hauteurs.**

➤ G. Monge, *Corresp. sur l'École Polytech.* **2**, 266, 1795.
➤ H. Lez et M. Dugrais, « Solution des questions proposées dans les Nouvelles Annales : Question 906. », *Nouvelles ann. de math.* **8**, 173, 1869.
➤ H. Havlicek, G. Weiß, téléchargeable sur *www.geometrie.tuwien.ac.at/havlicek/pub/hoehen.pdf*, voir aussi « Altitudes of a Tetrahedron and Traceless Quadratic Forms », *American Mathemathical Monthly* 110 (2003), 679-693.
➤ H. Havlicek, G. Weiß, *Ecken- und Kantenhöhen im Tetraeder*, KoG 6 (2002), 71-80.

L'art du dépliage

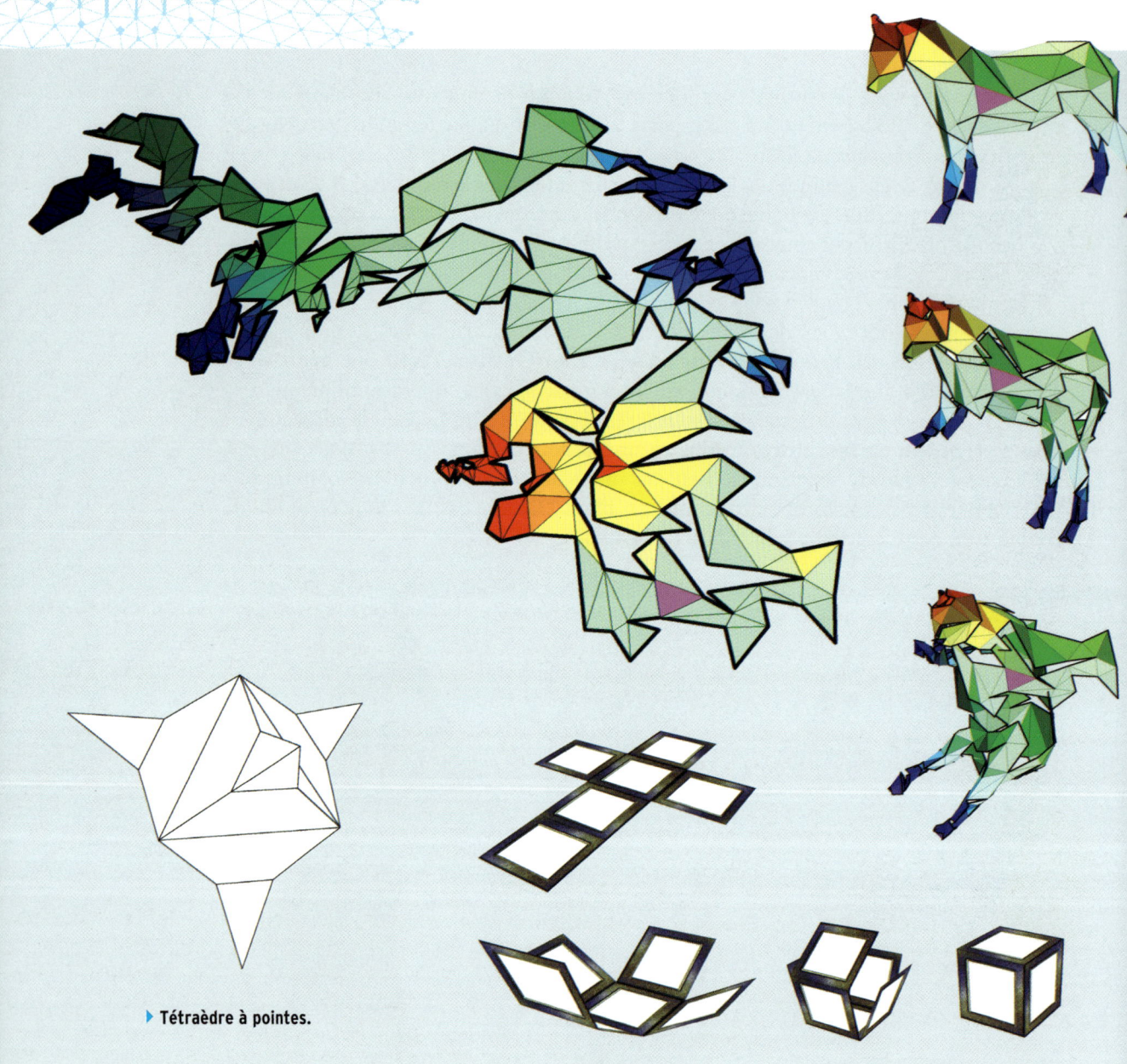

▶ **Tétraèdre à pointes.**

Déplier, c'est séparer des faces de polyèdres à l'aide de quelques entailles pour les étaler ensuite à plat sans recouvrement. Tout l'art consiste à faire son possible pour déplier une surface en un patron d'un seul tenant. Jusqu'à présent, cela a toujours été possible pour les solides convexes.

En revanche, pour le « tétraèdre à pointes » qui n'est pas convexe (voir dessin), il n'existe aucun dépliage sans recouvrement en un seul tenant.

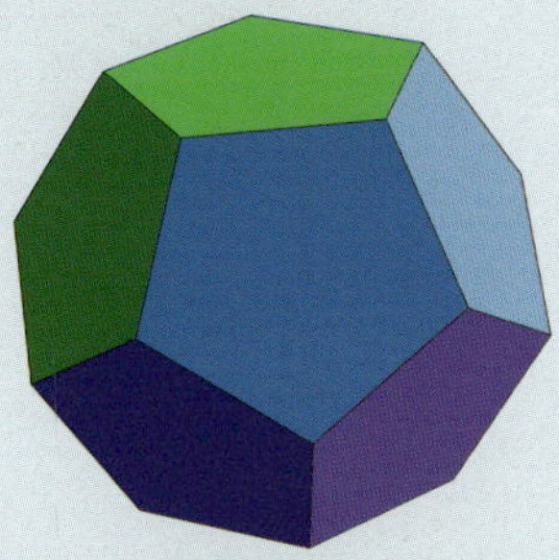

Dodécaèdre

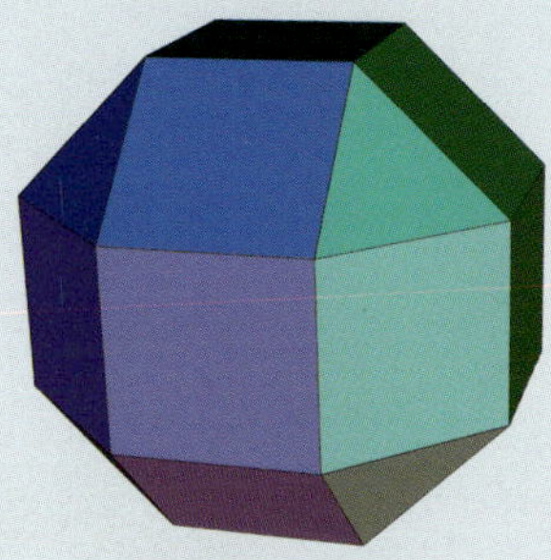

Rhombicuboctaèdre

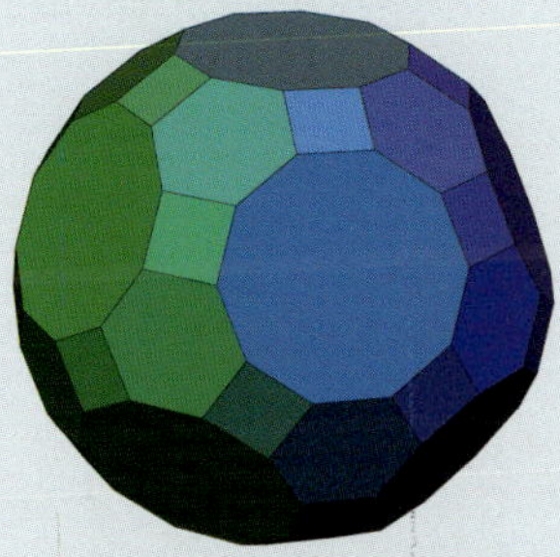

Icosidodécaèdre tronqué

Le ballon de football classique est composé de pentagones et d'hexagones. Il s'obtient à partir d'un icosaèdre blanc en découpant les sommets pour créer 12 sections pentagonales noires.

➤ Module de dépliage écrit par K. Hildebrandt : *www.javaview.de/services/unfold/*.

➤ K. Polthier, *http://plus.maths.org/issue27/features/mathart/index.html* « Unfolding Polyhedra », *Plus Magazine*, Cambridge, 2003.

➤ Logiciel de création de patrons, par Ann et Mike Eisenberg : *http://l3d.cs.colorado.edu/~ctg/projects/hypergami/JavaGami.html*.

➤ L'art du dépliage chez les insectes : http://moditbik.skyrock.com/3009474669-L-art-du-depliage-par-Zenithoptera-viola.html.

➤ M. Bern, E. D. Demaine, D. Eppstein, E. Kuo, A. Mantler, J. Snoeyink, « Ununfoldable polyhedra with convex faces », *Comput. Geom. Theory Appl.*, 24 (2):51-62, 2003.

Géométrie plane

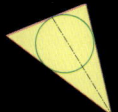

La géométrie, l'une des plus anciennes disciplines scientifiques, n'a rien perdu de sa fascination depuis l'Antiquité. Au IVe siècle av. J.-C., Euclide rassembla le savoir de l'époque et créa avec ses *Éléments* le livre de mathématiques le plus lu au monde.

La géométrie du triangle et la trigonométrie sont entre-temps devenues des classiques de l'enseignement scolaire, mais ce dernier ne donne qu'un bref aperçu de la beauté de la géométrie plane. Nos illustrations éveilleront, chez le lecteur, le désir de s'intéresser plus ardemment aux problèmes de la géométrie plane classique.

Le théorème de Pythagore

Pratiquement tout le monde connaît la formule $a^2 + b^2 = c^2$ qui lie les longueurs des côtés d'un triangle rectangle. Les Égyptiens l'ont utilisée sans en connaître de véritable démonstration. Les Grecs, en revanche, voulaient prouver leurs constatations ou tout au moins les utiliser avec prudence et en connaissance de cause. Depuis, on connaît environ 300 démonstrations de cette formule légendaire, parmi lesquelles nous en avons sélectionné quatre.

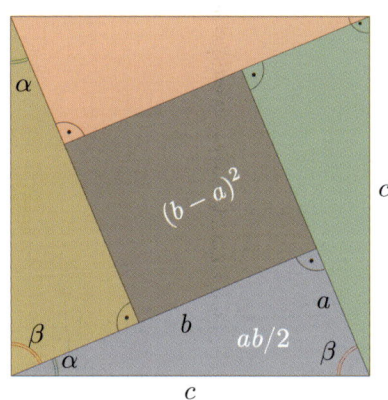

Démonstration 1

Prenons quatre triangles rectangles identiques dont les côtés mesurent a, b et c et plaçons-les, comme sur la figure ci-contre, sur une tablette carrée dont le côté mesure c. Il reste ainsi un carré vide au milieu, dont le côté mesure $b - a$. Les quatre triangles ont une aire égale à $4 \times \frac{ab}{2} = 2ab$, le carré intérieur (gris) a une aire de $(b - a)^2 = a^2 - 2ab + b^2$. Calculons maintenant l'aire totale du carré dont le côté mesure c : elle vaut c^2. Nous obtenons alors l'égalité :

$$c^2 = 2ab + (b - a)^2 = 2ab + a^2 - 2\,ab + b^2 = a^2 + b^2$$

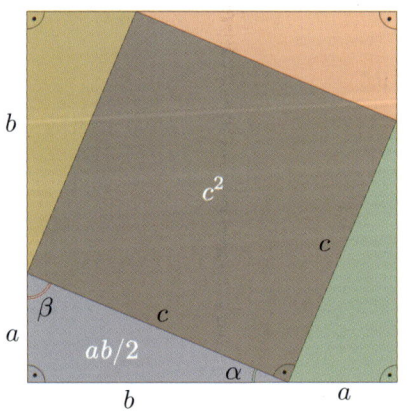

Démonstration 2

Prenons à nouveau quatre triangles rectangles dont les côtés mesurent a, b et c et plaçons-les, comme sur la figure ci-contre, sur une tablette carrée dont le côté mesure $a + b$. Il reste ainsi un carré vide au milieu, dont le côté mesure c. Les quatre triangles ont à nouveau une aire de $2ab$, le carré intérieur (gris) a pour aire c^2. Calculons maintenant de deux façons différentes l'aire totale du grand carré :

$$(a + b)^2 = 2ab + c^2 \Rightarrow a^2 + 2ab + b^2 = c^2 + 2ab$$

D'où l'on déduit $a^2 + b^2 = c^2$, le théorème de Pythagore !

➤ J.-P. Delahaye, « Les preuves sans mots », *Pour la Science*, février 1998.
➤ Pour une application inattendue du théorème de Pythagore : http://www.enseignons.be/secondaire/preparations/22958-couloir-circulaire.
➤ Films du mathématicien Tom Apostol (voir http://www.projectmathematics.com/).
➤ Comprendre une démonstration à l'aide d'une animation par R. Grothmann : *www.mathe-online.at/materialien/mathe.net/files/pythagoras/beweis_kath-satz.html*.
➤ J.-C. Pont, *La balade de la médiane et le théorème de Pythagoron*, Tricorne éditions, 2011.

Démonstration 3

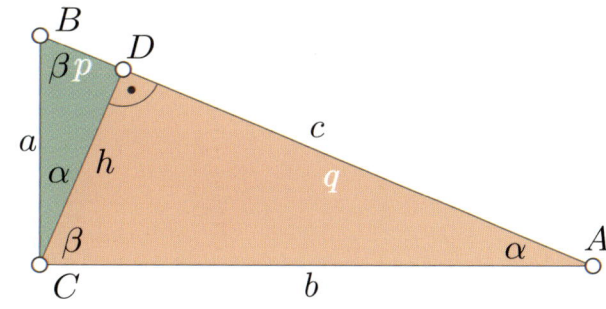

Les triangles ABC, CBD et ACD ci-contre étant semblables à cause de l'égalité de leurs angles, il vient :

$$\frac{a}{p} = \frac{c}{a} \text{ d'où } a^2 = cp$$

$$\frac{b}{q} = \frac{c}{b} \text{ d'où } b^2 = cq$$

$$\text{et } a^2 + b^2 = c(p + q) = c^2$$

Cette démonstration fournit « en prime » le fait que les côtés adjacents à l'angle droit sont égaux à la moyenne géométrique entre l'hypoténuse entière et leur projection sur l'hypoténuse.

Démonstration 4

Une démonstration mérite d'être signalée, celle qu'**Albert Einstein** (1879-1955) a inventée à l'âge de 11 ans. Il a considéré le triangle ABC comme constitué des deux triangles CBD et ACD.

Ces trois triangles semblables (dont les hypoténuses mesurent a, b et c) peuvent être obtenus à partir d'un même triangle dont l'hypoténuse mesure 1, en en multipliant les longueurs des côtés par a, b et c respectivement. Soit $\mathscr{A}$ l'aire de ce triangle. Alors l'aire de chacun des trois triangles semblables est égale à $\mathscr{A}$ multipliée par le carré du coefficient d'agrandissement ou de réduction. Ainsi, nous obtenons : $\mathscr{A}c^2 = \mathscr{A}a^2 + \mathscr{A}b^2$ et il ne nous reste plus qu'à simplifier par $\mathscr{A}$ pour obtenir le théorème de Pythagore (voir figures ci-contre et en haut à droite).

Réciproque du théorème

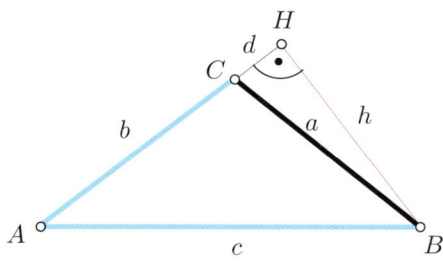

En mathématiques, la réciproque du théorème de Pythagore est au moins aussi importante que le théorème lui-même : si, dans un triangle ABC, les longueurs vérifient $a^2 + b^2 = c^2$, alors ce triangle est rectangle. Nous prouvons ce théorème par l'absurde, en montrant que si le triangle n'était pas rectangle, mais vérifiait l'égalité, alors nous aboutirions à une contradiction.

En traçant la hauteur h issue de B, nous considérons le triangle ABC comme la somme ou la différence de deux triangles rectangles AHB et BCH. Dans chacun de ces triangles, on peut appliquer le théorème de Pythagore (déjà prouvé), d'où :

$c^2 = (b \pm d)^2 + h^2$, $a^2 = d^2 + h^2$

$\Rightarrow c^2 - a^2 = (b \pm d)^2 - d^2 = b^2 \pm 2bd$

$c^2 - a^2 = b^2 \Rightarrow 2bd = 0 \Rightarrow d = 0$ donc ABC est rectangle en C, ce qui contredit l'hypothèse.

Le cercle des neuf points de Feuerbach

Feuerbach (1800-1834) découvrit un cercle qui passe par neuf points remarquables du triangle (voir figure).

Le centre de gravité G d'un triangle est le point d'intersection des médianes qui relient les sommets aux milieux des côtés opposés. L'orthocentre H est le point de concours des hauteurs (les perpendiculaires aux côtés menées par les sommets opposés). Le centre O du cercle circonscrit doit être équidistant des trois sommets et se situe par conséquent à l'intersection des médiatrices (axes de symétrie des côtés).

Euler (1707-1783) a prouvé que ces trois points sont alignés sur une droite, dite droite d'Euler. Le centre F du cercle qui passe par les milieux des côtés et les pieds des hauteurs, le cercle de Feuerbach, est aussi placé sur cette droite ! Si l'on réduit le triangle ABC par homothétie de rapport ½ et de centre l'orthocentre, les nouveaux sommets A_3, B_3 et C_3 se situent également sur le cercle.

H, orthocentre
G, centre de gravité
O, centre du cercle circonscrit
d_e, droite d'Euler
A_1, B_1, C_1, pieds des hauteurs
A_2, B_2, C_2, milieux des côtés
A_3, B_3, C_3, milieux de chacun des trois segments reliant H aux sommets

> http://debart.pagesperso-orange.fr/geoplan/feuerbach.html#feuerbach.
> http://fr.wikipedia.org/wiki/Cercle_d'Euler.
> K. W. Feuerbach, *Eigenschaften einiger merkwürdigen Punkte des geradlinigen Dreiecks und mehrerer durch sie bestimmten Linien und Figuren*, 1822, téléchargeable sur *http://www.gdz.sub.uni-goettingen.de/cgi-bin/digbib.cgi?PPN512512426*.
> G. Glaeser, *Geometrie und ihre Anwendungen in Kunst, Natur und Technik* 2. Aufl. Spektrum Akad., 2007.
> M. Koecher, A. Krieg, *Ebene Geometrie* 3. Aufl. Springer, 2007.

Cercles concentriques

Autour du centre du cercle inscrit

Le centre I du cercle inscrit se trouve à l'intersection des bissectrices intérieures du triangle ABC (en jaune). Les bissectrices extérieures des angles du triangle initial forment un triangle $A_1A_2A_3$ (représenté en bleu clair) dont le point I est l'orthocentre. Les sommets de ce triangle sont les centres des cercles exinscrits qui sont tangents aux prolongements des côtés du triangle initial.

Les perpendiculaires à deux des côtés du triangle initial, menées chaque fois des centres A_1, A_2, A_3 des cercles exinscrits, se coupent comme indiqué sur le dessin, en trois nouveaux points $S_1S_2S_3$.

Qui l'aurait cru ? On démontre que le cercle circonscrit (tracé en rouge) au triangle $S_1S_2S_3$ a le même centre I que le cercle inscrit au triangle ABC (tracé en vert). De plus, le rayon de ce cercle est deux fois plus grand que celui du cercle circonscrit au triangle ABC (non tracé ici).

Cette propriété fut découverte en 2006 par **Boris Odehnal**. Il est extraordinaire que nous découvrions encore des propriétés simples du triangle, la figure géométrique de base pourtant la plus étudiée de la géométrie.

➤ B. Odehnal, « Three points related to the incenter and excenters of a triangle », *Elem. Math.* 61/2 (2006), 74-80
Téléchargeable sur : *www.geometrie.tuwien.ac.at/odehnal/rem.pdf.*
Voir aussi la présentation des articles de B. Odehnal : *www.geometrie.tuwien.ac.at/fg3/elementary.html.*

Échelles métriques et projectives

Du rapport au birapport

Supposons que nous souhaitions reporter une échelle sur une droite, mais que nous ne disposions que d'une « règle à parallèles » ou bien de deux triangles qui puissent glisser l'un sur l'autre. Nous voulons construire une échelle aussi précise que possible sur une droite où sont placés le point origine O et le point A éloigné d'une unité de O. Nous pouvons alors procéder ainsi : choisissons deux directions quelconques (OU) et (OV) et traçons les parallèles à ces directions passant par O et A. Cela donne le point H, par lequel nous traçons une droite (h) parallèle à (OA).

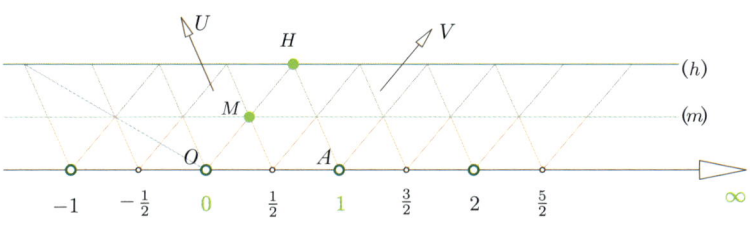

▲ **Polygone en dents de scie.**

La droite (h) nous permet de construire un polygone en dents de scie et des parallélogrammes qui fournissent le milieu M du segment [OH]. La parallèle (m) passant par M permet de raccourcir le polygone de moitié, puis de répéter l'opération.

Construisons de même une échelle projective pour laquelle une seule règle suffit. On donne l'origine O, le point unité A et le point à l'infini ∞. Les points U et V sont des points quelconques (avec (UV) parallèle à la droite au sens projectif, c'est-à-dire passant par ∞). Tout le reste fonctionne exactement comme avant.

Les rapports de l'échelle métrique se sont transformés en birapports sur l'échelle projective. Les milieux deviennent les conjugués harmoniques de ∞ par rapport aux extrémités des segments (birapport égal à –1).

Nota bene : La construction ne dépend que de la disposition des points de départ.

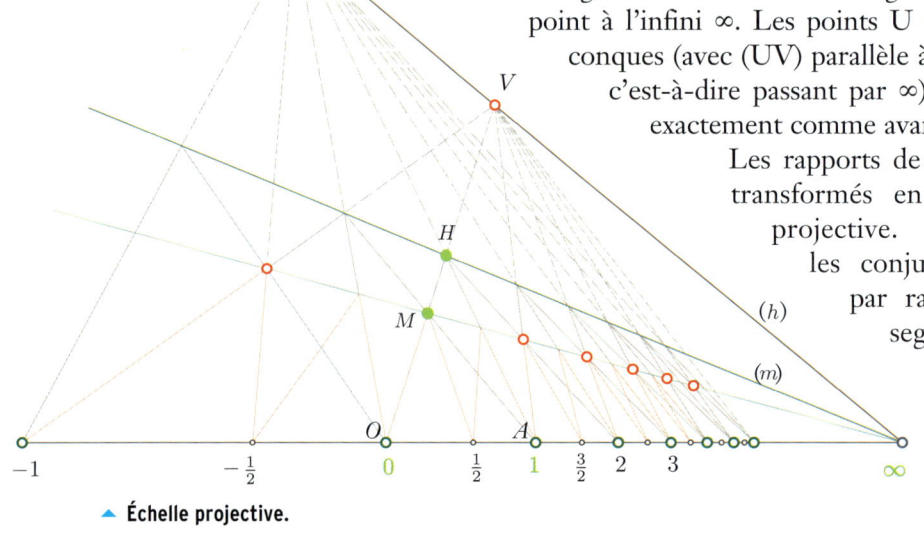

▲ **Échelle projective.**

▶ Définitions et propriétés : http://fr.wikipedia.org/wiki/Rapport_anharmonique.
▶ Pour les propriétés du birapport : http://serge.mehl.free.fr/anx/birapport.html.
▶ Cours sur les transformations projectives, H. Walser : http://e-collection.ethbib.ethz.ch/eserv/eth:25629/eth-25629-03.pdf.
▶ A. L. Oniscik, R. Sulanke : http://webdoc.sub.gwdg.de/ebook/e/2004/sulanke/geo.print.ps.

Le point de Fermat

Distance minimale à trois points

Le point G pour lequel la somme des distances à trois points fixes A, B, C est minimale s'appelle point de Fermat (mais il fut découvert indépendamment par Steiner).

On peut interpréter concrètement ce résultat en imaginant trois fils tendus par trois poids identiques comme dans la figure ci-dessous. Dans ce cas, les trois fils seront disposés de façon symétrique (les droites issues de G forment trois angles de 120°).

Le point G est facile à déterminer en construisant sur chaque côté du triangle un triangle équilatéral et en reliant chacun des points X, Y, Z ainsi obtenus au point A, B ou C situé en face.

G est aussi le point d'intersection de deux des cercles circonscrits aux triangles équilatéraux, ce qui permet de déduire la mesure 120° de l'angle du fait que, dans un quadrilatère comme AGCV inscrit dans un cercle, la somme des mesures des angles opposés vaut 180°. La mesure de l'angle opposé à un angle de 60° vaut nécessairement 120° (voir figure).

En construisant les triangles équilatéraux vers l'intérieur du triangle ABC plutôt que vers l'extérieur, on obtient des points avec des propriétés semblables, certains des angles au centre pouvant en revanche mesurer 60°.

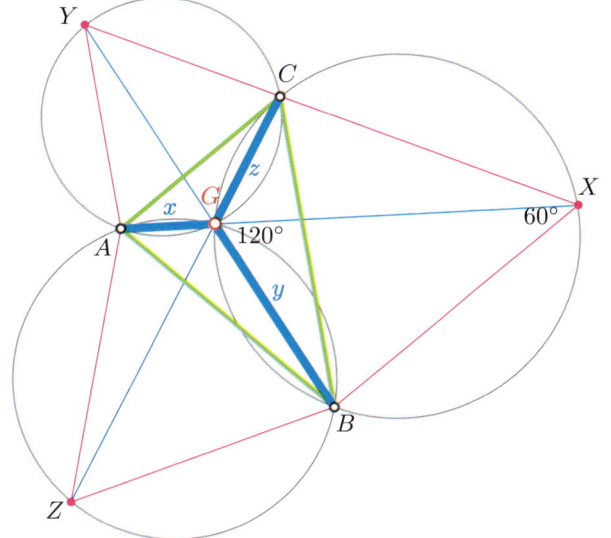

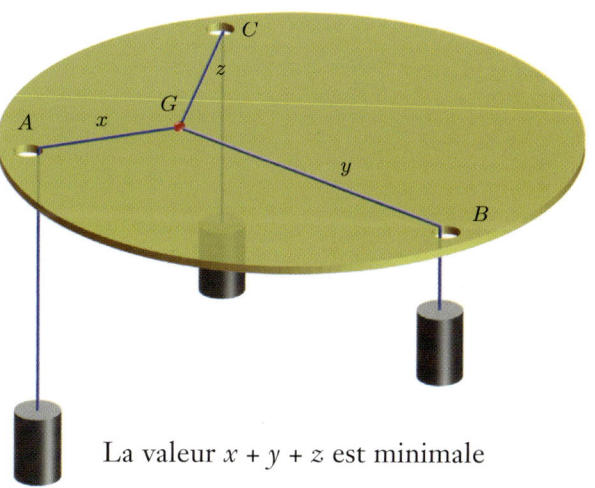

La valeur $x + y + z$ est minimale

> Sur le point de Fermat, voir : *http://fr.wikipedia.org/wiki/Point_de_Fermat*.
> Le point de Fermat est aussi dénommé Point de Toricelli : *http://www.univ-fcomte.fr/download/irem/document/seminaires/torricelli.pdf*.
> G. Glaeser, *Geometry and its Applications in Arts, Nature and Technology*, Springer, 2013.

Le théorème de Morley

… aurait pu être découvert par Euclide !

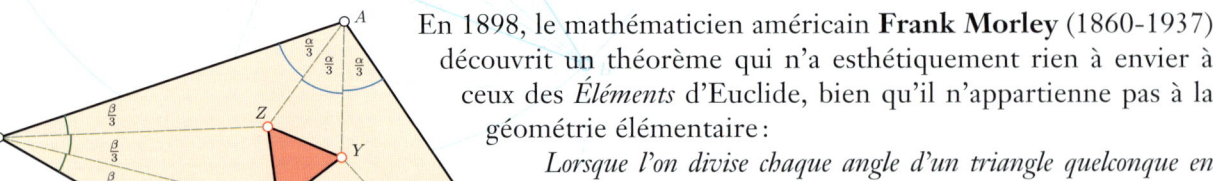

En 1898, le mathématicien américain **Frank Morley** (1860-1937) découvrit un théorème qui n'a esthétiquement rien à envier à ceux des *Éléments* d'Euclide, bien qu'il n'appartienne pas à la géométrie élémentaire :

> *Lorsque l'on divise chaque angle d'un triangle quelconque en trois angles égaux, les points d'intersection des droites qui les partagent (les trisectrices) forment un triangle équilatéral XYZ (figure du haut).* L'idée de la démonstration présentée ici est de D. J. Newman (1996).

Mettons la charrue avant les bœufs et commençons par le résultat : considérons un triangle équilatéral XYZ dont la longueur des côtés vaut 1. Maintenant reportons deux fois chacun des angles de mesures u, v et w, comme indiqué sur la figure ci-contre.

Posons de plus : $u + v + w = \dfrac{4\pi}{3}$.

Les triangles ainsi formés ne doivent pas se recouvrir. Si nous prouvons que : $s = s^*$, $t = t^*$, alors nous aurons démontré le théorème, car il s'en déduit par permutation circulaire l'égalité pour les autres angles. On commence par montrer que : $s + t = s^* + t^*$. Cela se déduit de :

$$s = \pi - u - w,\ t = \pi - u - v \Rightarrow s + t = \frac{2\pi}{3} - u$$

et de :

$$s^* + t^* = \pi - \left(2\pi - \frac{\pi}{3} - (v + w)\right) = \frac{2\pi}{3} - u$$

Par ailleurs, d'après la loi des sinus dans les triangles XZB et XYC, on obtient respectivement :

$$\frac{1}{\sin s} = \frac{d}{\sin u} \text{ et } \frac{1}{\sin t} = \frac{e}{\sin u} \Rightarrow \frac{\sin s}{\sin t} = \frac{e}{d}$$

et en utilisant la loi des sinus dans le triangle BCX :

$$\frac{d}{\sin t^*} = \frac{e}{\sin s^*} \Rightarrow \frac{\sin s^*}{\sin t^*} = \frac{e}{d}$$

Grâce à la monotonie de la fonction sinus, on peut alors effectivement en déduire :

$$s + t = s^* + t^* \text{ et } \frac{\sin s^*}{\sin t^*} = \frac{\sin s}{\sin t} \text{ donc } s = s^* \text{ et } t = t^*$$

> Wikipedia : *http://fr.wikipedia.org/wiki/Théorème_de_Morley*.
> *Alain Connes*, « A new proof of Morley's theorem » : *http://archive.numdam.org/ARCHIVE/PMIHES/PMIHES_1998__S88_/PMIHES_1998__S88__43_0/PMIHES_1998__S88__43_0.pdf*.
> Une preuve simple du théorème par R. Fritsch : *www.mathematik.uni-muenchen.de/~fritsch/morley.pdf*.
> Figure interactive avec α, β, γ modifiables, par M. Koecher, A. Kreig : *www.matha.rwth-aachen.de/geometrie/IV.5.5.Die_Morley-Dreiecke.html*.

Le théorème de Fukuta et Cerin

À chaque triangle son hexagone régulier

En 1996, **Jiro Fukuta** découvrit le remarquable théorème ci-dessous, qui fut démontré deux ans plus tard par **Zvonko Cerin** :

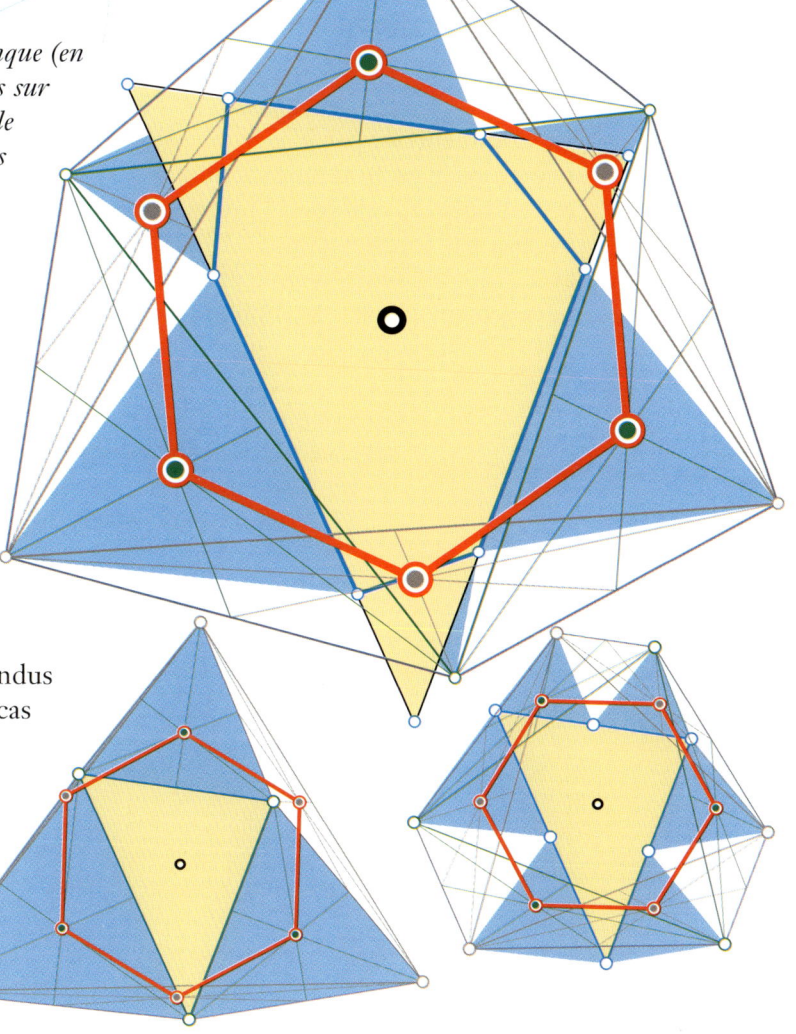

Nous partons d'un triangle quelconque (en jaune sur la grande figure) et plaçons sur chaque côté deux points qui divisent le segment selon des rapports constants s et t. Nous obtenons ainsi un hexagone. Nous construisons les triangles équilatéraux (coloriés en bleu) sur les côtés de l'hexagone. Les nouveaux sommets déterminent encore un hexagone. Nous considérons alors les triangles formés par trois sommets consécutifs. Les centres de gravité des six triangles ainsi obtenus forment un hexagone régulier (en rouge).

La figure en bas à gauche montre le cas particulier où les points de subdivision sont confondus avec les sommets du triangle (cas $s = 0$, $t = 1$).

Le premier hexagone est alors dégénéré.

Dans la figure en bas à droite, un des points de subdivision est le milieu d'un côté du triangle, l'autre en est un sommet (cas $s = \frac{1}{2}$, $t = 1$).

▶ Z. Cerin, « Regular Hexagons Associated to centroid sharing Triangles », *Beitr. zu Algebra und Geometr.* 39 (1998), 263-267
Téléchargeable sur : *www.emis.de/journals/BAG/vol.39/no.2/b39h2cer.ps.gz.*
▶ H. Stachel, « Napoleon's Theorem and Generalizations Through Linear Map », *Beitr. zu Algebra und Geometr.* 43 (2002), 433-444
Téléchargeable sur : *www.geometrie.tuwien.ac.at/stachel/napol3f.ps.gz.*

Les problèmes de Maclaurin-Braikenridge

Problèmes de fermeture dans un *n*-gone

Il s'agit de construire un *n*-gone (polygone ayant *n* angles et *n* côtés) circonscrit à un *n*-gone donné et dont les sommets sont sur les *n* côtés d'un polygone donné. Nous allons examiner le cas d'un triangle PQR et de trois côtés délimitant un triangle ABC.

Commençons par placer un point A_1 sur le côté AB. Traçons la droite (A_1P) et marquons le point d'intersection avec [BC]. Traçons la droite passant par ce point et le point Q, repérons l'intersection avec [CA] et traçons finalement la droite passant par R : elle coupe [AB] en A_1'. Si par hasard le nouveau point A_1' coïncide avec A_1, nous avons trouvé une solution au problème. En général ce ne sera naturellement pas le cas, nous avons donc tracé une deuxième puis une troisième tentative.

Les points A_1, A_2, A_3 et A_1', A_2', A_3' sont en correspondance projective, ce qui signifie qu'un quatrième point A_4 forme avec A_1, A_2, A_3 le même birapport que le point correspondant A_4' avec A_1', A_2', A_3' (puisque l'on fait trois fois une projection centrale à partir des points P, Q et R respectivement).

Peut-on ainsi obtenir des « points doubles » pour lesquels les points correspondants des deux séries seraient confondus ? Le calcul montre que la relation qui lie les coordonnées des points associés A_1 et A_1' etc. est bilinéaire, ce qui fait que l'on doit obtenir deux solutions (réelles ou complexes conjuguées). On peut les construire à la règle et au compas (voir figure en rouge).

Dans ces considérations, le nombre de points et de côtés des polygones donnés n'a joué aucun rôle, ce qui fait que la méthode fonctionne aussi pour *n* > 3.

➤ Voir la discussion sur ce problème dans : *http://www.les-mathematiques.net/phorum/read.php?8,715466,715466#msg-715466*.
➤ H. Brauner, *Geometrie projektiver Räume I, II* BI-Hochschultaschenbücher, 1976.
➤ J. L. Coolidge, « The Rise and Fall of Projective Geometry », *The American Mathematician Monthly*, Vol. 41, No. 4 (April, 1934), pp. 217-228.

Le cas des porismes

Également de **Colin Maclaurin** (1698-1746), le théorème suivant est plus connu :

Étant données deux coniques k_1 et k_2, s'il existe un triangle inscrit dans l'une et circonscrit à l'autre, alors il en existe une infinité.

La preuve s'appuie sur le lemme selon lequel si deux triangles sont inscrits dans une conique, alors ils sont aussi circonscrits à une autre.

Jean-Victor Poncelet (1788-1867) a étudié de tels porismes et a démontré que le théorème de Maclaurin est vrai pour tout n-gone.

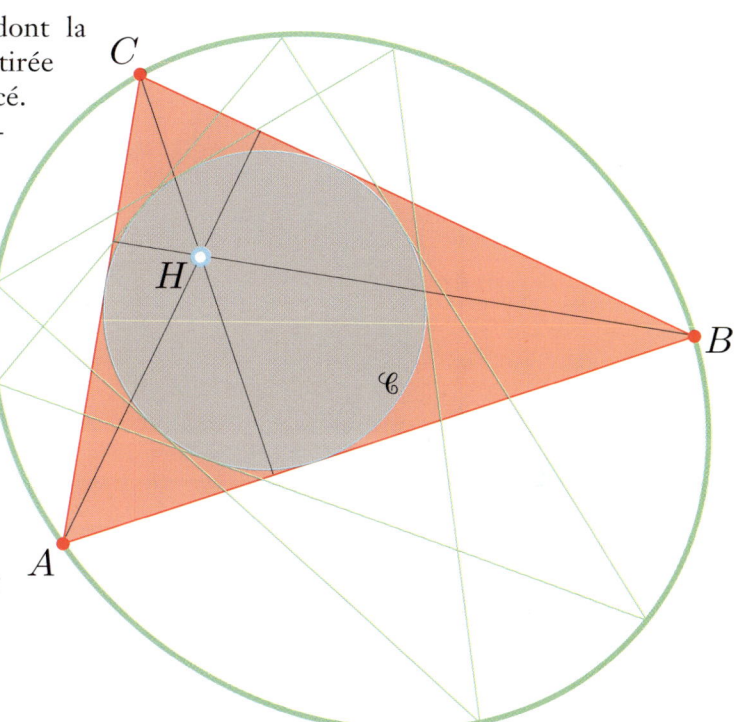

Un porisme est une question dont la solution est une vérité géométrique tirée des conditions assignées par l'énoncé. Un porisme n'a soit aucune solution, soit une infinité ; cela n'a donc aucun sens de tâtonner pour en trouver.

Un porisme typique est par exemple la recherche d'un triangle dont les cercles inscrits et circonscrits sont donnés.

La figure ci-contre illustre le fait que les sommets de tous les triangles, de même orthocentre H et de même cercle inscrit $\mathscr{C}$ que le triangle rouge donné, sont situés sur une même conique (en vert).

➤ Sur le théorème de Poncelet : *http://www.univ-nancy2.fr/poincare/colloques/hgmc2005/Friedelmeyer_Jean_Pierre.pdf* et *http://fr.wikipedia.org/wiki/Grand_théorème_de_Poncelet*.
➤ J.-V. Poncelet, *Traité des propriétés projectives des figures*, 2e éd., t. I, 1865 et t. II, Éditions Jacques Gabay, 1866.
➤ Une animation basée sur le théorème, par T. Bauer : *http://www.mathematik.uni-marburg.de/~tbauer/poncelet-en.htm*.

Démonstration des formules d'addition

Formules d'addition dans le triangle

La première formule d'addition permet d'obtenir le cosinus et le sinus de la somme de deux angles :

$$\cos(\alpha + \beta) = \cos\alpha \cdot \cos\beta - \sin\alpha \cdot \sin\beta$$
$$\sin(\alpha + \beta) = \sin\alpha \cdot \cos\beta + \sin\beta \cdot \cos\alpha$$

Comment retenir ces équations trigonométriques ? Le plus simple est de les retrouver rapidement en faisant un croquis (ou de les déduire des formules d'Euler). En tout cas, c'est une belle sensation que de pouvoir gribouiller en une minute, sur un bout de papier, des formules capables d'en impressionner plus d'un.

Le croquis permettant de retrouver la formule est donné ci-dessous. En effet, les membres de gauche des formules contiennent des valeurs qui représentent les coordonnées cartésiennes d'un point P* du plan, image du point initial P de coordonnées $(\cos\alpha, \sin\alpha)$ par une rotation d'angle β.

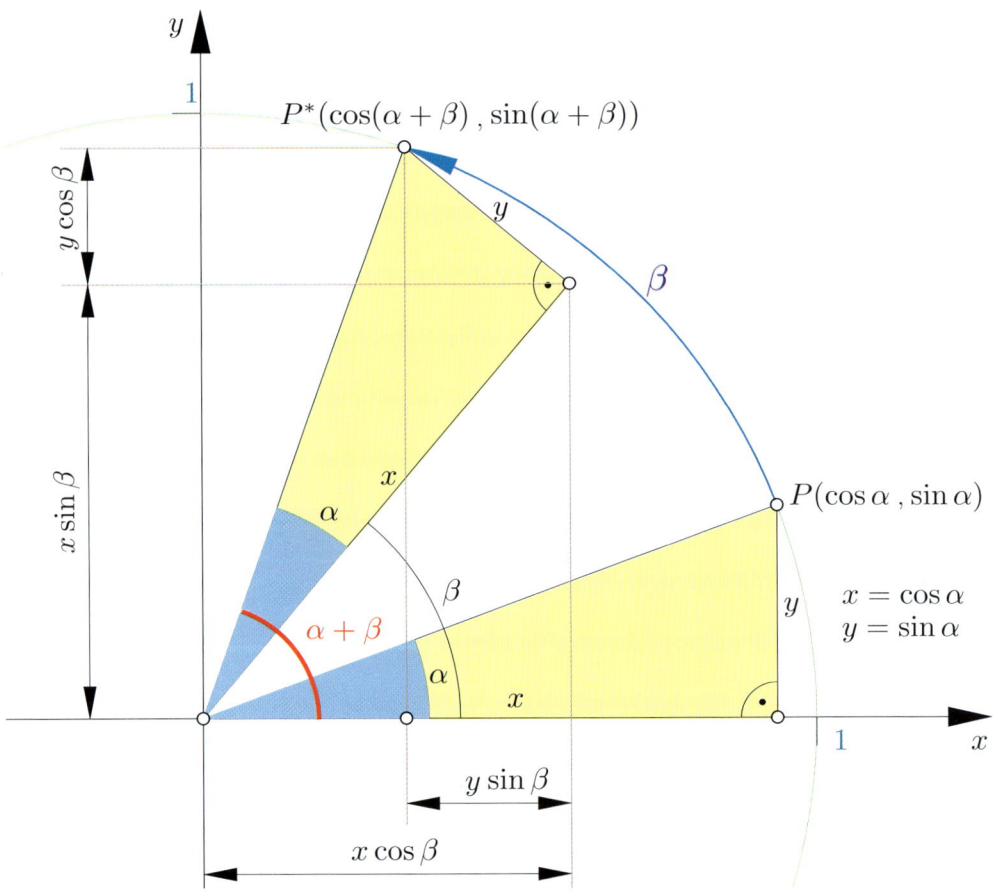

Les formules d'addition suivantes permettent d'ajouter et de soustraire respectivement les cosinus et sinus de deux angles α et β :

$$\cos\alpha + \cos\beta = 2\cos\frac{\alpha-\beta}{2}\cos\frac{\alpha+\beta}{2}$$

$$\sin\alpha + \sin\beta = 2\cos\frac{\alpha-\beta}{2}\sin\frac{\alpha+\beta}{2}$$

Considérons deux points P et Q d'angles polaires α et β sur le cercle unité. En complétant le losange comportant les points P, Q et l'origine O, on obtient un point R dont les coordonnées cartésiennes correspondent aux membres de gauche des formules.

Les diagonales d'un losange sont perpendiculaires et elles divisent les angles correspondants en deux angles égaux. Elles partagent le losange en quatre triangles rectangles dont les hypoténuses mesurent 1. Les demi-diagonales ont donc pour longueur :

$$\cos\frac{\alpha-\beta}{2} \text{ et } \sin\frac{\alpha-\beta}{2}$$

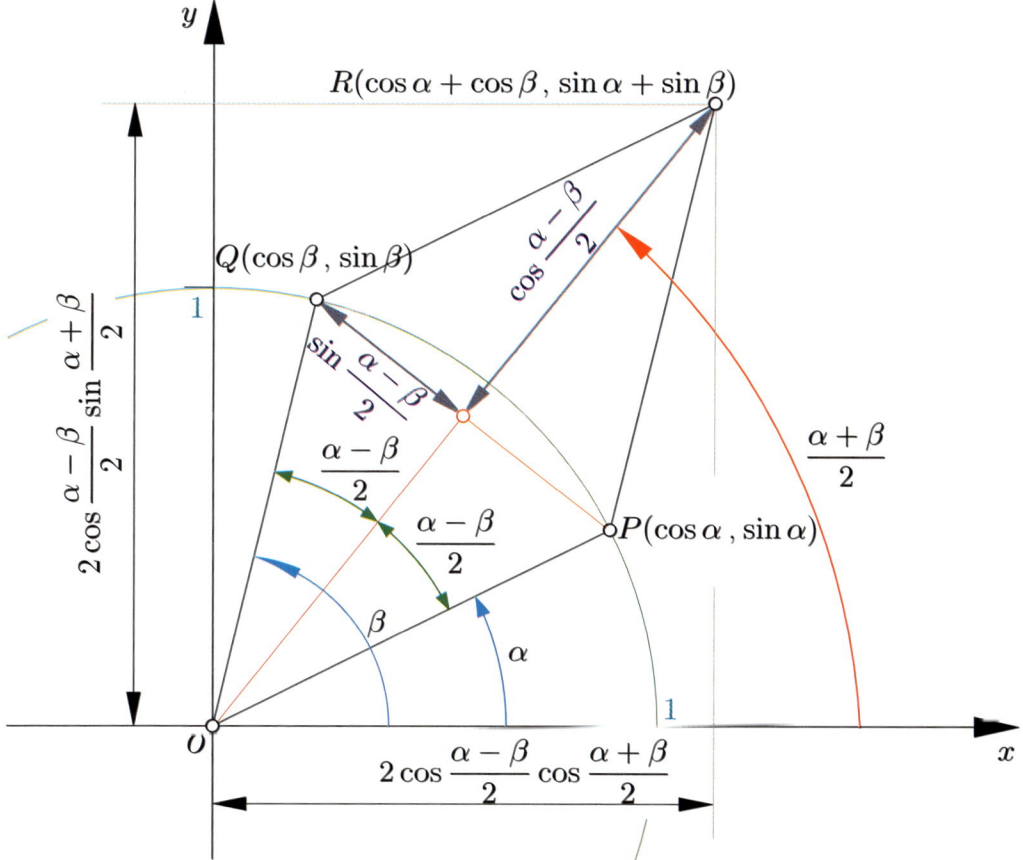

➤ Autre démonstration : *http://twitpic.com/3bc1m6*.
➤ J. Bronstein, K. Semendjajew, G. Musiol, H. Mühlig, *Taschenbuch der Mathematik*, Harri Deutsch, 2005.

Carrés inscrits…

Un carré dans toute courbe fermée

Considérons une courbe plane fermée et suffisamment lisse. Il est toujours possible d'y inscrire au moins un carré. Le cas trivial est celui où la courbe est un cercle. Il existe naturellement une infinité de carrés inscrits, puisqu'on peut faire tourner un carré inscrit autour de son centre.

Dans le cas d'une ellipse on trouvera toujours un unique carré. Même dans le cas général de courbes suffisamment lisses, il existe au moins un carré, comme l'illustrent les autres figures. Le problème est « presque » résolu depuis longtemps, mais malheureusement, les mathématiciens n'ont pu enlever le « presque ».

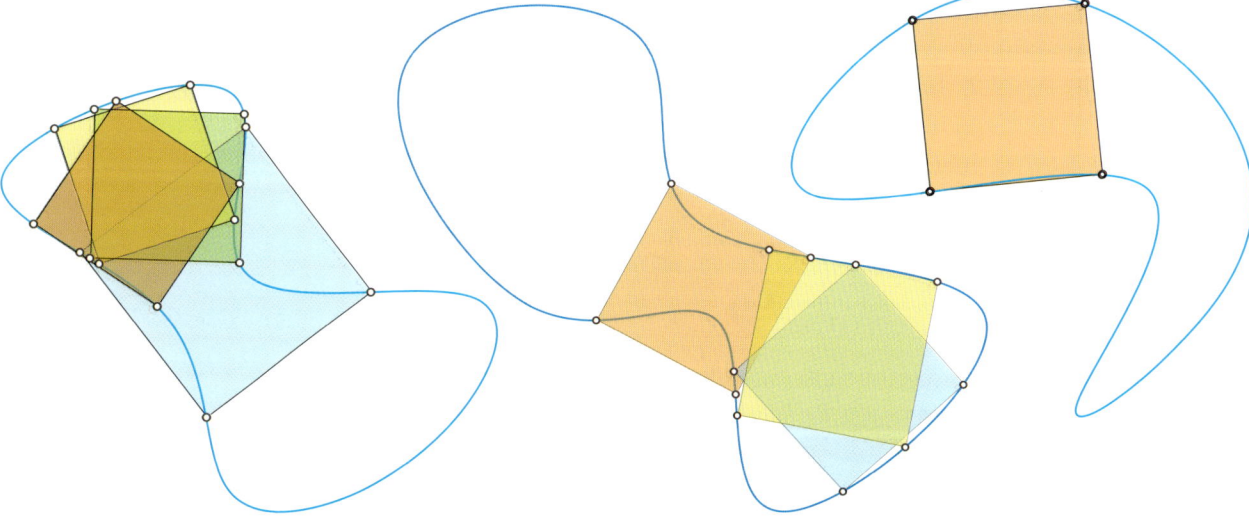

➤ J.-P. Delahaye, « La conjecture du carré inscrit », *Pour la Science* n° 412, février 2012.
➤ Pour une belle construction du carré dans un triangle : *http://maths.ac-orleans-tours.fr/fileadmin/user_upload/maths/Ressource_Tice/Boite_a_idees/ InscrireCarreFicheProf.pdf.*
➤ V. Klee, S. Wagon, *Alte und neue ungelöste Probleme in der Zahlentheorie und Geometrie der Ebene*, Birkhäuser, 1997.

… et triangles équilatéraux

Il est naturel de se demander s'il est également possible d'inscrire des triangles équilatéraux dans des courbes fermées. Les figures ci-contre montrent que c'est effectivement le cas. Dans le cas des courbes convexes, on peut même y inscrire autant de triangles que l'on veut : on choisit un point A (voir l'ellipse ci-dessous), on fait tourner la courbe autour de ce point de +60° et −60° respectivement et l'on considère les deux points d'intersection B et C. Les segments [AB] et [AC] sont alors de même longueur, et ils forment un angle de 60°. Par conséquent, le triangle ABC est équilatéral.

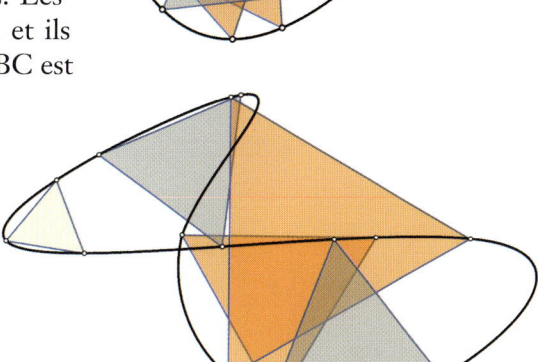

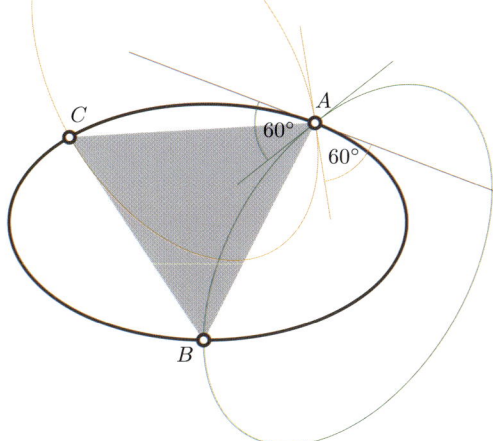

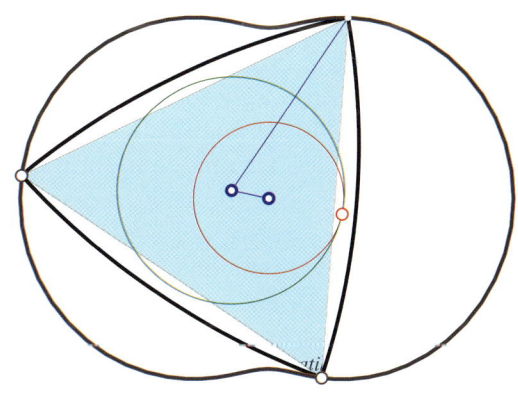

▲ Des triangles inscrits.

Une application pratique de la rotation continue d'un triangle (coloré en bleu) dans une courbe fermée est donnée par le moteur Wankel, un moteur à piston rotatif développé par l'ingénieur F. Wankel (1902–1988). La forme du carter a d'ailleurs été spécialement choisie à cet effet (la courbe suivie par les extrémités du triangle – le piston – est une épitrochoïde parcourue trois fois). Le problème est aussi lié aux triangles de Reuleaux.

▲ Le moteur Wankel.

➤ Sur les triangles de Reuleaux, voir : *http://fr.wikipedia.org/wiki/Triangle_de_Reuleaux*.
➤ W. Wunderlich, *Ebene Kinematik*, B.I. Hochschultaschenbücher, 1970.
➤ Sur les épitrochoïdes, voir : *http://fr.wikipedia.org/wiki/Épitrochoïde*.

Couper une surface triangulaire en deux

en minimisant la section

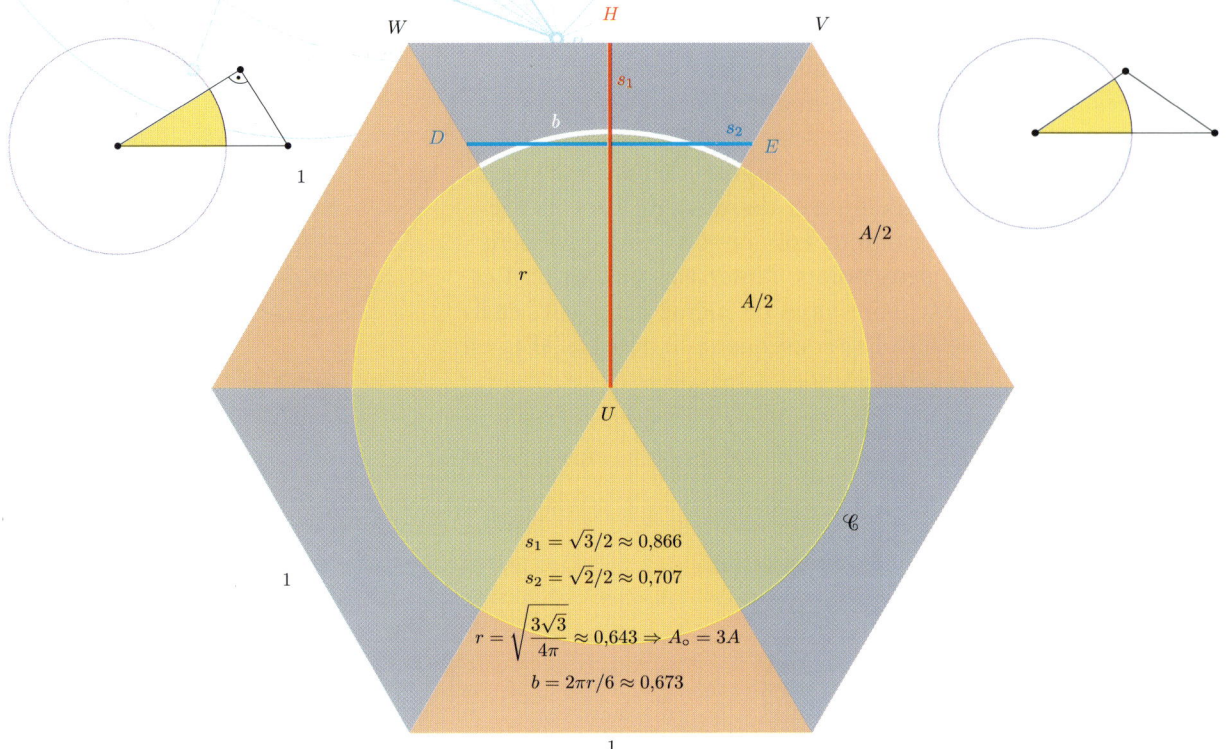

$s_1 = \sqrt{3}/2 \approx 0{,}866$

$s_2 = \sqrt{2}/2 \approx 0{,}707$

$r = \sqrt{\dfrac{3\sqrt{3}}{4\pi}} \approx 0{,}643 \Rightarrow A_\circ = 3A$

$b = 2\pi r/6 \approx 0{,}673$

Considérons un triangle équilatéral UVW d'aire A que nous voulons couper (selon une ligne droite ou une courbe) de façon à le partager en deux moitiés de même aire. Nous voulons de plus que la courbe de section ait une longueur minimale. Sur la figure, nous avons représenté en rouge et en bleu deux segments [UH] et [DE] partageant le triangle en deux, mais aucun des deux ne constitue la ligne de section la plus courte, car celle-ci est un arc de cercle. En effet, les six triangles mis en étoile forment un hexagone pour lequel il existe un cercle $\mathscr{C}$, de même centre et de rayon r, et qui partage la surface en deux. On sait que parmi toutes les courbes délimitant une surface donnée, le cercle est celle qui est la plus courte. Cette propriété se répercute sur chaque portion de cercle. De même, dans un triangle quelconque, les arcs de cercles se révèlent être les courbes de partage du triangle les plus courtes. Cela est illustré dans les cas particuliers d'un triangle rectangle et d'un triangle isocèle (petites figures du haut). On peut généraliser la procédure au carré, au pentagone, etc.

> Pour une généralisation aux polygones, lire : www.les-mathematiques.net/phorum/file.php?8,file=22205,filename=d447cbannexe.pdf.
> Le problème et sa solution détaillée : www.1000problems.org/All Collected Docs/Shortest Half.doc.

Tous les angles seraient droits?

Parfois l'œil nous trompe, même dans le plan

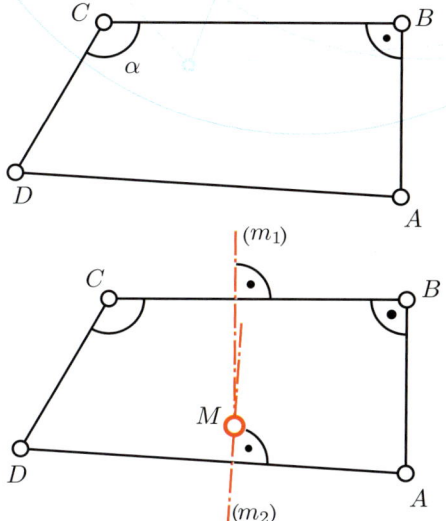

Conjecture: Tout angle du plan est un angle droit.

Démonstration: Considérons un quadrilatère (comme sur l'image de gauche) possédant les propriétés suivantes:

$$\widehat{ABC} = 90°, \ \widehat{BCD} = \alpha \neq 90°, \ AB = CD.$$

Les médiatrices (axes de symétrie) (m_1) et (m_2) de [BC] et [AD] ne sont pas parallèles et se coupent par conséquent en un point M (figure ci-contre). Comparons à présent les deux triangles ABM et DMC (1re image ci-dessous à droite):

$$AB = CD$$
$$M \in (m_1) \text{ et } M \in (m_2) \Rightarrow BM = CM \text{ et}$$
$$DM = AM$$

Les triangles AMB et DMC sont donc isométriques et ont des angles égaux:

$$\alpha_1 = \widehat{MCD} = \widehat{ABM} = \alpha'_1$$

MBC isocèle $\Rightarrow \alpha_2 = \alpha_2' \Rightarrow \alpha_1 + \alpha_2 = \alpha = \alpha_1' + \alpha_2' = 90°$

Le théorème est ainsi démontré lorsque M est à l'intérieur du quadrilatère. On démontre de même le cas où M est à l'extérieur (figure en bas à droite). Dans ce cas, on a toujours des triangles isométriques ABM, DCM et donc des angles égaux $\widehat{DCM} = \widehat{ABM}$, $\widehat{BCM} = \widehat{BMC}$ (le triangle MBC est isocèle). Et en calculant la différence des mesures des angles, on obtient également:

$$\widehat{BCD} = \alpha = \widehat{ABC} = 90°$$

Le résultat est absurde. Mais où est l'erreur? À vous de jouer!

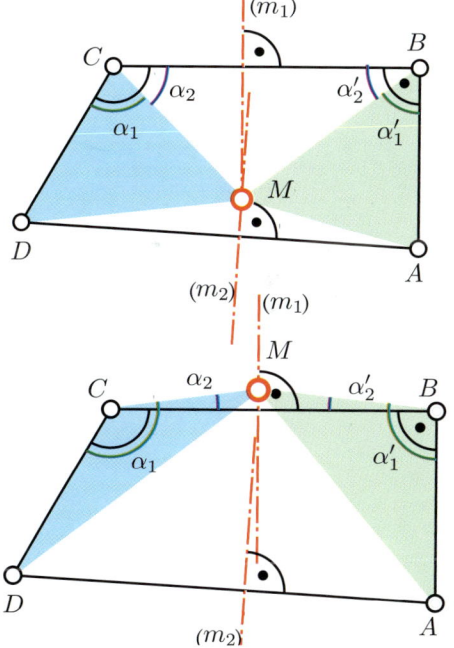

> Autres exemples d'erreurs géométriques: *http://www.bibmath.net/jeux/index.php?action=affiche&quoi=erreurgeo*.
> G. Glaeser, *Geometry and its Applications in Arts, Nature and Technology*, Springer, 2013.

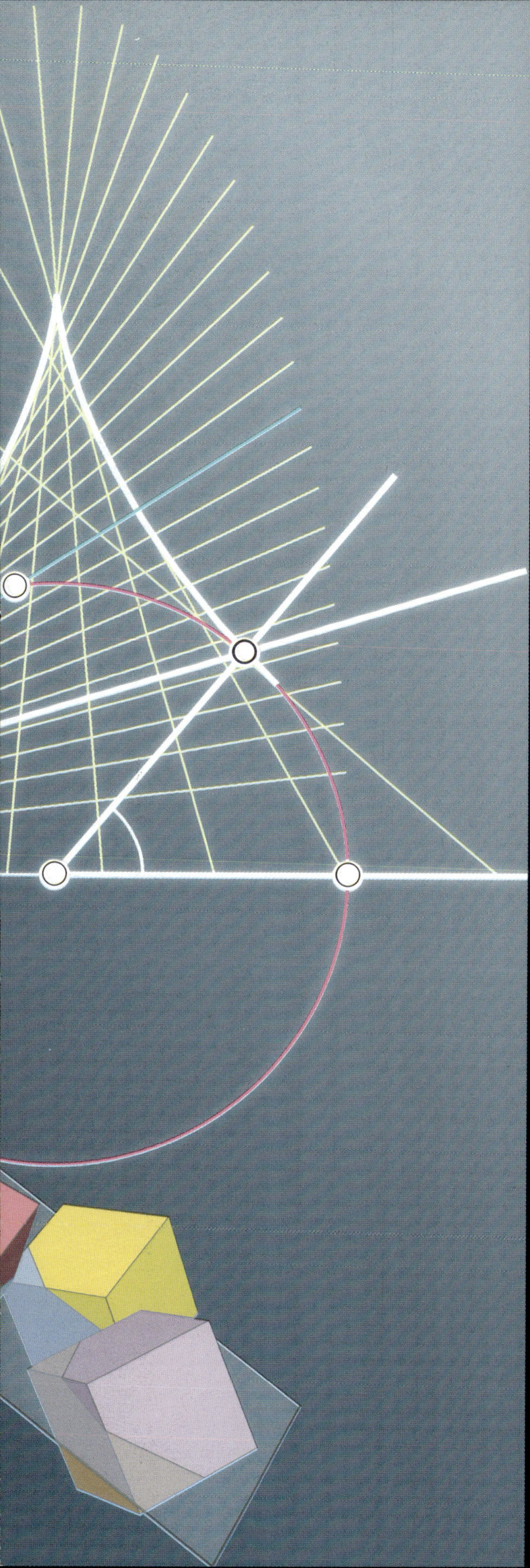

Problèmes anciens et nouveaux

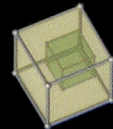

Les problèmes ouverts jouent un rôle moteur
dans la recherche mathématique : pour aboutir
à leur résolution, ce qui demande parfois des siècles,
les mathématiciens doivent constamment inventer de
nouveaux outils mathématiques. Souvent, la complexité
de ces problèmes n'apparaît pas au premier coup d'œil,
comme dans le problème de la trisection de l'angle.

D'autres questions, comme celle que nous présentons
dans la partie consacrée au théorème de Pick,
nous impressionnent par leurs solutions élégantes
et inattendues. Ce chapitre met en image une sélection
de problèmes intéressants qui nous invitent à la réflexion.

La trisection de l'angle
est impossible à réaliser à la règle et au compas

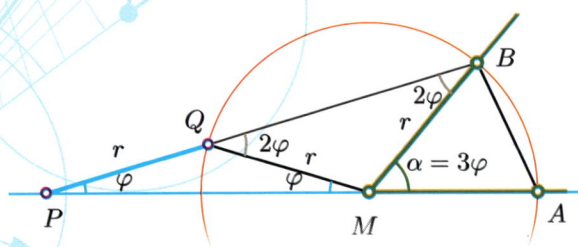

▲ **Trisection de l'angle selon Archimède.**

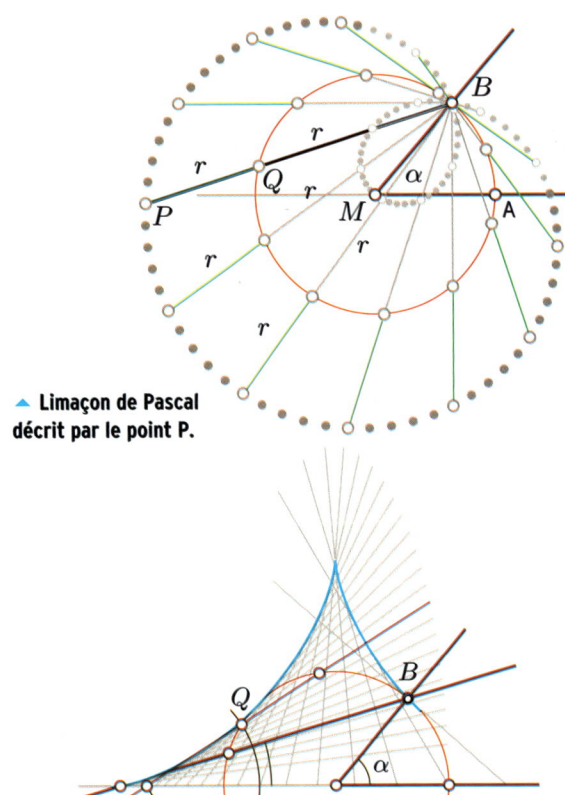

▲ **Limaçon de Pascal décrit par le point P.**

▲ **Astroïde.**

Les Grecs anciens savaient résoudre beaucoup de problèmes de géométrie plane à la règle et au compas. Cependant, certains exercices semblaient insolubles, comme celui apparemment très simple de la trisection de l'angle. Il n'était pas permis de mesurer, ni de diviser !

Archimède procédait comme indiqué sur la figure ci-contre : si nous construisons un cercle dont le centre est le sommet M de l'angle α et si nous trouvons sur la droite portée par le côté adjacent [MA] un point P tel que le point d'intersection Q de (PB) avec le cercle soit situé à la distance r de P, alors en appliquant deux fois le fait que la somme des mesures des angles d'un triangle est égal à 360°, on obtient $\alpha = 3\varphi$.

Le problème est alors le suivant : comment construire P à la règle et au compas ? Personne n'y est parvenu et aujourd'hui nous savons pourquoi : l'exercice conduit en général à la résolution d'une équation de degré 3 (ou plus).

Nous pouvons bien sûr trouver P par tâtonnement : il suffit par exemple de choisir un point Q sur le cercle et de tester ensuite si P, distant de r sur la droite (QB), est sur (MA). Quand nous faisons varier Q, P décrit une courbe de degré 4, un limaçon de Pascal.

Nous pourrions aussi choisir P sur (MA), couper le cercle par un arc de cercle de rayon r et tester si (PQ) passe par B. Lorsque nous faisons varier P, (PQ) enveloppe alors une courbe de degré 6 (une astroïde).

➤ Sur la trisection de l'angle : *http://fr.wikipedia.org/wiki/Trisection_de_l'angle*. *http://www.techno-science.net/?onglet=glossaire&definition=6184*.
➤ H. Kaiser, W. Nöbauer, *Geschichte der Mathematik*, Oldenbourg Schulbuchverlag, 2002.
➤ Trisection à l'aide d'une spirale d'Archimède par C. Stohn, S. Neumann, T. Högel : *www.mathe.tu-freiberg.de/~hebisch/spiralen3/Winkeldreiteilung.htm*.

Le problème de Délos
de la duplication du cube

D'après la légende, l'oracle de Delphes avait exigé que l'on double le volume de l'autel cubique dans le temple d'Apollon. Il fallait donc trouver le rapport des côtés de deux cubes dont les volumes sont dans un rapport 1/2. Le calcul fournit naturellement la racine cubique de 2 : $x^3 = 2a^3 \Rightarrow x = a\sqrt[3]{2}$.

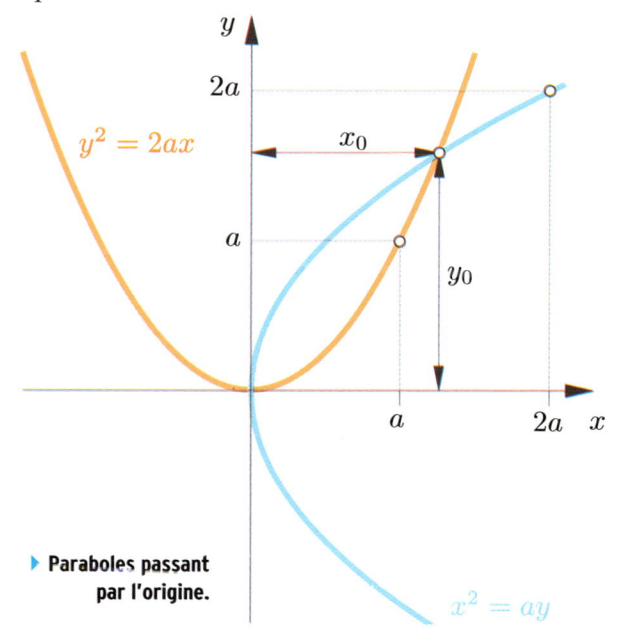

Une contribution remarquable fut apportée par **Ménechme** qui exposa le problème vers 360 av. J.-C. à l'école de Platon, en travaillant avec des courbes classifiées ensuite par **Apollonius de Perge** (262-190 av. J.-C.) sous les noms de parabole et hyperbole.

Considérons quatre cubes dont les côtés mesurent a, x, y et $2a$. Le volume du deuxième cube est double de celui du premier, celui du troisième double de celui du deuxième et celui du quatrième double de celui du troisième.

De $\frac{a}{x} = \frac{x}{y} = \frac{y}{2a}$, on déduit alors le système d'équations :

$x^2 = ay$ et $y^2 = 2ax$.

On peut représenter graphiquement ces deux équations par deux paraboles passant par l'origine. Leur deuxième point d'intersection fournit les longueurs x_0 et y_0 des côtés des deux cubes intermédiaires que l'on cherchait. En transformant le système, on peut aussi se ramener à l'intersection d'un cercle avec une hyperbole équilatère :

$x^2 + y^2 = 2ax + ay$
$x^2 - y^2 = ay - 2ax$

Dans les deux cas, c'est un problème que les Grecs anciens ne pouvaient pas résoudre de façon élégante.

▶ **Paraboles passant par l'origine.**

➤ Sur la duplication du cube : *http://fr.wikipedia.org/wiki/Duplication_du_cube*.
http://serge.mehl.free.fr/anx/dupli_cube.html.
http://did.mathematik.uni-halle.de/lern/GeschichteKegelschnitte.html.

Thalès et Pythagore dans l'espace

Généraliser, mais comment?

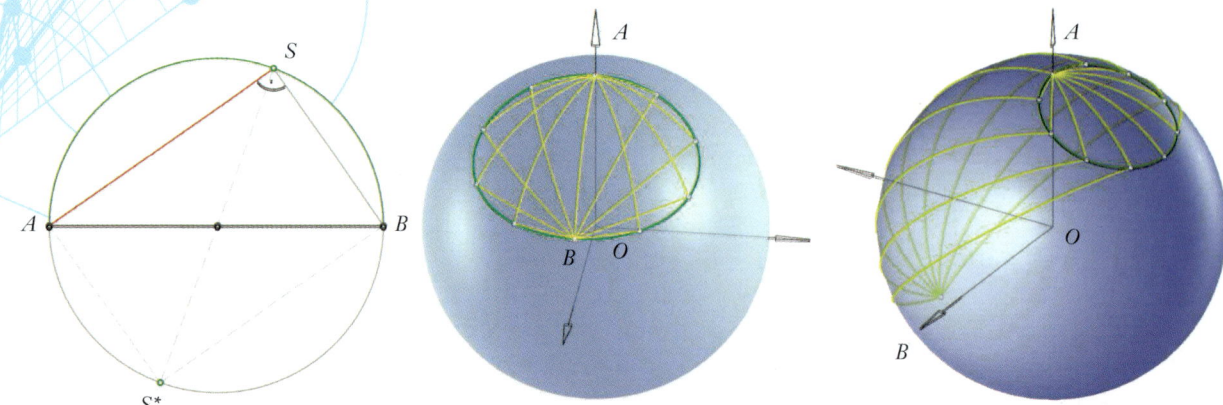

▲ Le théorème du cercle de Thalès.

▲ Lieu des angles droits interceptant l'arc entre A et B sur la sphère (en vert). Selon la mesure de l'angle $\widehat{AOB}$, on obtient différents types de coniques (à gauche : $\widehat{AOB}$ < 90° ; à droite : $\widehat{AOB}$ > 90°).

Si les côtés d'un angle droite coulissent entre deux points A et B, alors le sommet S de l'angle décrit un cercle de diamètre [AB] (le « cercle de Thalès », voir figure en haut à gauche). La preuve de ce théroème est déjà dans la figure. Considérons un rectangle ASBS*. Les points A, S, B et S* sont équidistants du centre du rectangle et sont donc cocycliques.

On peut généraliser ceci à l'espace des trois façons suivantes.

– Le lieu de tous les points de l'espace depuis lesquels on voit un segment [AB] sous un angle droit est une sphère (la sphère de Thalès). Cette sphère s'obtient en faisant tourner un cercle de Thalès autour de son diamètre [AB].

– Considérons à présent une sphère avec deux points A et B (non diamétralement opposés) à sa surface. Sur cette sphère, le lieu des sommets des angles droits interceptant l'arc AB est une conique d'axe (AB) (images ci-dessus, à droite).

– On peut aussi partir de trois points non alignés et construire trois angles droits avec un sommet commun dans l'espace : un tripode orthogonal. Ces trois points définissent un cercle (voir figure ci-dessous). **G. Weiss** et **F. Gruber** ont ainsi étudié le lieu des sommets d'un tripode dont les axes s'appuient toujours sur ce cercle. Il ne s'agit pas, comme on le croirait d'emblée, d'une sphère de Thalès, mais d'un ellipsoïde de révolution obtenu en écrasant une sphère d'un facteur $\frac{1}{\sqrt{2}}$. Nous remarquerons que, pour chaque position de S, on peut faire tourner le

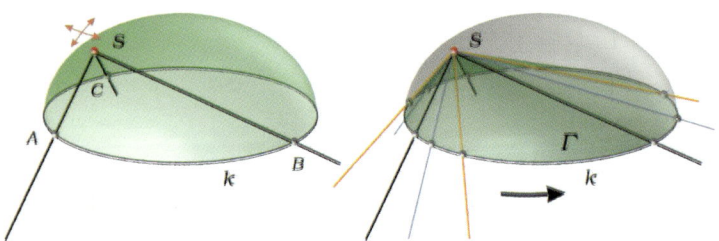

◀ Un tripode orthogonal s'appuie sur un cercle. Le sommet décrit un ellipsoïde. Dans chaque position, le tripode peut tourner en formant un cône.

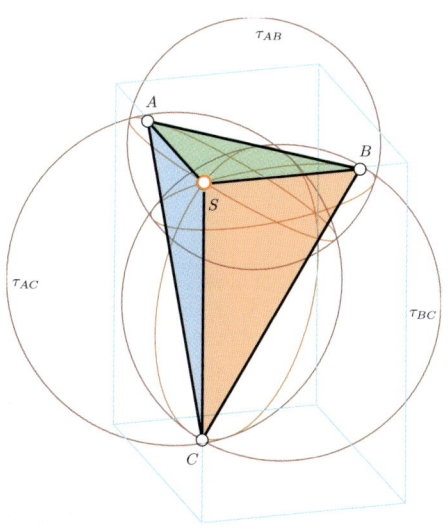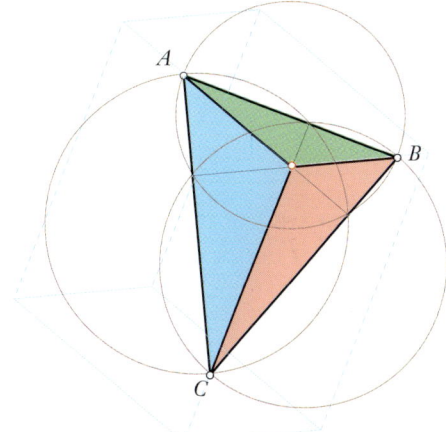

tripode de 360° en gardant le contact avec le « cercle directeur ». Il décrit ainsi un cône orthogonal Γ.

Pour construire le sommet S, on détermine l'intersection des trois sphères de Thalès de diamètres respectifs [AB], [BC] et [AC] : on obtient deux solutions symétriques. On réalise généralement cette construction dans un plan particulier, orthogonal au plan (ABC). Sous cet angle de vue, les cercles d'intersection des trois sphères de Thalès apparaissent comme hauteurs du triangle ABC. Les distances du point S aux côtés se calculent par le théorème de Pythagore dans le plan.

Le théorème de Pythagore possède lui aussi son équivalent dans l'espace. Découpons un pavé droit autour de l'un de ses sommets S de façon à obtenir une pyramide à trois faces qui forme un tripode orthogonal en S (voir figure ci-dessous). Considérons à présent les aires a, b, c des triangles SBC, SCA, SAB, ainsi que l'aire d de la base ABC. Grâce au calcul vectoriel, on peut alors élégamment prouver que :

$$a^2 + b^2 + c^2 = d^2$$

Dans le repère cartésien d'origine S dans lequel les coordonnées des points A, B et C sont A(u ; 0 ; 0), B(0 ; v ; 0) et C(0 ; 0 ; w) (voir la figure en haut à droite), les triangles SBC, SCA et SAB ont pour aires :

$$a = \frac{vw}{2}, \ b = \frac{uw}{2} \text{ et } c = \frac{uv}{2}$$

L'aire du triangle ABC s'obtient avec le produit vectoriel :

$$d = \frac{1}{2} \ |\overrightarrow{AB} \times \overrightarrow{AC}| = \frac{1}{2} \ \left| \begin{pmatrix} -u \\ v \\ 0 \end{pmatrix} \times \begin{pmatrix} -u \\ 0 \\ w \end{pmatrix} \right| = \frac{1}{2} \ \left| \begin{pmatrix} vw \\ wu \\ uv \end{pmatrix} \right| = \frac{1}{2} \ \sqrt{(vw)^2 + (wu)^2 + (uv)^2}$$

D'où

$$d^2 = \frac{1}{4} \left[(vw)^2 + (wu)^2 + (uv)^2 \right] = a^2 + b^2 + c^2$$

➤ G. Weiss, F. Gruber « Den Satz von Thales: Verallgemeinern - aber wie? » KoG, Vol. 12. No. 12., 2008
➤ Pour le cercle de Thalès : http://gomaths.ch/animation_cercle_thales.php
➤ Pour les personnes intéressées par les mathématiques élémentaires avancées : http://hoval.blogzine.jp/aitorisou/files/M018Gunter26a.pdf
➤ G. Glaeser, *Der mathematische Werkzeugkasten* 3. Auflage, Spektrum Akademischer Verlag, Heidelberg 2008 (S. 153).

La conjecture de Syracuse

Un algorithme récursif s'arrête-t-il ?

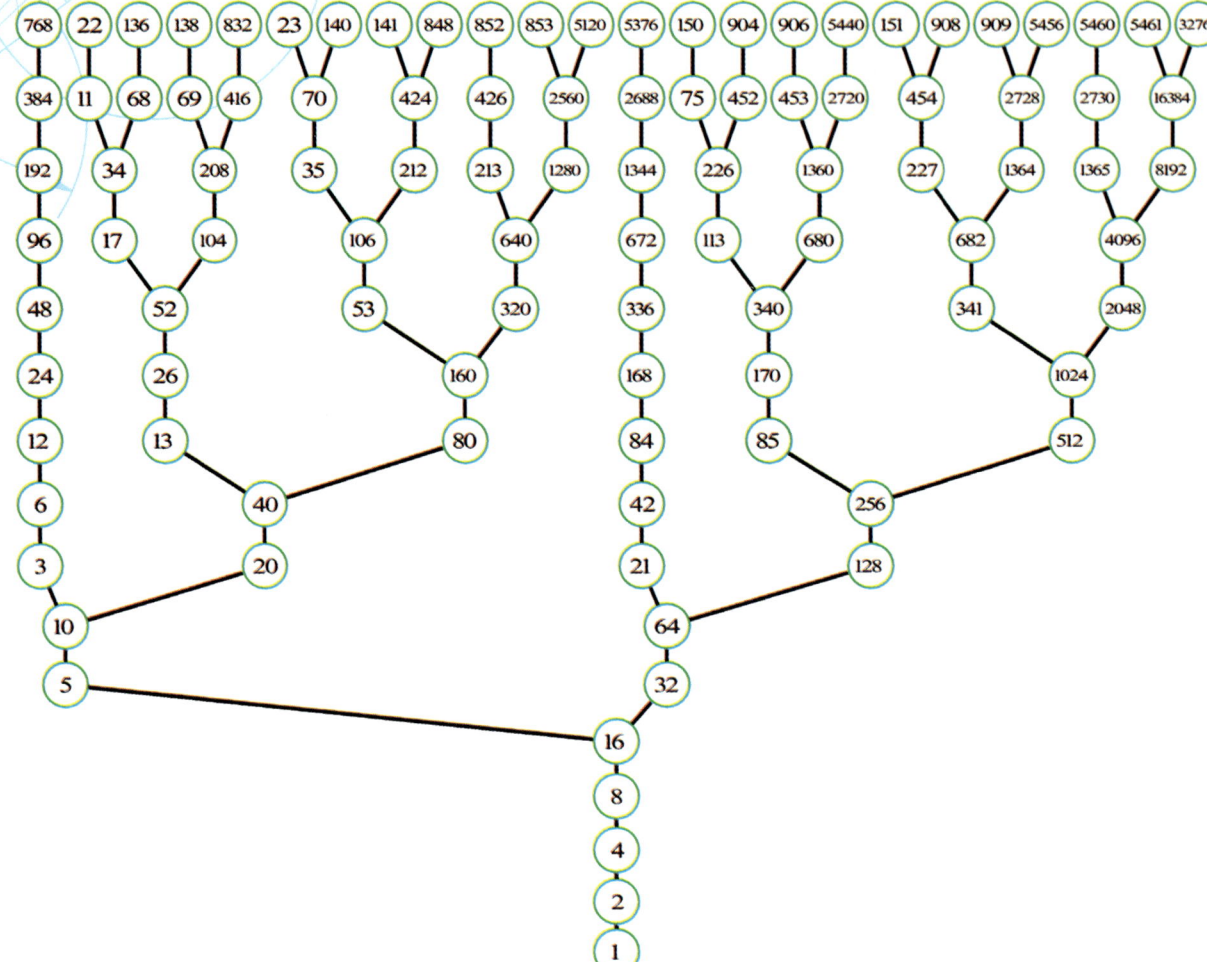

En 1937, **Lothar Collatz** (1910-1990) a émis une conjecture, dit conjecture de Syracuse, qui n'a pu encore être prouvée. Celle-ci postule que l'algorithme suivant aboutit toujours à 1, quelle que soit la valeur de a_0 (a_0 étant un entier naturel non nul).

$$a_{n+1} = \begin{cases} \frac{1}{2}a_n, & \text{lorsque } a_n \text{ est pair} \\ 3a_n + 1, & \text{lorsque } a_n \text{ est impair} \end{cases}$$

Essayons plusieurs valeurs initiales a_0, par exemple 768, 22 ou encore 136. Pour chacune, la suite définie par Collatz finit apparemment toujours par aboutir à la valeur 1, après quoi la suite de valeurs 1, 4, 2, 1, 4, 2,... se répète indéfiniment.

De combien d'étapes a-t-on besoin, lorsque la conjecture est vérifiée ?

Grâce à un ordinateur, nous pouvons tester si la suite aboutit à 1 en un nombre fini d'étapes. Les diagrammes ci-dessous présentent les résultats pour des valeurs de a_0 allant de 1 à 1 000 (à gauche) et de 1 à 10 000 (à droite) : on marque par un point vert le nombre d'étapes (en ordonnée) pour chaque nombre choisi (en abscisse). Nous obtenons ainsi des motifs intéressants – le nombre de pas nécessaires semble soumis à des régularités encore non expliquées.

Nous constatons aussi que lorsque a_0 augmente, le nombre de pas nécessaires augmente très lentement (un diagramme pour les premiers millions de nombres ne diffère pas beaucoup de celui-ci).

Malheureusement, une observation graphique ne pourra en aucun cas constituer une preuve mathématique de la conjecture de Syracuse.

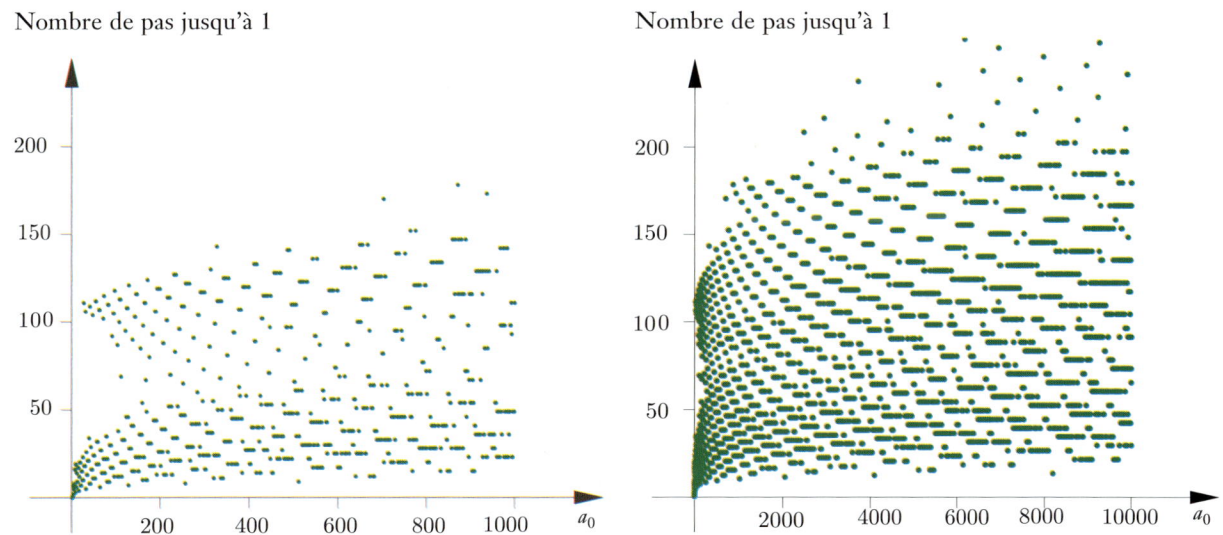

> J.-P. Delahaye, « La conjecture de Syracuse », *Pour la Science*, n° 247, mai 1998.
> Sur les origines et les approches du problème : *http://fr.wikipedia.org/wiki/Conjecture_de_Syracuse*.
> Sur le problème 3x+1 et ses généralisations : J. Lagarias : *www.cecm.sfu.ca/organics/papers/lagarias*.
> Un programme de A. Wassermann donnant les termes de la suite : *http://did.mat.uni-bayreuth.de/personen/wassermann/fun/3np1_e.html*.

Des dominos sur un échiquier
Certaines preuves sont tout simplement géniales

Parmi les plus beaux résultats des mathématiques figurent des théorèmes dont la démonstration semble d'une grande complexité au premier abord, et qui reposent pourtant sur un raisonnement très simple.

Si un domino a la taille de deux cases d'un quadrillage de 8 × 8 carrés, alors il en faut 32 pour en recouvrir complètement la surface. Le mathématicien se pose naturellement la question : avec 31 dominos, est-il possible de recouvrir toutes les cases sauf les deux cases diagonalement opposées ?

▲ ▶ **Quadrillages 8 x 8 et 4 x 4**
(problème à 31 et 7 dominos respectivement).

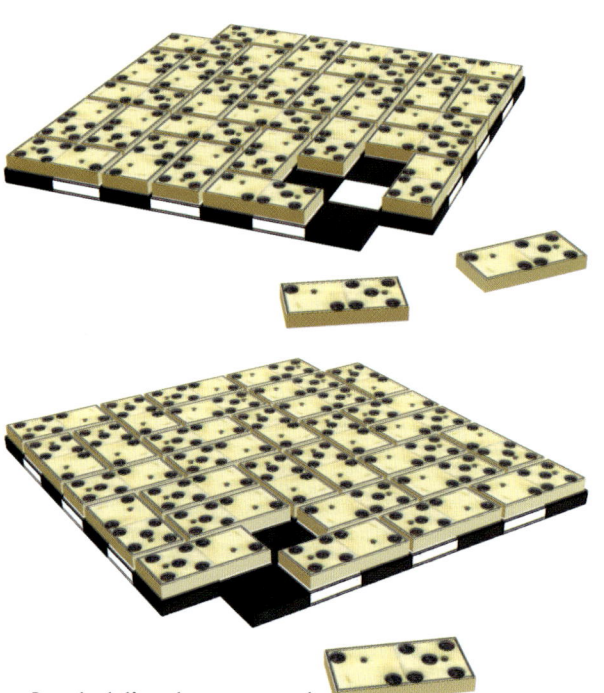

▲ **Deux tentatives de recouvrement.**

La première idée serait de tester sur un quadrillage plus petit (par exemple 4 × 4, voir ci-dessus). Mais à quoi cela servirait de montrer cette impossibilité dans des cas particuliers ?

La solution est aussi simple que géniale : à la place du quadrillage, considérons un damier constitué de cases noires et blanches alternées. Un domino recouvre toujours une case noire et une case blanche. Deux cases opposées sur une diagonale sont toujours de la même couleur – et voilà pourquoi le recouvrement est impossible !

L'intuition géniale de cette preuve consiste à remplacer l'expression « quadrillage de 8 × 8 carrés » par le mot « damier ». Inutile de dire qu'un vrai mathématicien se met tout de suite à imaginer des variantes en trois dimensions…

▶ Sur les pavages de dominos : *http://www.pourlascience.fr/ewb_pages/f/fiche-article-dominons-les-dominos-19649.php*.
▶ Démonstration pas à pas par N. Treitz : *www.mathe-online.at/materialien/matroid/files/schach/schachbrett.html#2*.
▶ S. Lloyd, M. Gardner, *Mathematical puzzles*, Dover Publications Inc., 1957.
▶ D'autres problèmes passionnants de pavage par des dominos : *http://villemin.gerard.free.fr/Puzzle/EchecPav.htm*.
http://images.math.cnrs.fr/Pavages-aleatoires-par-touillage.html.

Le théorème du sandwich

Comment partager équitablement?

Les mathématiciens semblent parfois ruminer de curieux «petits problèmes». Peut-on couper en une seule fois un sandwich de façon que le volume de ses deux tranches de pain et le volume de la couche de jambon soient divisés par deux?

La théorie correspondante est connue sous le nom de théorème de Stone-Tukey, d'après **Arthur H. Stone** (1916-2000) et **John W. Tukey** (1915-2000), ou bien, plus facile à retenir, sous «Théorème du sandwich au jambon» (*ham and cheese sandwich theorem*).

Le théorème fonctionne plus généralement dans l'espace de dimension n et stipule que l'on peut y couper n objets par un unique hyperplan (de dimension $n - 1$) en partageant chacun en deux parties de même volume. En dimension trois, on peut donc couper trois objets par un plan, de façon que les morceaux de part et d'autre du plan aient le même volume.

Nous pouvons vérifier le théorème sur un cas simple en coupant trois cubes en position quelconque par un plan qui passe par leurs trois centres. Mais le théorème fonctionne aussi pour des groupements bien plus complexes d'objets, comme le «petit coin café» sur l'image ci-dessus.

▲ **Partage équitable d'un sandwich au jambon et d'un «coin café».**

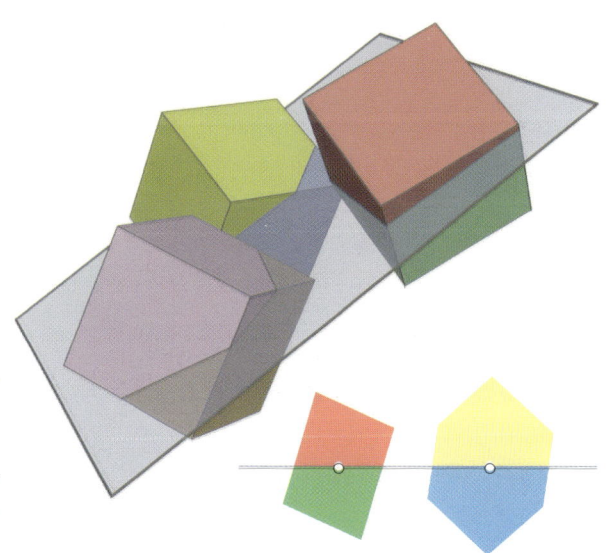

▶ **En dimension deux, le partage s'effectue par une ligne; en dimension trois, par un plan.**

▶ Quelques éléments de démonstration : *http://fr.wikipedia.org/wiki/Théorème_du_sandwich_au_jambon*.
▶ Steinhaus, Hugo, et al. «A note on the ham sandwich theorem», *Mathesis Polska*, 1938, 9, 26-28.
▶ W. A. Beyer, A. Zardecki, «The early history of the ham sandwich theorem», *American Mathem. Monthly* 111 (1) Jan. 2004, 58-61.

Le théorème de Pick

L'aire du domaine délimité par un polygone à coordonnées entières

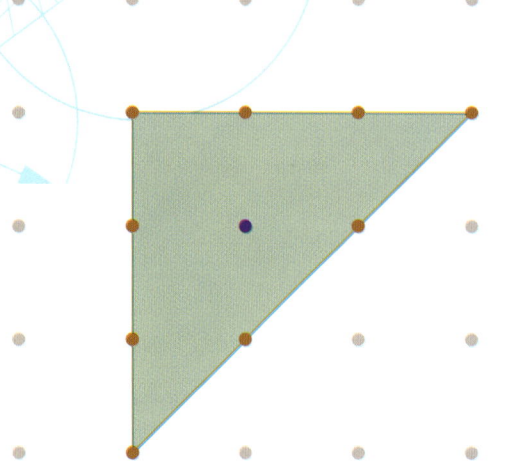

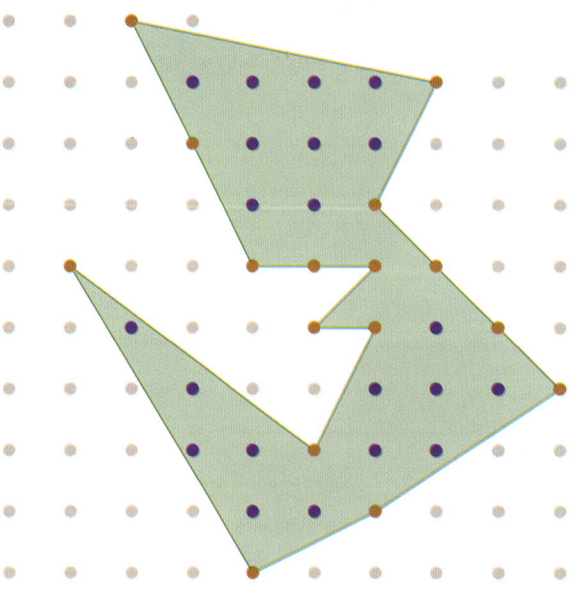

Georg Pick (1859-1942) a trouvé une méthode élégante pour calculer l'aire de polygones dont les sommets ont des coordonnées entières (polygones inscrits dans un quadrillage). L'aire $\mathcal{A}$ du polygone s'obtient à partir du nombre I des points du réseau à l'intérieur (ici, en bleu) et du nombre R des points sur les côtés du polygone (en rouge) :

$$\mathcal{A} = I + \frac{R}{2} - 1$$

Le polygone n'est pas nécessairement convexe, mais il ne doit pas comporter de recouvrements. Par exemple, l'aire du triangle rectangle ci-contre est 4,5 (soit $3 \times 3/2$), ce que l'on vérifie par le calcul :

$$I = 1 \; ; R = 9 \; \Rightarrow \; \mathcal{A} = 1 + \frac{9}{2} - 1 = 4,5$$

Pour la forme plus complexe, en bas :

$$I = 21 \; ; R = 16 \; \Rightarrow \; \mathcal{A} = 28$$

Le théorème est « additif » : si l'on ajoute les aires de deux polygones qui ont un côté commun, les points sur ce côté deviennent des points intérieurs. En décomposant judicieusement un polygone complexe, on arrive à des triangles rectangles pour lesquels le théorème est évident.

De ce théorème, nous déduisons par exemple qu'un triangle dont les sommets sont des points du quadrillage et qui ne contient aucun autre point du réseau, ni à l'intérieur, ni sur ses côtés a toujours une aire de 1/2.

On peut également recourir à ce théorème pour démontrer la formule d'Euler sur les polyèdres.

> La démonstration détaillée : *http://accromath.uqam.ca/contents/pdf/Pick.pdf.*
> Une animation interactive : *http://www.univ-rouen.fr/LMRS/Vulgarisation/Pick/Pick.html* et A. Bogomolny : *www.cut-the-knot.org/ctk/Pick_proof.shtml.*
> G. Pick, « Geometrisches zur Zahlenlehre », *Sitzungsberichte des Vereins „Lotos"* (Prag) 19 (1899), 311-319.
> Sur la formule d'Euler pour les polyèdres, voir : *http://ljk.imag.fr/membres/Bernard.Ycart/mel/ga/node24.html.*

La conjecture de Goldbach

« Tout nombre pair supérieur à 2 est somme de deux nombres premiers »

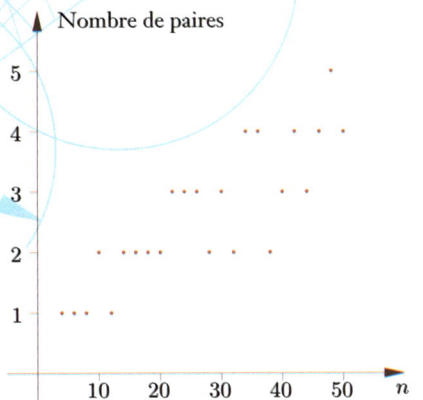

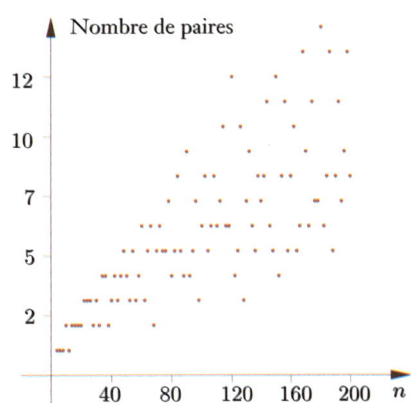

Cette conjecture émise par **Christian Goldbach** (1690-1764) a été vérifiée pour tous les nombres inférieurs ou égaux à $2 \cdot 10^{18}$. Cependant, elle ne reste qu'une conjecture, car elle n'a pas encore été définitivement prouvée, bien qu'entre-temps on ait offert à qui la démontrera une récompense d'un million de dollars.

On peut se demander, pour chaque nombre pair, combien de décompositions sont possibles. Par exemple, les nombres 10 et 22 peuvent s'écrire de deux et de trois façons différentes :

$$10 = 3 + 7 = 5 + 5 \qquad 22 = 3 + 19 = 5 + 17 = 11 + 11$$

Plus le nombre pair n est grand, plus il semble que le nombre de sommes possibles soit élevé. Pour les nombres jusqu'à $n = 50$, nous avons au maximum cinq de ces paires, pour le cas $n = 48$:

$$48 = 5 + 43 = 7 + 41 = 11 + 37 = 17 + 31 = 19 + 29$$

Les figures ci-dessus indiquent la quantité de paires de nombres premiers pour chaque nombre pair n de 2 à 5 000. Lorsque n augmente, le diagramme semble devenir régulier (à droite). Ainsi, pour les nombres pairs autour de 5 000, il y a toujours plus de 40 paires de nombres premiers. Qu'il y ait une exception (pas de paire) quelque part, pour une plus grande valeur de n, semble exclu, mais ce n'est pas prouvé. Une proposition moins forte fut formulée par **Leonhard Euler** : « Tout nombre impair supérieur à 5 peut s'écrire comme somme de trois nombres premiers », ce qui fut prouvé, en 1937, par **Yvan Matveyevich Vinogradov** (1891-1983) pour tous les nombres suffisamment grands.

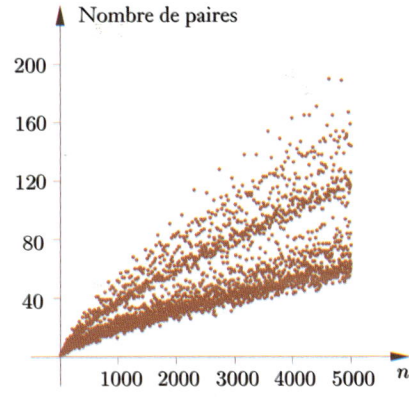

> Déterminer soi-même les décompositions de Goldbach : *http://www.dcode.fr/conjecture-goldbach* et *http://plus.maths.org/issue2/xfile/index.html*.
> Wikipedia : *http://fr.wikipedia.org/wiki/Conjecture_de_Goldbach*.
> A. Doxiadis, *Oncle Petros et la conjecture de Goldbach*, Seuil, 2002.
> Sur Terence Tao et la conjecture de Goldbach : *http://www.lifl.fr/~delahaye/pls/192.pdf*.
> Présentation de calculs informatiques de l'Université d'Aveiro, par T. Oliveira e Silva : *www.ieeta.pt/~tos/goldbach.html*.

La fonction Zêta de Riemann

en rapport avec les nombres premiers

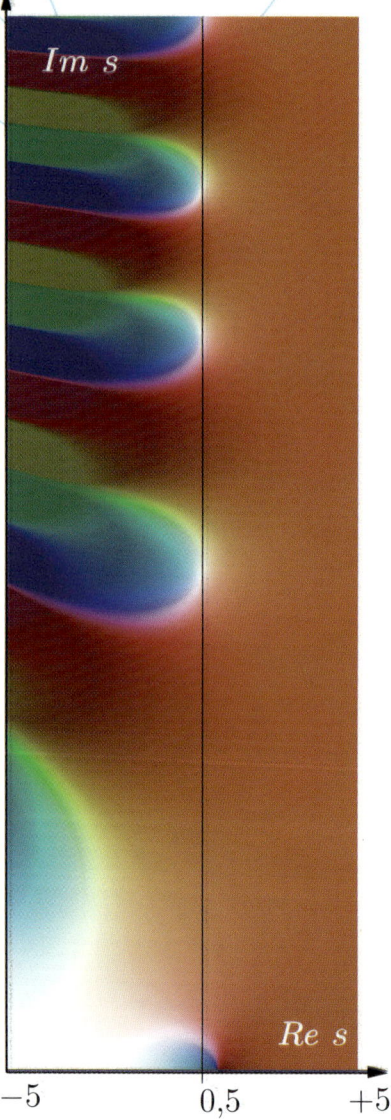

$$\zeta(s) = \sum_{n=1}^{\infty} \frac{1}{n^s} = \prod_{p \text{ premier}} \frac{1}{1 - p^{-s}} = \frac{1}{\left(1 - \frac{1}{2^s}\right)\left(1 - \frac{1}{3^s}\right)\left(1 - \frac{1}{5^s}\right)\cdots}$$

Les différentes expressions de la fonction Zêta de Riemann montrent son lien étroit avec la répartition des nombres premiers. L'expression sous forme de somme, à gauche, est valable uniquement pour Re(s) > 1. On peut aussi l'écrire sous forme d'une intégrale pour tous les s $\in \mathbb{C} \setminus \{1\}$.

La fonction Zêta de Riemann relie la théorie des fonctions et la théorie des nombres. Elle possède un pôle pour $s = 1$ et des zéros triviaux en

$$s = -2 \ ; -4 \ ; -6 \ \ldots$$

Bernhard Riemann (1826-1866) a émis la conjecture, non encore démontrée à ce jour, mais extrêmement vraisemblable, que les autres zéros peuvent s'écrire sous la forme

$$s = \frac{1}{2} + \mathrm{i}t \qquad (t \in \mathbb{R})$$

Nous pouvons en donner une image très parlante (page de droite) en étudiant les valeurs des parties réelles et imaginaires de la fonction Zêta $\zeta\left(\frac{1}{2} + \mathrm{i} \cdot t\right)$ autour de la « zone concernée » du plan complexe, pour t variant de 0 à 50.

◀ **Un mode de représentation par codage de couleurs, semblable au « coloriage du domaine ». L'argument et le module se traduisent par des variations de couleur et de clarté. Les points blancs marquent les points où la fonction s'annule.**

➤ S. Jonathan, E. W. Weisstein : *http://mathworld.wolfram.com/RiemannZetaFunction.html*.
➤ J.-P. Delahaye, *Merveilleux nombres premiers*, Belin - Pour la Science, 2013.
➤ Conférence par A. Chambert-Loir : *http://www.bnf.fr/fr/evenements_et_culture/anx_conferences_2011/a.c_110323_un_texte_un_mathematicien.html*.
➤ Sur les sept problèmes du millénaire : *Les grands problèmes mathématiques*, Dossier *Pour la Science*, n° 74, janvier-mars 2012.

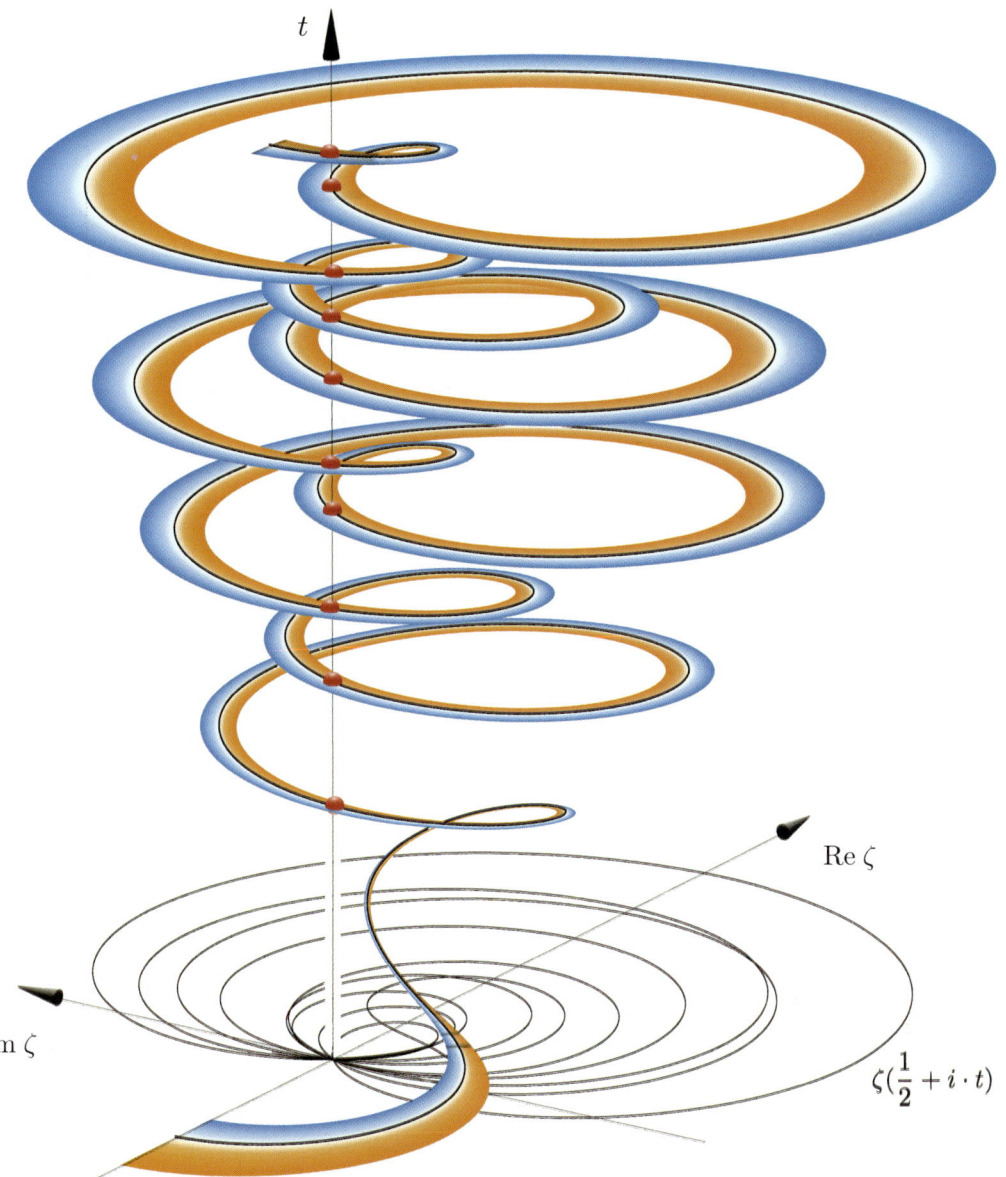

▲ **Représentation des valeurs de** ζ **en fonction de** s**. La partie réelle de** s**, codée en couleurs varie de 0,4 à 0,6. La partie imaginaire de** s**, variant de 0 à 50, est repérée verticalement. Les zéros de la fonction Zêta sont indiqués par des points rouges. Ils apparaissent pour** $Re(s) = 0,5$ **(courbes en noir, déployée en spirale ou représentée dans un plan).**

➤ Représentation en spirale par J. Brenner, K. Höllig, J. Hörner (Université de Stuttgart) : *http://mo.mathematik.uni-stuttgart.de/inhalt/beispiel/beispiel258.*
➤ Généralités sur la fonction : *http://fr.wikipedia.org/wiki/Fonction_zêta_de_Riemann.*

Formules et nombres

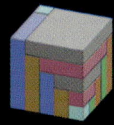

Au début des mathématiques il y avait le comptage,

avec le dénombrement d'un grand nombre fini d'objets.

Si pour cela les Romains pouvaient se contenter

d'une poignée de lettres (les chiffres romains),

de nombreux systèmes de numération aux propriétés

complexes furent créés par la suite.

Rien que la « simple » décomposition des entiers naturels

en produit de facteurs premiers est un problème actuel

de la théorie des nombres ayant des implications

sur la transmission sécurisée de messages codés.

$$
\begin{aligned}
1 \times 8 + 1 &= 9 \\
12 \times 8 + 2 &= 98 \\
123 \times 8 + 3 &= 987 \\
1234 \times 8 + 4 &= 9876 \\
12345 \times 8 + 5 &= 98765 \\
123456 \times 8 + 6 &= 987654 \\
1234567 \times 8 + 7 &= 9876543 \\
12345678 \times 8 + 8 &= 98765432 \\
123456789 \times 8 + 9 &= 987654321 \\
\\
9 \times 9 + 7 &= 88 \\
98 \times 9 + 6 &= 888 \\
987 \times 9 + 5 &= 8888 \\
9876 \times 9 + 4 &= 88888 \\
98765 \times 9 + 3 &= 888888 \\
987654 \times 9 + 2 &= 8888888 \\
9876543 \times 9 + 1 &= 88888888 \\
98765432 \times 9 + 0 &= 888888888 \\
\\
1 \times 9 + 2 &= 11 \\
12 \times 9 + 3 &= 111 \\
123 \times 9 + 4 &= 1111 \\
1234 \times 9 + 5 &= 11111 \\
12345 \times 9 + 6 &= 111111 \\
123456 \times 9 + 7 &= 1111111 \\
1234567 \times 9 + 8 &= 11111111 \\
12345678 \times 9 + 9 &= 111111111 \\
123456789 \times 9 + 10 &= 1111111111 \\
\\
1 \times 1 &= 1 \\
11 \times 11 &= 121 \\
111 \times 111 &= 12321 \\
1111 \times 1111 &= 1234321 \\
11111 \times 11111 &= 123454321 \\
111111 \times 111111 &= 12345654321 \\
1111111 \times 1111111 &= 1234567654321 \\
11111111 \times 11111111 &= 123456787654321 \\
111111111 \times 111111111 &= 12345678987654321
\end{aligned}
$$

La formule de sommation de Gauss

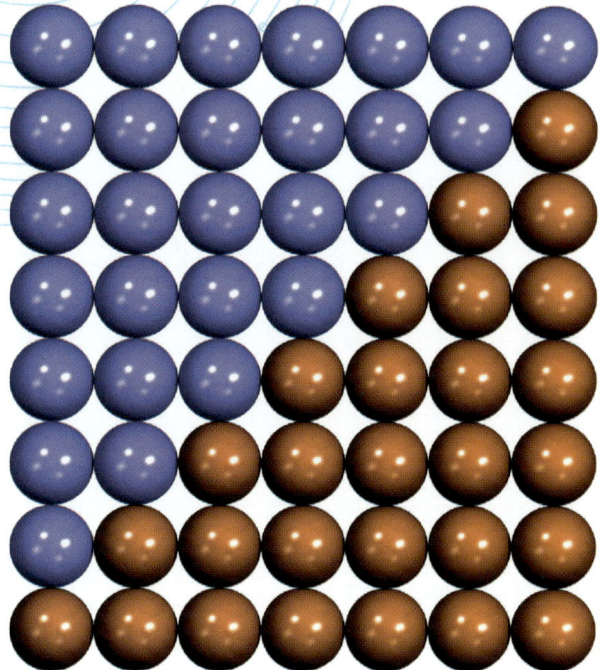

Peu de petites histoires mathématiques sont aussi connues que celle de **Carl Friedrich Gauss** (1777-1855), qui à neuf ans surprit son maître avec la formule donnant la somme des n premiers entiers naturels.

$$1 + 2 + \ldots + n = \frac{n(n+1)}{2}$$

Le jeune génie avait écrit l'une en dessous de l'autre deux listes de nombres, l'une croissante, l'autre décroissante de telle sorte qu'en ajoutant les deux lignes on obtienne n fois $(n + 1)$.

$$
\begin{array}{ccccccc}
1 & + & 2 & + \cdots + & (n-1) & + & n \\
n & + & (n-1) & + \cdots + & 2 & + & 1 \\
\hline
(n+1) & + & (n+1) & + \cdots + & (n+1) & + & (n+1)
\end{array}
$$

Ensuite, il ne reste plus qu'à diviser par 2, puisque les nombres sont écrits deux fois. Difficile de faire plus simple.

Représentons graphiquement le mode de pensée du jeune Gauss. Imaginons, comme sur la figure, des boules alignées sur n colonnes (coloriées en rouge), une boule sur la première colonne, deux sur la deuxième, etc. Complétons la dernière colonne par une boule bleue, l'avant-dernière par deux, etc. Combien nous faut-il de boules au total ? Il est clair qu'il faut autant de boules bleues que rouges et cela en fait : $n(n + 1)$.

La formule de sommation était connue depuis longtemps et était déjà courante chez les Grecs anciens. D'ailleurs, ces derniers savaient aussi additionner les carrés des n premiers nombres (voir page suivante).

➤ D'autres exemples de preuves sans mots : *http://fr.wikipedia.org/wiki/Preuve_sans_mots*.
➤ Différentes formules de somme utiles : *http://fr.wikipedia.org/wiki/Somme_(arithmétique)*.

Somme des carrés

Un petit emprunt à la mécanique

Usuellement, les formules comme celle de la somme des n premiers entiers naturels se démontrent par récurrence. Il est donc d'autant plus beau de remplacer la méthode classique par une démonstration «non orthodoxe».

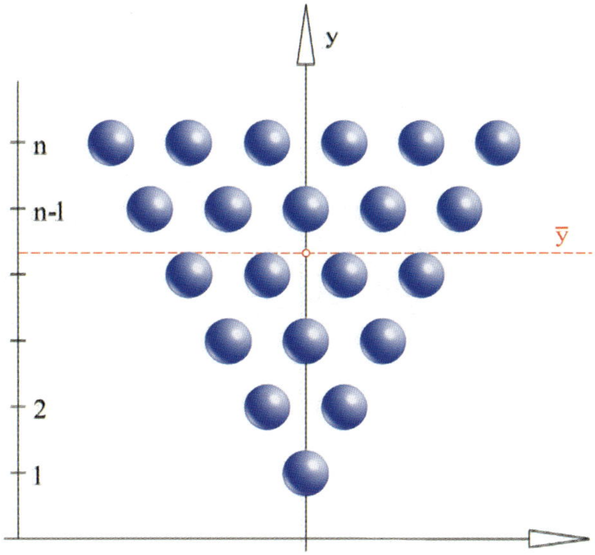

Un bel exemple est fourni par la somme des carrés des n premiers nombres. La formule est :

$$1^2 + 2^2 + \cdots + n^2 = \sum_{i=1}^{n} i^2 = \frac{1}{6}n(n+1)(2n+1)$$

Observons la disposition ci-contre de

$$1 + 2 + \cdots + n = \frac{n(n+1)}{2} = N$$

« boules-unité » de masse $m_i = 1$ et d'ordonnée y_i, i variant de 1 à N. Ces boules forment un triangle équilatéral (nous avons démontré la formule donnant le nombre de boules à la page précédente). Le centre de gravité de ce triangle, qui pour des raisons de symétrie coïncide avec le centre d'inertie du groupe de boules, possède dans notre repère l'ordonnée

$$\overline{y} = 1 + \frac{2}{3}(n-1) = \frac{2n+1}{3}$$

(le centre de gravité est aux 2/3 des médianes). Par ailleurs, d'après le principe du levier d'Archimède, toutes les forces sont en équilibre lorsque l'on concentre la masse au centre de gravité. On en déduit la relation sur les ordonnées :

$$\sum_{i=1}^{N} m_i \cdot (y_i - \overline{y}) = 0$$

$$\sum_{i=1}^{N} m_i y_i = \overline{y} \sum_{i=1}^{N} m_i$$

$$1 \times 1 + 2 \times 2 + \cdots n \times n = \overline{y} \sum_{i=1}^{N} m_i$$

$$\sum_{i=1}^{N} i^2 = \frac{2n+1}{3} \cdot \frac{n(n+1)}{2}$$

▷ J.-P. Delahaye, « Les preuves sans mots », *Pour la Science*, n° 244, Février 1998 : *http://www2.lifl.fr/~delahaye/pls/050.pdf*.
▷ R. B. Nelson, *Proofs without Words : Exercises in Visual Thinking (Classroom Resource Materials)*, The Mathematical Association of America, 1993.

…la preuve fonctionne aussi avec des cubes de construction

La preuve donnée à la page précédente pour la somme des n premiers carrés est très élégante. Une alternative est fournie par **Gerd Baron** sous une forme géométrique facile à comprendre.

Prenons n éléments constitués chacun de trois blocs identiques dont les longueurs des arêtes sont i, $i + 1$ et 1, et rangeons-les comme indiqué sur la série d'images du haut. Tous les blocs réunis constituent un cube dont la longueur du côté est $n + 1$, à condition de combler les $n + 1$ trous par des «cubes-unité» (en bleu). On en retire l'égalité des volumes :

$$(n+1)^3 = 3\sum_{i=1}^{n} 1 \cdot i \cdot (i+1) + (n+1) \cdot 1^3$$

$$= 3\sum_{i=1}^{n} i^2 + 3\sum_{i=1}^{n} i + (n+1)$$

$$= 3\sum_{i=1}^{n} i^2 + \frac{3}{2} n \cdot (n+1) + (n+1)$$

D'où $\displaystyle\sum_{i=1}^{n} i^2 = \frac{n}{6}(n+1)(2n+1)$

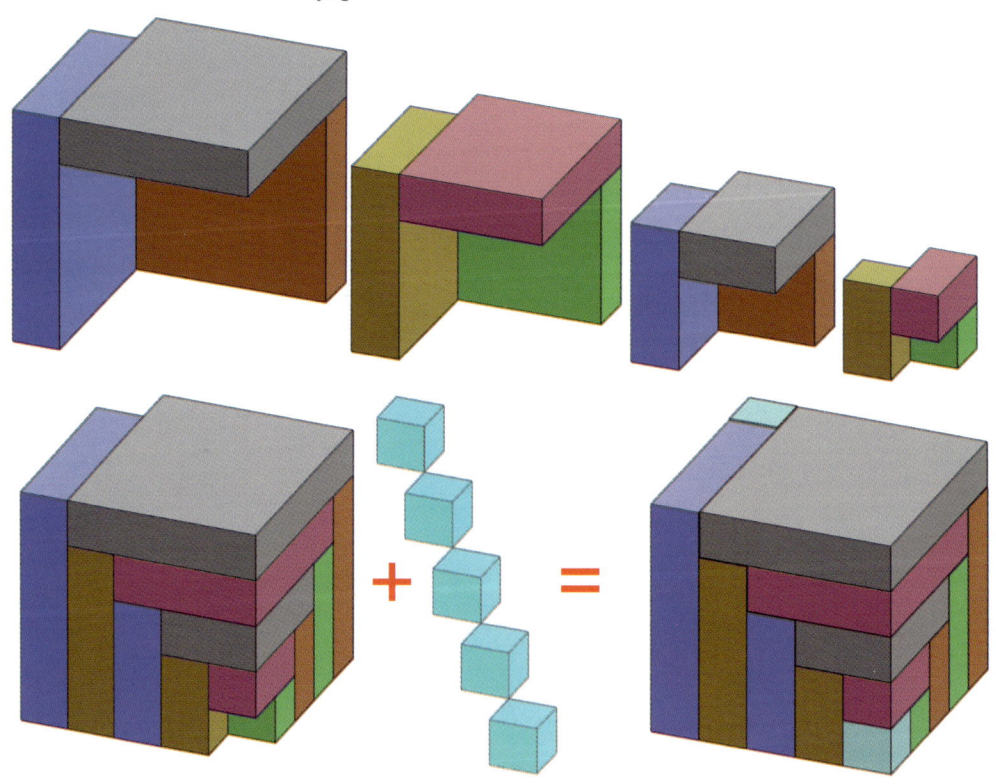

> Sur les preuves sans mots : *http://accromath.uqam.ca/contents/pdf/Preuves-sans-mots.pdf*.

Somme de fractions

pour le plaisir

Nous voulons prouver que:

$$\sum_{k=1}^{\infty} \frac{1}{4^k} = \frac{1}{4} + \left(\frac{1}{4}\right)^2 + \left(\frac{1}{4}\right)^3 + \cdots = \frac{1}{3}$$

Sur l'image ci-contre, partageons le carré unité en quatre carrés identiques et colorions le carré en bas à gauche (un quart de la surface).

Les carrés en haut à gauche et en bas à droite restant inchangés, répétons à nouveau le procédé dans le carré en haut à droite. Par rapport à la «surface déjà traitée» (trois quarts), un tiers est coloré. À l'étape suivante, nous colorions à nouveau un tiers, etc. La surface traitée converge ainsi vers 1, ce qui fait que la surface coloriée converge vers un tiers.

Nous pouvons échafauder une autre preuve géométrique en traçant un triangle équilatéral d'aire 1 puis, en divisant les côtés en deux, nous le partageons en quatre triangles identiques d'aire 1/4. Le triangle central est colorié, ceux de gauche et de droite restent tels quels et le triangle du haut est partagé exactement comme avant, etc. Ici aussi, la surface coloriée représente chaque fois le tiers de la «surface traitée».

La démonstration classique utilise la formule connue pour la somme des termes d'une suite géométrique:

$$q^0 + q^1 + q^2 + q^3 + \cdots = \frac{1}{1-q} \text{ si } |q| < 1$$

d'où:

$$q + q^2 + q^3 + \cdots = \frac{q}{1-q}$$

Pour $q = \frac{1}{4}$ on obtient ainsi: $\displaystyle\sum_{k=1}^{\infty} \frac{1}{4^k} = \frac{1}{3}$.

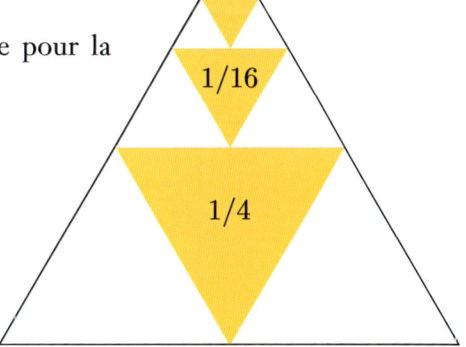

▶ Sur les suites géométriques: *http://fr.wikipedia.org/wiki/Suite_géométrique*.
▶ R. B. Nelson, *Proofs Without Words II: More Exercises in Visual Thinking (Classroom Resource Materials)*, The Mathematical Association of America.
▶ Attention cependant aux raisonnements géométriques avec passage à la limite, voir: *http://maths.ac-amiens.fr/spip.php?article187*.

Le triangle de Pascal
sous une loupe spéciale

Le triangle de Pascal contient les coefficients du développement d'un binôme élevé à la puissance n. Les nombres de la n-ième ligne du triangle sont les coefficients $\binom{n}{k}$, k variant de 1 à n, du développement de $(a+b)^n$:

$$(a+b)^n = \binom{n}{0} a^n b^0 + \binom{n}{1} a^{n-1} b^1 + \binom{n}{2} a^{n-2} b^2 + \cdots + \cdots + \binom{n}{n-1} a^1 b^{n-1} + \binom{n}{n} a^0 b^n$$

```
          1
        1   1
      1   2   1
    1   3   3   1
  1   4   6   4   1
1   5  10  10   5   1
1  6  15  20  15   6   1
1 7  21  35  35  21  7  1
: : : : : : : : :
```

En Occident, le triangle porte le nom de **Blaise Pascal** (1623-1662), mais les astronomes perses et les mathématiciens chinois connaissaient déjà cette disposition depuis plusieurs siècles. Nous pouvons construire facilement le triangle sans connaître les coefficients binomiaux : en effet, les nombres sont disposés dans le triangle de telle façon que chaque nombre est la somme des deux nombres situés au-dessus de lui.

On commence par placer le 1 dans la première ligne et deux 1 dans la deuxième ligne. Chaque ligne a un nombre de plus que la ligne immédiatement supérieure : on calcule les sommes puis on ajoute deux 1 à gauche et à droite.

Lorsque l'on soumet les nombres du triangle de Pascal aux congruences[1], on obtient des motifs intéressants.

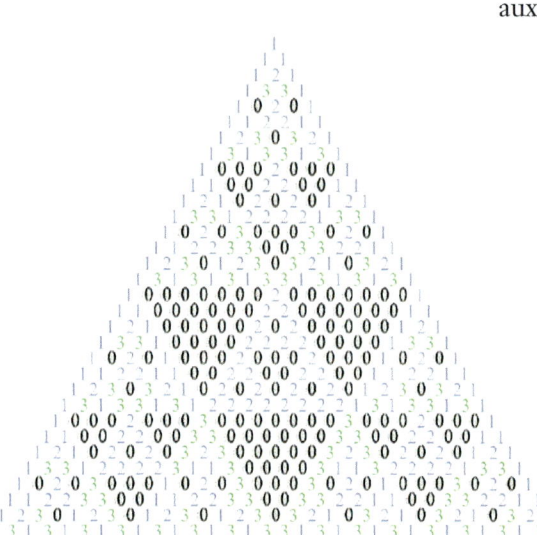

Pour cela, remplaçons chaque nombre par le reste de leur division euclidienne par une constante donnée. Si l'on colorie ces restes, on repère des régularités. Dans l'image de gauche, on a choisi la division euclidienne par 4 (modulo 4).

Les images de la page suivante montrent des triangles de Pascal « modulo n » calculés et construits à l'ordinateur. Ils font penser à des pyramides et les motifs commencent à se répéter de façon fractale, quel que soit le nombre de base du modulo. La version modulo 2, qui revient à colorier les nombres impairs et à laisser blancs les nombres pairs, donne une approximation du fameux triangle de Sierpinski.

---

1. Deux entiers relatifs sont congrus modulo n s'ils ont le même reste dans la division euclidienne par n. On peut aussi dire qu'ils sont congrus modulo n si leur différence est un multiple de n.

▶ Wikipedia : *http://fr.wikipedia.org/wiki/Triangle_de_Pascal* et *http://fr.wikipedia.org/wiki/Coefficient_binomial*.
▶ J. H. Conway, R. K. Guy, *Le livre des Nombres*, Éditions Eyrolles, 1998.
▶ « Quoi de neuf sur le Triangle de Pascal ? » : *http://videocampus.univ-bpclermont.fr/?v=QbDmUsT2VsSf*.
▶ J. H. Conway, R. K. Guy, *Zahlenzauber – von natürlichen, imaginären und sonstigen Zahlen*, Birkhäuser Verlag 1997.

Vie intérieure d'une pyramide

▲ Modulo 2

▲ Modulo 3

▲ Modulo 7

▲ Modulo 19

➤ Sur le triangle de Sierpinski : *http://www.mathcurve.com/fractals/sierpinski/sierpinskitriangle.shtml*.
http://en.wikipedia.org/wiki/Sierpinski_Triangle.
➤ Générateur interactif de triangles de Pascal « modulo *n* », par A. Bogomolny : *www.cut-the-knot.org/Curriculum/Algebra/DotPatterns.shtml*.
➤ Des propriétés étonnantes du triangle de Pascal : *www.mathforum.org/workshops/usi/pascal/pascal_numberpatterns.html*.

Pascal et Fibonacci

Des liens qui méritent d'être soulignés

```
                              1                                      Σ = 1
                       2    1         1                             Σ = 1
                  5    3      1        1                            Σ = 2
             13    8    1        2       1                          Σ = 4
        34   21     1      3        3      1                        Σ = 8
     89   55     1      4      6       4       1                    Σ = 16
  144     1      5     10      10      5       1                    Σ = 32
       1     6     15     20     15      6       1                  Σ = 64
     1     7     21     35     35     21      7      1              Σ = 128
   1     8     28     56     70     56     28     8      1          Σ = 256
 1    9     36     84    126    126    84     36     9      1       Σ = 512
1   10    45    120   210   252   210   120    45    10    1        Σ = 1024
1   11   55    165   330   462   462   330   165    55    11    1   Σ = 2048
1  12   66    220   495   792   924   792   495   220   66    12   1   Σ = 4096
```

Nous n'en avons pas encore fini avec les bizarreries du triangle de Pascal : en additionnant tous les nombres de chaque ligne, on obtient une puissance de deux, ce qui s'explique par le fait que pour $a = b = 1$ on a :

$$(1 + 1)^n = \sum_{k=1}^{n} \binom{n}{k}.$$

Autre surprise : si, comme sur la figure, nous additionnons les nombres suivant la direction des flèches, nous obtenons les termes de la suite de Fibonacci, qui croit essentiellement de façon exponentielle. Chaque terme de la suite est la somme des deux termes qui le précèdent. Les nombres du triangle situés sur ces directions diagonales sont représentés de la même couleur.

> Pour Pascal et Fibonacci : *http://algor.chez.com/math/fibo.htm*.

Pyramides de Pascal
avec coefficients trinomiaux

$$(a + b + c)^t = \sum_{i,j,k} T_{ijk}\, a^i\, b^j\, c^k$$

$$n = i + j + k, \quad i, j, k \geq 0$$

$$T_{ijk} = \frac{n!}{i!j!k!} = \binom{n}{k}\binom{n-k}{i}$$

$$T_{ijk} = T_{i-1jk} + T_{ij-1k} + T_{ijk-1}$$

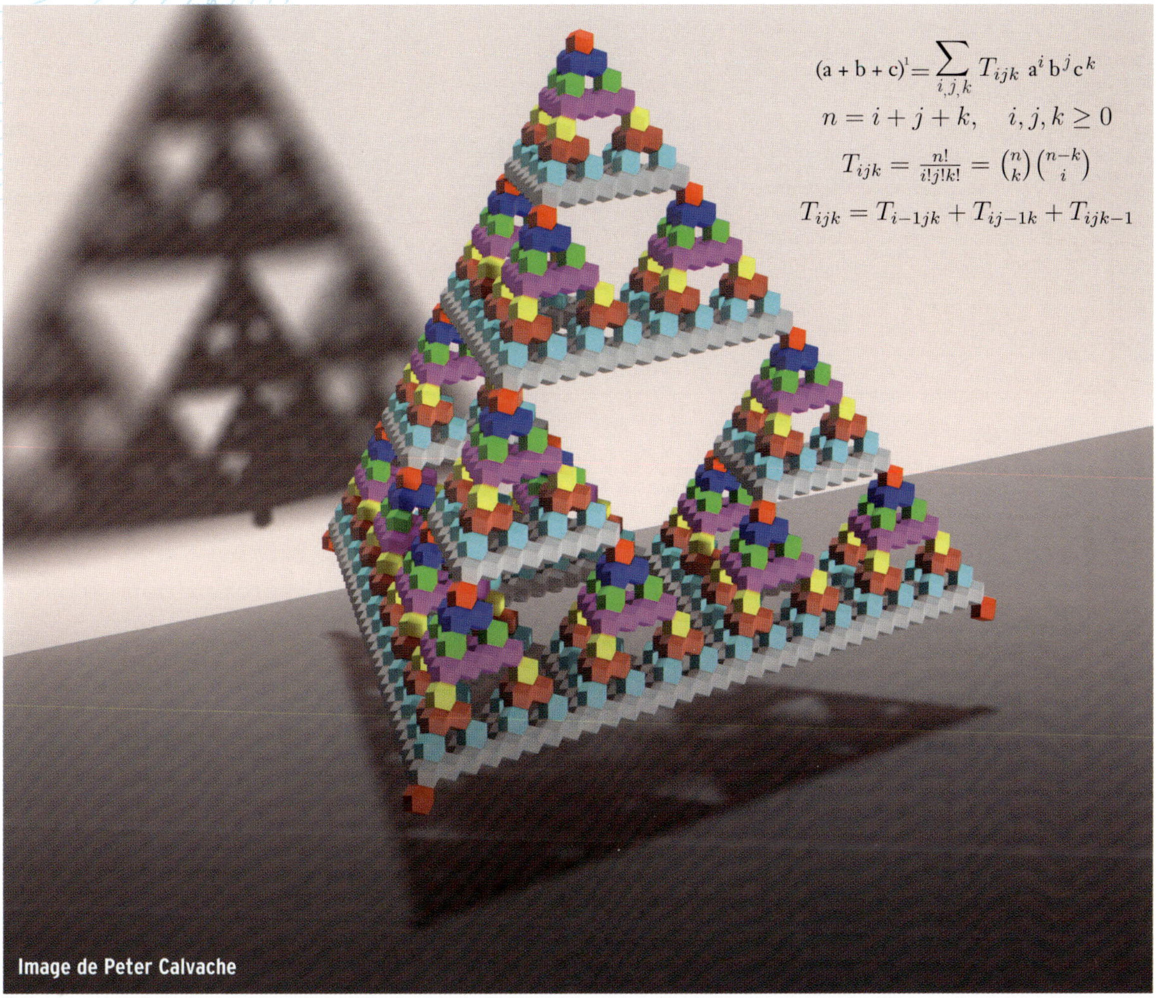

Image de Peter Calvache

Le triangle de Pascal peut servir d'aide-mémoire pour les coefficients binomiaux de l'expression $(a + b)^n$. Les coefficients trinomiaux T du développement de $(a + b + c)^n$ sont calculés par la formule de récurrence indiquée sur l'image. Nous pouvons en donner une visualisation dans l'espace en les positionnant de façon pyramidale. Si nous colorions chaque coefficient selon la valeur du reste de sa division euclidienne par un nombre donné, et que nous enlevons les coefficients congrus à 0, nous obtenons des trous répartis de façon fractale dans la pyramide.

> Sur la pyramide de Pascal : *http://fr.wikipedia.org/wiki/Pyramide_de_Pascal*.

Évaluation de la répartition des nombres premiers

C'est ce que permet le théorème des nombres premiers…

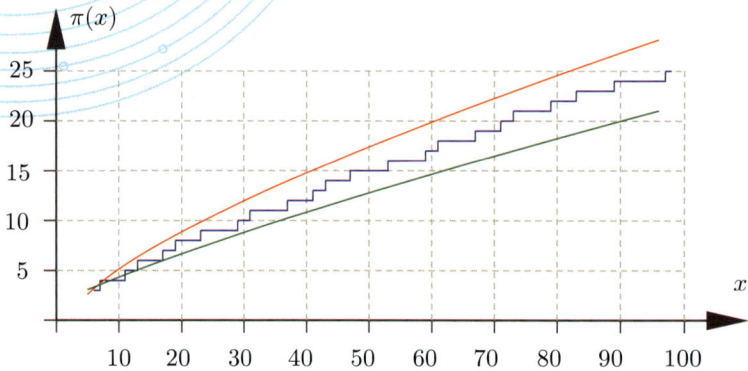

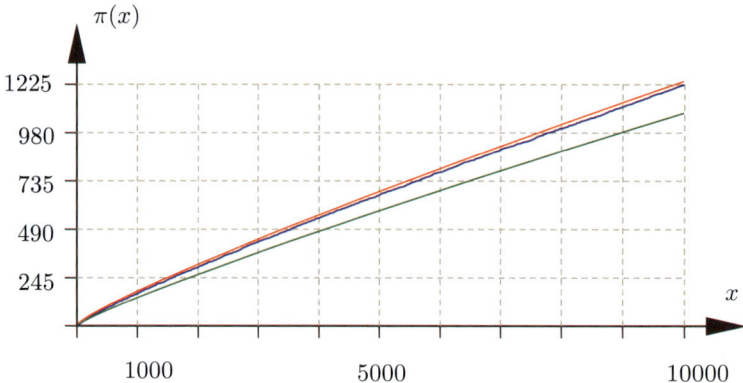

Les nombres premiers sont des entiers naturels qui ne sont divisibles que par 1 et par eux-mêmes. Euclide a démontré qu'il existe une infinité de nombres premiers.

Mais peut-on évaluer, pour un entier naturel donné x, le nombre $\pi(x)$ des nombres premiers inférieurs ou égaux à x? **Carl Friedrich Gauss** et **Adrien-Marie Legendre** (1752-1833) sont arrivés à l'approximation (courbe verte):

$$\pi(x) \approx \frac{x}{\ln x}$$

La formule fut améliorée plus tard (courbe rouge) par:

$$\pi(x) \approx \sum_{2}^{x} \frac{1}{\ln x} \approx \int_{2}^{x} \frac{dx}{\ln x}$$

Pour $x = 10\,000$, l'écart entre la formule améliorée et le nombre exact ($1\,229$) n'est de guère plus de 1 %.

Le théorème des nombres premiers, démontré vers 1900 par les mathématiciens Hadamard et de la Vallée Poussin, affirme que:

$$\lim_{x \to \infty} \frac{\pi(x)}{x \,/\, \ln(x)} = 1$$

➤ J. Hadamard, «Sur La distribution des zéros de la fonction et ses conséquences arithmétiques », *Bull. Soc. math. France* 24, 199-220, 1896.
➤ Sur le théorème des nombres premiers: *http://villemin.gerard.free.fr/Wwwgvmm/Premier/densite.htm*.
➤ Preuve qu'il existe une infinité de nombres premiers par F. Embacher, P. Oberhuemer: *www.mathe-online.at/mathint/zahlen/i_unendlprimz.html*.

La spirale d'Ulam et les nombres premiers

Motifs de nombres premiers

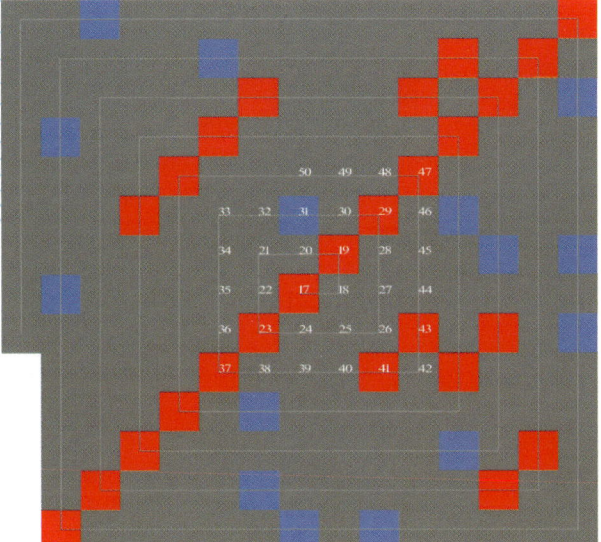
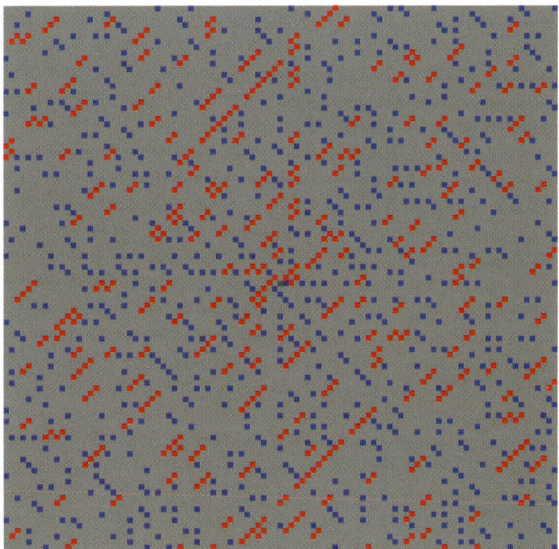

En 1963, lors d'une conférence visiblement peu passionnante, **Stanislas Ulam** (1909-1984) gribouilla sur une feuille les nombres entiers naturels en les disposant en spirale comme sur la figure en haut à gauche. Il marqua ensuite les nombres premiers. Comme nous le voyons, les nombres premiers ont tendance à se trouver sur des diagonales. Sur l'image, les nombres premiers situés sur les diagonales pointant vers le haut à droite sont marqués en rouge, les autres nombres premiers sont en bleu. Si nous continuons la spirale pour des nombres plus grands, cette impression persiste. De plus, nous remarquons que les nombres premiers se regroupent aussi sur des lignes horizontales ou verticales. Cela est dû au fait qu'il existe quelques nombres entiers a, b, c permettant d'écrire de nombreux nombres premiers sous la forme $an^2 + bn + c$. **Leonhard Euler** (1707-1783) avait déjà découvert que la formule $n^2 + n + 17$ $(0 \leq n \leq 15)$ fournissait les nombres premiers 17, 19, 23, 29, 37, 47, 59, 73, 89, 107, 127, 149, 173, 199, 227 et 257. Ces derniers sont tous rassemblés sur une diagonale de la spirale d'Ulam. Euler avait remarqué un résultat similaire pour $n^2 - n + 41$ $(0 \leq n \leq 40)$. Avec cette formule, pour $n < 1\,000$, environ un nombre calculé sur deux est premier! D'autres formules avec des valeurs différentes de a, b et c ont été trouvées par Ulam.

> Comparaison de différentes formules : *http://villemin.gerard.free.fr/Wwwgvmm/Premier/formu41.htm*.
> J.-P. Delahaye, « Les chasseurs de nombres premiers », *Pour la science*, avril 1999.
> M. Stein, S. M. Ulam, « An Observation on the Distribution of Primes », *American Mathemathics Monthly* 74, S. 43-44 (1967).
> Sur la spirale d'Ulam : *http://fr.wikipedia.org/wiki/Spirale_d'Ulam*.
> Différents liens, par M. Watkins : *www.secamlocal.ex.ac.uk/people/staff/mrwatkin/zeta/ulam.htm*.
> Des polygones générateurs de nombres premiers, Univ. of Exeter E. W. Weisstein : *http://mathworld.wolfram.com/Prime-GeneratingPolynomial.html*.

Combien existe-t-il de nombres ?

De l'infini dénombrable et non dénombrable

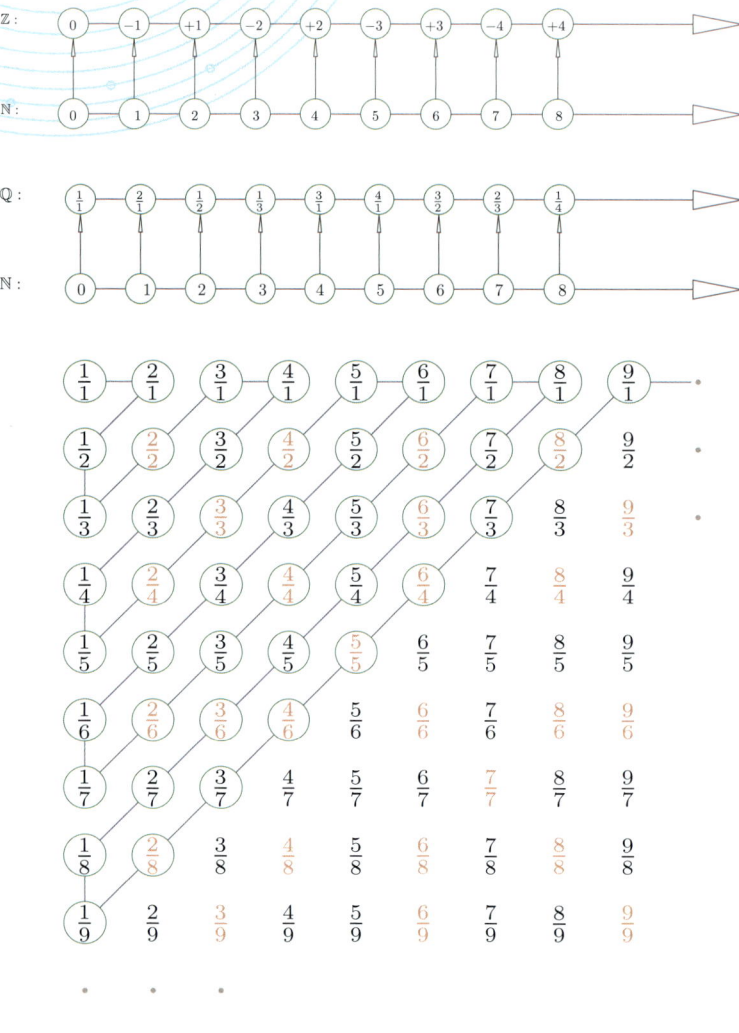

Nombres fractionnaires dans un carré, d'après Georg Cantor.

Supposons que nous voulions numéroter les nombres entiers relatifs (positifs ou négatifs). Pour cela, rangeons tous les nombres entiers à la suite comme indiqué sur l'image de droite et numérotons-les à l'aide des entiers naturels. Nous dirons qu'il existe une infinité dénombrable de nombres entiers. En anglais, on dit « *countable* », donc que l'on peut compter, éventuellement numéroter.

Que dire maintenant de l'ensemble des nombres fractionnaires (nombres rationnels) ? Est-il dénombrable ? L'agencement dans la figure de gauche illustre l'idée que **Georg Cantor** (1845-1918) a eue pour résoudre ce problème.

Cantor a rangé les nombres fractionnaires en carré et enfilé ensuite les fractions en diagonale comme un collier de perles. En principe, nous devons enlever les fractions simplifiables marquées en rouge, parce qu'elles apparaissent déjà dans le décompte.

Par cette méthode, Cantor montre que l'ensemble des nombres rationnels est dénombrable. On pourrait alors penser que tous les ensembles infinis le sont, et qu'il n'existe donc qu'un type d'infini. Mais ce n'est pas le cas, car Cantor démontra que les nombres réels ne sont pas dénombrables. Limitons-nous à l'intervalle semi-ouvert $[0 \, ; 1[$ et appliquons la démonstration par l'absurde de Cantor.

Supposons que l'ensemble des réels est dénombrable, c'est-à-dire que nous pouvons ranger tous les nombres x_i en une liste (infinie), par exemple :

$$1^{er} \text{ nombre}: x_1 = 0, \color{red}{x_{11}} \color{black}{x_{12}} \, x_{13} \, \ldots$$
$$2^{e} \text{ nombre}: x_2 = 0, x_{21} \, \color{red}{x_{22}} \color{black}{x_{23}} \, \ldots$$
$$3^{e} \text{ nombre}: x_3 = 0, x_{31} \, x_{32} \, \color{red}{x_{33}} \color{black}{\ldots}$$

x_{ij} étant la j-ième décimale du i-ème nombre x_i de la liste.

Nous pourrions alors construire un nouveau nombre réel

$$y = 0, y_1 y_2 y_3 \ldots \in [0,1[$$

de la façon suivante. Considérons la première décimale de x_1 : si c'est un 5 nous écrivons pour la première décimale de y_1 un 8 ($y_2 = 8$) ; sinon, nous écrivons 5 ($y_2 = 5$). De cette façon y_1 est différent de x_1 puisqu'ils diffèrent au moins sur la première décimale. Considérons maintenant la deuxième décimale de x_2 et procédons de la même façon : si $x_{22} = 5$ alors $y_2 = 8$, sinon $y_2 = 5$. Nous fabriquons ainsi le nombre y en changeant systématiquement la valeur de chaque décimale le long de la diagonale dans la liste.

0,**8**0705262...
0,6**2**707075...
0,22**2**51264...
0,671**5**6690...
0,5338**0**327...
0,91177**4**49...
0,11976**5**59...
0,73906476

.,.........
0,**55585585**...

▲ Les chiffres verts ont été obtenus par la méthode de Cantor en considérant les chiffres en caractères gras de la liste de nombres ci-dessus.

Le nombre ainsi créé diffère au moins sur une décimale de chacun des nombres de la liste. Cela signifie que y est différent de tous les nombres x_i de la liste. Cela prouve que la liste n'est pas complète.

Comme ce raisonnement s'applique à une liste quelconque, l'hypothèse que l'ensemble des réels de $[0 ; 1[$ est dénombrable est fausse. Nous avons démontré que l'infini des nombres réels n'est pas dénombrable. La démonstration ci-dessus est incomplète, puisque plusieurs suites de décimales peuvent représenter le même nombre réel (0,4999 ... et 0,5000...). Mais elle peut être complétée moyennant un peu de technicité.

Il existe donc plusieurs «grades» dans l'infini : le cardinal de $\mathbb{N}$ et de tout ensemble infini dénombrable est ainsi noté $\aleph_0$, et le cardinal de $\mathbb{R}$, $\aleph_1$. En 1878, Cantor introduisit l'hypothèse du continu : il n'existe aucun ensemble dont le cardinal se situe entre celui des nombres entiers et celui des nombres réels. À la fin du XIXe siècle, ce problème était si brûlant que Hilbert l'a placé en tête de sa liste de problèmes mathématiques. Plus tard, on reconnut que l'hypothèse du continu est indécidable dans le cadre de la théorie des ensembles.

❯ G. Cantor, « Uber eine elementare Frage der Mannigfaltigkeitslehre », *Jahresbericht der Deutsch. Math. Vereinig.* Bd I, S.75-78, 1890-91.
❯ Sur la vie de Cantor : *http://www-groups.dcs.st-and.ac.uk/history/Mathematicians/Cantor.html* et *http://fr.wikipedia.org/wiki/Georg_Cantor*.

Formules de fous pour calculer π

Elles ont occupé les plus grands mathématiciens

Le nombre π donne le demi-périmètre et l'aire du disque-unité. Il sert donc à calculer le périmètre et l'aire de disques de rayons quelconques.

Le problème de la quadrature du cercle est bien connu : peut-on construire à la règle et au compas un carré dont l'aire est égale à celle d'un disque donné ? En d'autres termes, peut-on construire la racine carrée de π ? La réponse a tardé, mais depuis la démonstration de la transcendance de π par **Ferdinand von Lindemann** (1852-1939) en 1882, on sait que c'est impossible.

Archimède était arrivé à calculer π avec une bonne précision en encadrant un cercle entre deux polygones à 96 côtés. Il avait ainsi obtenu :

$$3{,}1408\ldots = 3\frac{10}{71} < \pi < 3\frac{1}{7} = 3{,}1428\ldots$$

En 1596, **Ludolph van Ceulen** (1540-1610) calcula π de manière semblable avec 20 premières décimales exactes. **Isaac Newton** (1642-1727) découvrit les formules :

$$\pi = 6 \sum_{n=0}^{\infty} \frac{(2n)!}{2^{4n+1}(n!)^2(2n+1)},$$

$$\pi = 4 - \sum_{n=1}^{\infty} \frac{(2n-2)!n}{2^{2n-3}(n!)^2(2n+1)}$$

Gottfried W. Leibniz (1646-1716) trouva les relations déjà plus « praticables » :

$$\pi = 4 \sum_{n=0}^{\infty} \frac{(-1)^n}{(2n+1)}$$
$$= 4 \left(1 - \frac{1}{3} + \frac{1}{5} - \frac{1}{7} + \cdots \right)$$
$$\pi = 8 \sum_{n=1}^{\infty} \frac{1}{(4n+1)(4n+3)}$$
$$= 8 \left(\frac{1}{1\times 3} + \frac{1}{3\times 5} + \frac{1}{5\times 7} + \cdots \right)$$

Leonhard Euler (1707-1783) trouva de nouvelles formules :

$$\pi = \sqrt{6 \sum_{n=0}^{\infty} \frac{1}{n^2}}$$
$$\pi = 4 + \sum_{n=1}^{\infty} \frac{8}{1 - 16n^2}$$
$$\pi = 2 \sum_{n=0}^{\infty} \frac{2^n (n!)^2}{(2n+1)!}$$

En 1770, **Johann Heinrich Lambert** (1728-1777) donna explicitement la suite de fractions :

$$\frac{4}{\pi} = 1 + \cfrac{1^2}{3 + \cfrac{2^2}{5 + \cfrac{3^2}{7 + \cfrac{4^2}{9 + \cfrac{5^2}{11 + \cfrac{6^2}{\ddots}}}}}}$$

> L'univers de π par B. Gourévitch : *http://www.pi314.net/*.
> La course au calcul des décimales : *http://www.clubic.com/insolite/actualite-357102-5000-decimales-pi-calculees-ordinateur.html*.
> Approximation du nombre π par M. Peter : *www.lacim.uqam.ca/~plouffe/articles/archigreg.pdf*.

Carl Friedrich Gauss déduisit de la série de Taylor de la fonction arctangente la formule suivante :

$$\pi = 4 \sum_{n=0}^{\infty} \frac{(-1)^n}{(2n+1)} \left(12 \left(\frac{1}{18} \right)^{2n+1} + 8 \left(\frac{1}{57} \right)^{2n+1} - 5 \left(\frac{1}{239} \right)^{2n+1} \right)$$

Voici seulement quelques-unes des nombreuses formules découvertes depuis.

Srinivasa Ramanujan (1887-1920) :

$$\frac{1}{\pi} = \sum_{n=0}^{\infty} \frac{((2n)!)^3 (42n+5)}{2^{12n+4} (n!)^6}, \qquad \pi = 4 \left(\sum_{n=0}^{\infty} \frac{(-1)^n (4n)! (1123 + 21460n)}{2^{10n+1} (n!)^4 (441)^{2n+1}} \right)^{-1}$$

$$\pi = \frac{9801}{\sqrt{8}} \left(\sum_{n=0}^{\infty} \frac{(4n)! (1103 + 26390n)}{(n!)^4 396^{4n}} \right)^{-1}$$

Bill Gosper :

$$\pi = 3 + \frac{1}{60} \left(8 + \frac{2 \cdot 3}{7 \cdot 8 \cdot 3} \left(13 + \frac{3 \cdot 5}{10 \cdot 11 \cdot 3} \left(18 + \frac{4 \cdot 7}{13 \cdot 14 \cdot 3} (\cdots) \right) \right) \right)$$

$$= 3 + 2 \sum_{n=0}^{\infty} \frac{n(5n+3)(2n-1)(n!)}{2^{n-1}(3n+2)!}$$

Jonathan Borwein et **Peter Borwein :**

$$\pi = \frac{1}{12} \left(\sum_{n=0}^{\infty} \frac{(-1)^n (6n)! (212175710912 \sqrt{61} + 1657145277365) + (13773980892672 \sqrt{61} + 107578229802750)n}{(3n)! (n!)^3 (5280(236674 + 30303 \sqrt{61}))^{3n+3/2}} \right)$$

David H. Bailey, **Peter Borwein** et **Simon Plouffe** (1996) :

$$\pi = \sum_{n=0}^{\infty} \frac{1}{16^n} \left(\frac{4}{8n+1} - \frac{2}{8n+4} - \frac{1}{8n+5} - \frac{1}{8n+6} \right)$$

Simon Plouffe :

$$\pi = \sum_{n=0}^{\infty} \frac{1}{16^n} \left(\frac{4+8z}{8n+1} - \frac{8z}{8n+2} - \frac{4z}{8n+3} - \frac{2+8z}{8n+4} - \frac{1+2z}{8n+5} - \frac{1+2z}{8n+6} + \frac{z}{8n+7} \right) \text{pour tous les } z \in \mathbb{C}.$$

> J.-P. Delahaye, *Le fascinant nombre π*, Belin, 1997.
> Talking about Pi : *www.cecm.sfu.ca/~jborwein/pi_cover.html*.
> « Le quadrillionième chiffre de π en binaire est 0 », par P. Borwein : *www.cecm.sfu.ca/personal/pborwein/SLIDES/PI2000.pdf*.

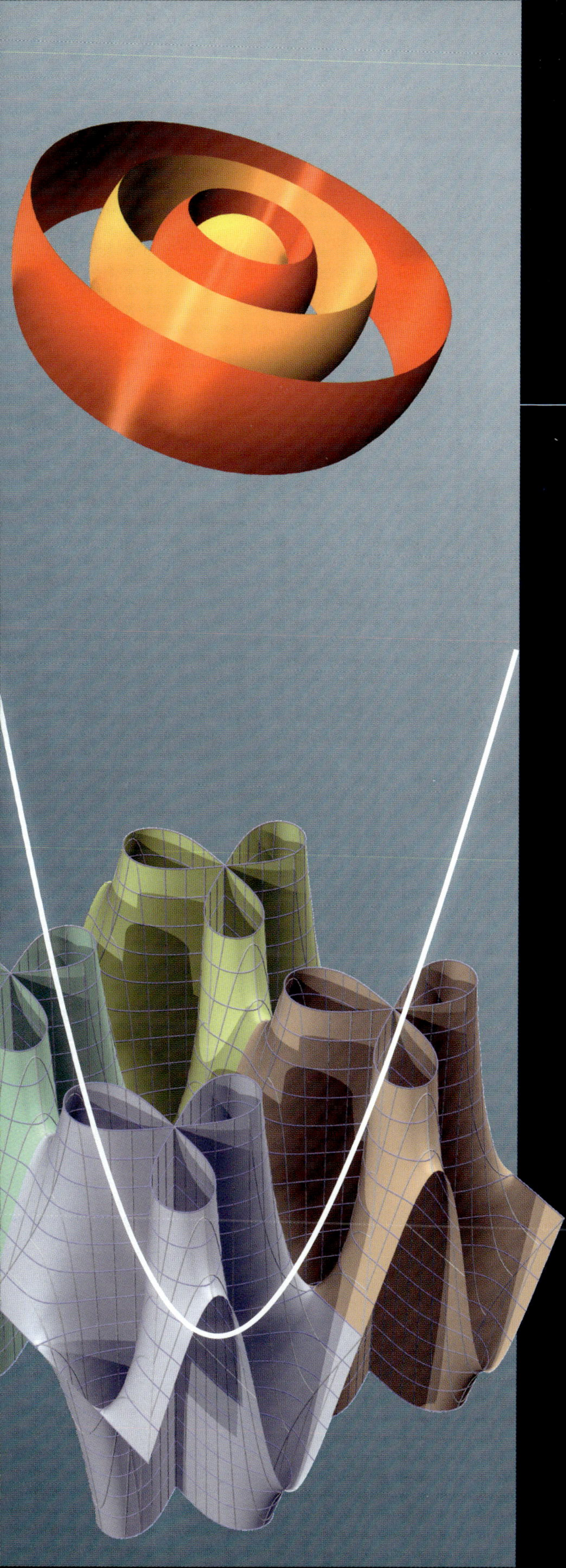

Fonctions et limites

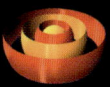

L'analyse, aujourd'hui l'un des domaines fondamentaux
des mathématiques, a émergé grâce aux idées de Leibniz
et Newton sur le calcul infinitésimal.

Travailler avec des grandeurs infiniment petites,
étudier des fonctions, les dériver et les intégrer,
ce sont les spécialités de l'analyse. C'est ici que
ε et δ œuvrent pour permettre la recherche des limites
de suites infinies et de fonctions.

Fonctions non différentiables

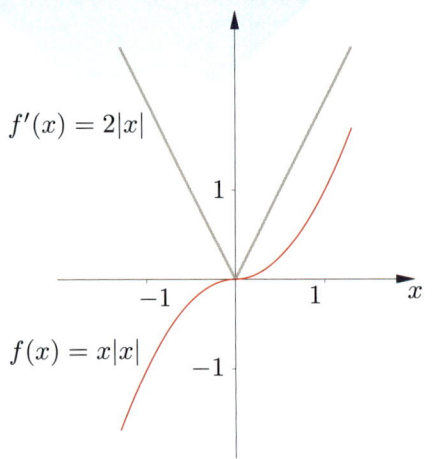

$f'(x) = 2|x|$

$f(x) = x|x|$

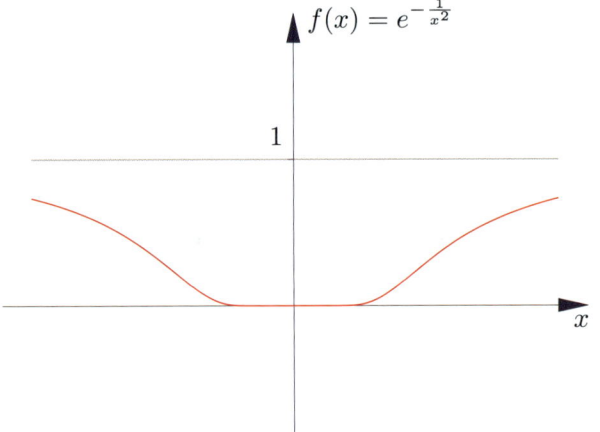

$f(x) = e^{-\frac{1}{x^2}}$

Lorsque l'on se restreint à des intervalles (ouverts) adéquats, les fonctions rationnelles, les racines, les exponentielles, les logarithmes, les fonctions trigonométriques ainsi que leurs réciproques sont des fonctions indéfiniment dérivables.

Si la représentation graphique d'une fonction est constituée de plusieurs morceaux « accolés », comme la fonction représentée en rouge ci-contre, il est possible que la représentation graphique de la dérivée ait un point anguleux à la jonction (fonction en vert). Nous disons alors que la fonction n'a pas une courbure continue au point de raccord. En effet, c'est la dérivée seconde qui mesure la courbure, et comme la fonction dérivée n'est pas dérivable en ce point, la dérivée seconde pose des problèmes.

Si la dérivée seconde existe et change de signe en un point, alors il y a au moins un point d'inflexion à cet endroit. Si les dérivées d'ordre supérieur s'annulent aussi, alors il s'agit d'un point d'inflexion ou d'un point col/selle d'ordre supérieur. Pour les courbes transcendantes, comme dans le cas de la fonction remarquable

$$f(x) = e^{-\frac{1}{x^2}}$$

on peut voir apparaître un point-selle « d'ordre infini ». Pour toutes les valeurs de x dont la valeur absolue est inférieure à 0,2, la valeur de $f(x)$ a au moins dix zéros après la virgule. C'est pour cela qu'à l'œil nu, le graphe, au voisinage de 0, est indiscernable d'une droite !

➤ Sur les points d'inflexion : *http://fr.wikipedia.org/wiki/Point_d'inflexion*
➤ Sur la vie de Weierstrass et la fonction de Weierstrass : *http://www-history.mcs.st-andrews.ac.uk/Biographies/Weierstrass.html* et *http://fr.wikipedia.org/wiki/Fonction_de_Weierstrass*
➤ Sur la vie de Bolzano : *http://fr.wikipedia.org/wiki/Bernard_Bolzano* et *http://www-history.mcs.st-andrews.ac.uk/Biographies/Bolzano.html*

Ce qui dans la pratique du calcul est souvent implicitement supposé peut constituer un défi pour le théoricien.

Par exemple, la fonction f ci-contre – produit d'une fonction polynomiale, x^2, par une fonction sinus, $\sin(1/x)$ – est continue et même partout dérivable lorsqu'on la prolonge en posant $f(0) = 0$. Sa dérivée, en revanche, n'est pas continue en 0.

La fonction ci-contre est encore plus « pathologique »: son nombre d'ondulations échappe à tout contrôle au voisinage de 0. Sa dérivée f' n'est d'ailleurs même pas bornée.

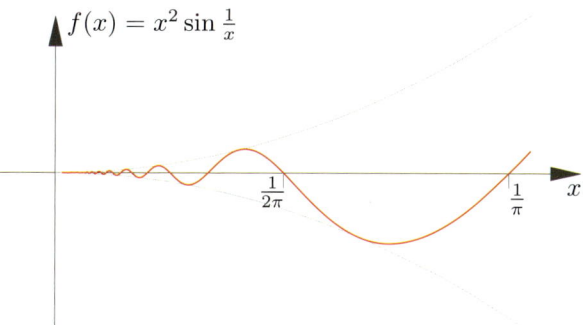

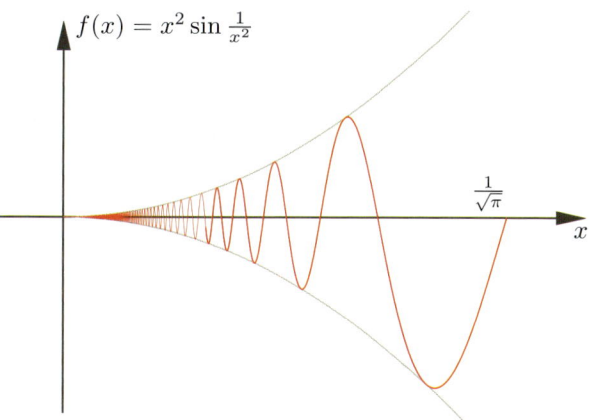

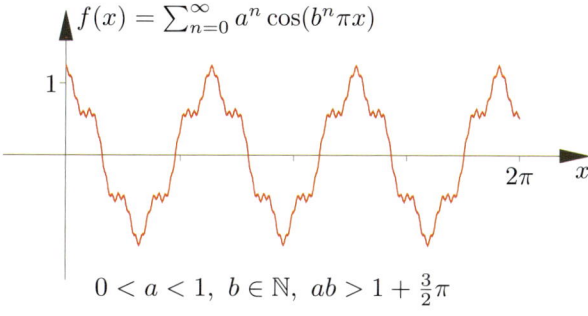

$$0 < a < 1, \ b \in \mathbb{N}, \ ab > 1 + \tfrac{3}{2}\pi$$

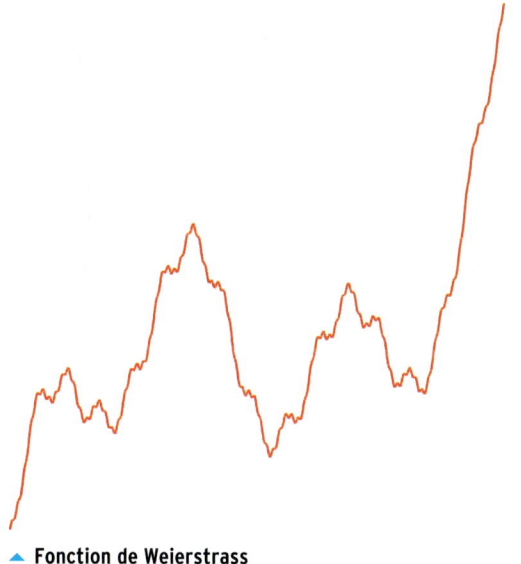

▲ **Fonction de Weierstrass**

En 1872, **Karl Weierstrass** (1815-1897) a trouvé une fonction partout continue, mais qui n'est dérivable en aucun point (un exemple antérieur est dû à **Bernard Bolzano**) et qui manifeste un comportement fractal: quel que soit l'agrandissement, la portion de graphe visualisée ne devient jamais lisse.

Le développement en série de Taylor

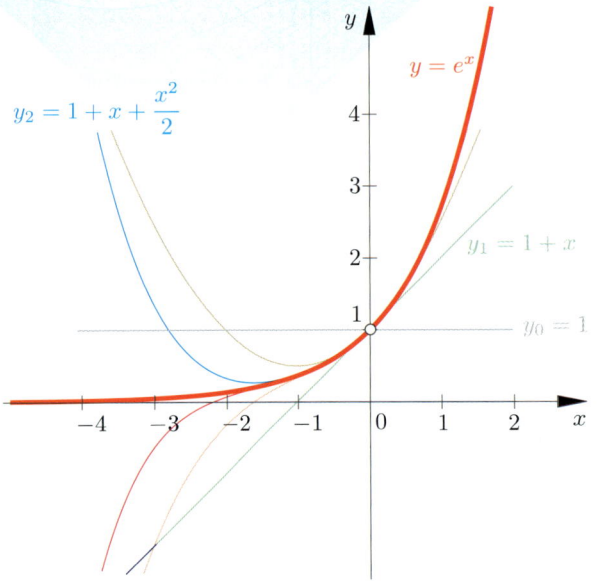

Au début du XVIIIe siècle, **Brook Taylor** (1685-1731) a établi la célèbre formule :

$$f(x) = \sum_{n=0}^{\infty} \frac{f^{(n)}(a)}{n!}(x-a)^n$$

Cette formule permet d'exprimer une fonction sous forme d'une série. Par exemple, au « point de développement » $a = 0$, les développements associés à la fonction exponentielle et à la fonction sinus sont les séries suivantes :

$$e^x = 1 + x + \frac{x^2}{2!} + \frac{x^3}{3!} + \frac{x^4}{4!} \cdots$$

$$\sin x = x - \frac{x^3}{3!} + \frac{x^5}{5!} - \frac{x^7}{7!} + \cdots$$

La formule de Taylor fonctionne aussi pour des fonctions de variable complexe !

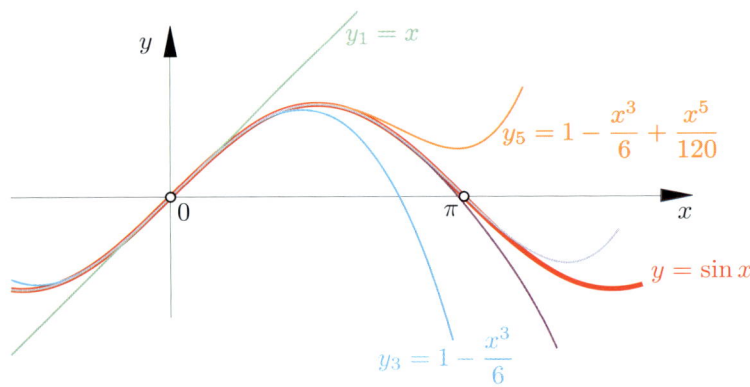

Si nous nous arrêtons aux premiers termes de la série, nous obtenons des approximations polynomiales. Les deux graphiques illustrent à quoi ressemblent ces polynômes (dans le cas des fonctions e^x et $\sin x$) lorsque nous nous arrêtons « avant la fin ». Au voisinage du point de développement, les polynômes de faible degré ne se distinguent pratiquement pas de la fonction.

Si nous nous éloignons sur l'axe des abscisses, les approximations n'ont cependant presque plus rien de commun avec la fonction limite.

➤ Sur le théorème et les séries de Taylor : *http://fr.wikipedia.org/wiki/Théorème_de_Taylor* et *http://fr.wikipedia.org/wiki/Série_de_Taylor*
➤ Sur la vie de Brook Taylor : *http://www-history.mcs.st-andrews.ac.uk/Biographies/Taylor.html*

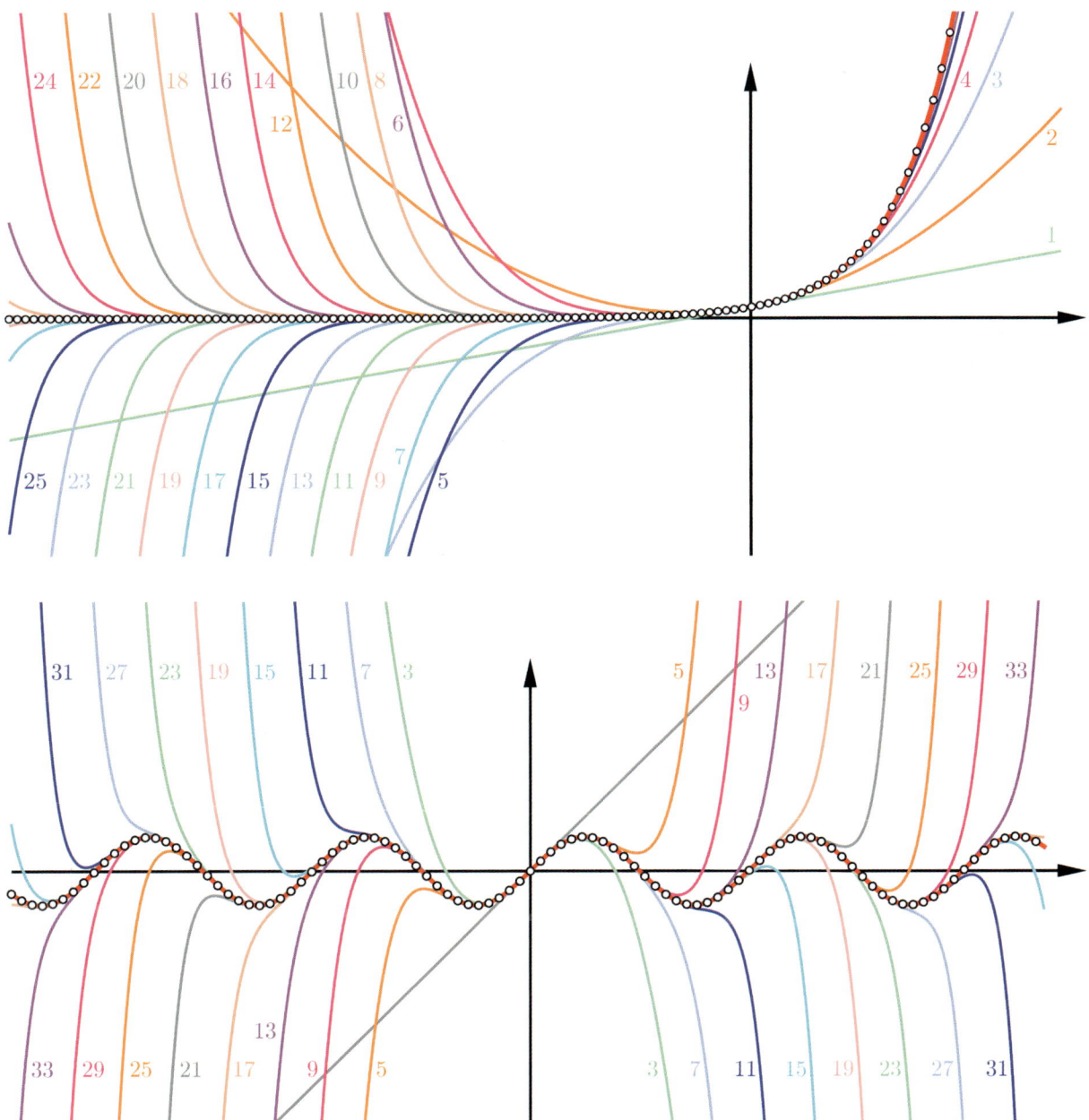

Les graphiques ci-dessus montrent l'approximation de la fonction exponentielle (en haut) et de la fonction sinus (en bas) par des polynômes de degré de plus en plus élevé (le degré est indiqué à côté de la courbe). Les fonctions restent collées de plus en plus longtemps à la fonction limite, mais en divergent abruptement lorsque le terme d'exposant le plus élevé, $|x^n/n!|$ pour le degré n, n'est pas assez petit. Par exemple, la valeur de $|x^{30}/30!|$ est inférieure à 10^{-10} pour $|x| < 5{,}5$ mais augmente ensuite fortement.

Séries de Fourier et signaux périodiques
Codage des signaux

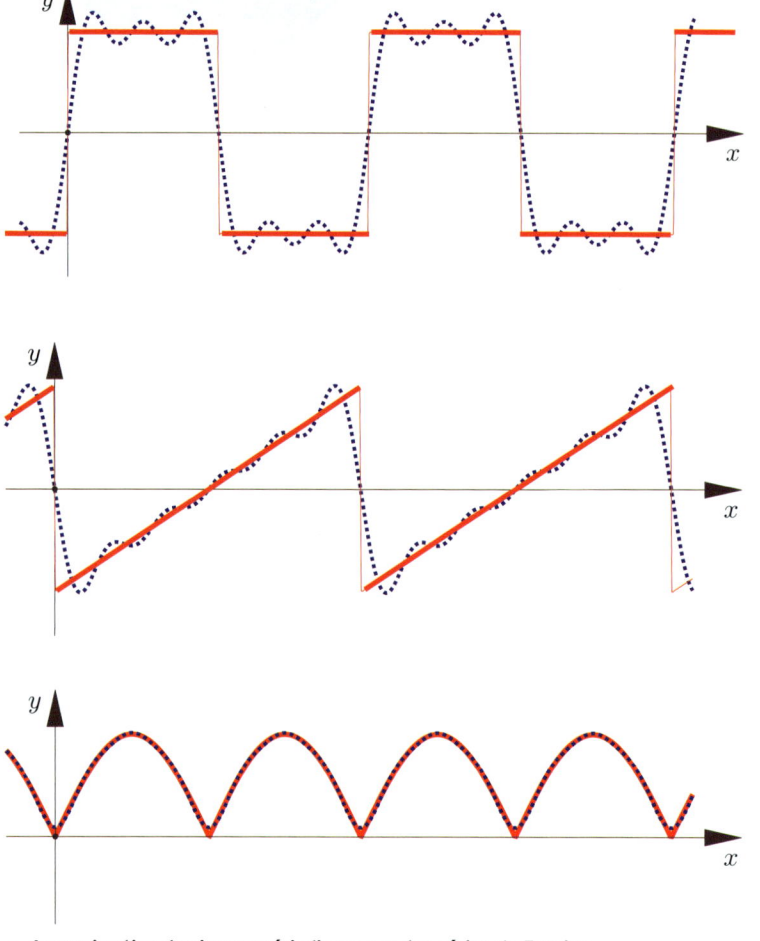

▲ **Approximation de signaux périodiques par des séries de Fourier.**

En mathématiques, en physique et en théorie du signal, les fonctions périodiques jouent un rôle très important. **Joseph Fourier** (1768-1830) a montré que les fonctions lisses, mais même les fonctions discontinues peuvent être approchées par des sommes de fonctions sinus et cosinus.

Dans les trois exemples issus de l'électrotechnique (signal rectangulaire, signal en dents de scie et signal sinusoïdal, en rouge), nous avons représenté en pointillés bleus une approximation du signal par un développement en série de Fourier. L'utilisation de ce développement est un avantage énorme : nous pouvons coder de façon efficace les signaux continus périodiques. Par ailleurs, nous pouvons mener de calculs avec des fonctions non continues ou non différentiables de la façon usuelle.

Au voisinage des points de discontinuité (voir images du haut et du milieu), des variations d'amplitudes proportionnelles à la hauteur du saut apparaissent de façon typique dans les séries de Fourier. En effet, la série ne converge plus régulièrement à ces endroits, mais seulement ponctuellement. Ce phénomène étudié par le physicien **Willard Gibbs** a de fortes répercussions dans le traitement du signal.

➤ Sur la vie de J. Fourier : *http://fr.wikipedia.org/wiki/Joseph_Fourier*
et *http://www-history.mcs.st-andrews.ac.uk/Mathematicians/Fourier.html*
➤ Jean Dhombres et Jean-Bernard Robert, *Fourier, créateur de la physique mathématique*, collection « Un savant, une époque », Belin, 1998.
➤ Œuvres de Fourier par Gaston Darboux : *http://gallica.bnf.fr/ark:/12148/bpt6k33707*
➤ Phénomène de Gibbs : *http://fr.wikipedia.org/wiki/Phénomène_de_Gibbs*
➤ Programme d'analyse harmonique par P. Falstadt : *www.falstad.com/fourier*

Différentielle partielle ou totale

Interprétation géométrique

En chaque point d'une surface lisse d'équation $z = f(x, y)$ passe, dans chaque direction, une courbe lisse. Les vecteurs tangents à ces courbes lisses sont obtenus par les dérivées partielles en x et y qui déterminent entièrement le plan tangent. Nous y trouvons toutes les tangentes aux sections verticales dans toutes les directions. Nous dirons alors que la fonction admet une différentielle totale.

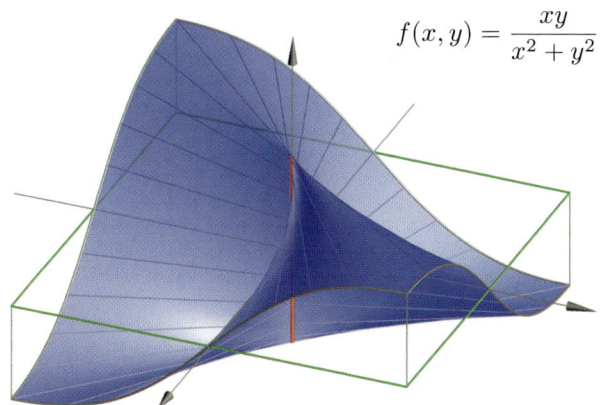

$$f(x, y) = \frac{xy}{x^2 + y^2}$$

Pour la fonction représentée en bleu ci-contre, il n'y a pas de différentielle totale à l'origine $x = y = 0$; la fonction n'est d'ailleurs même pas continue. Il est pourtant surprenant de constater que les différentielles partielles existent dans toutes les directions: pour $x = y = 0$, il y a une infinité de tangentes, mais elles ne sont pas sécantes.

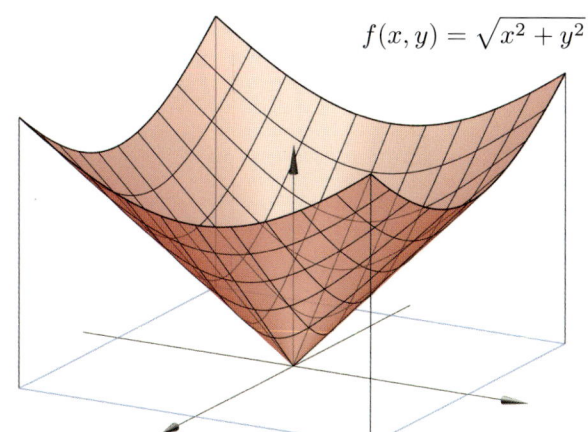

$$f(x, y) = \sqrt{x^2 + y^2}$$

Sur l'image du cône de révolution (en rouge), c'est la pointe qui pose problème. Ici, il n'y a pas de plan tangent bien défini, puisqu'il n'existe de dérivée partielle ni en x ni en y. La fonction n'est pas différentiable à l'origine.

Dans le troisième exemple, il existe bien des dérivées partielles en x et y, mais pas de plan tangent au sens défini ci-dessus.

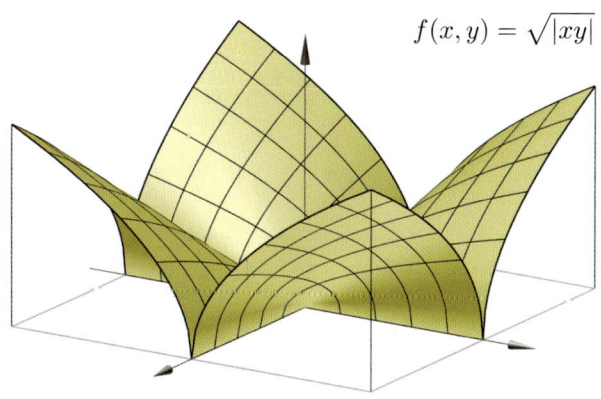

$$f(x, y) = \sqrt{|xy|}$$

➤ Sur la différentielle totale et sa notation : *http://fr.wikipedia.org/wiki/Différentielle_totale*

La fonction de Weierstrass $\wp$

Les fonctions elliptiques interviennent dans beaucoup de domaines des mathématiques, comme la théorie des fonctions, la géométrie algébrique, la théorie des nombres et la physique théorique.

Les fonctions elliptiques sont des fonctions méromorphes doublement périodiques. Leur prototype est la fonction décrite par **Karl Weierstrass** (1815-1897). L'image en montre la partie réelle sur quatre cellules de base. La fonction $\wp$ est définie par la série :

$$\wp(z) = \frac{1}{z^2} + \sum_{w \in L \setminus \{0\}} \left(\frac{1}{(z-w)^2} - \frac{1}{w^2} \right)$$

avec L un réseau du plan complexe de base ω_1, ω_2. Pour tout $z \in \mathbb{C}$, elle vérifie $\wp(z) = \wp(z + \omega_1) = \wp(z + \omega_2)$.

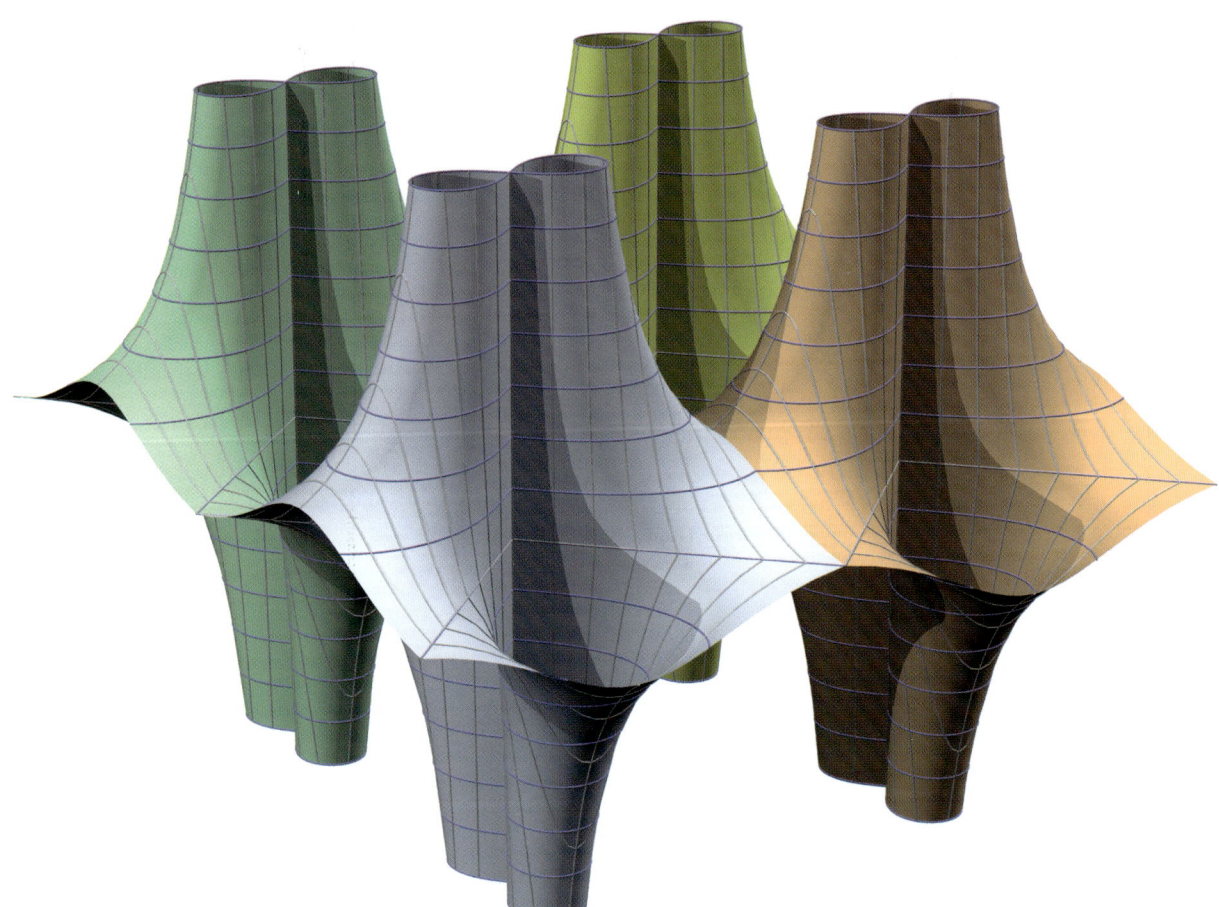

▲ **Représentation de la partie réelle de la fonction $\wp$ pour ω_1 = 1 et ω_2 = i. On observe 4 pôles d'ordre 2.**

➤ Harold M. Edwards, « A normal form for elliptic curves », dans *Bulletin of the American Mathematical Society*, vol. 44, 2007, p. 393-422.
➤ E. Freitag, R. Busam, *Complex analysis*, Springer, 2009.

… et sa dérivée

En dérivant l'expression de la fonction $\wp$ sous forme de somme, on obtient encore une fonction elliptique :

$$\wp'(z) = -2 \sum_{w \in L} \frac{1}{(z-w)^3}$$

▲ **Représentation de la partie réelle de la fonction $\wp'$. On observe 4 pôles d'ordre 3.**

Les images du dessus et du dessous montrent les projections horizontales périodiques des parties réelles de la fonction $\wp$ et de sa dérivée.

Les deux fonctions $\wp$ et $\wp'$ forment à elles deux un ensemble engendrant les fonctions elliptiques associées au réseau L.

➤ Généralités : http://fr.wikipedia.org/wiki/Fonction_elliptique_de_Weierstrass
➤ Propriétés et représentation de la fonction et sa dérivée, par E. W. Weisstein : http://mathworld.wolfram.com/WeierstrassEllipticFunction.html
➤ Présentation de la fonction et de sa dérivée (université de Ratisbonne) : www.mathematik.uni-regensburg.de/sammlung/wpf.htm

Les solitons

Vagues non-linéaires de forme stable

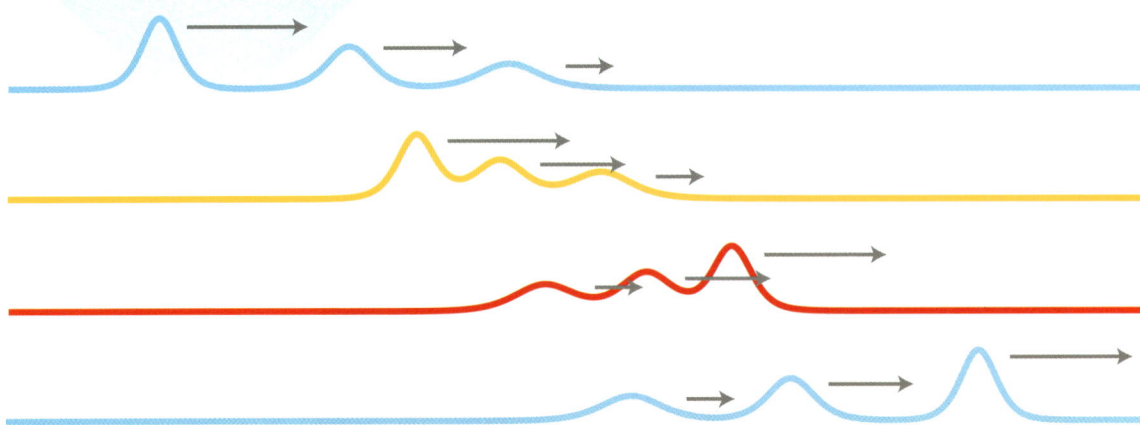

▲ Collision élastique entre solitons.

Imaginez-vous en train de longer à cheval pendant des kilomètres un canal étroit pour observer une vague d'environ 50 cm de haut, qui se propage sur le canal en restant pratiquement immuable malgré les perturbations. C'est une telle vague qu'observa **John Scott Russel** (1808-1882) et qu'il put reproduire sous certaines conditions dans un long réservoir d'eau à l'intérieur de son atelier.

Plus tard, on a vérifié que de telles ondes solitaires peu déformables, dites solitons, apparaissent aussi dans des guides d'ondes lumineuses (fibres optiques) sous certaines conditions. Des signaux lumineux purent ainsi être transportés sur pas moins de 180 millions de kilomètres sans pour autant subir de modification notable et ce, malgré les perturbations.

Un soliton d'amplitude b n'est naturellement pas une fonction sinus quelconque, mais on peut la décrire par exemple par la formule :

$$f(x,t) = b \cdot \operatorname{sech}^2\left(\sqrt{\frac{b}{2}}(x - 2b \cdot t)\right)$$

$$\left(\text{où}\quad \operatorname{sech} x = \frac{1}{\cosh x}\right)$$

Plus l'amplitude est élevée, plus l'onde se propage vite. De petites ondes sont ainsi rattrapées par de plus grosses. Sur l'image du haut, on a représenté trois vagues de ce type à plusieurs instants. Avec le temps, la vague la plus grosse (et la plus rapide) « rattrape » les deux autres. Plus précisément, il s'effectue un transfert de quantités de mouvement et les vagues « échangent » leurs rôles.

➤ Joseph Boussinesq, « Théorie de l'intumescence liquide, appelée onde solitaire ou de translation, se propageant dans un canal rectangulaire », *Comptes rendus de l'Académie des sciences*, vol. 72, 1871, p. 755-759.
➤ Y. Martel, P. Raphaël, « Sur la dynamique des solitons : stabilité, collision et explosion », *http://www.math.univ-toulouse.fr/~raphael/Publications/gazette.pdf*
➤ Projet d'étude sur les solitons, École Centrale de Lyon : *http://pe.soliton.free.fr/solitons.htm*
➤ S. Pohle, « Solitons et superposition à 4 ondes » *www.mpq.mpg.de/qdynamics/teaching/Proseminar_Talks/Seminar_2002_SS/Solitonen_4Wellen(Pohle).pdf*

Ci-dessous, à gauche, on a représenté l'amplitude $f(x, t)$ d'un soliton à une dimension sur tout le plan (x, t); et à droite, la superposition de deux solitons. La ligne bleue marque dans chaque cas un instant donné.

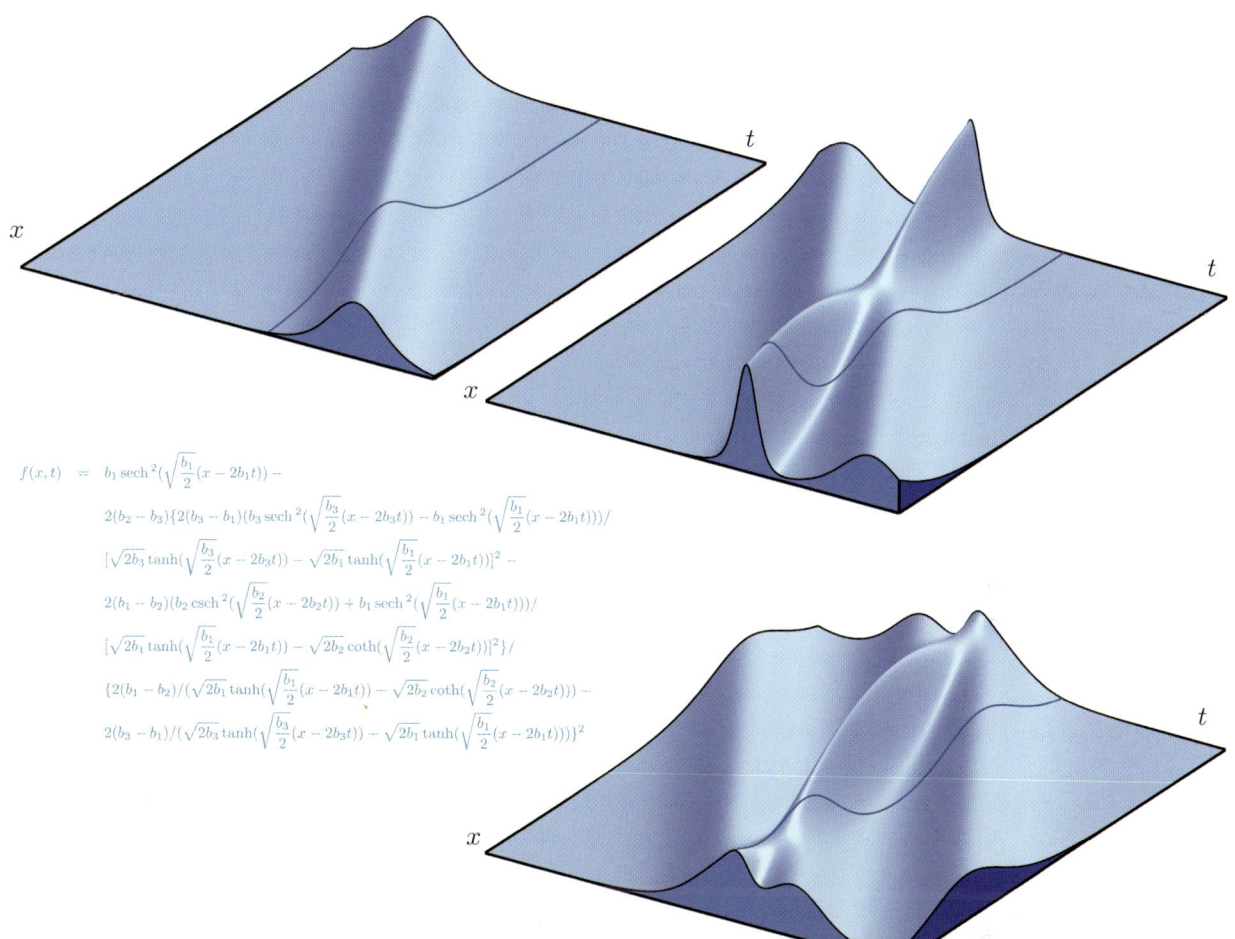

$$f(x,t) = b_1 \operatorname{sech}^2(\sqrt{\tfrac{b_1}{2}}(x - 2b_1 t)) -$$
$$2(b_2 - b_3)\{2(b_3 - b_1)(b_3 \operatorname{sech}^2(\sqrt{\tfrac{b_3}{2}}(x - 2b_3 t)) - b_1 \operatorname{sech}^2(\sqrt{\tfrac{b_1}{2}}(x - 2b_1 t)))/$$
$$[\sqrt{2b_3} \tanh(\sqrt{\tfrac{b_3}{2}}(x - 2b_3 t)) - \sqrt{2b_1} \tanh(\sqrt{\tfrac{b_1}{2}}(x - 2b_1 t))]^2 -$$
$$2(b_1 - b_2)(b_2 \operatorname{csch}^2(\sqrt{\tfrac{b_2}{2}}(x - 2b_2 t)) + b_1 \operatorname{sech}^2(\sqrt{\tfrac{b_1}{2}}(x - 2b_1 t)))/$$
$$[\sqrt{2b_1} \tanh(\sqrt{\tfrac{b_1}{2}}(x - 2b_1 t)) - \sqrt{2b_2} \coth(\sqrt{\tfrac{b_2}{2}}(x - 2b_2 t))]^2\}/$$
$$\{2(b_1 - b_2)/(\sqrt{2b_1} \tanh(\sqrt{\tfrac{b_1}{2}}(x - 2b_1 t)) - \sqrt{2b_2} \coth(\sqrt{\tfrac{b_2}{2}}(x - 2b_2 t))) -$$
$$2(b_3 - b_1)/(\sqrt{2b_3} \tanh(\sqrt{\tfrac{b_3}{2}}(x - 2b_3 t)) - \sqrt{2b_1} \tanh(\sqrt{\tfrac{b_1}{2}}(x - 2b_1 t)))\}^2$$

La formule pour la vague résultant de la superposition de 3 solitons est présentée ci-dessus à titre de curiosité. Si on l'interprète comme équation de la représentation graphique d'une fonction sur le plan (x, t), on obtient l'image représentée en bas à droite.

Ces cas à 1, 2 ou 3 solitons sont des solutions de la célèbre équation différentielle non linéaire de Korteweg-de-Vries :

$$f_t + 6f \times f_x + f_{xxx} = 0$$

> Sur le soliton et l'équation de Korteweg-de-Vries : *http://fr.wikipedia.org/wiki/Équation_de_Korteweg_et_de_Vries* et *http://fr.wikipedia.org/wiki/Soliton*
> Animations, représentations graphiques, articles de K. Brauer, université d'Osnabrück : *www.usf.uni-osnabrueck.de/~kbrauer/solitons.html*

Le volume de la boule

Avec l'ingéniosité d'Archimède

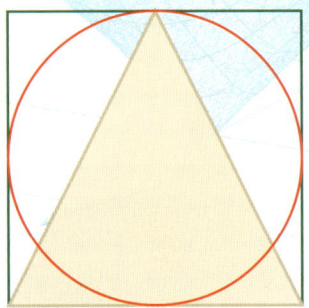

▲ **Symbole sur la tombe d'Archimède.** Le cylindre, creusé par un cône, est circonscrit à une sphère. Les volumes du cylindre, de la sphère et du cône sont dans un rapport 3:2:1.

Considérons un cylindre de révolution circonscrit à une demi-boule et extrayons de ce volume un cône de révolution, inscrit dans le cylindre comme indiqué sur l'image ci-dessous. Le cylindre auquel on a enlevé le volume du cône a alors le même volume que la demi-boule.

$$v_{\text{demi-boule}} = v_{\text{cylindre}} - v_{\text{cône}} = \pi r^2 \cdot r - \frac{\pi r^2 \cdot r}{3} = \frac{2\pi}{3} r^3$$

Cette découverte provient d'Archimède qui en était si fier qu'il la fit graver sur sa tombe (à gauche). Voici le principe de sa démonstration, qui anticipe de plus de 1 500 ans le principe de **Cavalieri** : tout plan horizontal coupe la boule selon un disque (marqué en rouge) et le cylindre creusé selon un anneau (marqué en vert). Il est facile de prouver que les deux sections ont toujours la même aire.

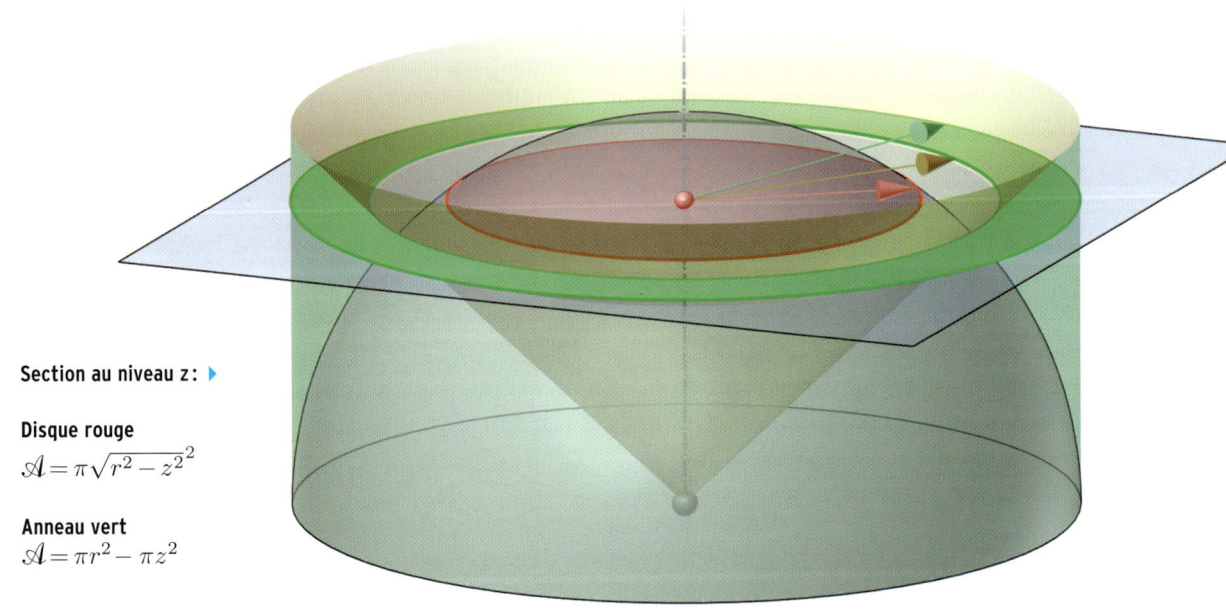

Section au niveau z : ▶

Disque rouge
$$\mathcal{A} = \pi \sqrt{r^2 - z^2}^2$$

Anneau vert
$$\mathcal{A} = \pi r^2 - \pi z^2$$

▶ Sur le principe de Cavalieri : *http://fr.wikipedia.org/wiki/Méthode_des_indivisibles*
et *http://ljk.imag.fr/membres/Bernard.Ycart/mel/fp/node18.html*
▶ E. Barth, F. Barth, G. Krumbacher, K. Ossiander, « Le mystère de la pierre tombale d'Archimède » : *www.herder-oberschule.de/madincea/aufg0010/archimed.pdf*

...et de la boule découpée en tranches

L'égalité des volumes

Nous allons utiliser le même principe d'« égalité des sections planes » pour démontrer l'égalité des volumes de solides de révolution de même hauteur en forme de boule et présentant une excavation cylindrique.

Soit R le rayon de la boule et H la demi-hauteur du cylindre. Le rayon de l'excavation cylindrique est $\sqrt{R^2 - H^2}$. À une hauteur donnée h, la boule a une section de rayon $\sqrt{R^2 - h^2}$. Par conséquent, la section annulaire pour la hauteur h a une aire qui ne dépend pas du rayon :

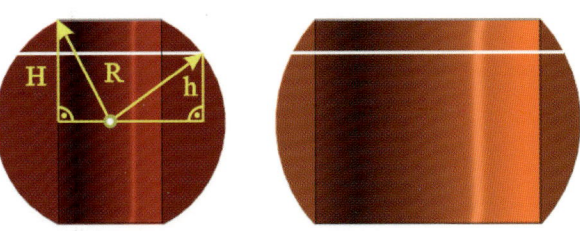

$$\mathcal{A} = \pi(R^2 - h^2) - \pi(R^2 - H^2) = \pi(H^2 - h^2)$$

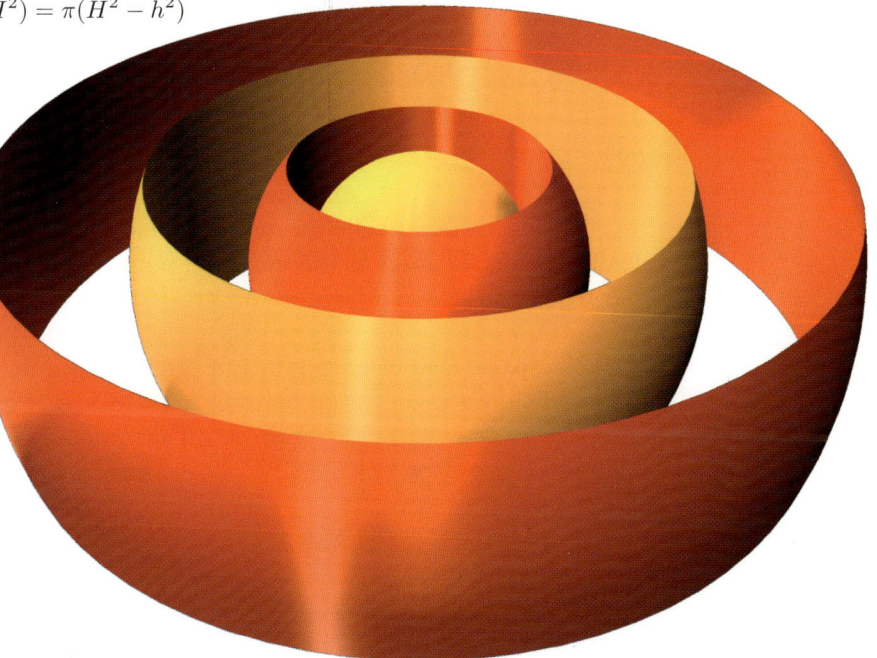

On en déduit que des solides ainsi définis, de hauteur constante $2H$, ont toujours des sections planes horizontales de même aire, et ont donc toujours le même volume. La boule de rayon H en fait partie (avec un cylindre excavé de rayon nul), ce qui fait que le volume de tous ces solides est :

$$\mathbf{v} = \frac{4\pi}{3} H^3$$

> Sur la vie d'Archimède : *http://fr.wikipedia.org/wiki/Archimède*
> P. Boulanger, « Les données inutiles », *Dossier Pour la Science* N° 59 - avril - juin 2008.
> Autour des sphères, J. Koeller : *www.mathematische-basteleien.de/kugel.htm*

Le théorème du point fixe de Brouwer

Comme s'il ne s'était rien passé…

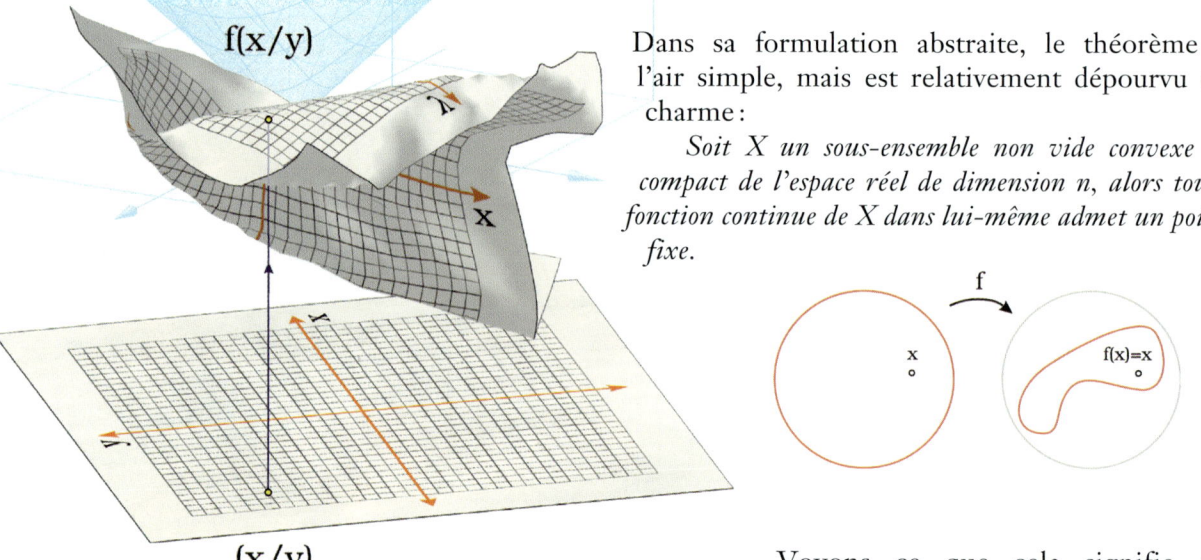

f(x/y)

x

(x/y)

Dans sa formulation abstraite, le théorème a l'air simple, mais est relativement dépourvu de charme :

Soit X un sous-ensemble non vide convexe et compact de l'espace réel de dimension n, alors toute fonction continue de X dans lui-même admet un point fixe.

Voyons ce que cela signifie en pratique. Prenons deux feuilles de papier superposées et froissons celle du dessus de façon que sa projection ne dépasse pas celle du dessous. D'après le théorème du point fixe, il existe au moins un point du papier froissé, situé exactement au-dessus du point correspondant de la feuille lisse.

Dans l'espace, l'expérience pourrait être la suivante. Prenons une tasse de café et agitons-la. Il y a au moins un point de la tasse de café qui se trouve alors au même endroit qu'avant l'agitation. Bien évidemment, la notion de « continuité » est cependant essentielle pour assurer l'existence de ce point fixe.

Les théorèmes de points fixes sont très utiles, entre autres, pour prouver l'existence de solutions d'équations différentielles.

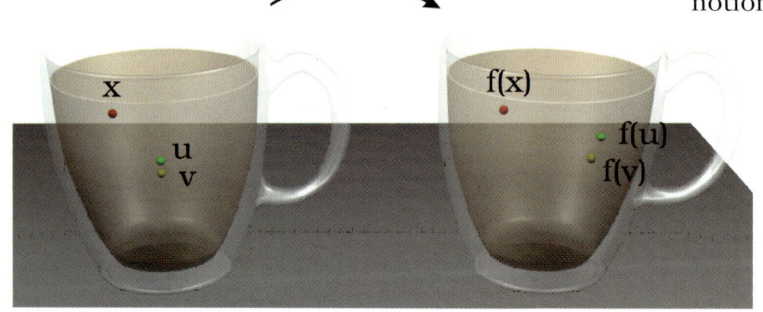

➤ Sur le théorème et l'historique de sa découverte : *http://fr.wikipedia.org/wiki/Théorème_du_point_fixe_de_Brouwer* et *http://plato.stanford.edu/entries/brouwer/*

➤ Su, Francis E., et al., Brouwer Fixed Point Theorem – Math Fun Facts : *www.math.hmc.edu/funfacts/ffiles/20002.7.shtml*

➤ Cours sur les théorèmes du point fixe de Brouwer et Schauder, par M. Ruzicka, L. Diening : *www.mathematik.uni-freiburg.de/IAM/Teaching/scripts/fa2_SS02/fa2_s03.pdf*

Le théorème du hérisson
et le théorème de Borsuk-Ulam

Le mathématicien **Luitzen Brouwer** (1881-1966) étudia également l'existence d'un champ de vecteurs continu et tangentiel,
sans vecteur nul, sur la sphère $\mathscr{S}^n$ de dimension n. Selon le théorème du hérisson, un tel champ de vecteurs existe si et seulement
si n est impair. Ainsi, la ligne circulaire $\mathscr{S}^1$ a un champ de vecteurs
tangentiels (ce sont les vecteurs tangents en chaque point), tout
comme l'hypersphère $\mathscr{S}^3$, mais pas la sphère $\mathscr{S}^2$.

Un autre théorème important sur la topologie des espaces de
dimension finie est le théorème de Borsuk-Ulam : *Pour toute fonction
continue f de la sphère $\mathscr{S}^n$ dans $\mathbb{R}^n$, il existe deux points antipodaux
ayant même image par f.*

Pour $n = 1$, on peut le prouver grâce aux techniques
élémentaires de l'analyse (théorème des valeurs intermédiaires). Pour $n = 2$, la ,démonstration est plus difficile.
Pour en avoir une représentation, imaginons qu'à la
surface de la Terre, température et pression varient
continûment : alors il existe au moins un point en
lequel la température *et* la pression atmosphérique coïncident avec celles relevées en son anti-
pode (figure ci-contre en bas).

Comment trouver de tels couples de points ?
Procédons de la façon suivante :
1. En chaque point M de la sphère de centre O,
considérons la demi-droite graduée (OM) prolongeant
le rayon passant par M. Reportons alors la valeur de
la pression atmosphérique en M sur cette demi-
droite. Cela donne une surface fermée autour de
la sphère (en bleu sur l'image).
2. Cherchons numériquement dans des plans
passant par le centre de la sphère les points
où la valeur de la pression est la même qu'à
leurs antipodes (image du milieu, à gauche).
Ces points se répartissent sur une ou plusieurs
courbes fermées (image du milieu, à droite).
3. Répétons le procédé pour les températures (respectivement surface rouge, ligne rouge). Les deux points
diamétralement opposés cherchés se trouvent à
l'intersection des lignes bleues et rouges.

▲ Théorème du hérisson ou de la « boule
chevelue » : toute boule peignée de façon
continue admet au moins une zone chauve.

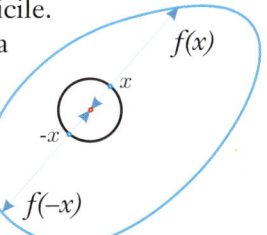

▲ Points diamétralement
opposés avec f(x) = f(−x).

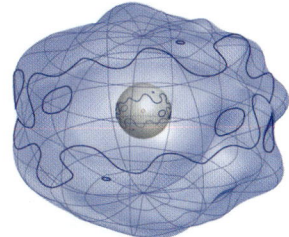

▲ Lieu des points diamé-
tralement opposés.

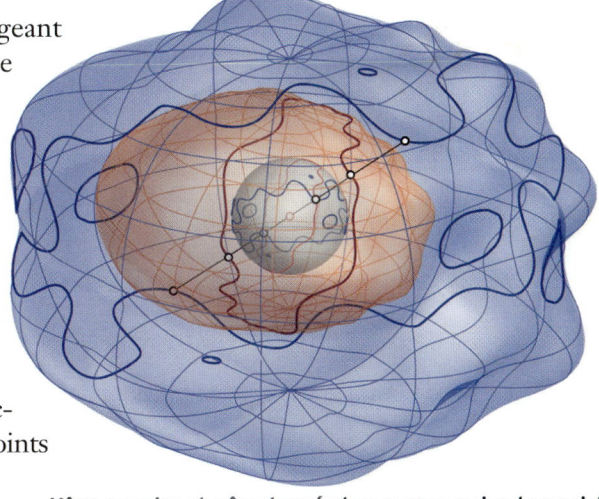

▲ Même pression et même température pour au moins deux points
diamétralement opposés.

➤ Images de Franz Gruber.
➤ Sur le théorème de Borsuk-Ulam : *http://fr.wikipedia.org/wiki/Théorème_de_Borsuk-Ulam*
➤ Luis Paris, « Les tresses : de la topologie à la cryptographie », Images de mathématiques, CNRS, 2009 : *http://images.math.cnrs.fr/Les_tresses_de_la_topologie_a_la.html*
➤ Cours de topologie algébrique par A. Hatcher (université Cornell) : *www.math.cornell.edu/~hatcher/AT/AT.pdf*
➤ D'autres interrogations philosophico-amusantes en topologie : J.-P. Petit, *Les Aventures d'Anselme Lanturlu : Le Topologicon*, Belin, 1985.

Courbes et nœuds

Lorsque nous courons de A vers B, nous décrivons une courbe. Lorsque nous laçons nos chaussures, nous réalisons des nœuds. Les courbes et les nœuds décrivent aussi bien des trajectoires dynamiques que des chemins statiques. La richesse de leurs formes géométriques et de leurs propriétés topologiques est mise à profit pour le calcul de chemins minimaux, la réalisation d'ornements celtes ou encore la description des lettres aux formes harmonieuses dessinées par un programme informatique. En mathématiques, il existe toute une série de courbes et de nœuds classiques que nous allons examiner à la lueur de leurs applications.

Coniques définies dans le plan…

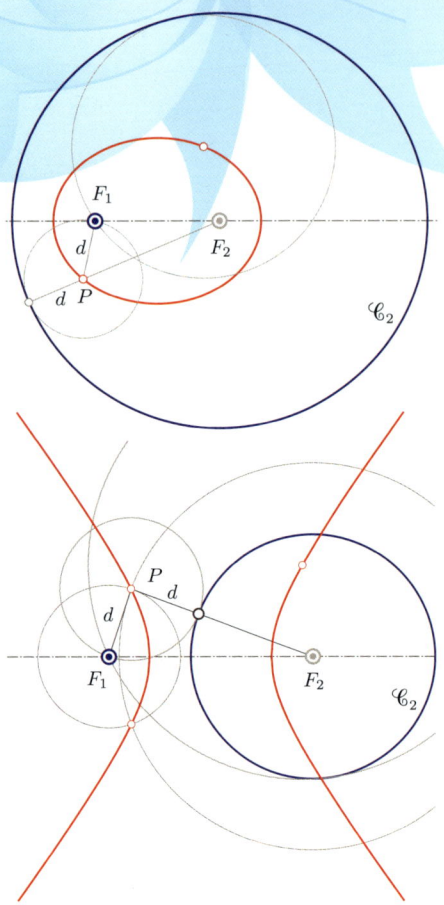

Les trois types de coniques – ellipse, hyperbole et parabole – ont été classés et étudiés abondamment dès l'Antiquité. Elles correspondent à des sections d'un cône de révolution par un plan ne passant pas par son sommet.

L'ellipse peut se définir comme la courbe reliant les points P dont la somme des distances à deux points fixes F_1 et F_2 est constante. On peut aussi l'interpréter comme le lieu des centres des cercles passant par un point fixe F_1 et tangents à un cercle donné $\mathscr{C}_2$ de centre F_2. Pour l'ellipse, F_1 est situé à l'intérieur du cercle $\mathscr{C}_2$.

Pour l'hyperbole, c'est la différence des distances de ses points P à deux points fixes F_1 et F_2 qui est constante. Selon une autre définition, l'hyperbole est le lieu des centres des cercles passant par un point fixe F_1 et tangents à un cercle donné $\mathscr{C}_2$, mais tels que F_1 est situé à l'extérieur de $\mathscr{C}_2$.

▲ **Ellipse (en haut) et hyperbole (en bas),
en rouge. F_1 et F_2 sont appelés foyers.**

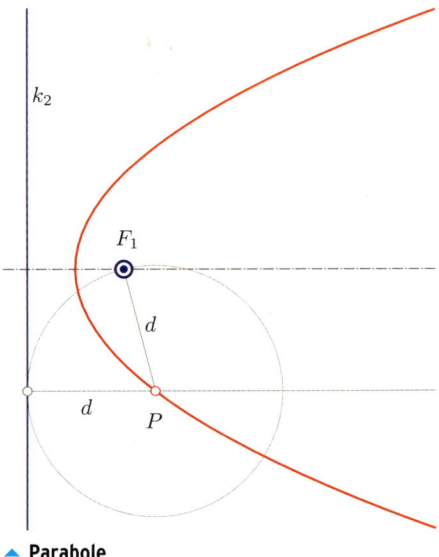

La parabole est généralement définie comme lieu des points équidistants d'un point fixe F_1 et d'une droite fixe d_2. Si l'on interprète d_2 comme un «cercle infiniment grand» (dont le centre F_2 est infiniment lointain), on peut interpréter la parabole aussi bien comme cas limite de l'ellipse que comme cas limite de l'hyperbole.

▲ **Parabole**

➤ Représentation des coniques comme des sections d'un cône : *http://www.mathcurve.com/courbes2d/conic/conic.shtml*
➤ Généralités sur les coniques : *http://serge.mehl.Free.fr/anx/coniques.html*
➤ Bases sur les coniques pour l'enseignement secondaire, par S. Braun : *www.kegelschnitte.de/kegelschnitte_gross.pdf*

… et dans l'espace

Les courbes que nous avons définies dans le plan en termes de distances ont été nommées ellipse, parabole et hyperbole par le géomètre grec **Apollonius de Perge** (vers 262-190 av. J.-C.).

Il n'est pas évident qu'en coupant un cône de révolution par un plan ne passant pas par son sommet, on obtienne précisément ces courbes.

Pour les classer, le mieux est de considérer un « plan directeur » passant par le sommet du cône et parallèle au plan de section.

Lorsque le plan directeur ne recoupe pas le cône, la section est une ellipse ; lorsqu'il lui est tangent la section est une parabole ; et lorsqu'il recoupe le cône, la section est une hyperbole. À la place du cône de révolution, nous pouvons également utiliser un hyperboloïde à une nappe qui tend vers un « cône de révolution asymptote ». De façon plus générale, l'intersection d'une quadrique par un plan est une conique.

> Les résultats d'Apollonius de Perge : *http://serge.mehl.free.fr/chrono/Apollonius.html*
> La tradition des coniques, querelles de priorité entre géomètres de la Grèce antique : *http://www.math.ens.fr/culturemath/histoire%20des%20maths/htm/Vitrac/grec-8.html*
> Sur la vie d'Apollonius de Perge : *http://fr.wikipedia.org/wiki/Apollonios_de_Perga*
> M. Fried, S. Unguru *Apollonius of Perga's Conica*, Leiden : Brill, 2001.
> Classification des coniques et quadriques : *http://www.ann.jussieu.fr/gentes/documents/coniques_quadriques.pdf*

Coniques sphériques
La construction se fait presque comme dans le plan

On peut construire une ellipse à l'aide du procédé du jardinier suivant: enfoncer deux piquets dans le sol, attacher à chaque piquet l'extrémité d'une même ficelle de longueur suffisante, tourner autour des piquets avec un crayon de façon que la ficelle reste toujours tendue.

Un tel procédé fonctionne aussi bien sur la sphère. On parle dans ce cas de conique sphérique (on s'aperçoit que sur la sphère, il n'y a pas lieu de distinguer ellipse et hyperbole). On peut montrer que la courbe est située sur un cône du second degré dont le sommet est le centre de la sphère.

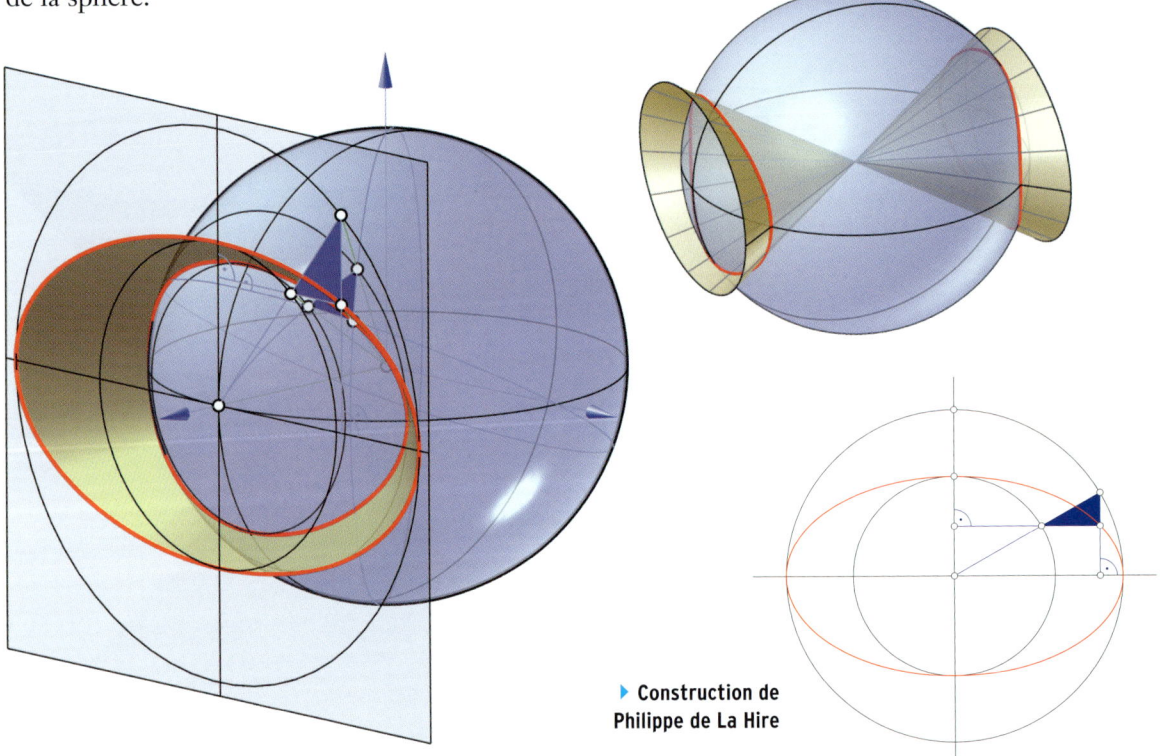

▶ **Construction de Philippe de La Hire**

Les deux images ci-dessus montrent que l'on peut reproduire intégralement sur la sphère la construction de l'ellipse de **Philippe de La Hire** (1640-1718), parfois aussi appelée construction de Proclus.

➤ Différentes techniques de tracé de l'ellipse : *http://fr.wikipedia.org/wiki/Ellipsographe*
➤ Voir le paragraphe sur les coniques sphériques : *http://www.cosmovisions.com/sectionsconiques.htm*
➤ Un article du grand mathématicien M. Chasles sur les coniques sphériques : *http://portail.mathdoc.fr/JMPA/PDF/JMPA_1860_2_5_A34_0.pdf*
➤ Explications complètes sur la construction de Philippe de La Hire et sa généralisation à la sphère, par H. Tranacher : *www.geometrie.tuwien.ac.at/theses/pdf/diplomarbeit_tranacher.pdf*

... et coniques confocales

À partir de seulement deux points, nous pouvons définir tout un faisceau de coniques. En effet, par tout point du plan, il passe une ellipse et une hyperbole admettant ces deux points pour foyers. Les droites reliant ce point aux foyers déterminent des angles dont les bissectrices sont les tangentes aux deux courbes. Comme ces tangentes sont perpendiculaires, les courbes constituent un maillage orthogonal.

Ce type de maillage orthogonal s'obtient aussi en dessinant un réseau de lignes de courbure sur un ellipsoïde qui n'est pas de révolution. Ces courbes sont de degré 4 dans l'espace et s'obtiennent en coupant l'ellipsoïde par des hyperboloïdes de mêmes foyers.

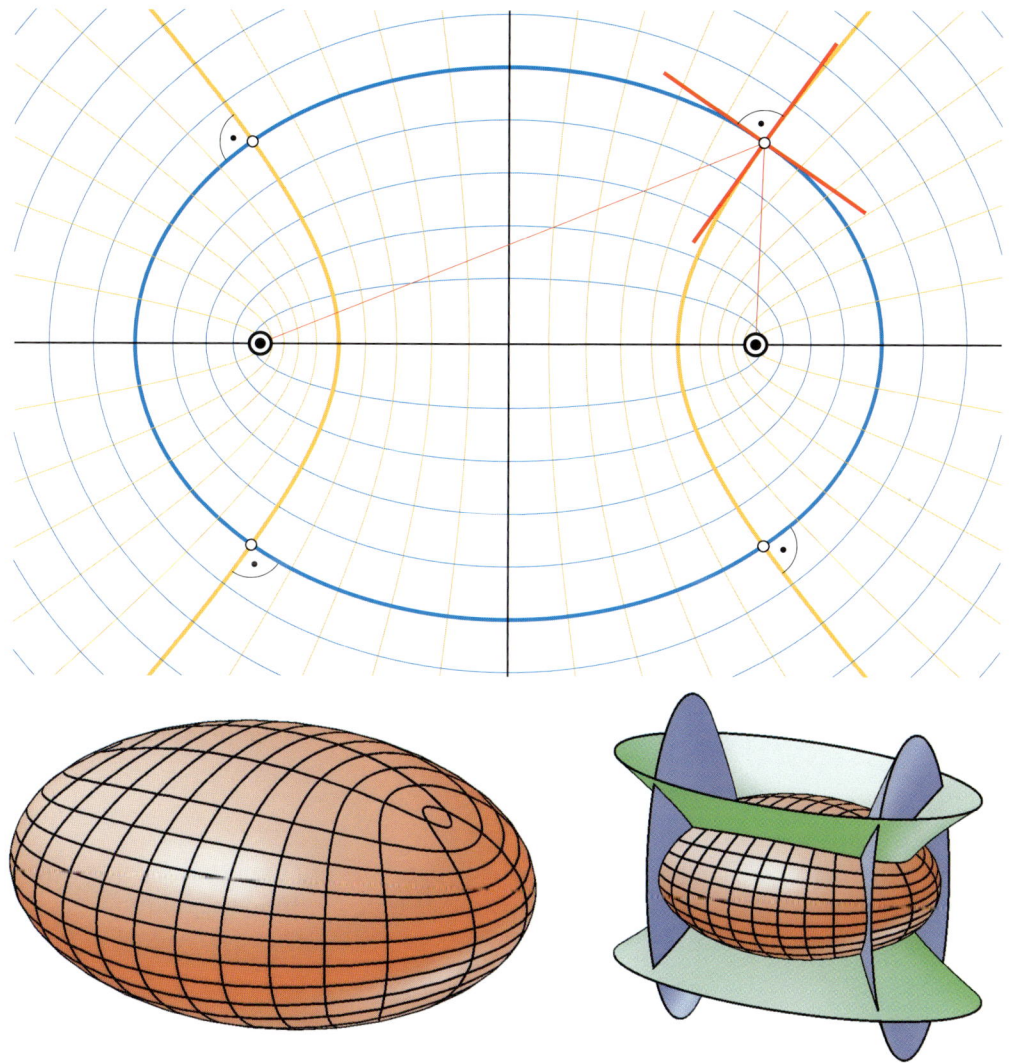

➤ Article de M. Chasles sur les sections coniques confocales : *http://archive.numdam.org/ARCHIVE/AMPA/AMPA_1827-1828_18_/AMPA_1827-1828_18_269_1/AMPA_1827-1828_18_269_1.pdf*
➤ Ouvrages de référence : M. Berger, *Géométrie 1, Géométrie 2*, Nathan, 1990.

Les sphères de Dandelin
Une démonstration géniale

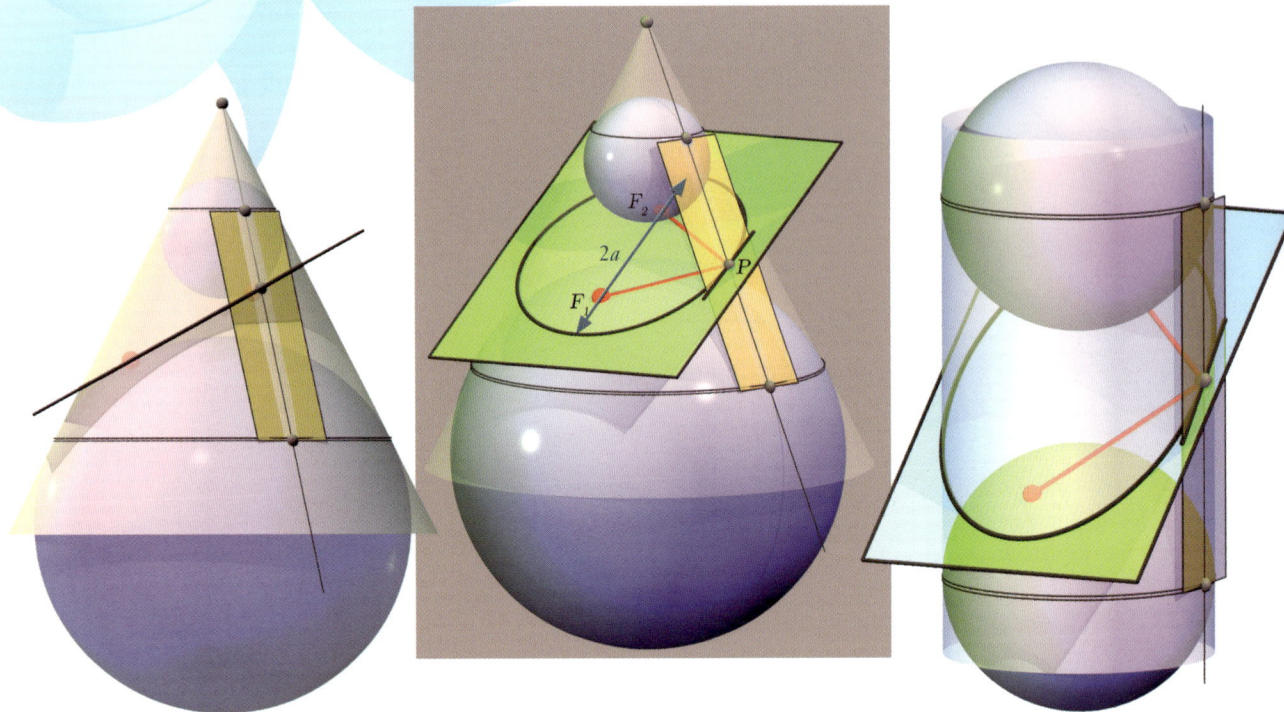

Au début du XIXe siècle, **Germinal Dandelin** (1794-1847) établit de façon géniale que les sections planes d'un cône de révolution coïncident avec les courbes que l'on a définies à partir des distances à leurs foyers. Pour cela, il utilisa deux sphères tangentes au plan de section et inscrites dans le cône. On démontre que les points de contact des sphères avec le plan sont les foyers de la courbe.

Lorsque la courbe est une ellipse, il est facile de voir avec les notations de la figure que :

$$PF_1 + PF_2 = 2a$$

avec a demi-grand axe de l'ellipse.

La démonstration fonctionne aussi pour la parabole et l'hyperbole. Par ailleurs, elle fonctionne aussi si l'on remplace le cône par un cylindre de révolution (image de droite), la section étant dans ce cas toujours une ellipse.

➤ G. P. Dandelin, *Mémoire sur quelques propriétés remarquables de la Focale Parabolique*, Nouv. Mèm. Ac. Sc. de Belgique 2 (1822).
➤ Wikipedia *http://fr.wikipedia.org/wiki/Théorème_de_Dandelin*
➤ Biographie de Dandelin : *http://www-history.mcs.st-andrews.ac.uk/Biographies/Dandelin.html*
➤ J. Wallner, W. Rath, *www.geometrie.tuwien.ac.at/rath/lva/gmu/gmu05_06.pdf* Geometrie für den Mathematikunterricht – TU Wien

Les cercles d'Apollonius

Rapports de distance

Une ellipse est le lieu de tous les points P pour lesquels la somme des distances à deux points fixes E et F est constante. Pour l'hyperbole, c'est la différence des distances qui est constante. Lorsque c'est le produit qui est constant, nous avons un ovale de Cassini (voir p. 90). Lorsque c'est le quotient qui est constant, nous obtenons un résultat particulièrement simple : un cercle d'Apollonius.

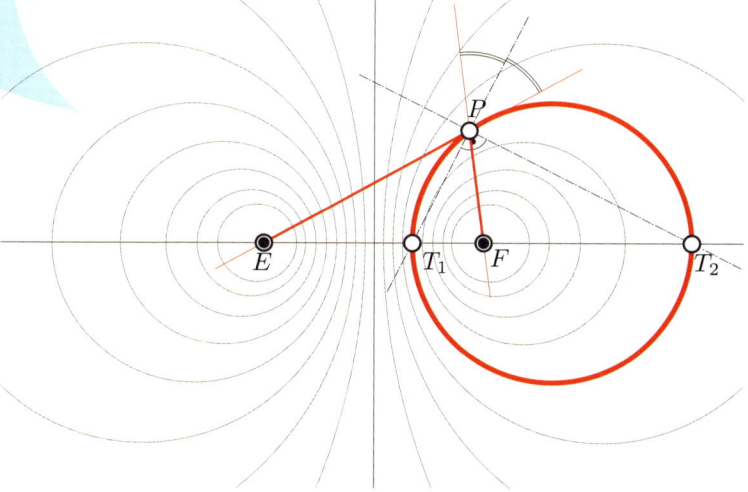

▲ Construction du cercle d'Apollonius.

Pour obtenir ce cercle, construisons d'abord un point pour lequel le rapport des distances aux points donnés E et F est égal au nombre que l'on s'est fixé (il est à l'intersection de deux cercles de centres E et F). Les bissectrices par P fournissent les points diamétralement opposés T_1 et T_2. Le cercle cherché est alors le cercle de diamètre $[T_1 T_2]$.

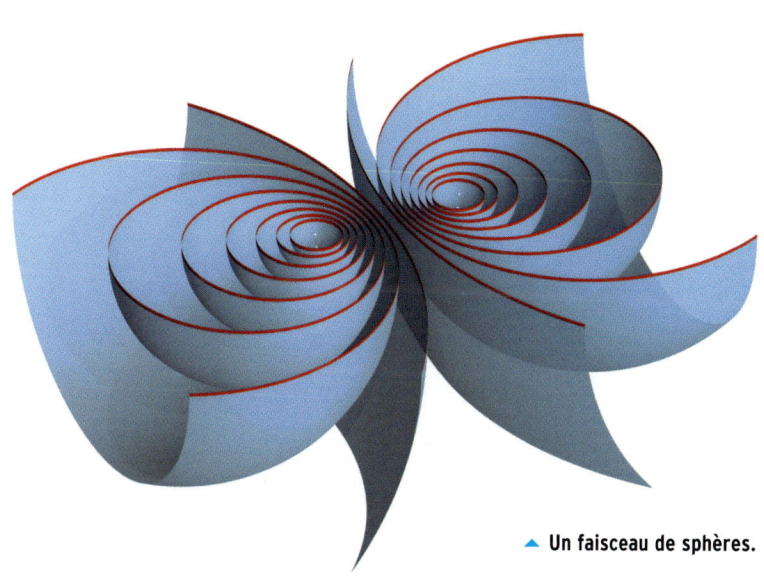

▲ Un faisceau de sphères.

En faisant varier le rapport, nous obtenons un faisceau de cercles (les cercles « réduits » aux points E et F sont les cercles limites ou points de Poncelet du faisceau). Par rotation autour de l'axe (EF), on obtient la généralisation de ce théorème à l'espace de dimension trois. Le faisceau de cercles devient alors un faisceau de sphères.

➤ Sur les faisceaux à points de Poncelet : *http://fr.wikipedia.org/wiki/Faisceau_de_cercles*
➤ Biographie de J.-V. Poncelet : *http://www-history.mcs.st-and.ac.uk/Biographies/Poncelet.html*
  et *http://fr.wikipedia.org/wiki/Jean-Victor_Poncelet*

Cubiques

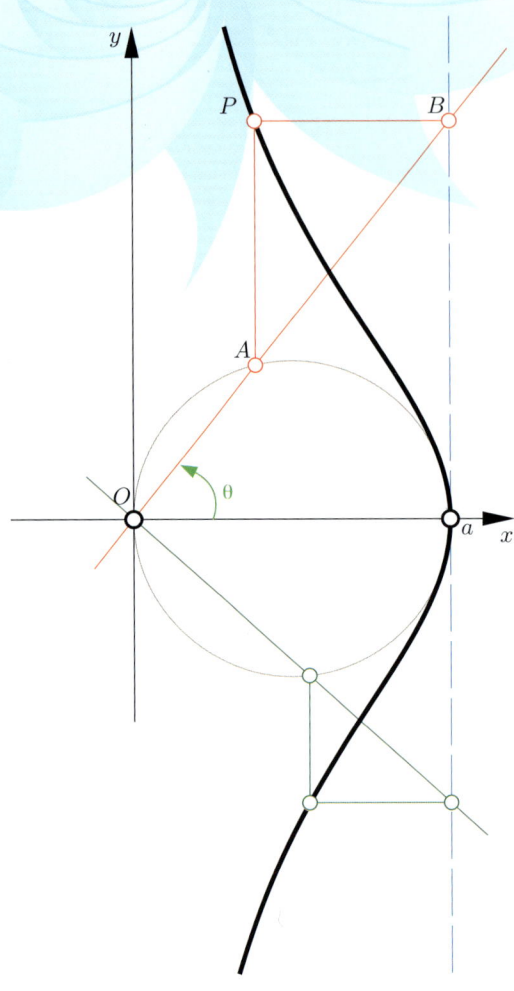

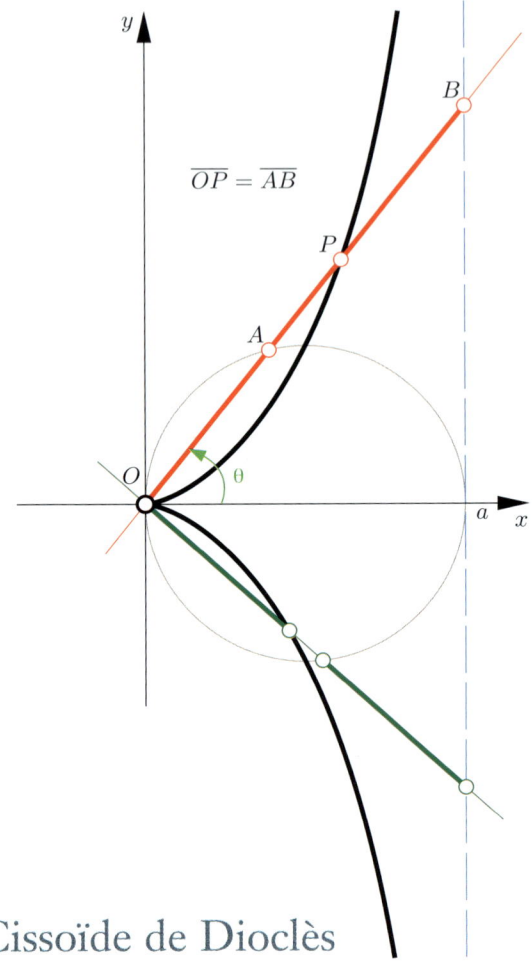

$$\overline{OP} = \overline{AB}$$

« Sorcière » d'Agnesi

Maria Gaetana Agnesi (1718-1799) examina une courbe de degré 3, dite *Versiera*, ce qui fut traduit plus tard de façon erronée par « Sorcière » au lieu de « Tournant à volonté ». Les points de la courbe sont construits comme sur l'image, au moyen d'un cercle de diamètre a et d'une tangente à ce cercle (en bleu). Ils vérifient l'équation $xy^2 = a^2(a - x)$.

Dans un repère cartésien convenable, il est facile de paramétrer la courbe par l'angle polaire θ :

$$x = a\cos^2\theta \quad y = a\tan\theta$$

$$-\pi/2 < \theta < \pi/2$$

Cissoïde de Dioclès

Environ 100 ans avant J.-C., Dioclès avait déjà étudié une courbe apparentée à la cubique d'Agnesi.

Il s'agissait de la cissoïde, une courbe dont le nom signifie « en forme de lierre ». Elle a été utilisée pour la résolution du fameux problème de Délos sur la duplication du cube (voir p. 37) et sa construction s'opère de façon similaire à celle de la cubique d'Agnesi. Son équation paramétrique est :

$$x = \frac{at^2}{1 + t^2} \quad y = \frac{at^3}{1 + t^2} \quad \text{avec } t = \tan\theta$$

$$-\infty < t < \infty$$

En éliminant le paramètre t, on obtient l'équation implicite de la courbe : $(a - x)\,y^2 = x^3$.

Le folium de Descartes

L'équation de la courbe est $x^3 + y^3 = cxy$.

Le plus simple pour décrire le folium de **René Descartes** (1596-1650) est de se placer dans un repère cartésien oblique. Comme les autres cubiques de cette double page, le folium de Descartes est une courbe rationnelle, car sa représentation paramétrique s'obtient à l'aide de fonctions rationnelles. Descartes aurait défié Fermat en lui demandant de déterminer la tangente à la courbe en tout point.

$$x = \frac{ct}{(1+t^3)} \quad y = \frac{ct^2}{(1+t^3)}$$

$$(-1 \leq t < 1), \; a = \frac{c}{3\sqrt{2}}$$

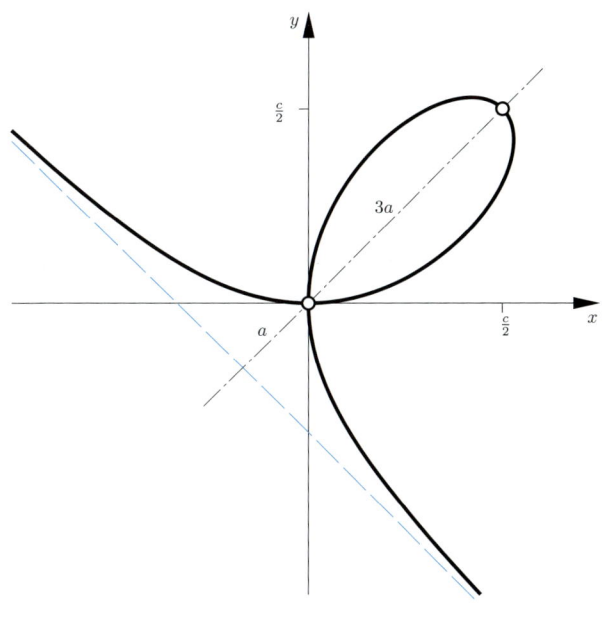

La strophoïde droite

$$(a-x)y^2 = x^2(a+x)$$

$$x = \frac{a(t^2-1)}{1+t^2} \quad y = \frac{at(t^2-1)}{1+t^2} \text{ avec } t = \tan\theta$$

$$-\infty < t < \infty$$

La strophoïde est facile à construire. La demi-droite [AT) d'origine A($-a$; 0) coupe l'axe des ordonnées en M(0 ; y). En reportant la valeur y de part et d'autre de M, on obtient deux points P et P* de la courbe. À l'origine, la courbe présente un point double et elle est tangente aux deux bissectrices des axes en ce point.

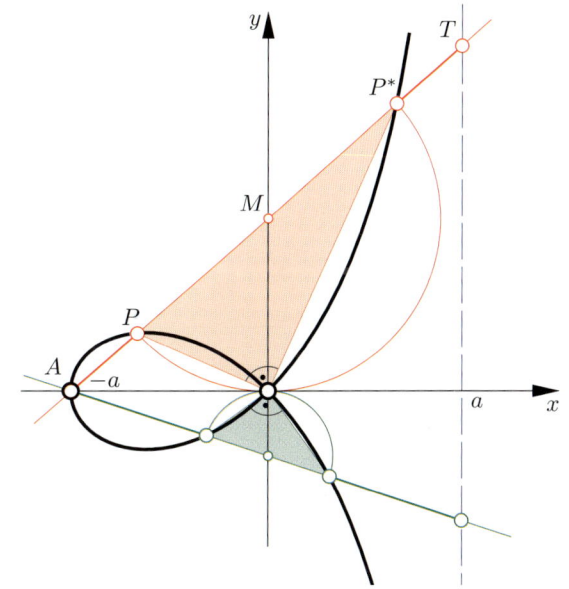

> ➤ Voir pour toutes les courbes le remarquable site de R. Ferréol : *http://www.mathcurve.com/*
> ➤ Fichier GeoGebra (graticiel) pour construire dynamiquement la cubique d'Agnesi : *www.geogebra.org/de/wiki/index.php/Die_Hexe_der_Agnesi*
> ➤ *http://fr.wikipedia.org/wiki/Cissoïde_de_Dioclès*
> ➤ B. Wieleitner, *Spezielle ebene Kurven*, Leipzig (Göschen), 1908.

Les ovales de Cassini

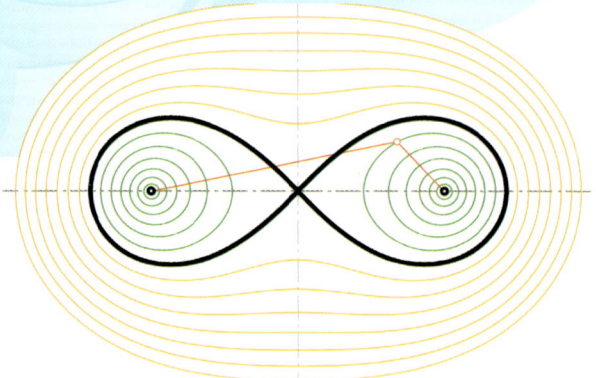

▲ **Courbes de Cassini et lemniscate de Bernoulli (en noir).**

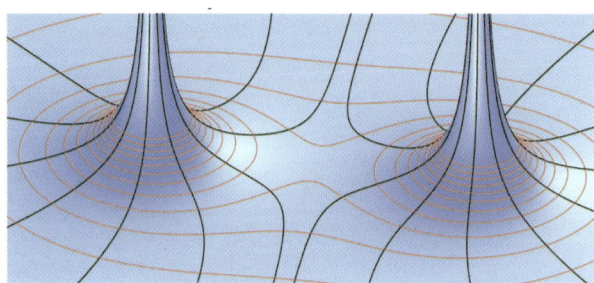

▲ **Lignes de champ (en noir) et surfaces équipotentielles (en rouge).**

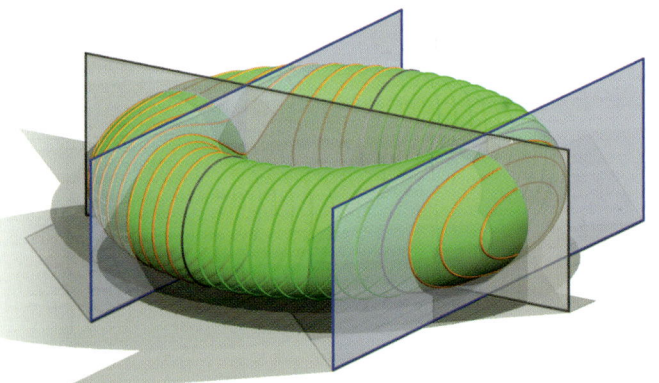

◄ **Des sections planes d'un tore parallèlement à son axe produisent des courbes de Cassini.**

Un ovale de Cassini est constitué de tous les points dont le produit des distances à deux points P_1 et P_2 est constant. Dans un repère cartésien d'origine le milieu de $[P_1P_2]$, la courbe a pour équation :

$$(x^2 + y^2)^2 - 2e^2(x^2 - y^2) - a^4 + e^4 = 0$$

où $2e$ est la distance P_1P_2 et a^2 le produit constant des distances. Si $a = e$, on obtient la lemniscate de **Jacob Bernoulli (1655-1705)**.

On rencontre les ovales de Cassini comme surfaces équipotentielles. Par exemple, l'image ci-contre montre les surfaces équipotentielles du champ électrostatique créé par deux fils parallèles uniformément chargés et de même charge. Dans chaque plan orthogonal aux fils, les foyers P1 et P2 des ovales de Cassini correspondent à l'intersection du plan et des deux fils.

Les ovales de Cassini peuvent aussi s'interpréter comme sections planes d'un tore (parallèlement à l'axe de rotation).

➤ Définition et animation interactive : *http://www.bibmath.net/dico/index.php?action=affiche&quoi=./c/cassini.html*
➤ Description détaillée des ovales de Cassini : *http://www.mathcurve.com/courbes2d/cassini/cassini.shtml*
➤ Belles représentations de familles de courbes orthogonales : *http://club-geogebra.sitego.fr/trajectoires-orthogonales.html*
➤ Bronstein et al., *Handbook of Mathematics*, Springer, 2007.

L'astroïde

L'astroïde est une généralisation de la courbe classique de roulement sans glissement d'un cercle sur une droite (cycloïde). Un cercle (vert) roule à l'intérieur d'un cercle (rouge) quatre fois plus grand. Chaque point C du petit cercle décrit alors une astroïde.

La courbe s'obtient aussi comme l'enveloppe d'un segment [AB] de longueur l, lorsque A glisse sur l'axe x entre $-l$ et l et B sur l'axe y entre $-l$ et l (en orange). Les courbes obtenues par les parallèles à ce segment (en bleu) sont de degré supérieur.

Lors de mouvements elliptiques dans l'espace, on voit aussi apparaître des astroïdes en projection.

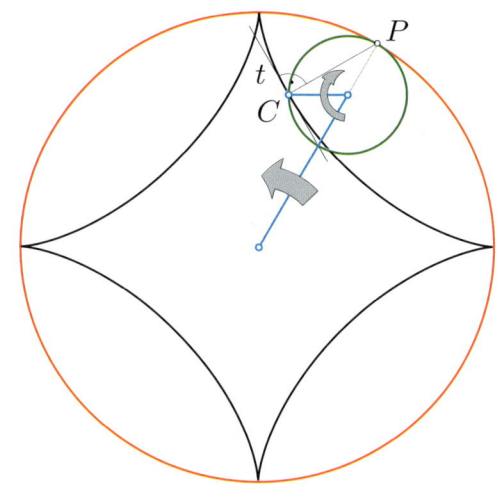

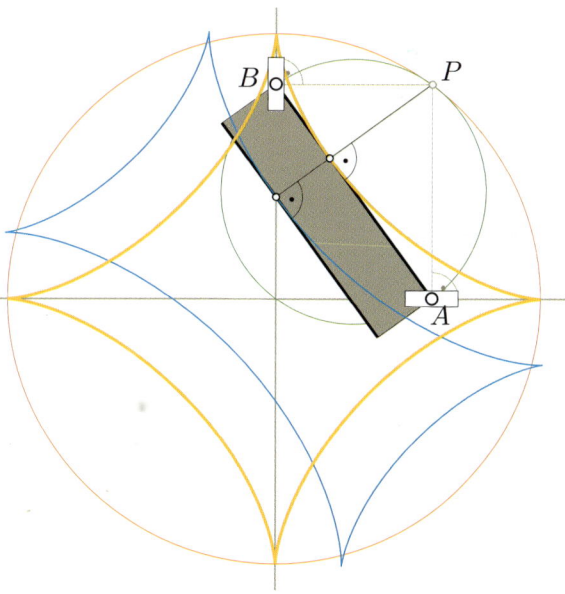

▲ Deux constructions d'une astroïde. Les équations cartésienne et paramétrique sont les suivantes :

$$\sqrt[3]{x^2} + \sqrt[3]{y^2} = \sqrt[3]{a^2}$$

$$x = a\cos^3 t, \ \ y = a\sin^3 t$$

$$0 \leq t \leq 2\pi$$

> Sur les astroïdes, avec une animation : *http://fr.wikipedia.org/wiki/Astroïde* (plus détaillé en anglais)
> Propriétés et construction des astroïdes, par E. W. Weisstein : *http://mathworld.wolfram.com/Astroid.html*

Conchoïdes

Interaction des dimensions

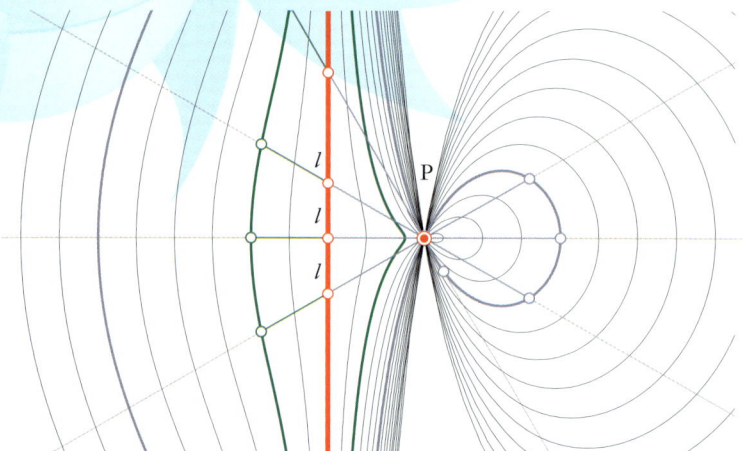

▲ **Courbes de degré 4.**

▲ **Conchoïdes.**

Vers 200 av. J.-C., **Nicomède** examina toutes les courbes obtenues comme suit : on coupe une droite fixe (en rouge) par des demi-droites dont l'origine est un point fixe P ; à partir du point d'intersection de la droite fixe avec chaque demi-droite, on reporte une même longueur l. Nicomède appela ces courbes « conchoïdes », du latin *concha*, « coquille ».

Suivant la position de la droite, on peut reporter la longueur l de part et d'autre de la droite. On obtient alors deux branches qui forment ensemble une courbe algébrique du 4e degré (en vert).

On généralise le procédé de construction à l'espace en attribuant aux points d'une courbe correspondant à la longueur l une hauteur proportionnelle à l. La surface obtenue est alors constituée de droites (ou surface réglée[1]) et ses lignes de niveau sont des conchoïdes. Le rôle du point fixe P est joué par une « directrice » verticale.

La surface est constituée de deux « nappes » reliées (respectivement en bleu clair et en jaune) qui se coupent selon une droite horizontale. Cette surface est aussi du 4e degré.

_____

1. Une surface réglée est une surface par chaque point de laquelle passe une droite contenue dans la surface.

> Sur les conchoïdes et conchoïdes de droite : *http://fr.wikipedia.org/wiki/Conchoïde*
et *http://www.mathcurve.com/courbes2d/conchoid/conchoid.shtml*

Faisceau de courbes algébriques vues de haut

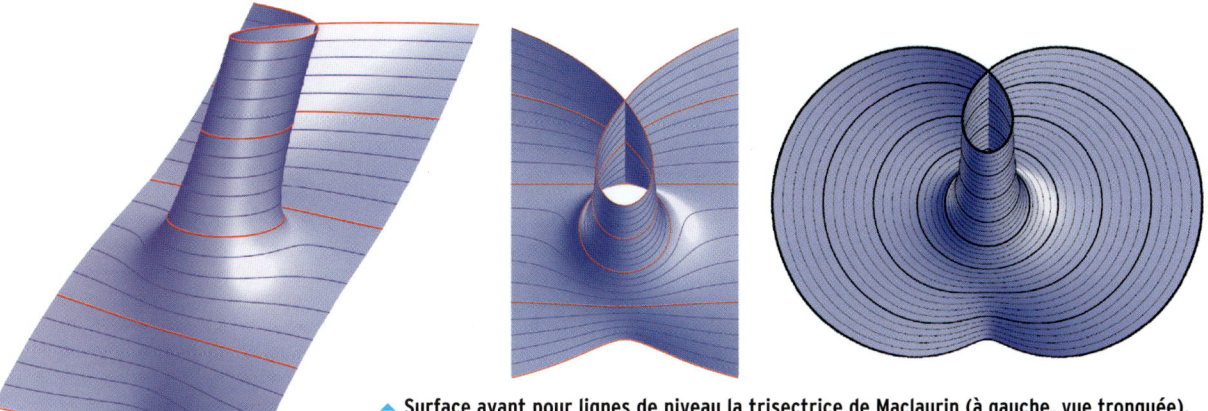

▲ **Surface ayant pour lignes de niveau la trisectrice de Maclaurin (à gauche, vue tronquée).**

On ne saisit vraiment la nature des coniques que par une interprétation dans l'espace. Nous allons interpréter les courbes algébriques planes comme les projections de courbes algébriques dans l'espace. Les lignes de niveau ou les courbes paramétrées de surfaces algébriques apparaissent alors souvent comme des familles de courbes algébriques connues.

Par exemple, la surface réglée du 3ᵉ degré représentée en bleu ci-dessus a pour lignes de niveau des courbes du 3ᵉ degré. Elle est engendrée par une droite se déplaçant autour de deux axes sécants fixes. La droite mobile coupe ces axes et tourne autour du premier avec une vitesse v_1 triple de la vitesse de rotation v_2 autour du second axe. Ainsi, la droite mobile dessine sur le sol une trisectrice de **Maclaurin**. Chaque point de la droite mobile décrit une trajectoire sur la surface dont la projection sur le sol est un limaçon de Pascal (du 4ᵉ degré), rencontré dans le problème de la trisection de l'angle (voir p. 36).

Les limaçons de Pascal sont également les projections des trajectoires décrites par les points d'un cône roulant sur un autre cône (images en bas, les trajectoires sont en noir). Ce n'est pas un hasard, car la droite mobile de la surface décrite plus haut, en tournant autour des deux axes, engendre deux cônes (vert et rouge) roulant l'un sur l'autre. Chaque trajectoire est dessinée sur une sphère, car tout point de la droite mobile garde la même distance par rapport au point d'intersection des deux axes des cônes.

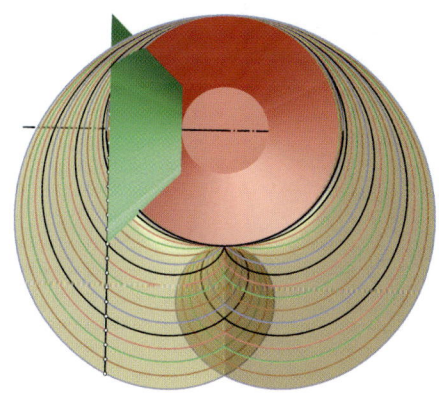

▲ **Roulement du cône sur un autre cône.**

> Sur les trisectrices de Maclaurin, voir les animations proposées par R. Ferréol, J. Mandonnet : *www.mathcurve.com/courbes2d/maclaurin/maclaurin.shtml*
> Des animations, par N. Treitz *www.spektrum.de/KaustikAnim/ani.htm*

Courbes géodésiques

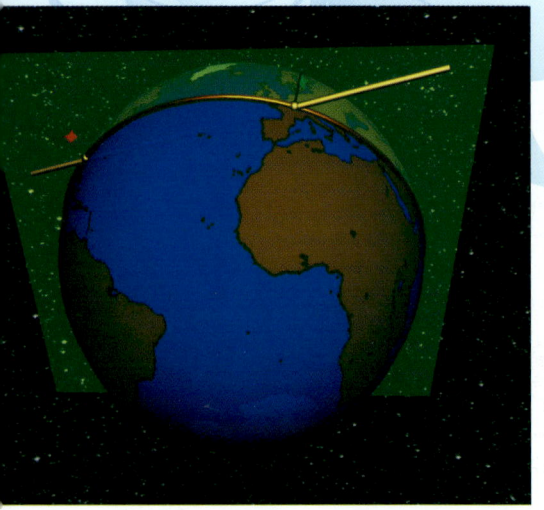

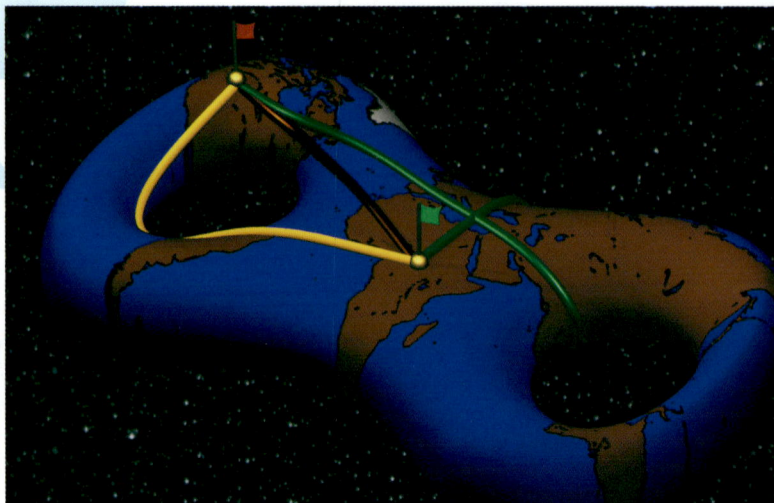

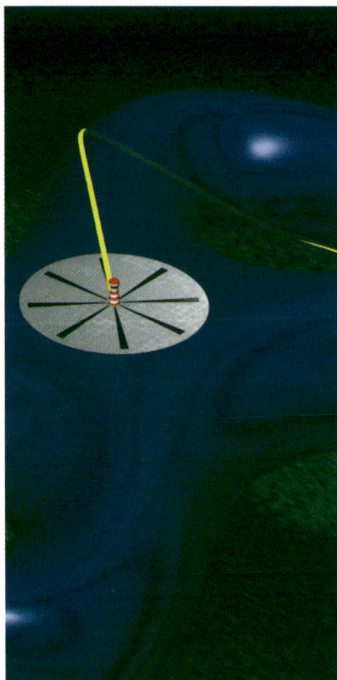

Dans le plan, le chemin le plus court entre deux points est la ligne droite. Sur la surface terrestre, les bateaux et les avions suivent des grands cercles lorsqu'ils doivent prendre le chemin le plus rapide pour aller de Hambourg à New York. Sur la planète ci-dessus, le chemin rouge correspond à la distance la plus courte entre deux drapeaux ; il existe toutefois d'autres courbes, par exemple la jaune ou la verte, qui suivent des chemins aussi rectilignes que possible.

Les chemins les plus rectilignes sur des surfaces tordues sont appelés géodésiques. Par exemple, une moto au guidon bloqué en position droite roulerait sur une géodésique. Comme **Pierre de Fermat** l'avait déjà noté à travers le principe qui porte son nom, la géodésique est la trace d'un rayon lumineux qui se propage sur la surface considérée. De même, les points d'un front d'onde produit par une source ponctuelle se déplacent le long de géodésiques et forment une famille de cercles concentriques.

➤ Généralités sur les géodésiques : *http://fr.wikipedia.org/wiki/Géodésique*
➤ Poincaré sur les géodésiques : *http://www.univ-nancy2.fr/poincare/bhppdf/hp1905ta.pdf*
➤ K. Polthier, M. Schmies, M. Steffens, C. Teitzel, *Geodesics and Waves* in : Palast der Seifenhäute, Video, Springer, 2010.

… et lignes les plus droites

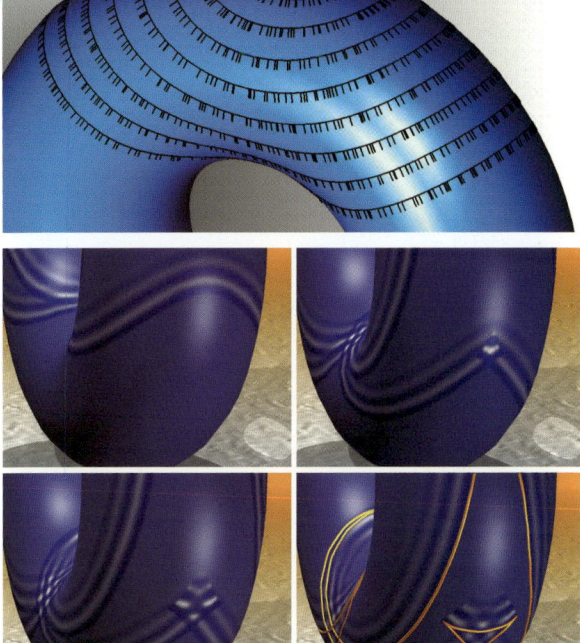

▲ **Formation d'une singularité en « queue d'hirondelle »
au point conjugué.**

Considérons les ondes produites par une source ponctuelle. Contrairement à ce qui se passe sur un plan, les ondes se propageant sur une surface courbe finissent au bout d'un certain temps par revenir sur elles-mêmes. C'est ce qui se produit sur un tore après un tour complet autour de l'anneau (image de gauche). Fait plus intéressant : au bout d'un certain temps, lorsque le front d'onde atteint le point conjugué, il se forme brusquement une singularité (voir image). C'est le phénomène de séparation en branches.

Sur des surfaces plus complexes que la sphère, les courbes les plus « rectilignes » présentent une autre particularité : après un certain temps, elles peuvent se recouper, comme montré sur cette surface en forme de bretzel.

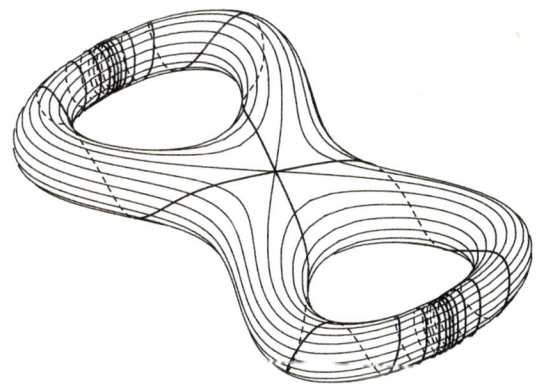

▲ **Géodésique fermée sur une surface en forme de bretzel.**

➤ Extraits *http://page.mi.fu-berlin.de/polthier/video/Geodesics/Scenes.html*
➤ K. Polthier, M. Schmies, *Straightest Geodesics on Polyhedral Surfaces* in: Mathematical Visualization, Springer, 1998.
➤ Animation interactive de recherche de géodésiques : *www.javaview.de/services/geodesic*
➤ A. D. Alexandrov, *Convex Polyhedra*, Springer Verlag, 2005.

La surface de Zoll

Toutes les géodésiques sont fermées

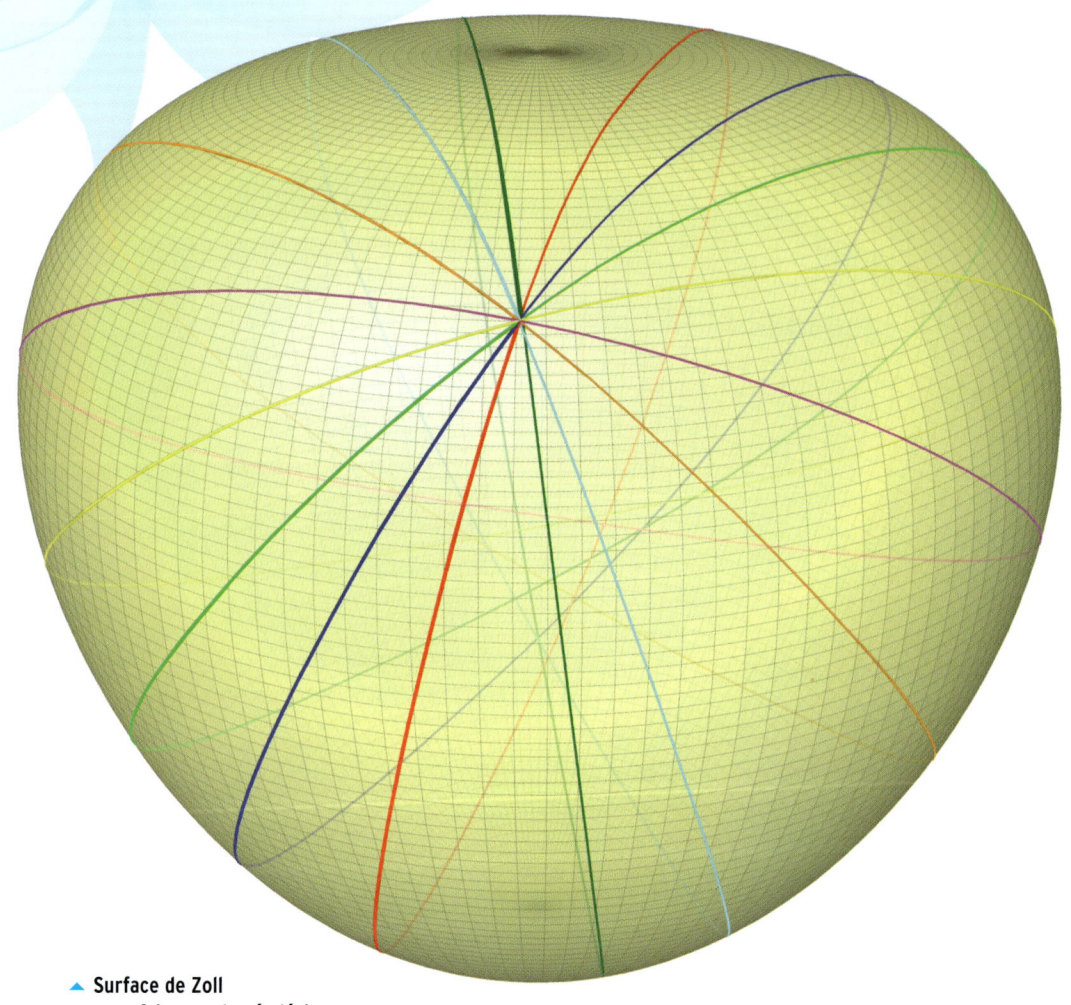

▲ **Surface de Zoll**
avec un faisceau de géodésiques.

Il est surprenant de constater qu'en dehors de la sphère, il existe une multitude de surfaces dont les géodésiques sont des courbes fermées. En se fondant sur les travaux de **Jean Gaston Darboux** (1842-1917), **James Tannery** découvrit une surface, en forme de poire pointue, sur laquelle toutes les géodésiques se referment après deux tours. **Otto Zoll**, élève de **David Hilbert** (1862-1943), découvrit une surface lisse sur laquelle toutes les géodésiques de longueur de 2π se referment après un tour.

➤ Thèse sur les géodésiques fermées, par G.C. Petrics : *http://petrics.jsc.vsc.edu/thesis.pdf*
➤ Définition de la surface de Zoll : *http://en.wikipedia.org/wiki/Zoll_surface*
➤ A. Besse, *Manifolds All of Whose Geodesics Are Closed*, Springer-Verlag, 1977.
➤ O. Zoll, « Über Flächen mit Scharen geschlossener geodätischer Linien », *Math. Ann.* 57, 108-133, 1903.

Si localement les géodésiques sont bien des chemins de longueur minimale, globalement elles se comportent de façon très incontrôlée. De très petits changements dans la direction initiale mènent à terme à des écarts importants. Sur le tore et sur l'hyperboloïde (images ci-dessous), il y a quelques cas particuliers très intéressants de géodésiques fermées et de géodésiques convergeant asymptotiquement.

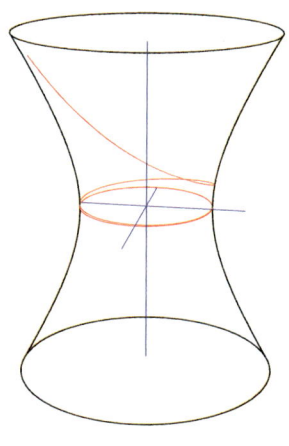

◀ **Hyperboloïde avec géodésique s'approchant asymptotiquement de la taille de la surface.**

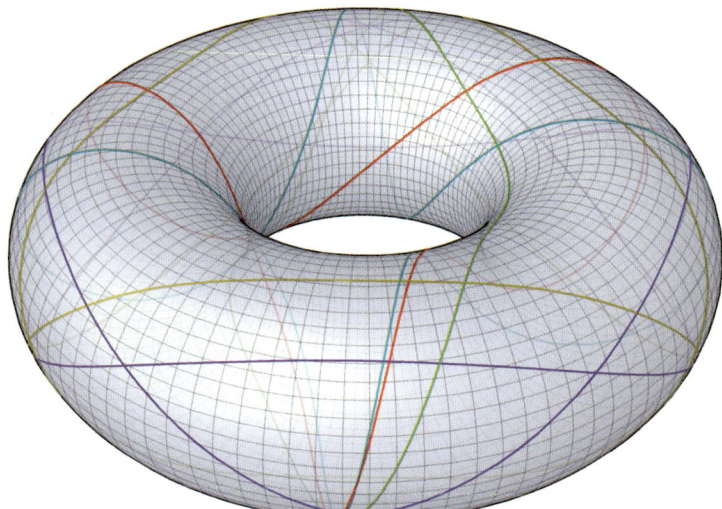

▲ **Des géodésiques fermées sont faciles à trouver sur un tore de révolution. Toutefois, la plupart des géodésiques ne se referment jamais.**

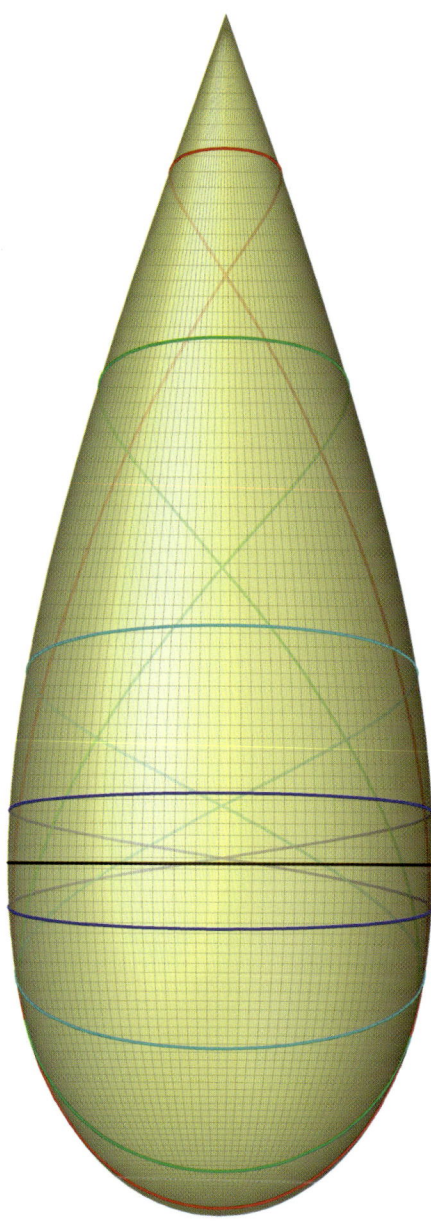

▲ **Sur la surface en forme de poire de Tannery, toutes les géodésiques se referment après deux tours.**

Géodésiques sur des polyèdres

**Quels sont les chemins les plus courts
et les plus rectilignes sur des surfaces avec des coins?**

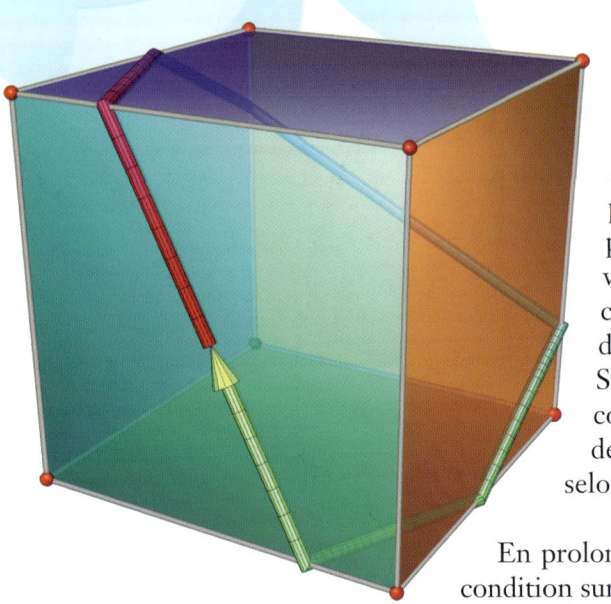

À l'intérieur d'une même face, les chemins les plus courts entre deux points sont les segments reliant ces points. Lorsque les deux points sont sur des faces voisines (voir ci-dessous), le chemin le plus court est la ligne droite qui les relie sur le patron. Sur le solide initial, cette ligne correspond aux deux segments de droite rencontrant puis quittant l'arête selon deux angles égaux.

En prolongeant ces lignes de façon que sur chaque arête, la condition sur les angles soit remplie, on obtient une géodésique fermée (voir le cube ci-dessus). En dépliant le solide le long de la géodésique, celle-ci se transforme alors en une droite.

On peut donc trouver facilement de nombreuses géodésiques sur le cube: il suffit de déplier le cube et de relier les points considérés par des droites.

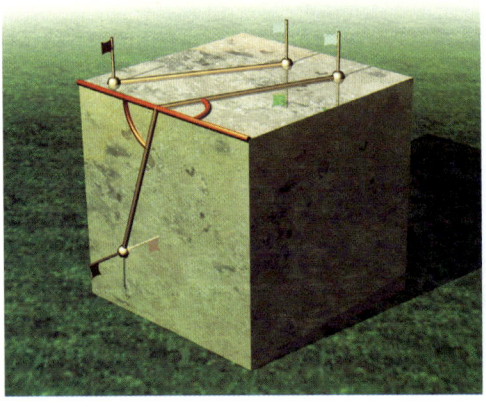

> http://mathenjeans.free.fr/adh/articles/2003/College-Delegorgue_Courcelles_2003/Geodesiques_Courcelles_2003.pdf
> K. Polthier, M. Schmies, M. Steffens, C. Teitzel, *Geodesics and Waves*, Video, Springer, 1997.
> A. D. Alexandrov, *Convex Polyhedra*, Springer Verlag, 2005.
> K. Polthier, M. Schmies, *Straightest Geodesics on Polyhedral Surfaces*, in: Mathematical Visualization, Springer, 1998.
> Calcul de chemin géodésique linéaire appliqué à la morphométrie numérique : http://www-lisic.univ-littoral.fr/publis/1324661390.pdf

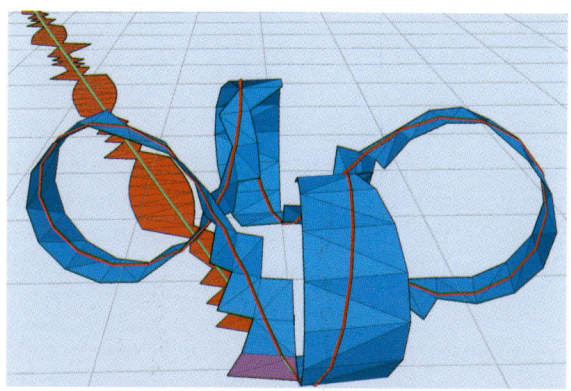

▲ Le dépliage des triangles le long d'une géodésique (ici sur un tore) forme une bande plane comportant une ligne droite.

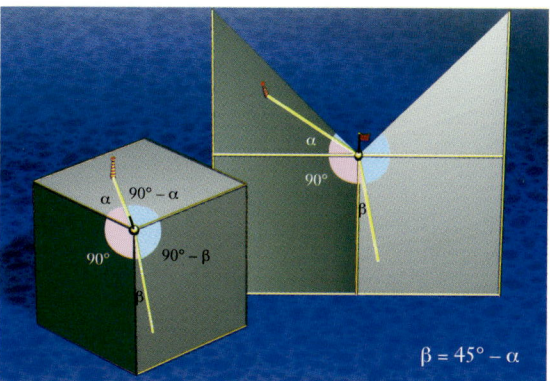

▲ Une géodésique passant par un sommet forme des angles dont la somme est la même de part et d'autre de la courbe.

La condition sur les angles imposée aux plus courts chemins sur un polyèdre mène à des lignes parfaitement droites lorsque l'on déplie le patron du polyèdre le long d'une géodésique (voir l'image ci-dessus à gauche). Cette propriété est à la base d'une méthode de calcul itératif pour déterminer le plus court chemin entre deux points de la surface d'un polyèdre triangulée. Pour cela, on trace d'abord n'importe quel chemin reliant les deux points, puis on réduit progressivement sa longueur à l'intérieur de la bande de triangles formée par le patron déplié. Si la courbe de longueur minimale passe par le sommet d'un triangle, on adapte le patron à cet endroit en modifiant au besoin la position relative des triangles, et on recommence la minimisation.

Que se passe-t-il lorsqu'une ligne de longueur minimale passe par un sommet du polyèdre ? Il est bien connu qu'il n'existe aucune ligne de longueur minimale passant par le sommet d'un cube par exemple, puisqu'on pourra toujours la raccourcir en l'écartant du sommet. Sur les surfaces lisses, les géodésiques sont connues comme les lignes *les plus droites*, c'est-à-dire les trajectoires suivies par des particules lancées sur ces surfaces. Que ferait alors une particule qui arriverait sur un sommet ? Serait-elle stoppée ? En fait, la solution est simple si l'on distingue les notions de « chemin le plus court » et de « chemin le plus rectiligne », notions identiques sur les surfaces lisses. Pour une surface non lisse comme celle d'un polyèdre, un chemin de longueur minimale ne passe effectivement pas par un sommet ; en revanche, une courbe la plus rectiligne possible le peut, du moment que la somme des angles au sommet formés de part et d'autre de la courbe est identique.

▲ Propagation d'ondes générées par une source ponctuelle. Une singularité apparaît aux sommets.

La topologie des nœuds

La théorie des nœuds est une branche de la topologie. Elle étudie l'équivalence des nœuds, c'est-à-dire dans quel cas deux nœuds donnés peuvent être transformés l'un en l'autre par un mouvement continu. Dans ce mouvement, la corde d'un nœud ne doit pas être coupée. Mathématiquement, un nœud est un plongement, continu dans chaque direction, du cercle dans l'espace de dimension trois.

Le problème de l'équivalence des nœuds fait partie des questions les plus difficiles de la topologie. Exprimé clairement, il est très difficile de déterminer si, étant donnée une courbe fermée, elle est nouée ou bien s'il s'agit seulement d'un cercle déformé. La classification des nœuds se révèle elle-même très ardue. La table au bas de la page suivante donne un aperçu de la diversité des nœuds. Mathématiquement, on mesure la complexité des nœuds à leur nombre de croisements, c'est-à-dire au nombre minimal de croisements de l'ombre d'un nœud sur un plan.

Actuellement, on ne peut faire la liste de tous les nœuds que pour ceux ne dépassant pas les 11 croisements.

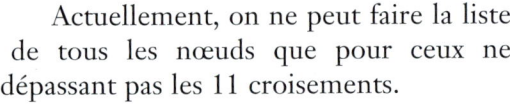

➤ J. Walker et al., *La science des nœuds*, Bibliothèque scientifique, Belin - Pour la Science, 2001.
➤ Notions sur la théorie des nœuds : *http://serge.mehl.free.fr/anx/th_noeuds.html* et *http://fr.wikipedia.org/wiki/Théorie_des_nœuds*
➤ Site très complet sur les nœuds (mathématiques), par Scharein : *www.knotplot.com*
➤ D. Rolfson, *Knots and links*, Publish or Perish, 1976.
➤ Sur les mouvements de Reidemeister : *http://en.wikipedia.org/wiki/Reidemeister_move*

La méthode de **Kurt Reidemeister** (1893-1971) permet de tester l'équivalence de deux nœuds à partir de la projection des deux nœuds dans le plan, en entreprenant des simplifications qui conservent le type de nœud. Les trois mouvements présentés ci-dessous font partie des mouvements autorisés par Reidemeister. Une boucle peut être tirée sur les côtés, deux brins torsadés ou non sont équivalents et l'on peut déplacer un brin d'un côté d'un croisement à l'autre.

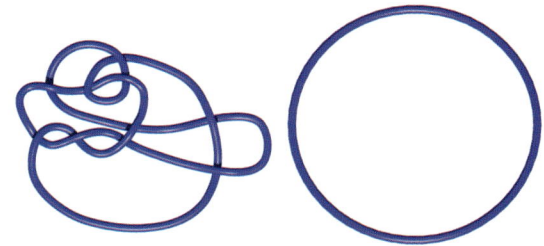

▲ **Noué ou pas ?** Le nœud de gauche peut être transformé continûment en un cercle, il n'est donc pas noué.

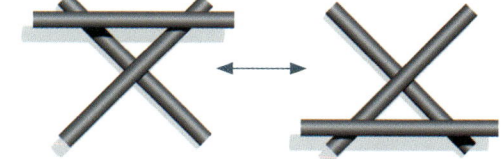

▲ Mouvements de Reidemeister pour la simplification des nœuds.

Le nœud du trèfle est le plus simple des nœuds non triviaux. Il peut être considéré comme un nœud torique (2, 3), le 2 désignant le nombre de tours autour du trou central du tore, et le 3 désignant le nombre d'enroulements autour du ventre du tore.

L'image tout en bas montre les 16 premiers nœuds présentant le nombre minimal de croisements ; ensuite la complexité des nœuds augmente de façon exponentielle. Le nœud de trèfle est le seul nœud présentant 3 croisements, il existe un seul nœud avec 4 croisements, mais il existe par exemple 12 965 nœuds présentant 13 croisements.

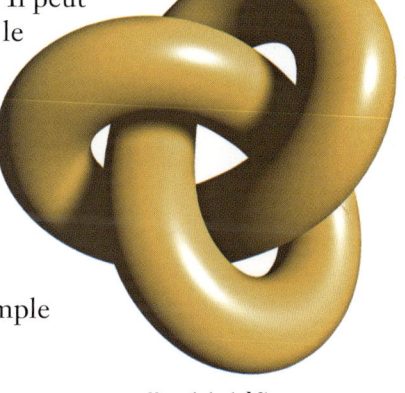

▲ **Nœud du trèfle.**

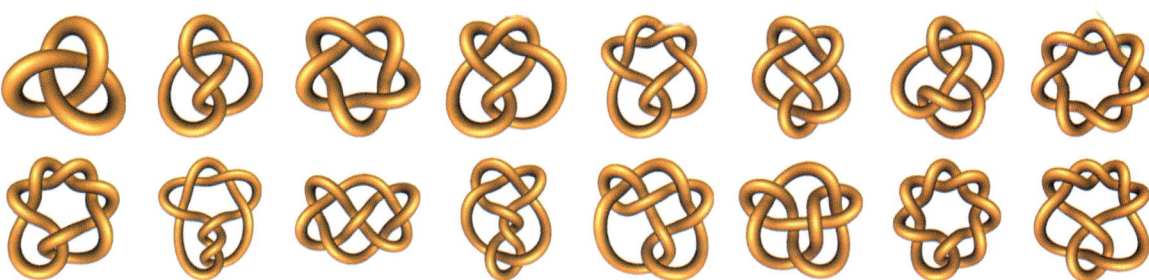

▲ Tous les nœuds possibles présentant jusqu'à huit croisements.

Entrelacs celtes

▲ **Entrelacs avec le graphe sous-jacent.**

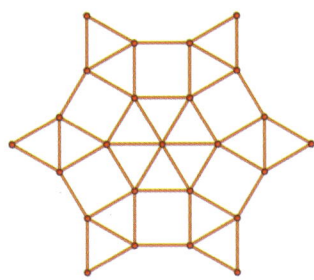

Depuis le IVe siècle avant notre ère, les Celtes ornent de nœuds les monuments sacrés et les tombes. Le livre de Kells, réalisé vers l'an 800 et aujourd'hui exposé au grand public au Trinity College de Dublin, constitue une pièce maîtresse de la calligraphie et de l'emploi de nœuds décoratifs. En Irlande, on en rencontre à chaque pas, par exemple au château de Dublin sur le plan des chemins du jardin.

La beauté des entrelacs est renversante, mais l'aspect mathématique de leur construction est vraiment simple.

Chaque dessin de nœud peut être ramené à un graphe plan sous-jacent. En partant de ce graphe, on construit les entrelacs en quatre étapes. Sur la page de droite, on montre les quatre étapes dans le cas du nœud trèfle, le plus simple des entrelacs, construit à partir d'un triangle. Les dessins plus complexes ne sont généralement pas constitués d'un seul nœud, mais de l'imbrication de plusieurs nœuds. Mathématiquement, il est intéressant de constater que la courbe du nœud s'obtient à partir du graphe par simples superpositions locales.

❯ Images en couleur de Géraud Bousquet
❯ Tutoriel complet pour la construction d'entrelacs, par C. Mercat : *www.entrelacs.net*
❯ Photographies de nombreux manuscrits enluminés : *http://etrace.free.fr/noeuds_celtes/noeuds_chretiens.php*

Exemple : la construction du trèfle

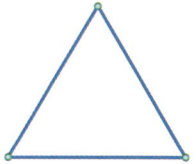

▲ 1. Dessiner un graphe quelconque

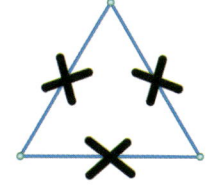

▲ 2. Placer une croix sur chaque arête

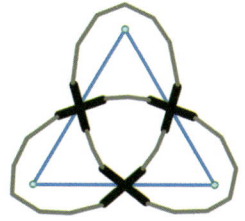

▲ 3. Relier les croix voisines en contournant les arêtes du graphe

▲ 4. Répartir les passages de la courbe au dessus et en dessous des arêtes

La construction des entrelacs est expliquée de façon particulièrement compréhensible sur le site web de **Christian Mercat**. On commence par un graphe plan (1) et on fait une croix au milieu de quelques arêtes (2). Les arêtes sans croix sont effacées ou laissées de côté. La croix coupe l'arête à 45°. On relie alors deux croix voisines par une courbe joignant les segments croisés qui sont dirigés l'un vers l'autre (3). Deux croix sont voisines lorsque leurs deux arêtes se coupent et qu'il n'y a aucune autre arête entre les deux.

Si l'on respecte soigneusement les angles de 45°, normalement on relie très vite les croix. Relier deux croix à l'extérieur du graphe autour d'un sommet en pointe (voir le triangle ci-dessus) est peut-être un peu moins évident : pour cela, on peut imaginer que le graphe est un labyrinthe où chaque arête est un mur percé par une porte en son milieu.

Maintenant que l'on a relié les croix par une courbe, on traite chaque croisement en suivant la courbe et faisant passer la corde alternativement au-dessus et en dessous. Le nœud est fini. Si l'on obtient plusieurs nœuds, il faut suivre chaque courbe pour placer le pont correspondant.

▲ Plan des chemins du jardin du château de Dublin.

▲ Construction d'une frise à partir du graphe rouge. Observez comme les arêtes manquantes introduisent une irrégularité.

▶ J.-P. Delahaye, *Mathématiques pour le plaisir : Un inventaire de curiosités*, Belin - Pour la Science, 2010.
▶ Logiciel de dessin d'entrelacs Knotsbag, développé par G. Bousquet : *http://pagesperso-orange.fr/hypatiasoft/*

Les anneaux borroméens

sont indissociables

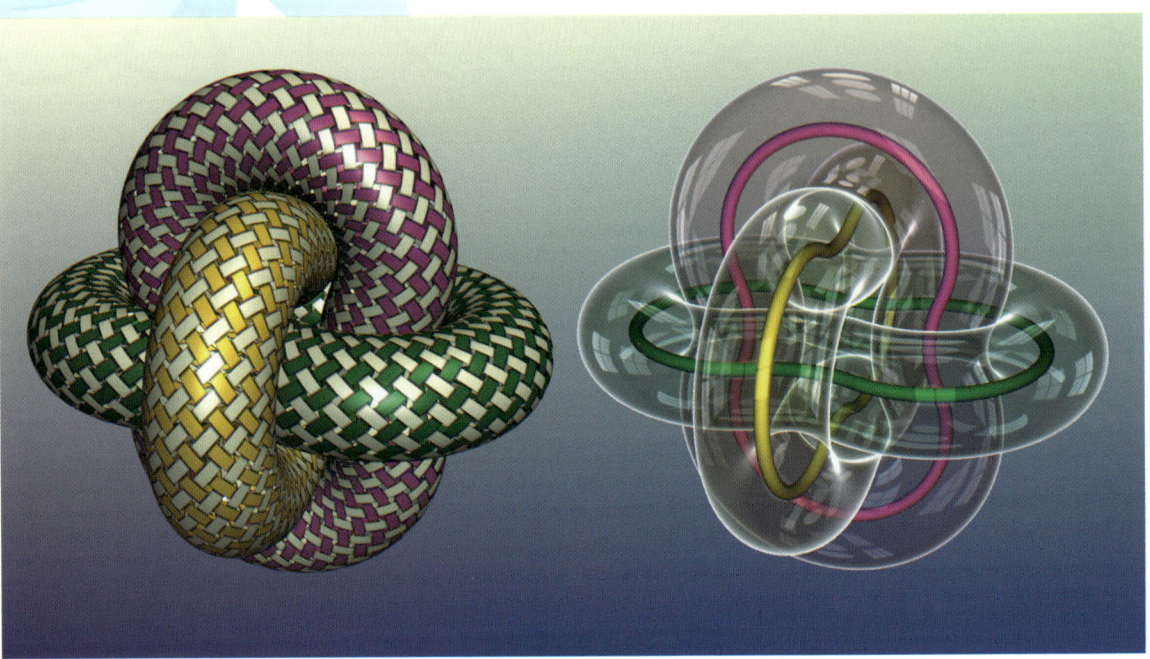

▲ **Anneaux borroméens constitués de cordes épaisses et bien serrées.**

Les anneaux borroméens sont constitués de trois anneaux imbriqués. Ce qui est particulier, c'est que si nous retirons un des anneaux, par exemple l'anneau jaune, alors tout l'assemblage se défait car les deux autres anneaux, le rouge et le vert, ne sont plus reliés. Autrement dit, les trois anneaux ne forment un assemblage stable que s'ils sont ensemble. Cette propriété de ne former une association stable que par la participation de tous les partenaires fait des anneaux borroméens un symbole de l'union. Sur l'image du haut, les anneaux ont été représentés par des cordes dont le diamètre est le plus grand possible pour maintenir l'ensemble serré. Dans cette configuration, grâce aux propriétés de symétrie, on peut trouver une formule explicite pour le diamètre de la corde, alors que cela n'est pas possible en général pour un nœud ou pour un ensemble de courbes reliées.

> Images de John Sullivan, voir la vidéo : *http://torus.math.uiuc.edu/jms/Videos/imu/IMULogo-big.mov*
> J. Sullivan, Ch. Gunn, *Die Borromäischen Ringe*, in: MathFilm Festival 2008, Springer Verlag, DVD, 2008.
> Généralités sur les anneaux borroméens : *http://fr.wikipedia.org/wiki/Anneaux_borroméens*
> Logo de l'International Mathematical Union : *www.mathunion.org*

▲ Les anneaux borroméens ont la même symétrie que celle du cristal de pyrite.

▲ Les trois cercles ne peuvent pas être ronds et plats.

▲ Le logo de l'IMU.

En 2006, l'*International Mathematical Union* (IMU) a sélectionné pour son nouveau logo cette forme rigide des anneaux borroméens (avec une épaisseur des cordes un peu réduite).

Contrairement aux anneaux olympiques, les anneaux borroméens ne peuvent être représentés liés par des cercles ronds et plats : ils doivent être un peu tordus pour les écarter au maximum.

Courbes de Bézier et splines

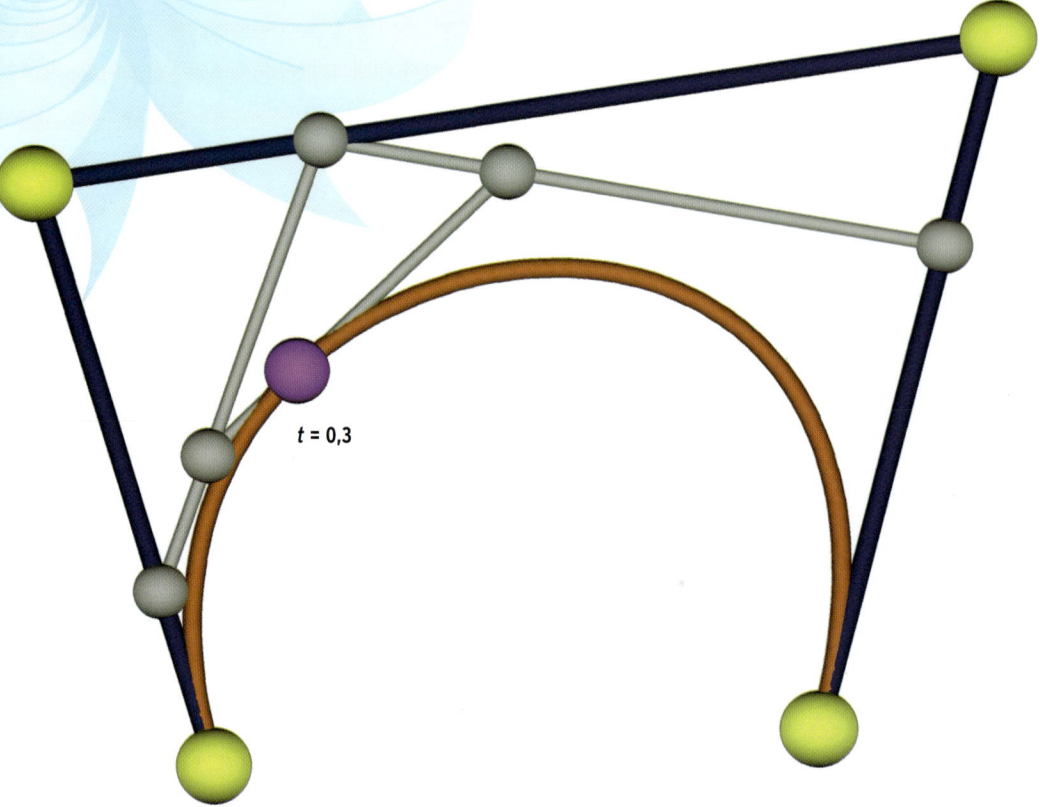

$t = 0,3$

▲ Une courbe de Bézier lisse (en rouge) se forme à partir du polygone de contrôle bleu (voir encadré ci-contre). Le polygone de contrôle et donc la courbe de Bézier peuvent être modifiés à volonté en agissant manuellement sur les points de contrôle jaunes.

Aujourd'hui de nombreux logiciels de dessin facilitent la création de courbes sur ordinateur. Dessiner des courbes avec des arcs est indispensable pour représenter les objets de notre environnement quotidien et dans le domaine industriel. Par exemple, la piste d'une attraction de montagnes russes est lisse et tordue dans l'espace, et tout comme le contour d'une lettre, elle est constituée d'un ensemble d'arcs de courbes linéaires et polynomiales. Les arcs individuels peuvent être représentés par des courbes de Bézier, correspondant chacune à un polygone de contrôle facile à modeler. Les bases mathématiques de ce procédé ont été développées par les ingénieurs français **Pierre Bézier** (1910-1999) et **Paul de Casteljau** (1930) dans le cadre du développement de la conception assistée par ordinateur chez Renault et Citroën.

❯ Présentation générale : *http://fr.wikipedia.org/wiki/Courbe_de_Bézier*
❯ Un témoignage émouvant de la naissance des courbes de Bézier : *http://www.scei-concours.fr/tipe/TIPE_2010/sujet_2010/dossier_maths_rapport_2010.pdf*
❯ G. Farin, *Curves and Surfaces for CAGD. A Practical Guide*, Academic Press, 2002.

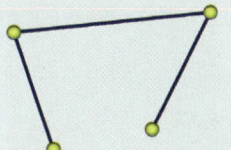  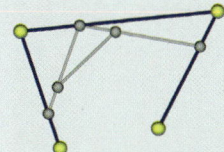 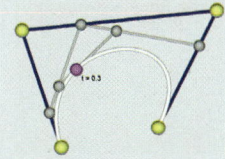

L'algorithme de Casteljau décrit la construction des points d'une courbe de Bézier à partir du polygone de contrôle. Pour chaque valeur de $t \in [0, 1]$, on obtient un point $b(t)$ sur la courbe de Bézier. Les images illustrent la construction du point de la courbe pour $t = 0,3$. À la première étape, chaque segment du polygone de contrôle est partagé en deux segments dans un rapport de t à $1 - t$ et le point de subdivision est relié à un nouveau polygone (en gris). On partage de la même façon les segments du nouveau polygone et l'on obtient un polygone constitué d'un seul segment (troisième image). En partageant encore ce segment unique dans le rapport t à $1 - t$, on obtient le point $b(t)$ (en rouge sur la quatrième image) que l'on cherchait. Pour obtenir d'autres points de la courbe, on recommence la construction pour d'autres valeurs de t (voir figure en bas de page).

Pour représenter des courbes en forme d'arcs par une formule, il faut avoir quelques connaissances sur les fonctions mathématiques. En revanche, la méthode de Casteljau permet de fabriquer des courbes lisses par partages successifs d'une forme polygonale grossière, le polygone de contrôle (voir la série d'image ci-dessus). Utiliser un polygone de contrôle présente l'avantage de prévisualiser grossièrement la forme de la courbe lisse voulue, et de pouvoir la modifier de façon interactive en déplaçant les points du polygone jusqu'à ce que la courbe ait la forme souhaitée. Un polygone de contrôle à quatre points mène à des courbes cubiques, mais l'algorithme peut aussi utiliser des polygones de contrôle avec un nombre quelconque de points.

▶ **En reliant plusieurs courbes de Bézier, il est possible de construire des courbes complexes, appelées splines. Les lettres des polices au format True Type utilisé sous Windows sont décrites par de telles suites de courbes de Bézier. Par exemple, les points 4-5-6 et 6-7-8-9 déterminent deux polygones de contrôle avec respectivement trois et quatre points. Dans le cas de segments rectilignes à partir de deux points de contrôle (2-3, 3-4), les courbes de Bézier coïncident avec le polygone de contrôle.**

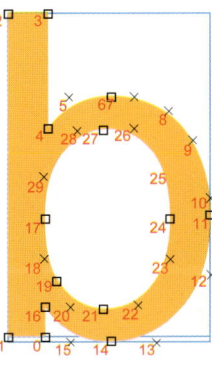

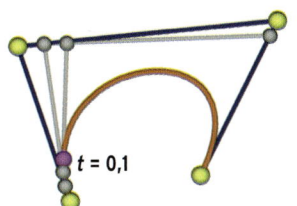 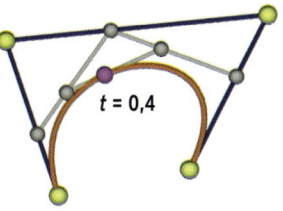 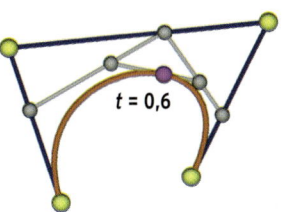 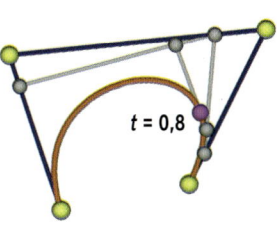

▲ **Construction de quatre points d'une courbe de Bézier par l'algorithme de Casteljau.**

Géométrie et topologie des surfaces

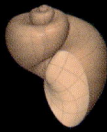

Les surfaces de l'espace à trois dimensions présentent
une grande diversité de formes que nous retrouvons
dans la nature et que nous utilisons dans de nombreuses
applications techniques. Par exemple, certains coquillages
présentent des surfaces vissées, des filets de pêche sont
des surfaces à courbure négative et les tours
de refroidissement ont la forme d'une partie
d'hyperboloïde.

Ces surfaces font l'objet d'une étude abstraite en
géométrie différentielle et en topologie. Cette étude trouve
cependant des applications concrètes dans la résolution
de plusieurs problèmes pratiques.

Hyperboloïde

La rotation d'une droite autour d'un axe qui lui est non coplanaire engendre un hyperboloïde de révolution à une nappe. Pour des raisons de symétrie, nous obtenons la même surface en faisant tourner une droite symétrique par rapport à l'axe. Nous engendrons ainsi deux faisceaux de droites. La surface est stable par affinité (dilatation et compression) et par transvection affine.

Hyperboloïde de révolution à une nappe.

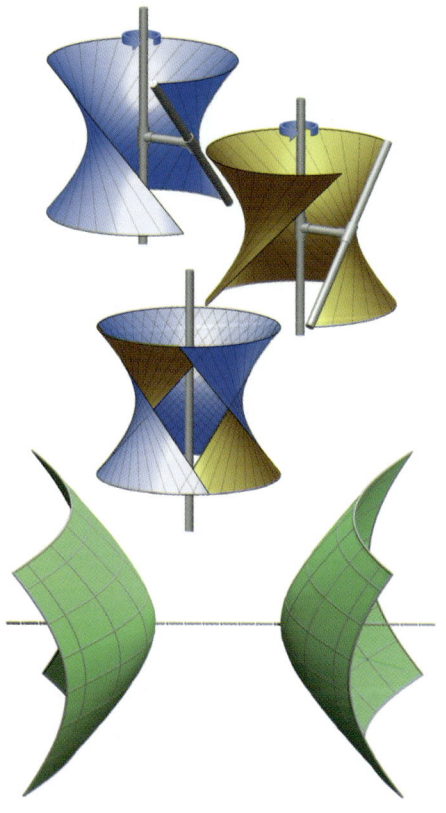

L'hyperboloïde à deux nappes (ci-contre, en vert) est engendré par la rotation d'une hyperbole autour de son axe principal. Par des affinités ou des transvections, on obtient aussi des surfaces qui ne sont pas de révolution. Dans ce cas, la surface de courbure, en général elliptique, ne contient pas de droite.

▶ Sur les affinités et transvections : *http://fr.wikipedia.org/wiki/Transvection* et *http://fr.wikipedia.org/wiki/Affinité_(mathématiques)*
▶ Retrouvez la présentation de toutes ces surfaces sur le site de R. Ferréol : *http://www.mathcurve.com/surfaces/surfaces.shtml*
▶ H.Pottmann, A. Asperl, M. Hofer, A. Kilian, *Architectural Geometry*, Bentley Institute Press, 2007.

… et paraboloïde

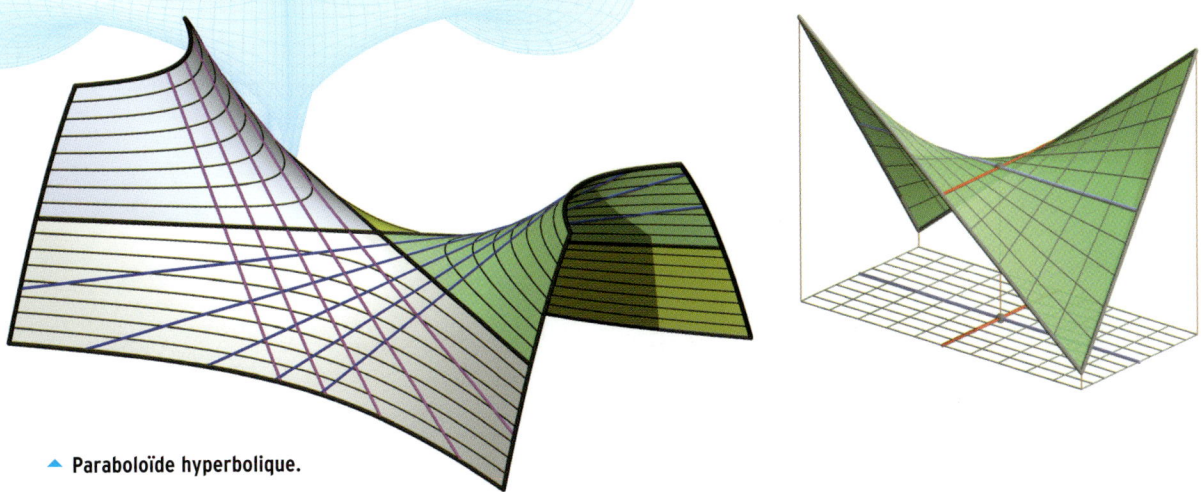

▲ **Paraboloïde hyperbolique.**

Le paraboloïde hyperbolique est une surface remarquable : cette quadrique et l'hyperboloïde de révolution à une nappe (page précédente) sont les seules surfaces qui sont recouvertes par deux familles distinctes dedroites. Toutes les sections planes verticales de ce paraboloïde sont des paraboles ou des droites. Toutes les autres sections planes sont des hyperboles ou des paires de droites (on peut considérer ces paires de droites comme des hyperboles dégénérées).

En faisant glisser une parabole sur une autre parabole, on obtient un paraboloïde elliptique si sa concavité est dans la même direction, et un paraboloïde hyperbolique dans le cas contraire.

Une parabole simplement translatée génère un cylindre parabolique. Ces trois surfaces sont donc des surfaces de translation.

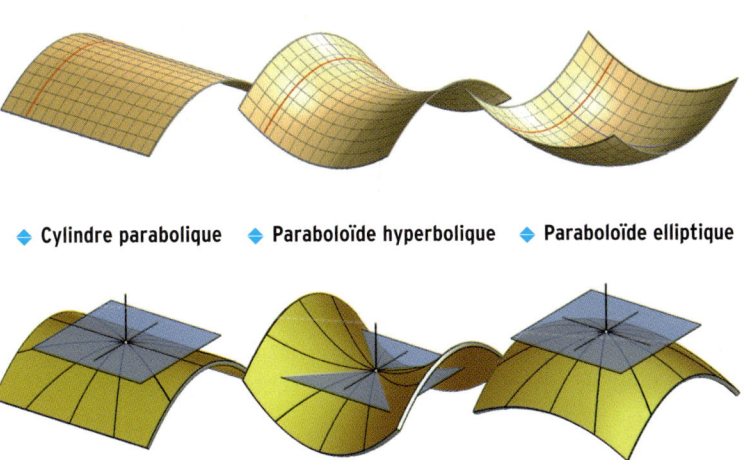

◆ **Cylindre parabolique**   ◆ **Paraboloïde hyperbolique**   ◆ **Paraboloïde elliptique**

Toute surface peut être approchée en chaque point régulier par un paraboloïde elliptique ou hyperbolique, ou encore par un cylindre parabolique de sorte que les deux surfaces aient les mêmes courbures en ce point.

➤ G. Glaeser, *Geometry and its applications in arts, Nature and Technology*, Springer, 2013.
➤ Définition et propriétés de l'hyperboloïde, par E. W. Weisstein : *http://mathworld.wolfram.com/Hyperboloid.html*
➤ Sur les surfaces de translation, consulter : *http://www.mathcurve.com/surfaces/translation/translation.shtml*

Quadriques…

Le prototype de toutes les surfaces courbes

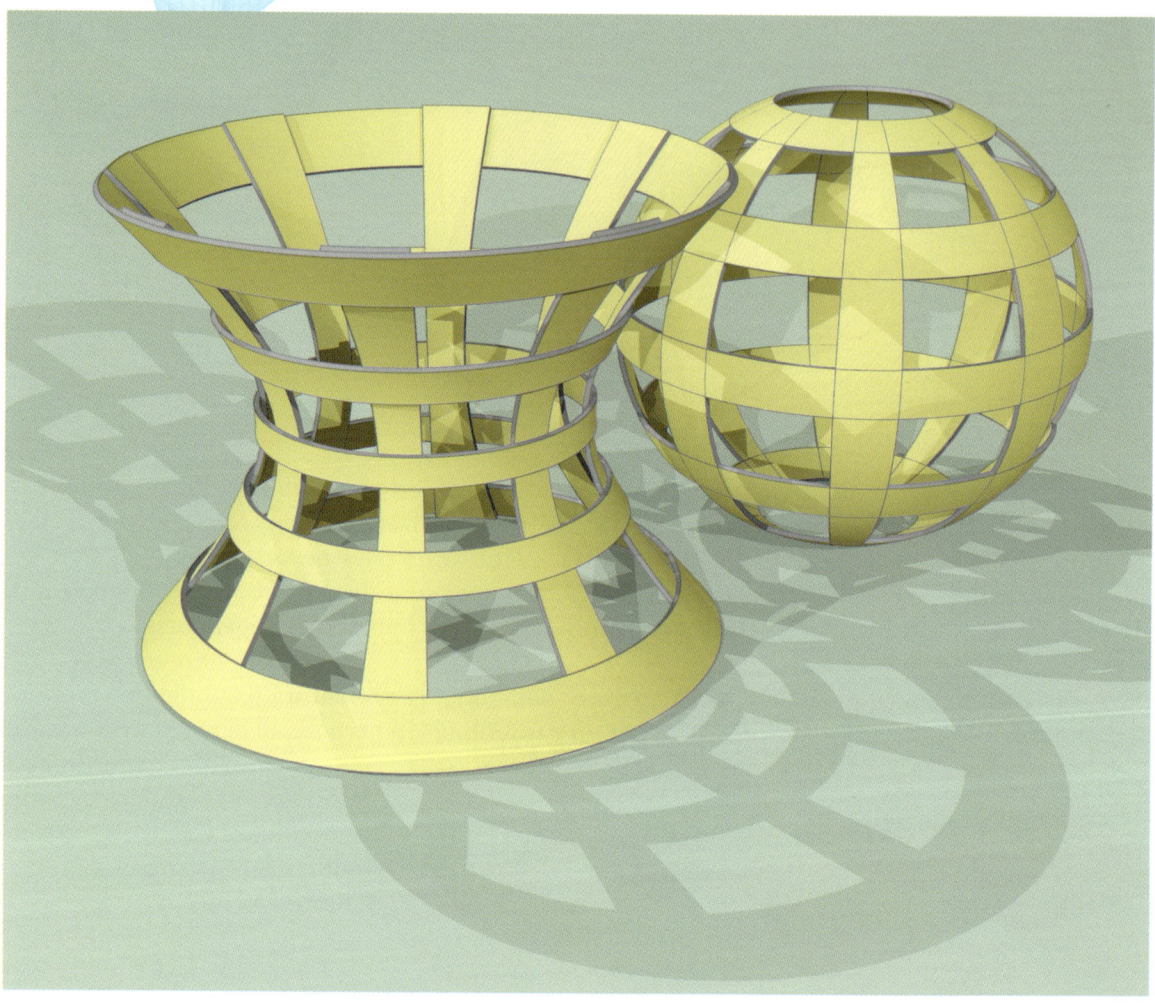

Une quadrique est une surface de degré 2 qui, du point de vue algébrique, a deux points communs avec toute droite de l'espace (il peut y avoir des solutions complexes ou des solutions doubles). Toute section plane de cette surface est une conique, de même que le contour de son image dans une projection de centre quelconque. Par conséquent, l'ombre portée par le contour de la surface sur un plan est également une conique.

➤ Présentation des quadriques, par C. Caignaert : *http://c.caignaert.free.fr/chapitre18/node1.html*
➤ M. Audin, *Geometry*, Springer, 2002.
➤ P. Samuel, *Géométrie projective*, Presses Universitaires de France, 1986.

... et sections circulaires

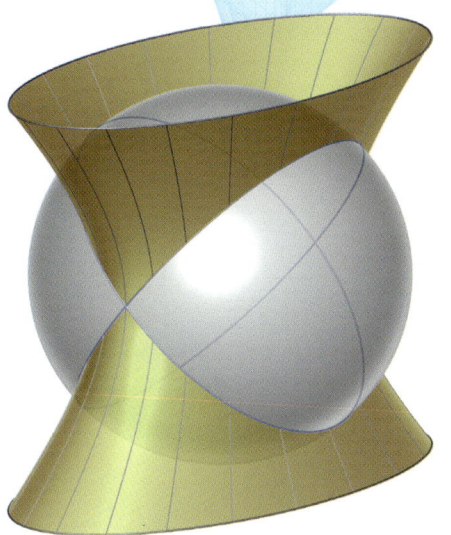

▲ Sections circulaires d'un hyperboloïde quelconque, à l'intersection avec une sphère.

Les quadriques peuvent être des ellipsoïdes, des hyperboloïdes, des paraboloïdes (voir p. 111), mais aussi des cônes ou des cylindres. Elles ne sont pas, en général, des surfaces de révolution. Si une sphère est tangente en deux points à une quadrique quelconque (image de gauche), alors elle coupe la quadrique selon deux cercles. Toutes les sections circulaires d'une quadrique se trouvent alors dans des plans parallèles aux plans qui contiennent chacun des cercles.

Dans la projection de centre E sur un plan π (image ci-dessous), un cercle $\mathscr{C}$ engendre un cône du second degré dont on connaît une section circulaire. Sa section avec le plan π peut alors être, selon la position du cercle par rapport au point E, une ellipse (en gris), une hyperbole (en rouge) ou une parabole (en bleu).

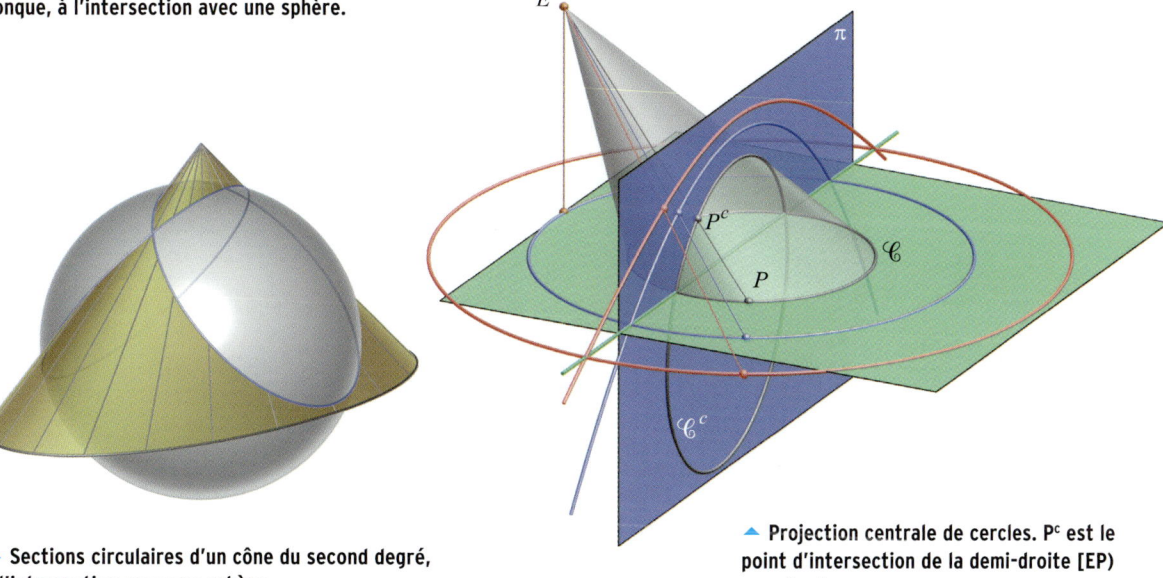

▲ Sections circulaires d'un cône du second degré, à l'intersection avec une sphère.

▲ Projection centrale de cercles. P^c est le point d'intersection de la demi-droite [EP) avec le plan π.

▶ M. Coste, « Coniques, quadriques projectives », téléchargeable sur : *http://agreg-maths.univ-rennes1.fr/documentation/docs/coquproj.pdf*
▶ W. Wunderlich, *Darstellende Geometrie II*, B.I. Hochschultaschenbücher 133/133a, Mannheim, 1967.
▶ Classification des quadriques : *http://www.mathcurve.com/surfaces/quadric/quadric.shtml*

La surface de Clebsch

Ensemble des zéros avec exactement 27 droites

Les surfaces cubiques de l'espace à trois dimensions correspondent au lieu d'annulation de polynômes à trois variables de degré trois. Il y a plus de 150 ans, **Arthur Cayley** et **George Salmon** constatèrent que chaque surface de ce type contient exactement 27 droites, lorsque l'on se place dans l'espace projectif complexe. **Alfred Clebsch** en donna un exemple explicite.

En 1876, **F. E. Eckardt** étudia dans quel cas il existe, sur une surface cubique lisse, des points où trois de ces 27 droites sont concourantes. Ces points sont appelés points d'Eckardt. Sur la surface de Clebsch, il en existe exactement 10. Sur l'image, trois de ces points sont marqués en jaune.

$$81(x^3 + y^3 + z^3)$$
$$- 189(x^2y + x^2z + y^2x + y^2z + z^2x + z^2y) +$$
$$54xyz + 126(xy + xz + yz) - 9(x^2 + y^2 + z^2)$$
$$- 9(x + y + z) + 1 = 0$$

▲ **Équation cartésienne d'une surface contenant exactement 27 droites.**

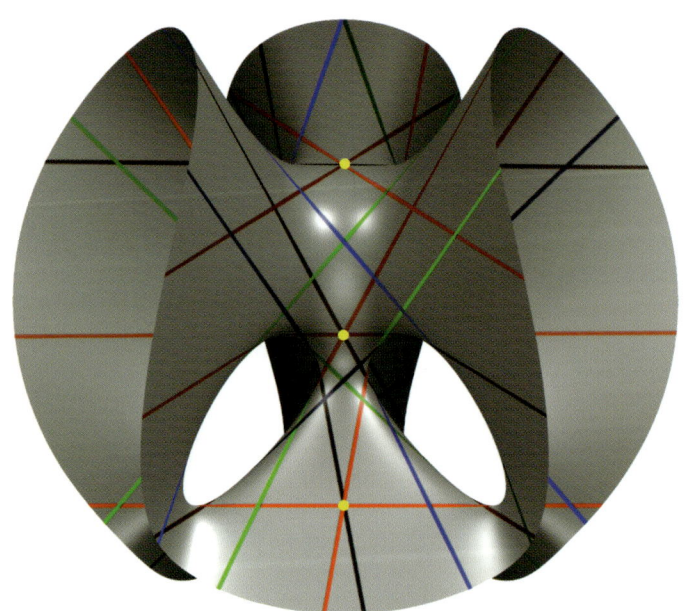

▲ **Surface de Clebsch avec repérage de 3 points d'Eckardt.**

➤ Sur la surface de Clebsch : *http://www.mathcurve.com/surfaces/clebsch/clebsch.shtml*
➤ Équations et généralités, par E. W. Weisstein : *http://mathworld.wolfram.com/ClebschDiagonalCubic.html*
➤ F. E. Eckardt, « Über diejenigen Flächen, auf welchen sich drei gerade Linien in einem Punkte schneiden », *Math. Ann.* 1876, vol. X, issue 2, p. 227.
➤ F. Lê, « Sur les vingt-sept droites des surfaces cubiques : approche historique », Mémoire de master 2, ENS Lyon-UCB Lyon 1 : *http://www.math.jussieu.fr/~lef/Accueil_files/Mémoire.pdf*

... et cubiques singulières
Solutions doubles et solutions complexes

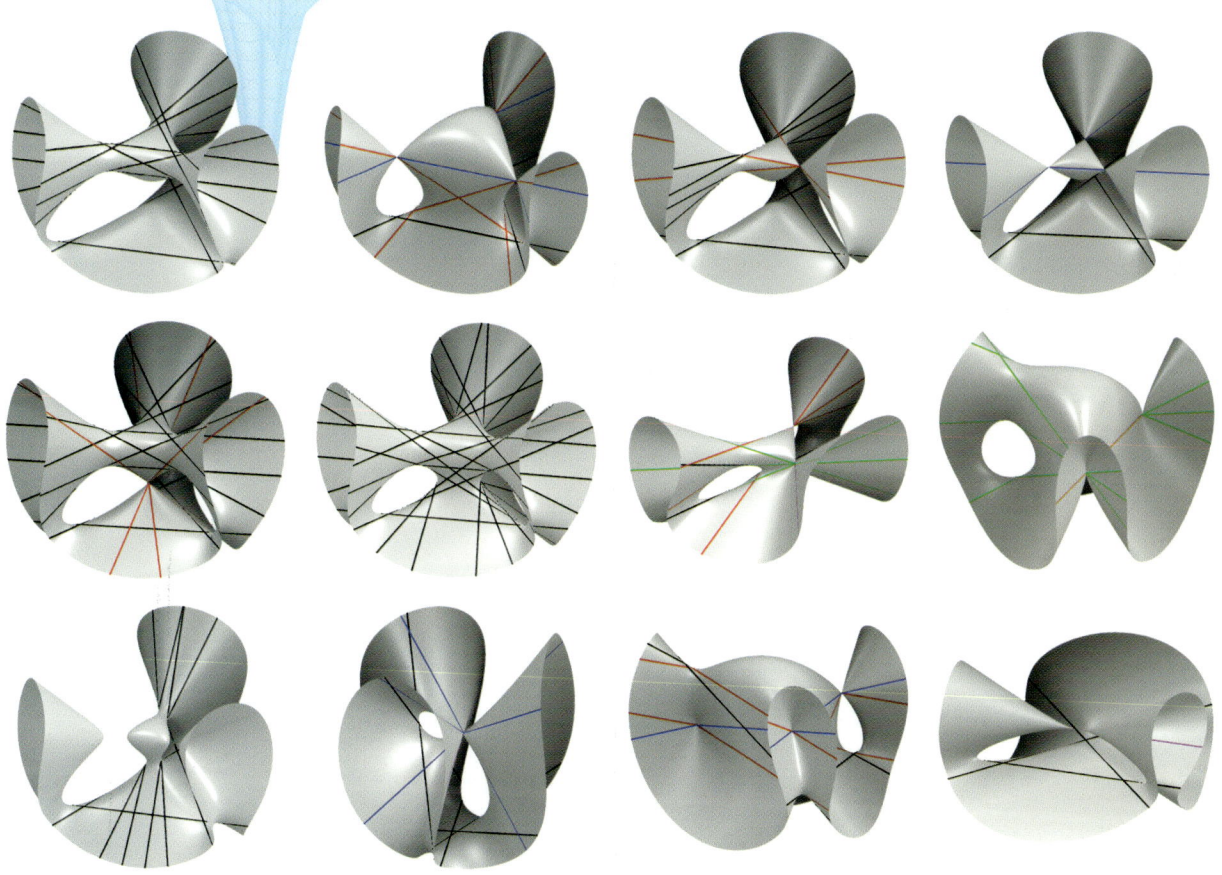

▲ **Surfaces cubiques représentant des singularités.**

En présence de singularités, certaines de ces droites sont confondues. Plus la singularité est d'ordre élevé, plus il y a de droites confondues. Les illustrations montrent quelques surfaces cubiques lisses et singulières, avec un nombre variable de droites réelles différentes. Les surfaces cubiques sont notamment utilisées en modélisation géométrique.

> Images d'Oliver Labs (voir *www.oliverlabs.net/welcome.php* et *http://cubics.algebraicsurface.net*)
> Galerie d'images issues du logiciel Surfer : *www.imaginary-exhibition.com/galerie.php*
> D'extraordinaires animations à télécharger : *http://images.math.cnrs.fr/Des-surfaces-cubiques-en-DVD.html*

Cyclides de Dupin

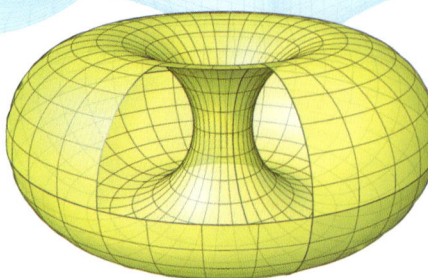

▲ **Tore à trou (à collier ou ouvert)**

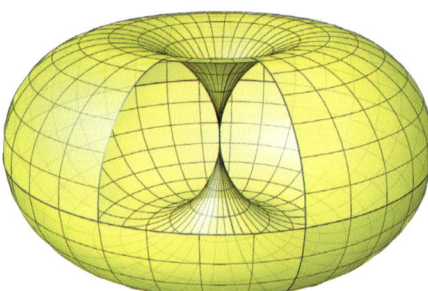

▲ **Tore à trou nul (à collier nul)**

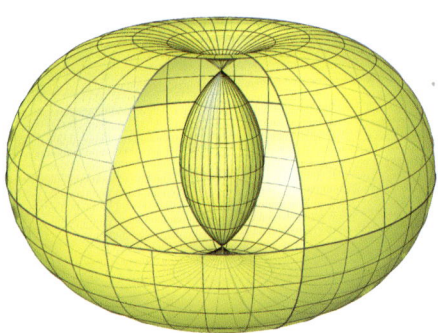

▲ **Tore croisé (rentrant)**

Le tore standard (ou tore ouvert) est engendré par la révolution d'un cercle autour d'un axe vertical coplanaire. Si le cercle qui tourne ne coupe pas l'axe de rotation, on obtient un tore à trou (à collier). S'il est tangent à l'axe, on obtient un tore à trou nul (à collier nul). Si le cercle coupe l'axe, on obtient un tore croisé (rentrant). Nous ne considérons pas ici le cas particulier où l'axe de rotation est un axe de symétrie du cercle, qui mène à la sphère.

Les cyclides de Dupin englobent une classe générale de surfaces pour lesquelles toutes les lignes de courbure sont des cercles (ou des droites). Toutes les cyclides de Dupin s'obtiennent à partir des trois types de tore mentionnés plus haut par inversion par rapport à une sphère. L'inversion par rapport à une sphère généralise la réflexion par rapport à un plan. Dans l'inversion, tous les points extérieurs à la sphère passent à l'intérieur et les points intérieurs, à l'extérieur. Les distances d'un point et de son image au centre de la sphère sont inversement proportionnelles, les points de la sphère restant invariants.

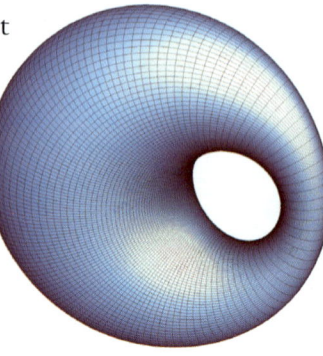

▲ **Cyclide en anneau**

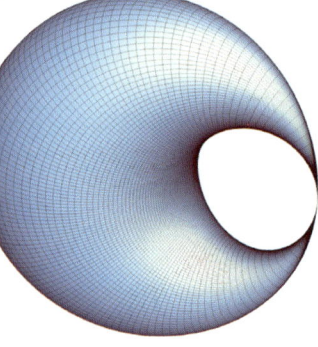

▲ **Cyclide en croissant**

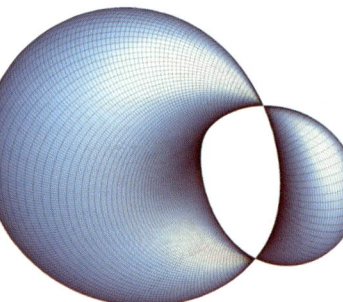

▲ **Cyclide en croissant double**

▷ Sur les cyclides et la transformation par inversion : *http://fr.wikipedia.org/wiki/Inversion_(géométrie* et *http://www.mathcurve.com/surfaces/cycliddedupin/cyclidededupin.shtml*
▷ L. Garnier, « Représentation analytique des pendants des cercles de Villarceau sur une cyclide de Dupin en anneau », *REFIG*, vol. 2, n° 1, pp. 47-59, 2008. Téléchargeable sur : *http://le2i.cnrs.fr/IMG/publications/2141_refig_EqCercleVillarceauCD4.pdf*
▷ Dossier « Surfaces », *Tangente Sup*, 51-52, novembre 2009.

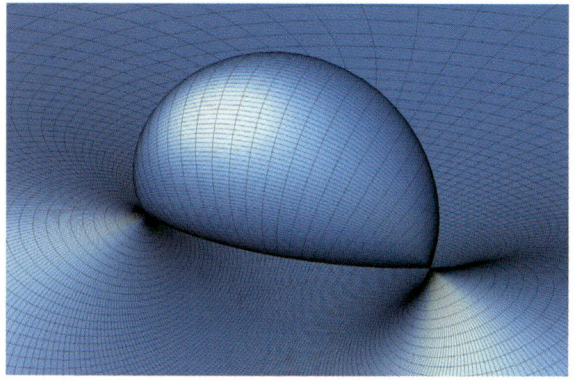

▲ **Cyclide parabolique en double croissant**

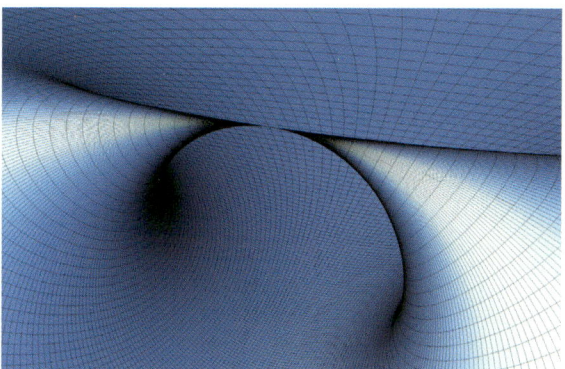

▲ **Cyclide parabolique en croissant**

Lorsque le centre de la sphère n'est pas sur le tore, on obtient des surfaces compactes (voir page précédente colonne de droite). Lorsque le centre de la sphère est sur le tore, on obtient une cyclide parabolique qui s'étend à l'infini (figure ci-dessus).

Sur l'image ci-contre, on observe la construction d'une cyclide en double croissant par inversion : une sphère transparente réfléchit les points du tore croisé jaune en une cyclide bleue. La partie du tore comprise à l'intérieur de la sphère est réfléchie vers l'extérieur, et les points à l'intersection du tore et de la sphère restent fixes.

Si l'on déplace le centre de la sphère sur le tore jaune, alors ce point est réfléchi à l'infini et nous obtenons la cyclide parabolique infinie représentée en haut à gauche.

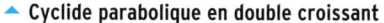

▲ **Inversion d'un tore croisé**

▶ À propos de C. Dupin : *http://www-history.mcs.st-and.ac.uk/Biographies/Dupin.html*
▶ G. Fischer, *Mathematische Modelle*, Akademie Verlag, 1986.
▶ D. Hilbert, S. Cohn-Vossen, *Geometry and the imagination*, American Mathemaical Society, 1999.

Supercyclides

Des coniques partout

d_1

Les supercyclides sont des surfaces qui portent deux faisceaux de coniques. Étudiées pour la première fois à la fin du XIXᵉ siècle, les supercyclides sont au goût du jour grâce au dessin géométrique assisté par ordinateur. Ce sont des surfaces algébriques de degré trois ou quatre, et elles sont enveloppées par deux familles paramétrées de cônes du second degré.

d_2

▲ Une supercyclide (en jaune). Dans cet exemple, les coniques considérées sont des cercles, portés par les surfaces en bleu et en vert. Les cercles bleus se trouvent dans des plans passant par l'axe (d_1) et les cercles verts dans des plans passant par l'axe (d_2). La supercyclide est enveloppée par deux familles de cônes de révolution dont les sommets se trouvent sur chacun des deux axes tracés en rouge (on a représenté deux de ces cônes).

Les deux faisceaux de coniques se répartissent sur deux familles de plans passant par deux axes non coplanaires (voir figure ci-dessus et ci-contre).

Comme pour les quadriques, toute transformation projective d'une supercyclide aboutit à une autre supercyclide.

▲ Un autre exemple de supercyclide. On a représenté en gris un plan de chaque famille.

➤ Images de Hans-Peter Schröcker
➤ E. Blutel « Recherches sur les surfaces qui sont en même temps lieux deconiques et enveloppes de cônes du second degré », Ann. sci. de l'ENS, 1890. Téléchargeable sur : *http://archive.numdam.org/ASENS_1890_3_7__155_0/ASENS_1890_3_7__155_0.pdf*
➤ M. J. Pratt, « Quartic supercyclides I: Basic theory », *Computer Aided Geometric Design*, 14(7), 1997, 671-692.
➤ Détermination des équations implicites d'une supercyclide : *http://le2i.cnrs.fr/IMG/publications/705_07_GTMG03_Para2impliSupercyclide.pdf*
➤ R. R. Martin. *Principal patches for computational geometry.* PhD thesis, Engineering Department, Cambridge University
➤ W. L .F. Degen, « Cyclides » in G. Farin, J. Hoschek, M.-S. Kim, edt., *Handbook of Computer Aided Geometric Design*, Elsevier, 2002.

Le conoïde de Plucker

Engendré par une oscillation harmonique

Si une droite tourne autour d'un axe qui lui est perpendiculaire tout en montant et descendant selon un mouvement sinusoïdal, elle engendre une surface réglée spéciale. On obtient le conoïde de Plücker, une surface de degré 3, lorsque la droite génératrice, partie en haut de l'axe, arrive à nouveau en haut de l'axe après un demi-tour.

Les deux surfaces représentées en bleu se forment lorsque la vitesse angulaire de la génératrice est respectivement moitié moins rapide, et deux fois plus rapide que celle nécessaire pour le conoïde de Plücker. Dans le cas de droite, les trajectoires sont des ellipses sur des cylindres de révolution verticaux ; elles se transforment en sinusoïdes lorsque le cylindre se développe.

Le conoïde de Plücker porte lui aussi un faisceau d'ellipses (à deux paramètres). Pour le voir, observons la courbe d'intersection d'un conoïde avec un autre conoïde isométrique déplacé horizontalement et retourné de 90°. En projetant parallèlement à l'axe les génératrices correspondantes, nous constatons que tous leurs points d'intersection se retrouvent sur un «cercle de Thalès» (lieu des points M tels que le triangle AMB soit rectangle en M, A et B étant deux points distincts donnés). Cela veut dire que, dans l'espace, les courbes sont situées sur un cylindre de révolution. Les courbes obtenues après un unique tour harmonique du cylindre sont donc des ellipses.

▷ R. Ferréol, J. Mandonnet : http://www.mathcurve.com/surfaces/plucker/plucker.shtml
▷ Sur le conoïde de Plucker : http://serge.mehl.free.fr/chrono/Plucker.html
▷ H. Picquet, notes sur le conoïde de Plucker : http://archive.numdam.org/article/BSMF_1886__14__68_0.pdf
▷ G. Glaeser, H.-P. Schröcker, *Handbook of geometric programming using Open geometry GL*, Springer Verlag, N.Y. 2002.
▷ C. List, *www.geometrie.tuwien.ac.at/theses/pdf/diplomarbeit_list.pdf*
▷ Exemple d'application pour un logiciel de CAO, M. Husty, A. Karger, H. Sachs, W. Steinhilper, *Kinematik und Robotik*, Springer Verlag, New York, 1997.

Vissage et mouvement en spirale

Isométrie et similitude

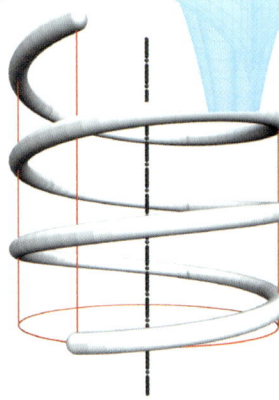

▲ **Vissage le long d'une hélice circulaire**

La différence entre un vissage (en haut à gauche) et un mouvement classique en spirale (en bas à gauche) est que, dans le vissage, il y a une translation linéaire dans la direction de l'axe, alors que dans le mouvement en spirale classique, il s'agit d'une dilatation exponentielle ayant pour centre un point de l'axe. En projetant parallèlement à l'axe, les lignes du vissage sont des cercles, celles du mouvement en spirale sont des spirales logarithmiques.

Le vissage joue un rôle très important en cinématique de l'espace (voir page ci-contre). Le théorème fondamental de la cinématique de l'espace affirme que deux objets isométriques peuvent toujours être superposés à l'aide d'un vissage (avec une réflexion par rapport à un plan si nécessaire). En revanche, deux objets semblables peuvent être amenés l'un sur l'autre par un mouvement en spirale.

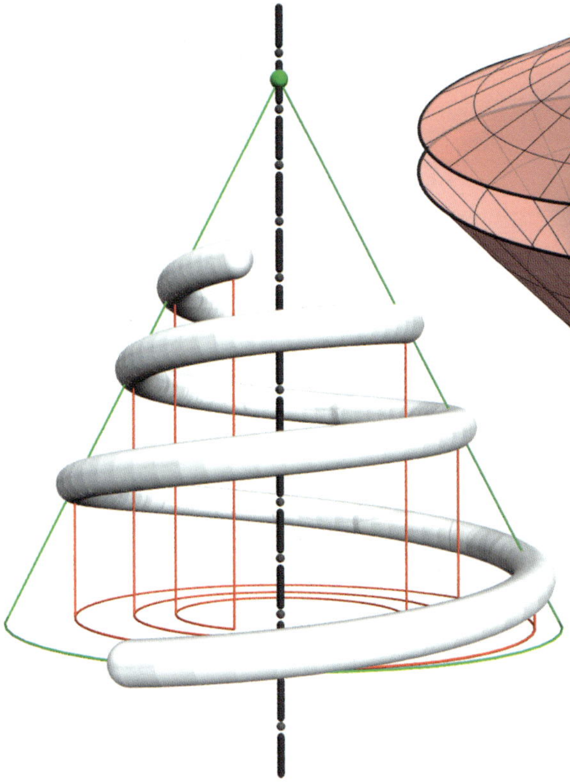

▲ **Mouvement en spirale le long d'une hélice conique**

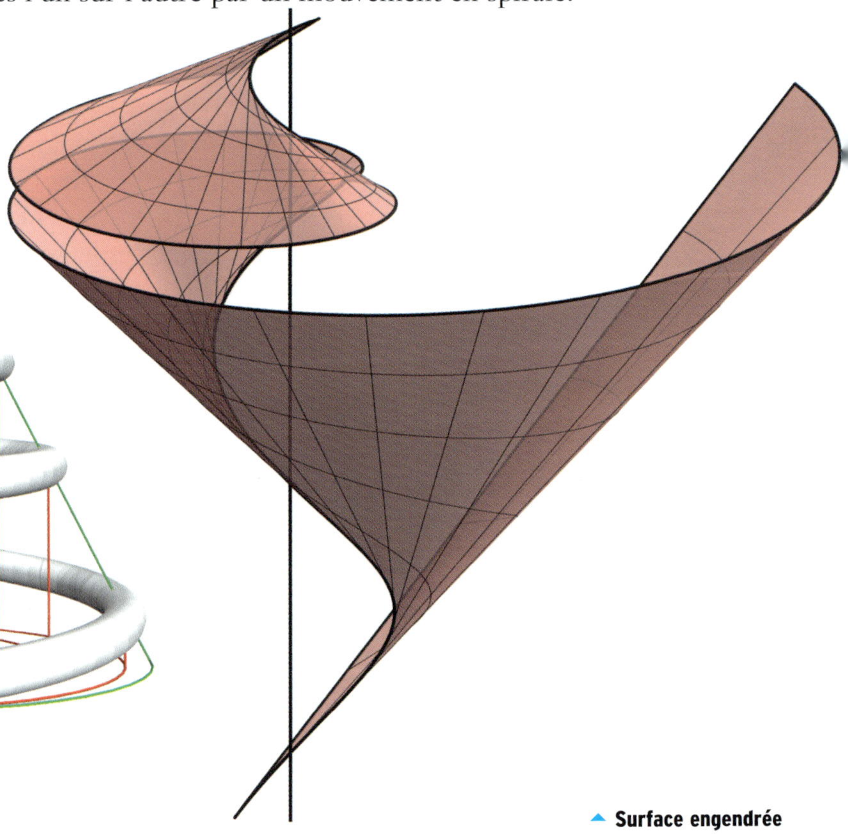

▲ **Surface engendrée par les tangentes à une hélice conique**

▸ Pour la définition du vissage : *http://fr.wikipedia.org/wiki/Vissage* ou *http://www.bibmath.net/dico/index.php?action=affiche&quoi=./v/vissage.html*
▸ W. Wunderlich, *Darstellende Geometrie II*, B. I. Hochschultaschenbücher 133/133a, Mannheim, 1967.

Croissance linéaire avec vissage

Dans la nature, la croissance peut se faire de façon exponentielle ou linéaire. Une croissance linéaire combinée à un vissage donne un mouvement hélicoïdal, comme on le rencontre souvent dans les cornes des animaux. Les trajectoires (spirales coniques) sont portées par des cônes de révolution et se projettent perpendiculairement à l'axe en spirales d'Archimède.

La forme en tire-bouchon en bas à gauche apparaît lorsqu'un triangle, découpé dans une feuille en papier et disposé sur un plan horizontal, est soumis à un mouvement hélicoïdal. Sur l'image de droite, le cône qui porte la spirale conique (en pointillés noirs) a été creusé par un cercle dans son mouvement hélicoïdal autour du cône.

▲ **Mouvement hélicoïdal le long d'une spirale conique**

➤ Sur les spirales coniques de Pappus : *http://www.mathcurve.com/courbes3d/spiraleconic/pappus.shtml* et *http://louisbel.free.fr/maths/maths08.shtml*
➤ G. Glaeser, H. Stachel, *Open Geometry – Open-GL + Advanced Geometry*, Springer, N.Y. 1999, pp. 280-295.

Surfaces en spirale et en hélice dans la nature

Les surfaces en hélice sont de bonnes approximations des coquilles d'escargot et de certains coquillages (composées le plus souvent de deux parties symétriques). Les cornes d'animaux comme celles d'un markhor, un bovidé de l'Ouest de l'Himalaya, sont pratiquement des hélices coniques (voir image du bas).

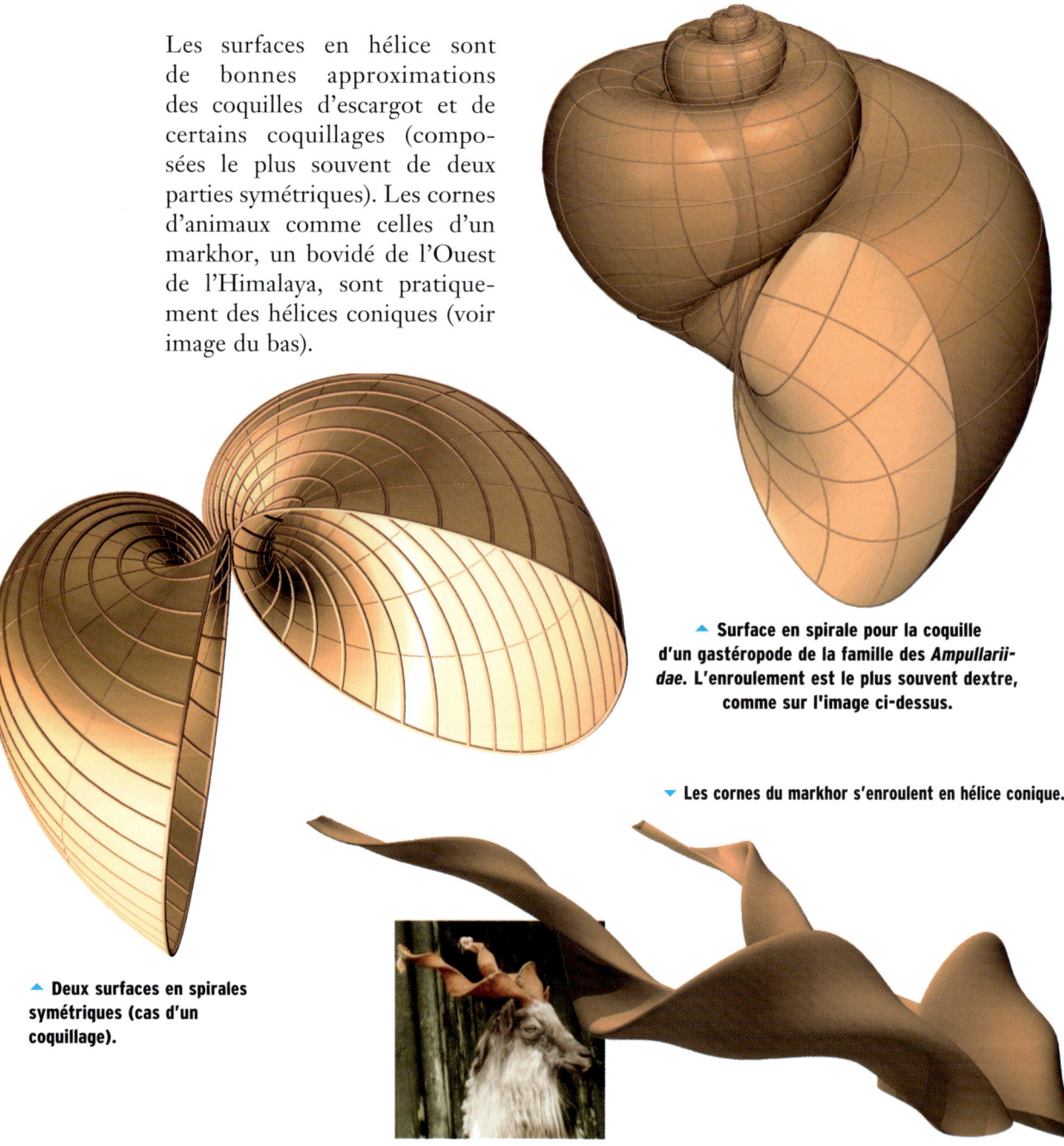

▲ **Surface en spirale pour la coquille d'un gastéropode de la famille des *Ampullariidae*. L'enroulement est le plus souvent dextre, comme sur l'image ci-dessus.**

▼ **Les cornes du markhor s'enroulent en hélice conique.**

▲ **Deux surfaces en spirales symétriques (cas d'un coquillage).**

▶ Sur les coquilles des gastéropodes et les sens d'enroulement : *http://fr.wikipedia.org/wiki/Coquille_de_gastéropode* et *http://mastercmpp.u-bourgogne.fr/iufm/chiralite/article_chiralite.pdf*
▶ G. Glaeser, *Geometry and its applications in art*, Nature and Technology, Springer, 2012.
▶ M. Hofer, B. Odehnal, H. Pottmann, T. Steiner, J. Wallner, « 3D shape recognition and reconstruction based on line element geometry », Technische Universität Wien. Téléchargeable sur : *www.geometrie.tugraz.at/wallner/iccv05line.pdf*

L'hélicoïde-rotoïde

Engendré par une oscillation harmonique

L'image ci-contre montre un hélicoïde droit, et l'image en bas une de ses généralisations. Les deux surfaces peuvent être obtenues en déplaçant une droite donnée selon la composition de deux isométries : dans le premier cas, une rotation uniforme à la vitesse angulaire w et une translation le long de l'axe de rotation à une vitesse v proportionnelle à ω ; dans le deuxième cas, une rotation uniforme à la vitesse angulaire ω autour d'un axe et la rotation uniforme de cet axe autour d'un axe perpendiculaire (l'axe de rotation du tore) à la vitesse ω_1 proportionnelle à ω.

Les trajectoires, représentées par des traits fins en rouge, sont respectivement des hélices et des solénoïdes. Si l'on coupe l'hélicoïde par un cylindre de révolution quelconque contenant l'axe de l'hélicoïde, alors la courbe d'intersection est une hélice dont le pas est la moitié du pas des hélices génératrices. Ce résultat peut être généralisé de la façon suivante :

Si l'on coupe la surface engendrée à partir du solénoïde torique avec un anneau quelconque contenant le cercle central du tore, on obtient un solénoïde dont le pas est la moitié du pas du solénoïde générateur.

Toute hélice non triviale sur l'hélicoïde est d'ailleurs le contour de la surface dans une projection plane convenable.

En plus d'une famille de trajectoires à un paramètre (hélices et solénoïdes), les deux surfaces sont recouvertes de façon non triviale par une famille de courbes de même type, mais à deux paramètres (traits épais en rouge).

C'est entre autres pour cette raison que la surface généralisée est parfois appelée *hélicoïde-rotoïde*. On désigne par *rotoïde* toute surface engendrée par le vissage régulier d'une courbe (la génératrice) autour d'une autre courbe fixe (la « courbe centrale », ou « âme » du rotoïde).

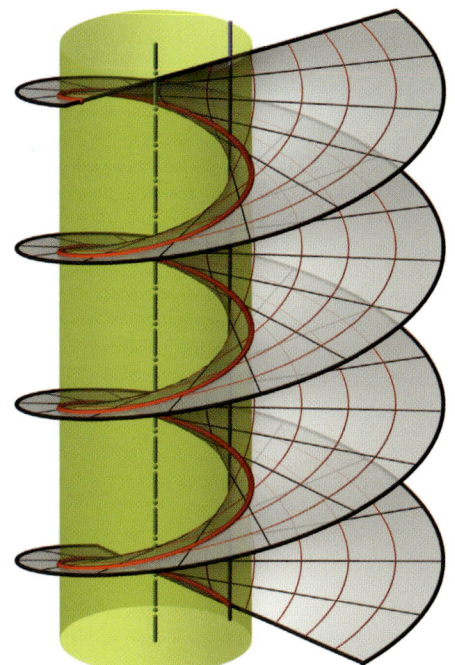

▲ **Hélicoïde droit obtenu par la rotation et la translation uniformes d'une droite autour et le long d'un axe de rotation perpendiculaire à cette droite tournante. En rouge épais, hélice non triviale sur un hélicoïde droit.**

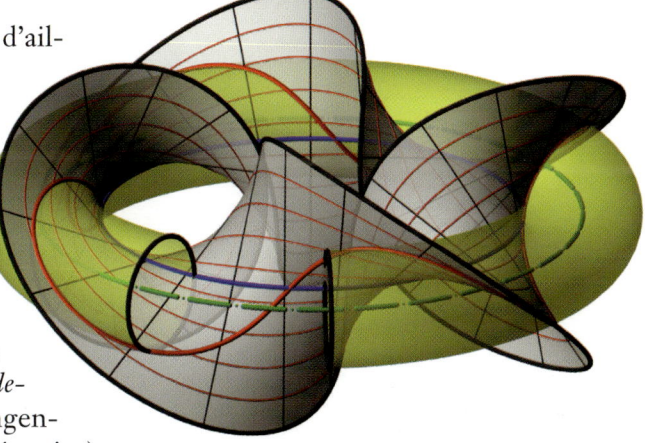

▲ **Hélicoïde-rotoïde obtenu à partir de la rotation d'une droite autour d'un solénoïde torique. En rouge épais, le solénoïde non trivial sur l'hélicoïde-rotoïde.**

➤ Sur l'hélicoïde comme surface minimale : *http://www.dailymotion.com/video/x9miu2_l-helicoide-surface-minimale_tech*
➤ Présentation des hélicoïdes : *http://www.mathcurve.com/surfaces/helicoid/helicoid.shtml*
➤ Présentation des rotoïdes : *http://www.mathcurve.com/surfaces/rotoide/rotoide.shtml*
➤ W. Wunderlich, *Darstellende Geometrie II*, B.I. Hochschultaschenbücher 133/133a, Mannheim, 1967.
➤ G. Glaeser, H. Stachel, *Open Geometry : Open GL + Advanced Geometry*, Springer, N.Y., 1999.

Surfaces en forme de col

«Tordre le cou» au papier

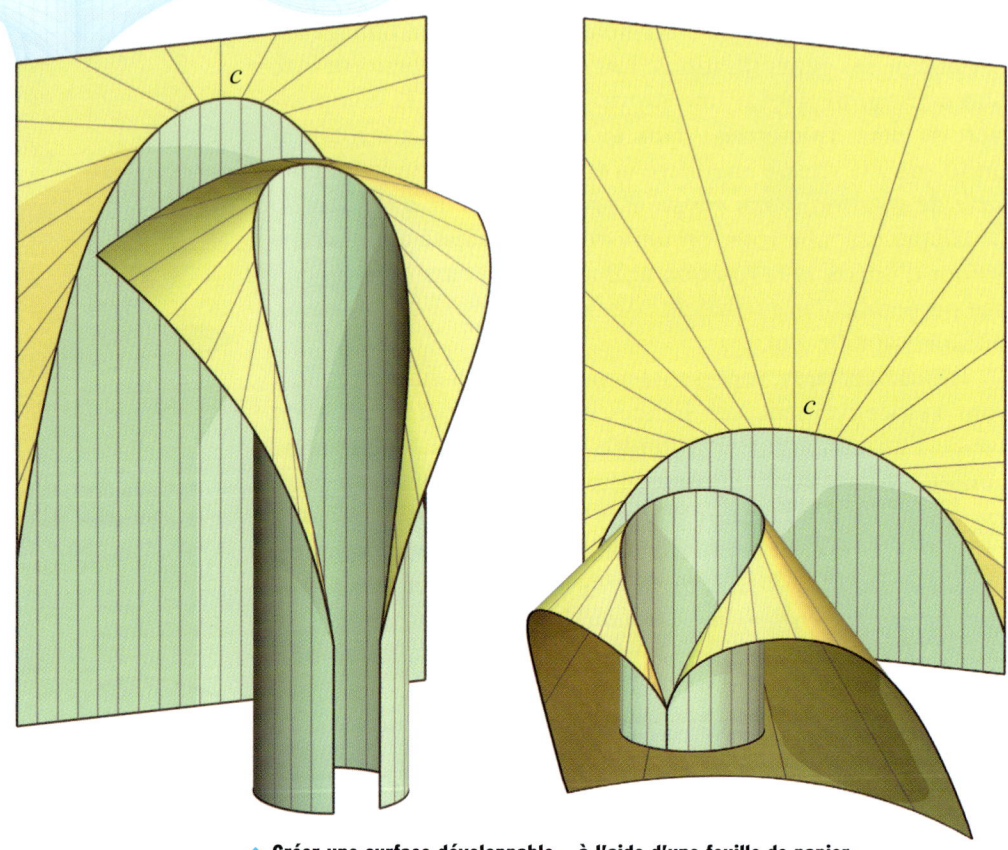

▲ **Créer une surface développable... à l'aide d'une feuille de papier.**

Découper un rectangle dans une feuille de papier, inciser légèrement le papier avec un couteau de poche selon une courbe c, et essayer de former un cylindre de révolution avec le papier, tout en pliant doucement le papier le long du pli préparé. On obtient alors autant de surfaces en forme de «col de chemise» que l'on souhaite, selon la courbe c choisie. Dans le cas illustré, la courbe choisie est une chaînette. Les sinusoïdes ou les paraboles sont également bien adaptées. Ce qui est particulier est que l'on peut calculer le résultat d'avance selon la courbe c et l'on obtient ainsi une classe de surfaces qui est extrêmement simple à réaliser. L'inconvénient de cette méthode de construction est que c ne doit pas avoir de point d'inflexion. Étant donné que l'aire du rectangle ne change pas au cours du pliage (sinon le papier se déchirerait), on a affaire à une surface développable simplement courbée.

➤ Sur les conseils de Stefan Leopoldseder.
➤ Sur la chaînette ou « courbe funiculaire » : *http://www.mathcurve.com/courbes2d/chainette/chainette.shtml*
➤ H. Pottmann, J. Wallner, *Computational Line Geometry*, Springer, 2001.
➤ J. Boersma, J. Molenaar, « Geometry of the Shoulder of a Packaging Machine **»**, *SIAM Review*, Vol. 37, No. 3 (Sep., 1995), pp. 406-422.

… et bandes développables

Dans le bâtiment, il est bien plus facile de réaliser des bandes développables, notées $\mathscr{D}$ ci dessous, que des surfaces courbées dans deux directions. Une surface développable est « simplement courbée » : elle doit être constituée de génératrices qui sont des droites et, le plan tangent à la surface est le même en tout point d'une génératrice. La série d'images de droite montre comment de telles surfaces peuvent être obtenues à partir d'un maillage discret de quadrilatères plans (a). À la limite, les bords joignant les quadrilatères successifs deviennent les génératrices d'une bande développable. Celles-ci sont délimités par une courbe de l'espace : la ligne de crête (en brun sur l'image) (b). Le sommet de la crête est le sommet d'un cône de révolution qui possède la même courbure que $\mathscr{D}$ le long de toutes les génératrices (c).

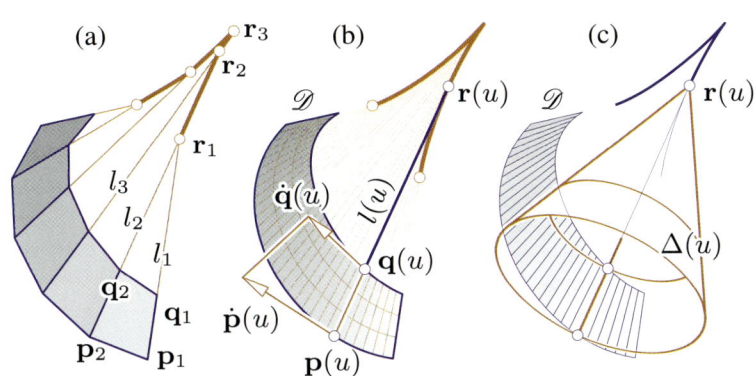

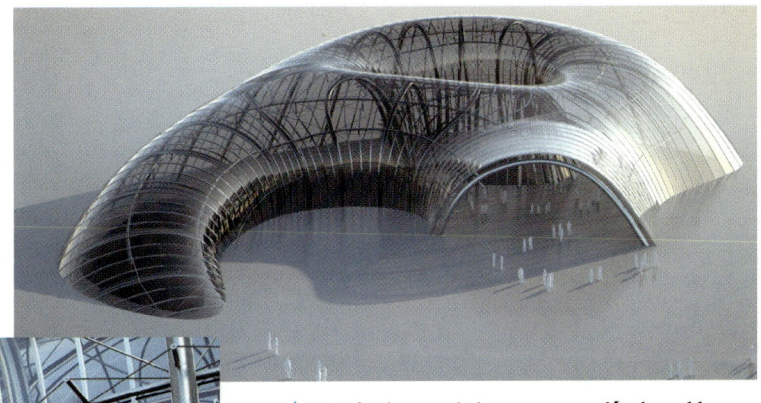

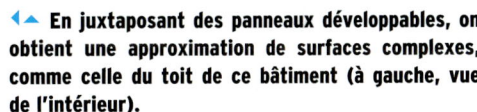

◀▲ **En juxtaposant des panneaux développables, on obtient une approximation de surfaces complexes, comme celle du toit de ce bâtiment (à gauche, vue de l'intérieur).**

En juxtaposant adroitement des panneaux développables, on peut obtenir une bonne approximation de surfaces à double courbure. Ces constructions approchées sont techniquement bien plus faciles à modéliser et à réaliser.

➤ Images de Heinz Schmiedhofer et Johannes Wallner
➤ La belle idée de Dupin, l'homme des cyclides : p. 227 de http://books.google.fr/books?id=bffe69-rdCQC
➤ H. Pottmann, A. Schiftner, P. Bo, H. Schmiedhofer, W. Wang, N. Baldassini, J. Wallner, *Freeform surfaces from single curved panels*, ACM Trans. Graphics, 27/3, Proc. SIGGRAPH (2008). Téléchargeable sur : www.dmg.tuwien.ac.at/pottmann/2008/panels08/panels.html

La pseudosphère
Une surface de révolution de courbure constante

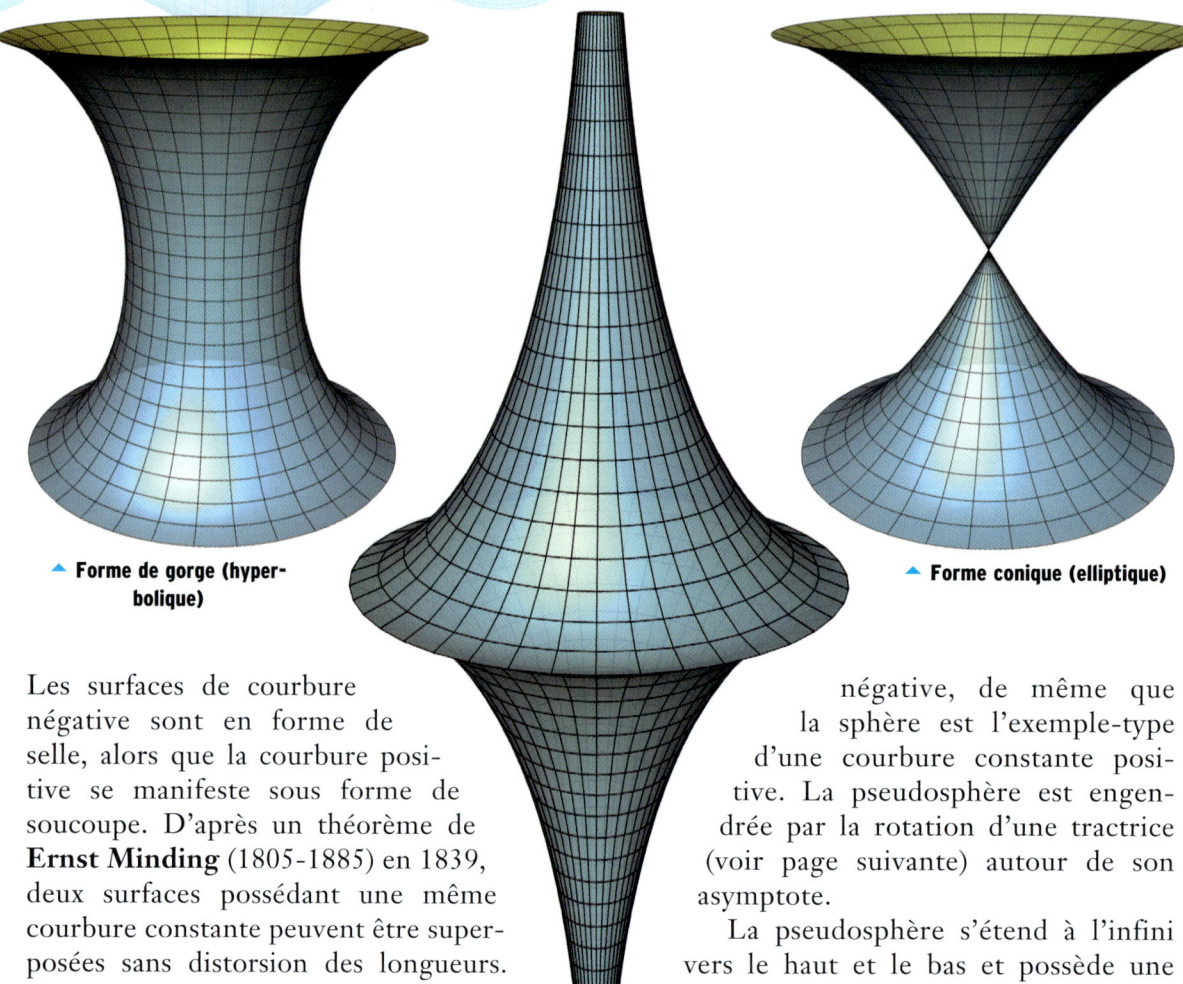

▲ **Forme de gorge (hyperbolique)**

▲ **Forme conique (elliptique)**

▲ **Pseudosphère**

Les surfaces de courbure négative sont en forme de selle, alors que la courbure positive se manifeste sous forme de soucoupe. D'après un théorème de **Ernst Minding** (1805-1885) en 1839, deux surfaces possédant une même courbure constante peuvent être superposées sans distorsion des longueurs. La condition d'égalité de courbure est ici nécessaire, car il est facile de se convaincre que des morceaux de sphère ne peuvent être appliqués sur le plan sans déformation.

La pseudosphère est l'exemple type d'une surface de révolution de courbure constante négative, de même que la sphère est l'exemple-type d'une courbure constante positive. La pseudosphère est engendrée par la rotation d'une tractrice (voir page suivante) autour de son asymptote.

La pseudosphère s'étend à l'infini vers le haut et le bas et possède une crête en forme de cercle en son milieu.

Les surfaces à forme de gorge ou de cône représentées ci-dessus sont les deux autres types de surface à courbure constante négative.

➤ H. Reckziegel, « Flächen konstanter Krümmung » in: G. Fischer, *Mathematische Modelle*, Akademie-Verlag, 1986.
➤ Sur la courbure de Gauss : *http://en.wikipedia.org/wiki/Gaussian_curvature*
➤ *http://www.mathcurve.com/surfaces/pseudosphere/pseudosphere.shtml* et *http://www.mathcurve.com/surfaces/applicable/applicable.shtml*
➤ Le mouvement tractionnel en géométrie : *http://www.cabri.net/abracadabri/Courbes/Tract/Tract4.html*
➤ Équations et propriétés de la tractrice : *http://serge.mehl.free.fr/anx/tractrice.html*

▲ **Type quenouille**

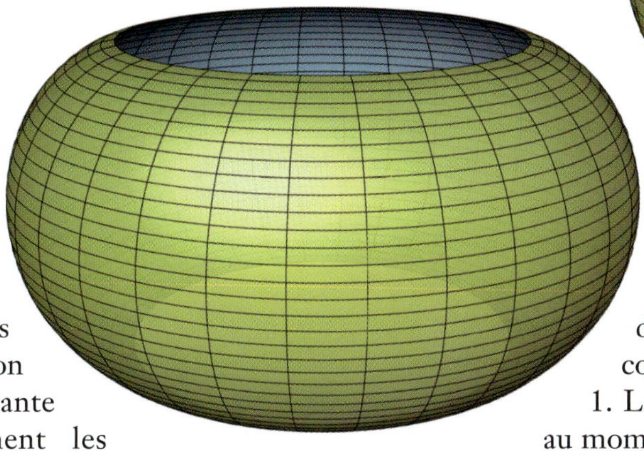

▲ **Sphère**

Outre la sphère, les surfaces de révolution de courbure constante positive comprennent les surfaces en forme de quenouille ou de tore. Si l'on coupe chacune de ces surfaces le long d'un méridien vertical, il est clair que l'on peut appliquer les trois surfaces l'une sur l'autre en conservant les rapports de longueurs.

▲ **Type tore**

Le profil de la pseudosphère s'appelle la tractrice ou courbe du chien et fut déjà étudié au XVIIe siècle. Observons un chien (en rouge), tenu par son maître (en jaune), au bout d'une laisse de longueur constante, disons égale à 1. Le chien est récalcitrant et au moment de sortir, il tire sur sa laisse perpendiculairement à la direction horizontale du chemin. Pendant que le maître entame son chemin vers la gauche, le chien est obligé de suivre le mouvement, tout en gardant la laisse tendue. Ce faisant, la trajectoire du chien suit une tractrice, la laisse restant toujours tangente à la tractrice. La tractrice s'approche ainsi de plus en plus de la trajectoire horizontale du maître. Si le maître partait vers la droite, on obtiendrait la partie droite de la tractrice, symétrique de la partie gauche.

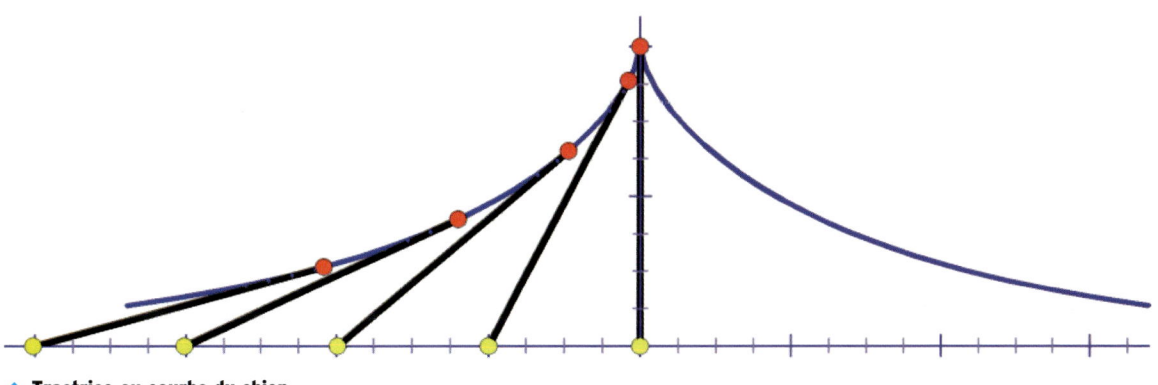

▲ **Tractrice ou courbe du chien.**

La surface de Kuen
ou d'autres surfaces pseudosphériques

En 1879, **Luigi Bianchi** (1856-1928) découvrit, lors de son travail d'habilitation, une construction géométrique qui permet d'obtenir, en plus de la pseudosphère, d'autres surfaces de courbure négative. Ce résultat fut généralisé selon un procédé itératif par **Albert V. Bäcklund** (1845-1922).

On voit que chaque point de la surface d'une pseudosphère est déplacé d'une longueur constante dans la direction tangentielle et engendre ainsi une nouvelle surface pseudosphérique. Nous avons déjà rencontré un procédé semblable avec les courbes : ainsi l'axe des abscisses est engendré à partir de la tractrice.

▲ **Surface de type *breather***
(«qui respire», en anglais).

➤ Sur la surface de Kuen : *http://mathworld.wolfram.com/KuenSurface.html* et *http://www.mathcurve.com/surfaces/kuen/kuen.shtml*
➤ C. Rogers, W. K. Schief, *Bäcklund and Darboux Transformations*, Cambridge Univ. Press, 2002.
➤ H. Reckziegel, «Flächen konstanter Krümmung», in: G. Fischer, *Mathematische Modelle*, Akademie-Verlag, 1986.
➤ Sur les breathers : *http://xahlee.info/surface/breather_p/breather_p.html*

Variations
sur la surface de Kuen

Toutes les surfaces représentées ci-contre possèdent un maillage de lignes de courbure. Il est constitué d'un faisceau de lignes planes verticales et d'une famille de verticales sphériques situées sur un plan ou sur une sphère. De telles surfaces de Joachimsthal ont de plus la propriété que ces plans passent tous par une même droite et que tous les centres des sphères sont aussi situés sur cette droite. Dans le cas de la pseudosphère, cette droite est l'axe de rotation.

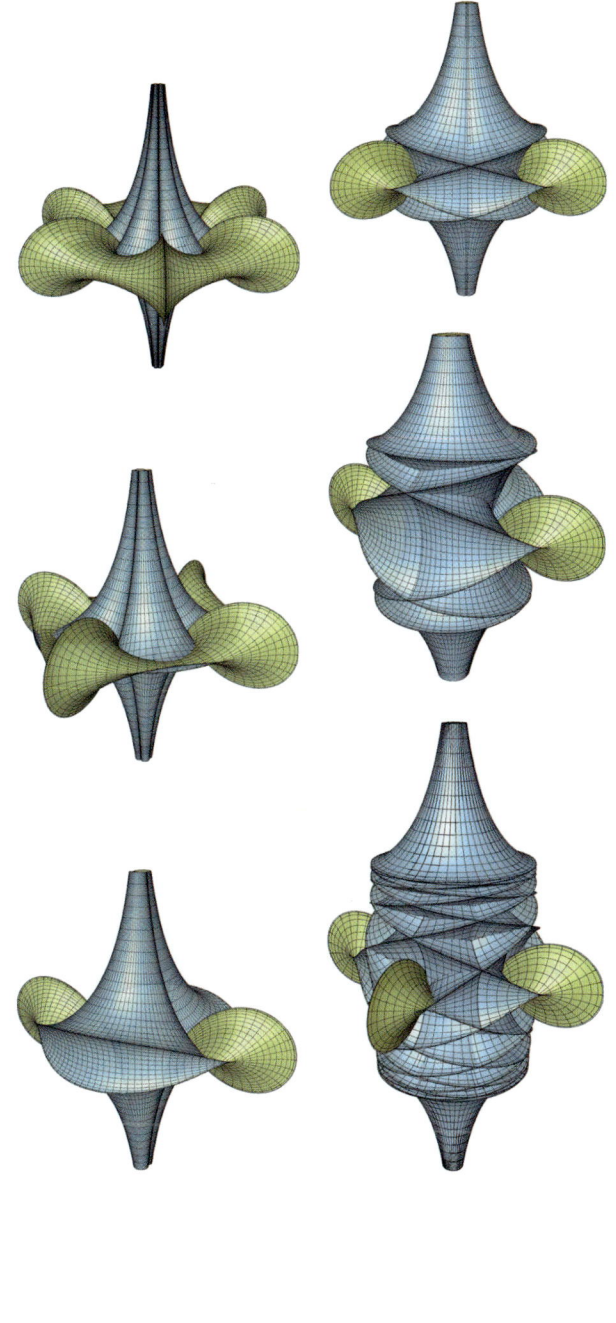

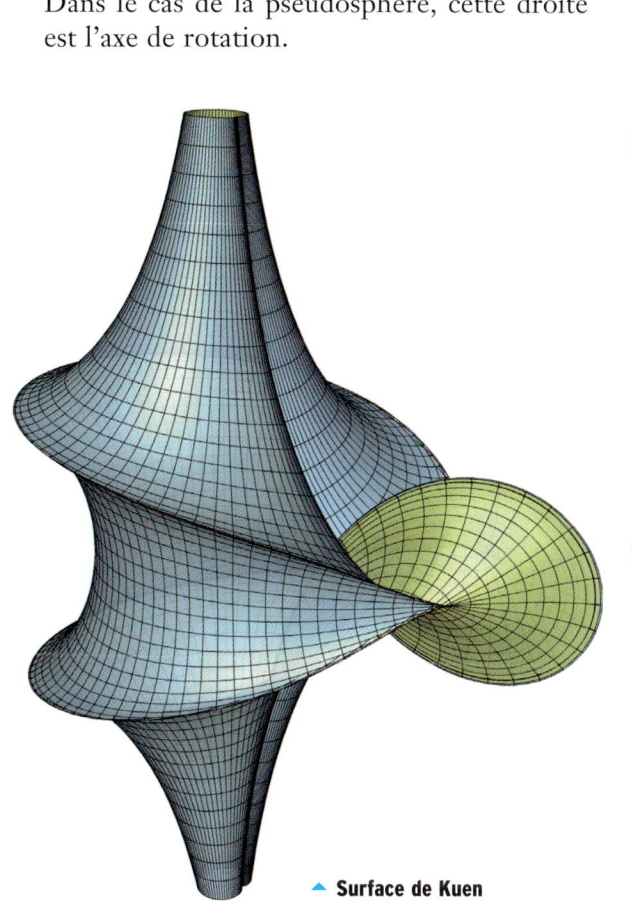

▲ **Surface de Kuen**

Le tore de Császár

Un «tore polyédrique» avec un nombre minimal de sommets

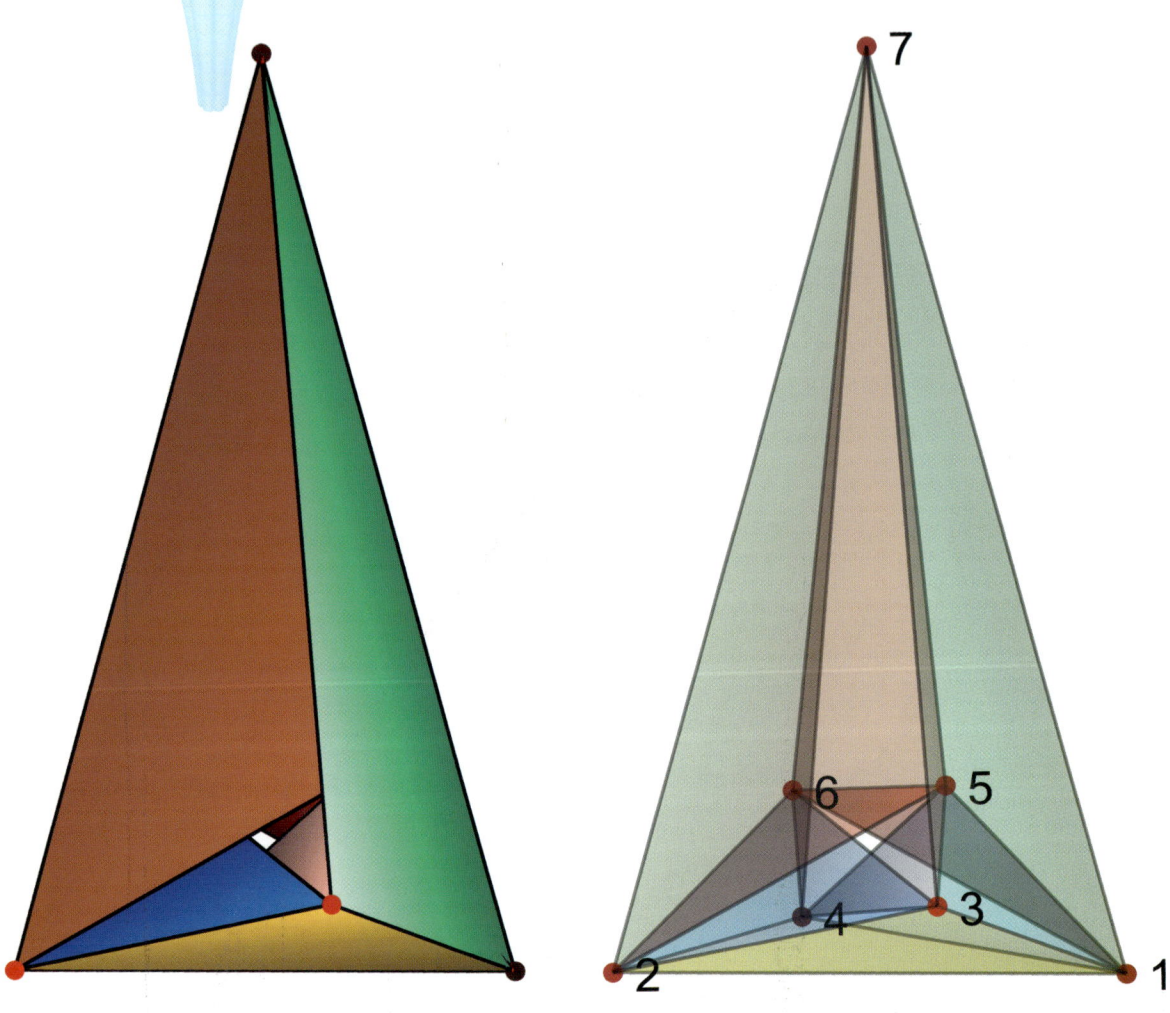

▲ **Polyèdre de Császár avec numérotation des sept sommets.
La surface de ce polyèdre est homéomorphe au tore.**

➤ *www.mathcurve.com/polyedres/csaszar/csaszar.shtml*
➤ A. Császár, « A polyhedron without diagonals », *Acta Sci. Math.*, Szeged 13, 1949-1950, 140-142.
➤ J. Bokowski, A. Eggert, « All realizations of Moebius' torus with 7 vertices », *Topologie Struct.* 17, 1991, 59-78.
➤ F. H. Lutz, *www.eg-models.de/2001.02.069*

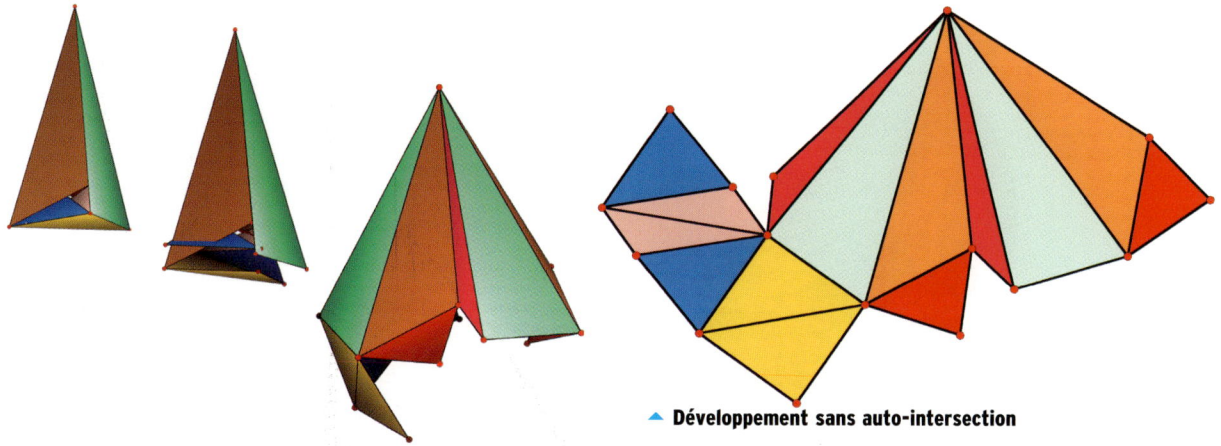

▲ **Développement sans auto-intersection**

Quels sont les polyèdres les plus simples qui réalisent une surface d'un genre topologique donné ? Pour la sphère de genre 0, c'est le tétraèdre, mais pour des surfaces de genre supérieur, comme le tore, de genre 1, et le bretzel, de genre 2 ?

D'après **August F. Möbius** (1790-1868), on a besoin pour le tore d'au moins 7 sommets. Möbius construit, par un raisonnement combinatoire, un modèle rectangulaire d'un tel polyèdre à 7 sommets ; les faces opposées du rectangle doivent être collées ensemble (en bas à gauche). Cependant Möbius laisse le lecteur construire dans l'espace une réalisation sans auto-intersection de ce patron.

Ákos Császár réussit à en produire une première réalisation explicite, un « plongement ». Il trouva pour le patron de Möbius un polyèdre « plongé », pour lequel les arêtes et les faces ne se recoupent pas. Les sommets de ce polyèdre, présenté en page de gauche, sont numérotés comme sur le patron déplié.

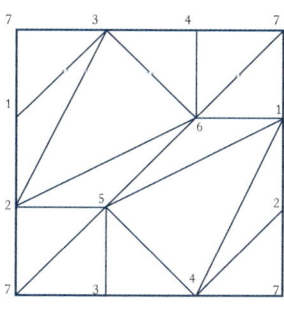

▲ **Patron de Möbius**

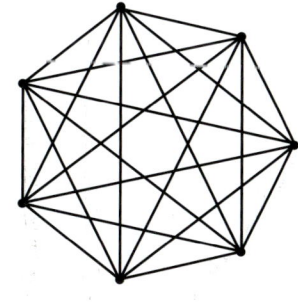

▲ **Graphe du polyèdre de Császár. Ce graphe est dit « complet ».**

Le graphe ci-contre à droite donne une meilleure idée du nombre de points et d'arêtes qui les relient : tout point du polyèdre de Császár est relié à chacun des autres points par une arête. Cette propriété pour un polyèdre est appelée « propriété de voisinage ». Parmi les polyèdres plongés, elle n'est vérifiée que pour le tétraèdre et le polyèdre de Császár.

Le ruban de Möbius

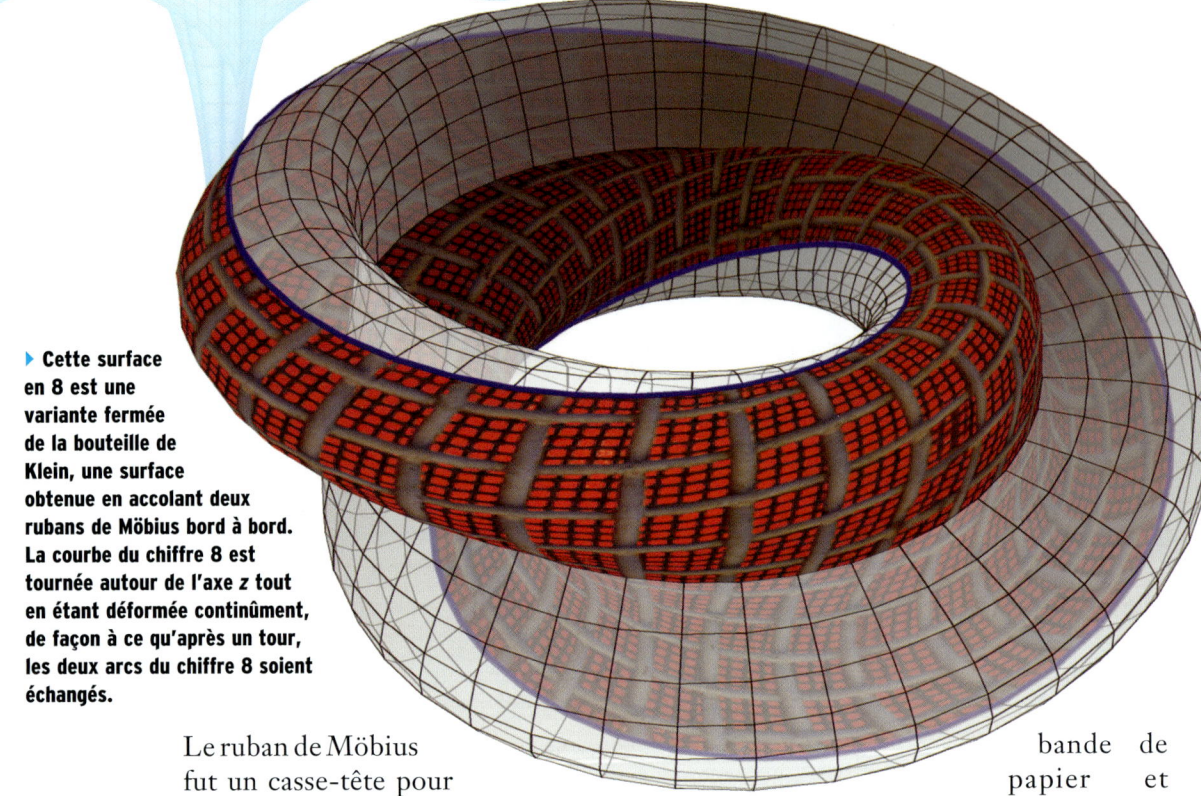

▶ **Cette surface en 8 est une variante fermée de la bouteille de Klein, une surface obtenue en accolant deux rubans de Möbius bord à bord. La courbe du chiffre 8 est tournée autour de l'axe *z* tout en étant déformée continûment, de façon à ce qu'après un tour, les deux arcs du chiffre 8 soient échangés.**

Le ruban de Möbius fut un casse-tête pour les topologues du XIXᵉ siècle.

Avant qu'**August Möbius** ne fasse référence en 1858 au ruban de Möbius si facile à construire, le monde des surfaces était bien connu et structuré. Les surfaces renfermant un volume avaient de façon naturelle un extérieur bien défini et un intérieur fermé, il suffisait donc de compter les « anses ». Mais voilà brusquement que le ruban de Möbius rendait floues les notions d'intérieur et d'extérieur. Comment construire ce ruban ? Prenons une bande de papier et collons le début et la fin, après lui avoir fait subir un tour sur elle-même. Que s'est-il passé ? L'intérieur et l'extérieur sont brusquement échangés sur cette bande de Möbius et impossibles à distinguer. Au contraire, les surfaces de contour d'une surface orientable comme la bande cylindrique ont un champ de vecteurs normaux bien définis qui sont orientés perpendiculairement à la surface, soit vers l'extérieur, soit vers l'intérieur (voir images en bas, page suivante).

▶ Divers liens sur le ruban de Möbius : *http://therese.eveilleau.pagesperso-orange.fr/pages/delices/textes/mobius.htm*
▶ *http://www.techno-science.net/?onglet=glossaire&definition=5262*
▶ A. Bogomolny, *www.cut-the-knot.org/do_you_know/moebius.shtml*

Sur le ruban de Möbius cependant, à cause de la rotation de la bande sur elle-même avant le collage, l'intérieur et l'extérieur ou l'avant et l'arrière sont reliés après un tour. Une fourmi se promenant sur la surface passe aussi bien sur le dessus que sur le dessous d'un point de la surface, sans devoir franchir une arête. En topologie, de telles surfaces pour lesquelles il n'est pas possible de définir d'extérieur sont dites non-orientables.

Le ruban de Möbius et ses dérivés possèdent beaucoup d'autres propriétés surprenantes : si l'on retourne une bande de papier deux fois sur elle-même, on obtient de

nouveau une surface orientable normale (en bas à droite). Si l'on découpe un ruban de Möbius le long de son cercle central, on récupère – ô surprise ! – ni deux bandes séparées comme pour un cylindre, ni deux bandes tordues, mais un unique ruban doublement tordu. Le ruban de Möbius se distingue aussi parmi de nombreuses autres surfaces non-orientables. Sur une surface, dès que l'intérieur ne se distingue pas de l'extérieur, il existe un ruban de Möbius fermé sur cette surface, comme par exemple sur la bouteille de Klein (voir page 134) ou dans le plan projectif (voir page 136).

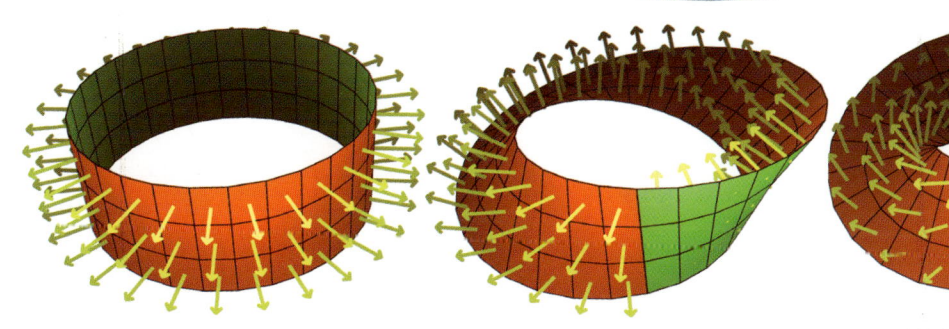

▶ **La figure du 8, avec davantage de symétries, contient aussi un ruban de Möbius.**

▲ **Bande cylindrique**

▲ **Ruban de Möbius avec un retournement**

▲ **Une bande avec un double retournement est orientable : elle n'est pas un ruban de Möbius.**

▶ A. F. Möbius, *Gesammelte Werke*, Leipzig, 1886.
▶ Mike Askew et Sheila Ebbut, *Petit précis de Géométrie à déguster,* Belin, 2011.

 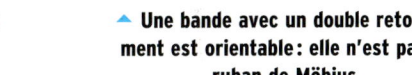

La bouteille de Klein

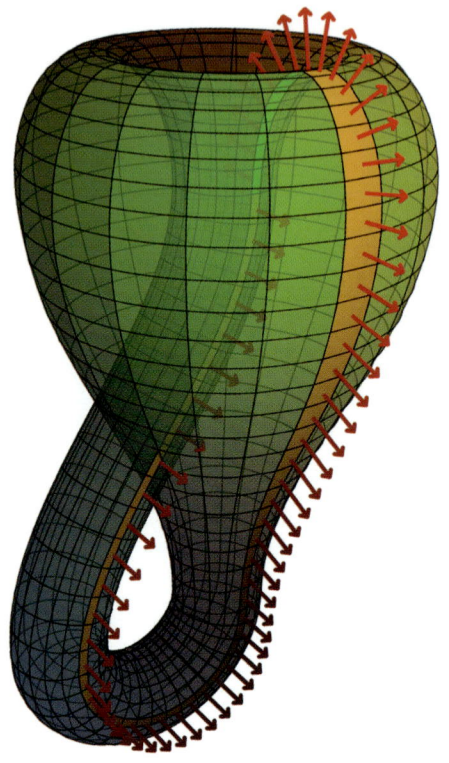

La bouteille de Klein, une surface non orientable, n'a ni intérieur ni extérieur. Sa surface peut être vue comme la réunion de deux rubans de Möbius symétriques accolés (un de ces rubans est représenté en page de droite, en haut).

Felix Klein (1848-1925) a mis au jour cette surface non orientable en réfléchissant à la classification de surfaces topologiques.

Construction théorique

On prend une feuille de papier et on la roule en forme de cylindre. Pour une meilleure représentation, distinguons tout d'abord la face intérieure verte de la face extérieure blanche. Tordons à présent la partie inférieure du cylindre vers le haut et introduisons-la vers le haut, tout en l'élargissant un peu, comme indiqué. Malheureusement, il n'est pas possible de mettre la théorie en pratique, puisque l'inévitable pénétration (il s'agit d'une immersion) ne peut être réalisée avec du papier. Pour cela il faut utiliser un papier « magique »… ou employer la représentation mathématique.

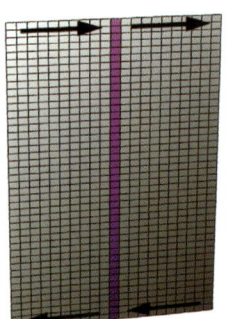  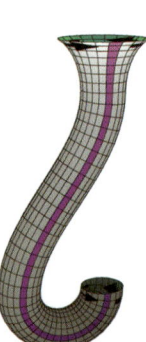  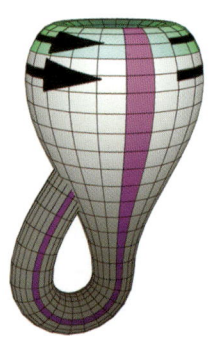

▶ Divers liens sur la bouteille de Klein : *http://images.math.cnrs.fr/Kit-Klein.html*
▶ *http://www.mathcurve.com/surfaces/klein/klein.shtml*
▶ K. Polthier : *http://plus.maths.org/issue26/features/mathart/index-gifd.html*
▶ Pour acheter un modèle en verre, voir le site de C. Stoll, *www.kleinbottle.com*

On vérifie sur le ruban de Möbius ci-contre qu'un vecteur normal à la bande peut être déplacé continûment d'un côté à l'autre de la bande.

La bouteille de Klein en verre ci-dessous a été construite par **Werner Herr** et remplie d'eau teintée par l'ajout d'un peu de permanganate de potassium pour donner la couleur rouge. On peut se procurer de nombreux autres modèles en verre auprès de **Cliff Stoll**.

Exercice

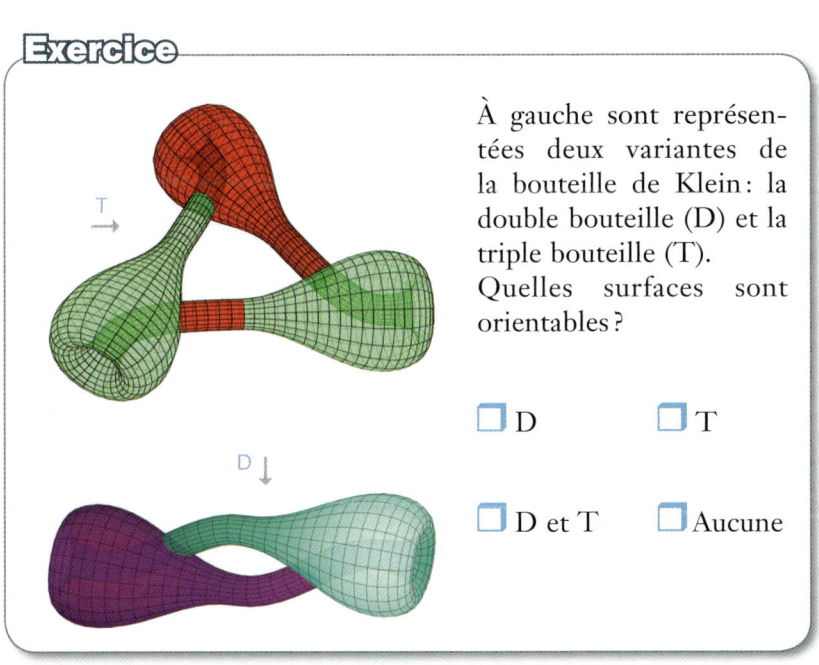

À gauche sont représentées deux variantes de la bouteille de Klein : la double bouteille (D) et la triple bouteille (T). Quelles surfaces sont orientables ?

☐ D   ☐ T

☐ D et T   ☐ Aucune

▶ K. Polthier, « Inside the Klein Bottle », *Plus Magazin*, Cambridge, 2003.
▶ F. Klein, *Über Riemann's Theorie der algebraischen Functionen und ihrer Integrale*, Teubner, 1882, S. 80.
▶ Sur la vie de F. Klein : *http://www-history.mcs.st-andrews.ac.uk/Biographies/Klein.html*

Modèles du plan projectif

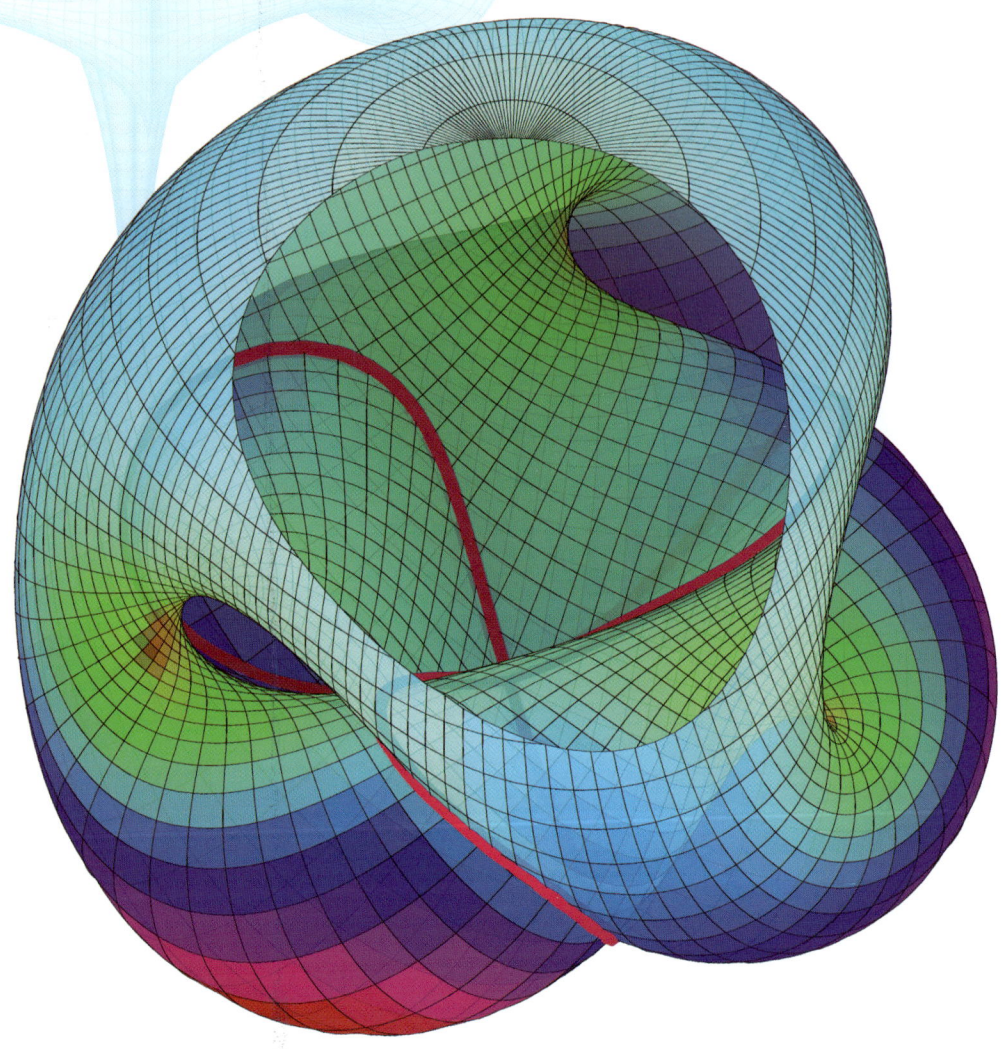

▲ **Modèle du plan projectif dit « surface de Boy », d'après Werner Boy.**

D'un point de vue géométrique, le plan projectif est une surface de courbure constante, comme la sphère, mais qui n'est pas orientable : on passe de l'intérieur à l'extérieur comme sur un ruban de Möbius. Le nom « projectif » vient d'une autre description, un peu plus abstraite : le plan projectif est aussi l'ensemble de toutes les droites de l'espace de dimension 3 qui passent par l'origine.

> Sur la surface de Boy : *http://mathcurve.com/surfaces/boy/boy.shtml*
> Explication de la représentation du plan projectif : *http://irem.u-strasbg.fr/php/articles/94_Denner.pdf*
et *http://mathcurve.com/surfaces/planprojectif/planprojectif.shtml*

Comment un faisceau de droites peut-il constituer une surface ? Chacune de ces droites coupe la sphère unité en deux points et peut donc être représentée par le point de la demi-sphère supérieure. Des points voisins correspondent alors à des droites voisines. En principe, la demi-sphère supérieure est déjà un bon modèle, sauf qu'il n'est pas si facile de choisir le point à l'équateur : des points diamétralement opposés sur l'équateur représentent la même droite, mais nous n'avons besoin que d'un seul de ces points. Par conséquent, nous collons ensemble les points opposés. Avec cet équateur collé, la demi-sphère supérieure est alors un modèle du plan projectif.

Alors là, stop ! Ce collage en diagonale mène à un désordre total dans le voisinage de l'équateur ! C'est exact, et c'est la raison pour laquelle les mathématiciens ont recherché pendant des années des modèles « bien rangés » du plan projectif. **Werner Boy**, élève de **David Hilbert**, fut le premier à trouver un modèle sans singularité. Le bonnet croisé et la surface romaine, trouvée en 1844 par **Jakob Steiner**, possèdent toutefois des singularités. Une version discrète de la surface de Steiner est le tétrahémihexaèdre avec seulement six sommets et sept faces.

Tous ces modèles non orientables ont en commun le fait de contenir chacun un ruban de Möbius, le long duquel on peut passer de l'intérieur à l'extérieur. Il existe d'ailleurs une autre façon de considérer le plan projectif : on prend un ruban de Möbius que l'on replie en une surface fermée en recouvrant d'un disque la courbe qui forme son seul bord.

▲ **Tétrahémihexaèdre**

▲ **Surface romaine de Steiner**

▲ **Bonnet croisé**

➤ Sur la surface de Steiner et le tétrahémihexaèdre : A. Dharwadker : *www.eg-models.de/2003.05.001*
➤ U. Pinkall, « Modelle der reellen projektiven Ebene », in : G. Fischer, *Mathematische Modelle*, Vieweg, 1986.

Surfaces de Seifert

Surfaces orientées tendues sur des nœuds

Les surfaces de Seifert sont des surfaces orientées tendues sur des nœuds, définies en 1934 par **Herbert Seifert** (1907-1996). Il inventa un procédé pour tendre une surface orientable à l'intérieur de n'importe quel nœud. L'étude de la surface de Seifert d'un nœud livre des informations précieuses sur les propriétés topologiques de ce nœud et permet d'obtenir ce que l'on nomme un invariant du nœud.

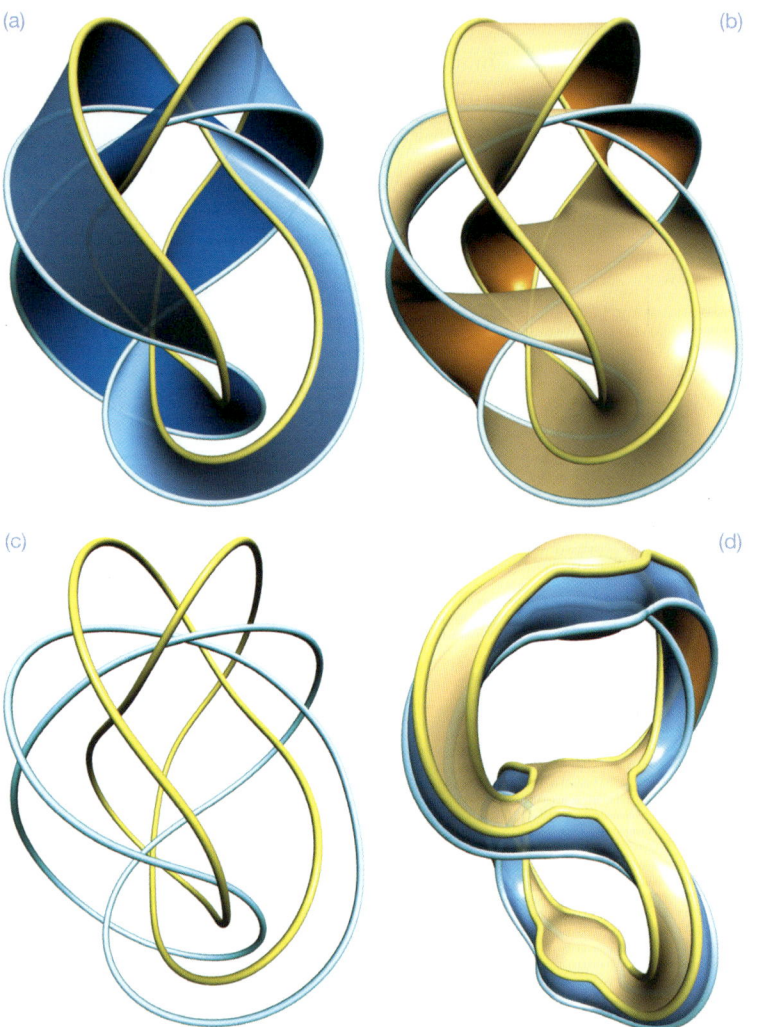

L'invariant d'un nœud est un nombre caractéristique pour un groupe de nœuds équivalents, par exemple le nombre minimal de croisements dans une projection plane du nœud, voir page 99. Seifert écrivit d'ailleurs avec son professeur **William Threlfall** (1889-1949) un des livres les plus célèbres sur la topologie.

Jarke van Wijk a développé avec **Arjeh Cohen** le logiciel « SeifertView » qui permet de visualiser les surfaces de Seifert pour un nœud donné ou pour des enlacements.

◄ **Sur l'enlacement de deux nœuds en forme de huit (image (c), courbes jaune et bleue) sont tendues trois surfaces : entre les deux nœuds (a) et dans chacun des nœuds bleu et jaune (b). La structure obtenue est présentée sur l'image (d).**

> Images de Jarke J. van Wijk
> Généralités sur les surfaces de Seifert : *http://drgoulu.com/2009/02/03/beaux-noeuds/*
> Pour une exploration pas à pas des surfaces de Seifert (en anglais) : *http://www.win.tue.nl/~vanwijk/seifertview/tutorial1.htm*
> Le logiciel SeifertView de J. J. van Wijk est téléchargeable sur : *www.win.tue.nl/~vanwijk/seifertview*

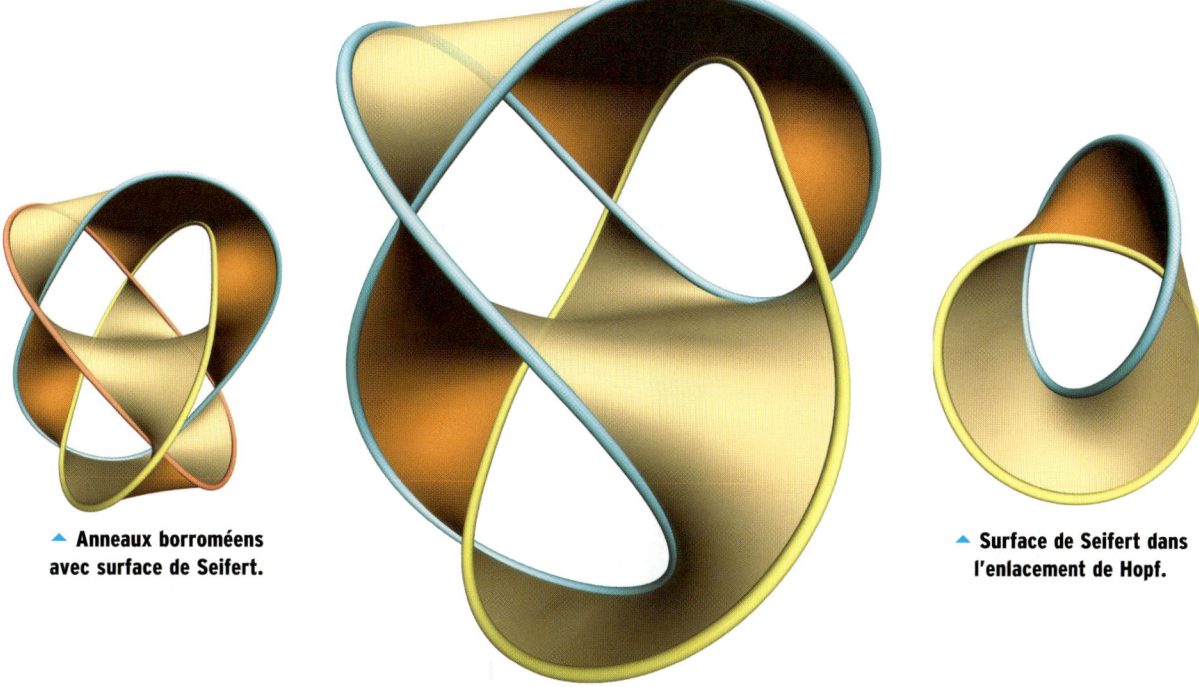

▲ **Anneaux borroméens avec surface de Seifert.**

▲ **Surface de Seifert dans l'enlacement de Hopf.**

▲ **Surface de Seifert dans l'enlacement de Whitehead, formé d'un cercle normal et d'un cercle tordu en huit.**

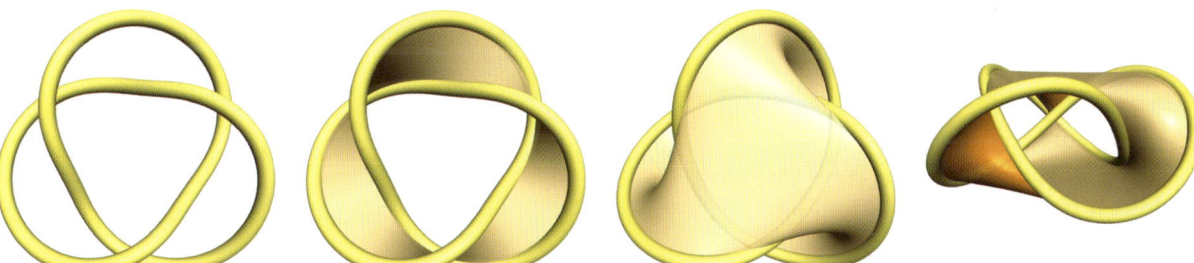

▲ **Le nœud trèfle (en anglais *trefoil knot*) est le nœud le plus simple. Il est facile d'y tendre une surface non-orientable.**

▲ **Une surface de Seifert orientable dans le nœud trèfle.**

➤ J. J. van Wijk, A. M. Cohen, *Visualization of Seifert Surfaces*, IEEE TVCG, 12 (4), 2006.
➤ H. Seifert, *Verschlingungsinvarianten*, Sitzungsberichte Preußische Akademie der Wissenschaften, 1933.
➤ H. Seifert, W. Threlfall, *Lehrbuch der Topologie*, Teubner 1934.

La sphère cornue d'Alexander

Surfaces orientées tendues sur des nœuds

Le théorème de **Jordan-Schönflies** énonce une propriété topologique des courbes du plan. Toute courbe fermée simple partage le plan en une région intérieure et une région extérieure. Les deux régions se comportent topologiquement comme l'intérieur et l'extérieur d'un cercle qui est la plus simple courbe fermée.

Cette affirmation paraît si plausible qu'il semble évident de l'étendre à l'espace, à savoir affirmer qu'une surface sphérique fermée simple partage l'espace en deux domaines comme l'intérieur et l'extérieur d'une sphère. « Eh bien non ! Ce n'est pas le cas ! » remarqua **James Alexander** en 1924 en fournissant le contre-exemple d'une sphère « pathologique ».

La sphère d'Alexander est topologiquement une sphère dont l'intérieur est une boule simplement connexe. Cependant l'extérieur n'est plus simplement connexe. Une courbe fermée autour de l'arc principal ne peut

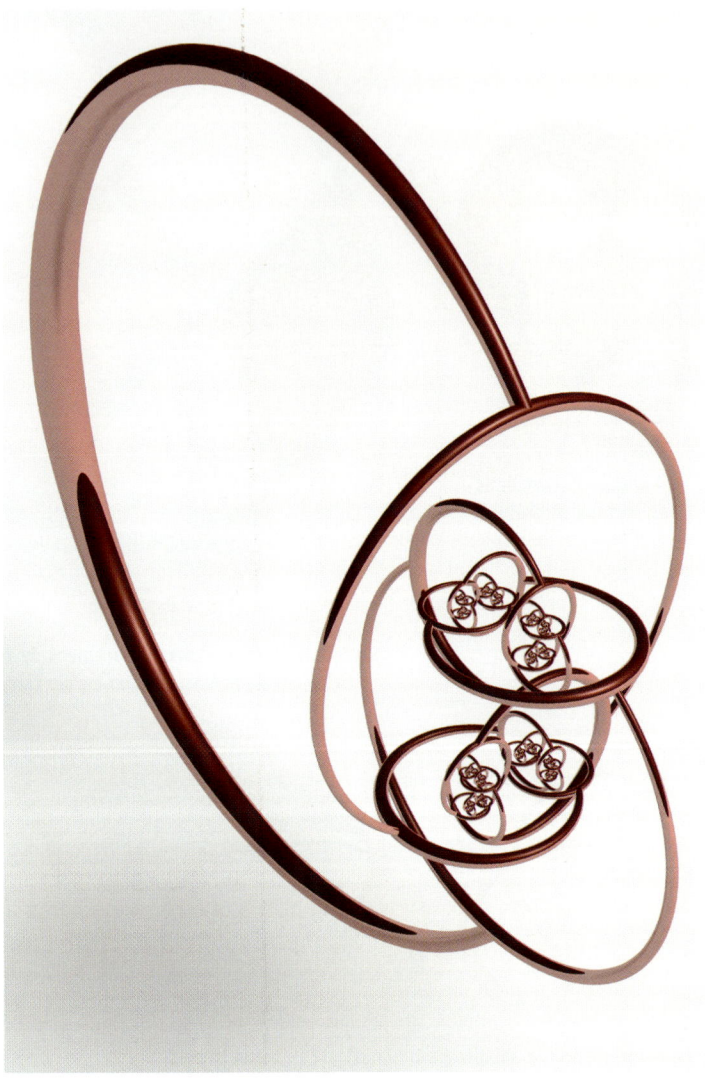

pas être tracée dans cet enchevêtrement et ne peut donc être réduite à un point. Par conséquent, l'extérieur n'est pas aussi simple que l'extérieur de la sphère à laquelle nous sommes habitués. C'est pourquoi le théorème de Jordan-Schönflies ne peut être généralisé à l'espace de dimension trois.

> http://fr.wikipedia.org/wiki/Théorème_de_Jordan
> Sur la sphère cornue d'Alexander : http://images.math.cnrs.fr/spip.php?page=image&id_document=5154

▲ Agrandissement d'un détail de la sphère d'Alexander.

Construction

La construction de la sphère cornue d'Alexander est un procédé itératif illustré sur la série d'images de droite. À la première étape, on étire la sphère en un arc arrondi. Puis on étire les deux extrémités de l'arc en deux nouveaux arcs, tournés de 90° l'un par rapport à l'autre (en haut à droite). Sur les deux images suivantes, le procédé est itéré : on étire à chaque étape les extrémités en deux nouveaux arcs. À chaque étape et aussi à la limite, la surface reste une sphère, même si les bras individuels s'imbriquent de plus en plus « sauvagement » les uns dans les autres.

Remarque : à la place d'une 2-sphère dans l'espace de dimension 3, Alexander observa des 2-sphères plongées dans la 3-sphère de l'espace de dimension 4, car les espaces intérieur et extérieur y sont alors plus faciles à comparer. Ainsi, l'intérieur et l'extérieur d'une courbe fermée sur la 2-sphère sont aussi tous deux simplement connexes et finis.

▲ Construction itérative de la sphère d'Alexander.

▶ J. W. Alexander, *An Example of a Simply Connected Surface Bounding a Region Which Is Not Simply Connected*, Proc. N. A. S. 10, 8-10, 1924.
▶ *http://en.wikipedia.org/wiki/Jordan-Schönflies_theorem*

Le retournement de la sphère

fonctionne avec des surfaces mathématiques

▲ **Retournement d'après Thurston dans le film « Outside In »**

Il s'agit d'un problème classique : est-il possible de retourner une sphère par une déformation continue, sans pincement ni déchirure, de façon à ce que l'intérieur violet passe à l'extérieur et l'extérieur doré à l'intérieur ? Il faut pour cela respecter les règles suivantes : la surface a le droit de s'autopénétrer pendant le processus, sans cependant faire apparaître d'arête vive (pas de discontinuité du plan tangent). Comme des autopénétrations surviennent, on doit avoir recours à des surfaces mathématiques abstraites qui peuvent s'interpénétrer. En 1959, **Stephen Smale** put prouver l'existence de retournements, mais il fallut attendre de nombreuses années pour en trouver des exemples concrets.

➤ Images de la page de gauche de Silvio Levy, Delle Maxwell, Tamara Munzner u. a. Voir la vidéo sur *www.youtube.com/watch?v=wO6lD9x6lNY*
➤ Sur S. Smale et le retournement de la sphère : *http://serge.mehl.free.fr/chrono/Smale.html*
➤ B. Morin et J.-P. Petit, « Le retournement de la sphère », *Pour la Science*, 15, 1979.
➤ S. Levy, D. Maxwell, T. Munzner et al., *Outside In,* AK Peters, VHS, 1995 (DVD en préparation).
➤ G. Francis, *A Topological Picturebook*, Springer Verlag, 2007.

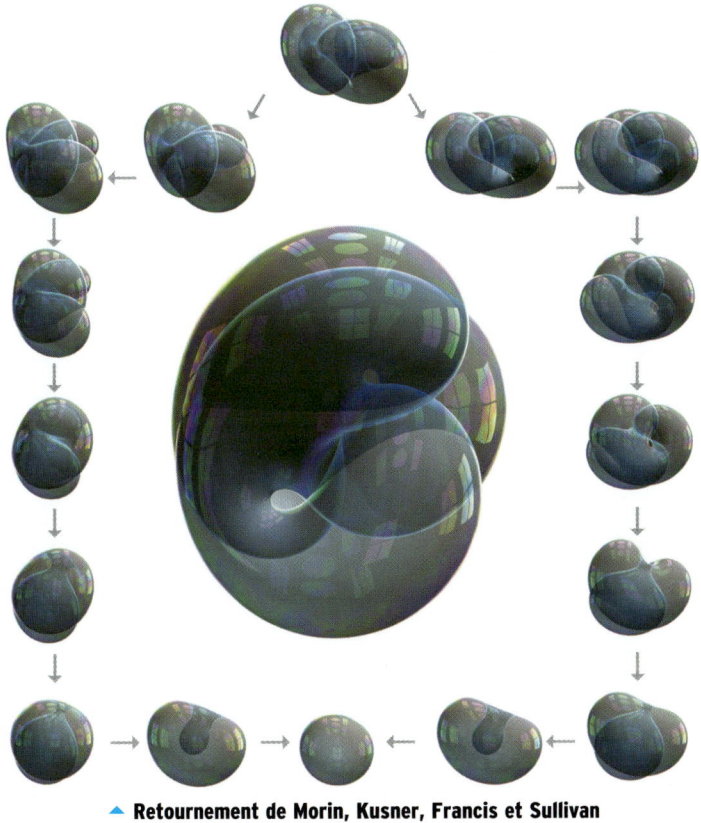

▲ **Retournement de Morin, Kusner, Francis et Sullivan**
d'après le film « The Optiverse »

Sur cette double page, nous voyons deux solutions, chacune suivant une idée différente. Sur la page de gauche, un retournement d'après une idée de **William Thurston**, animée sur la vidéo «Outside In»: le pôle Nord et le pôle Sud de la sphère y sont écrasés l'un sur l'autre, alors que la région équatoriale se plie en forme de vague pour éviter de former une arête vive.

Le retournement de **Robert Kusner, George Francis** et **John Sullivan,** sur une idée de **Bernard Morin,** est fondé sur l'existence d'un modèle intermédiaire, symétrique et instable, qui peut échanger son intérieur et son extérieur par une rotation de 90° (voir la petite image tout en haut au milieu). Un «flux d'énergie» détend la surface et la fait se transformer en sphère. Il faut suivre la séquence d'images en partant du haut et en suivant le côté gauche jusqu'à la sphère ronde au milieu en bas. De façon symétrique, on peut appliquer le même flux sur le modèle tourné de 90° et comme le montre la séquence d'images de droite, obtenir de nouveau une sphère. Cependant, l'intérieur et l'extérieur sont échangés par rapport au chemin précédent. En partant de la sphère du bas, si l'on fait un tour complet, on obtient donc le retournement souhaité.

> Images de la page de droite de John Sullivan, George Francis, Stuart Levy. Voir la vidéo sur *new.math.uiuc.edu/optiverse/qt*
> J. Sullivan, G. Francis, S. Levy, *The Optiverse* in : VideoMath Festival at ICM'98, Springer Verlag, 1998.
> Historique des retournements de la sphère par J. Sullivan : *http://torus.math.uiuc.edu/jms/Papers/isama/eversion.pdf*

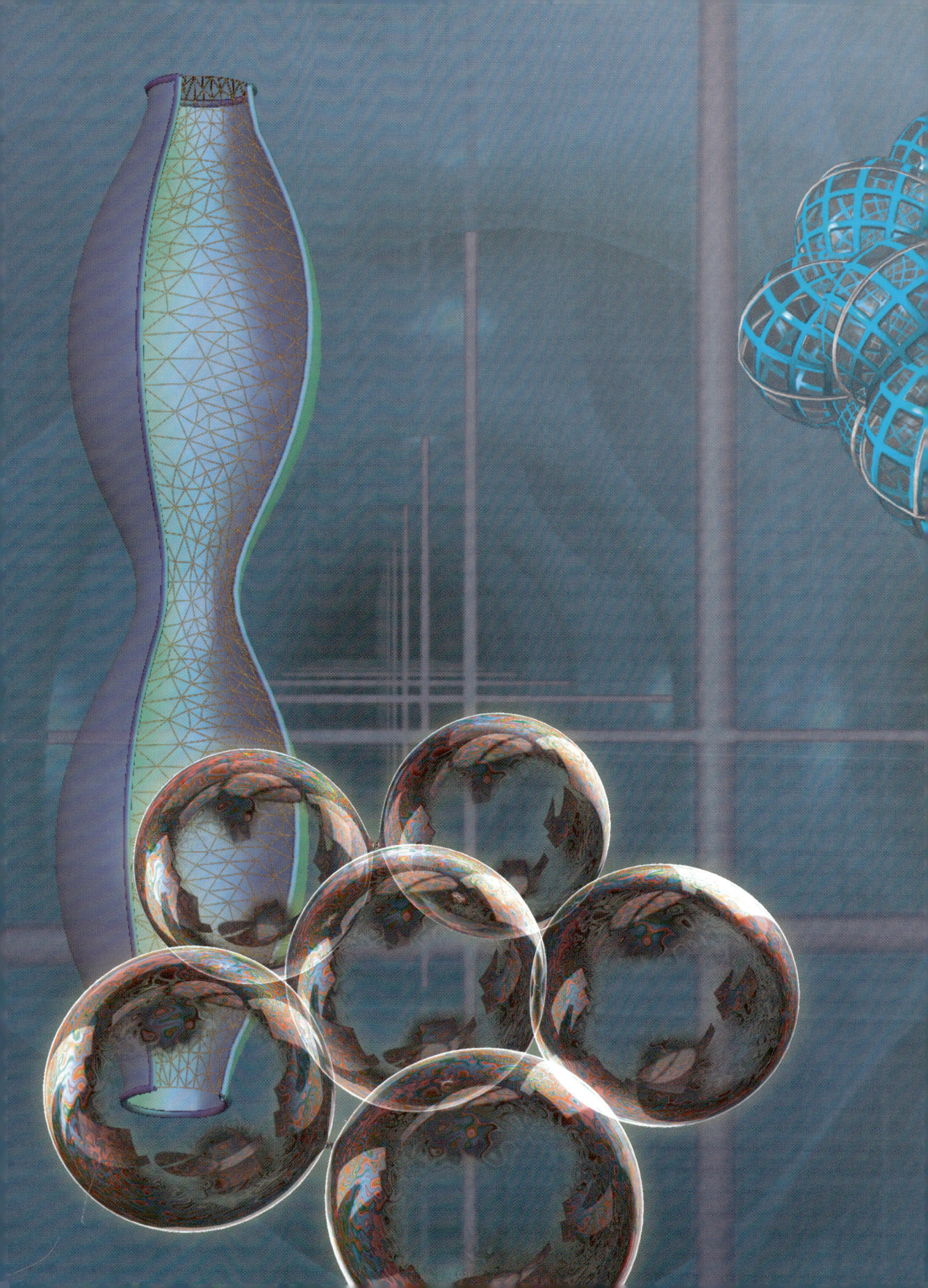

CHAPITRE 8

Surfaces minimales et bulles de savon

Depuis notre enfance, nous sommes fascinés

par les bulles de savon. D'un point de vue mathématique,

les bulles de savon sphériques résolvent un difficile

problème d'optimisation soumis à conditions :

elles minimisent la surface (grâce à la force d'attraction

des molécules de savon) d'une forme de volume constant.

Comme le calcul de chemins minimaux, la recherche

de surfaces minimales fait partie des problèmes

très étudiés par les mathématiciens. Complexes

sous de nombreux aspects, les surfaces minimales,

en tant que problème classique de modélisation, occupent

les mathématiciens depuis plus de 200 ans.

Nos images mettent en évidence des exemples

classiques et les derniers résultats de la recherche.

Surfaces minimales et films de savon

▲ À la foire annuelle des surfaces minimales, le petit Kalle s'émerveille les bulles de savon qui flottent autour de lui (scène tirée du film « Palast der Seifenhäute »).

Les bulles de savon sphériques renferment un volume d'air dans un mince film de savon. La pression extérieure et la tension superficielle équilibrent la pression interne. La tension superficielle des molécules de savon tend à rétracter le film de savon comme un film de caoutchouc. L'aire de la surface est alors plus petite que celle de toutes les autres surfaces délimitées par la même courbe. C'est pourquoi, en mathématiques, elles sont dénommées surfaces minimales.

Il est facile de produire des films de savon de formes diverses en plongeant des boucles de métal dans une solution savonneuse. Mais construire mathématiquement la surface de Gergonne (image en bas à gauche) à l'aide des formules exigeait un gros travail ; la simulation numérique d'un film de savon résout très facilement ce problème.

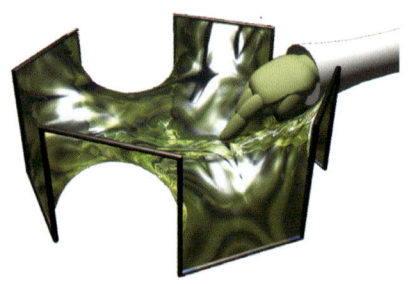

Les propriétés de symétrie permettent d'étendre des surfaces délimitées par une courbe en surfaces étendues à l'infini. Les images ci-dessous à droite ont été obtenues en réfléchissant une cellule de base dans un labyrinthe de miroirs.

> http://www.palais-decouverte.fr/index.php?id=1843
> L'article de Gergonne lui-même : http://archive.numdam.org/ARCHIVE/AMPA/AMPA_1822-1823_13_/AMPA_1822-1823_13_1_0/AMPA_1822-1823_13_1_0.pdf
> J. B. Meusnier, « Mémoire sur la courbure des surfaces », *Mém. des savans étrangers 10*, (lu 1776), 477-510, 1785.
> www.mathcurve.com/surfaces/helicoiddroit/helicoiddroit.shtml
> Images d'Andreas Arnez, Konrad Polthier, Martin Steffens, Christian Teitzel
> A. Arnez, K. Polthier, M. Steffens, Chr. Teitzel, *Video Palast der Seifenhäute*, DVD Springer Verlag, 2009.
> H. Karcher, K. Polthier, « Die Geometrie von Minimalflächen », *Spektrum der Wissenschaft*, 1990.
> http://page.mi.fu-berlin.de/polthier/booklet/intro.html

L'aspect des surfaces minimales peut être radicalement différent, selon qu'on les observe de près ou de loin. De près, la deuxième surface de Scherk ressemble à une tour de trous empilés, orientés alternativement. De loin, la surface semble constituée de deux plans sécants, dont l'intersection est perforée de trous.

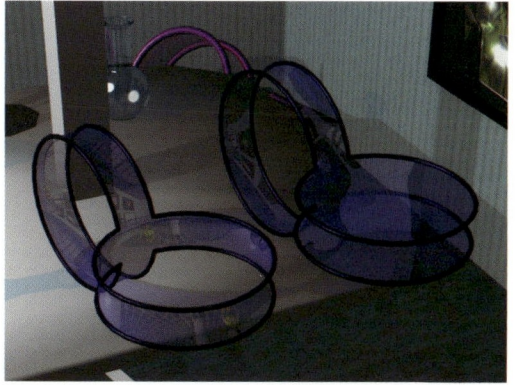

De nombreuses courbes sous-tendent deux films de savons différents. On peut montrer que les courbes qui se projettent selon une région convexe ne peuvent sous-tendre qu'une seule surface minimale.

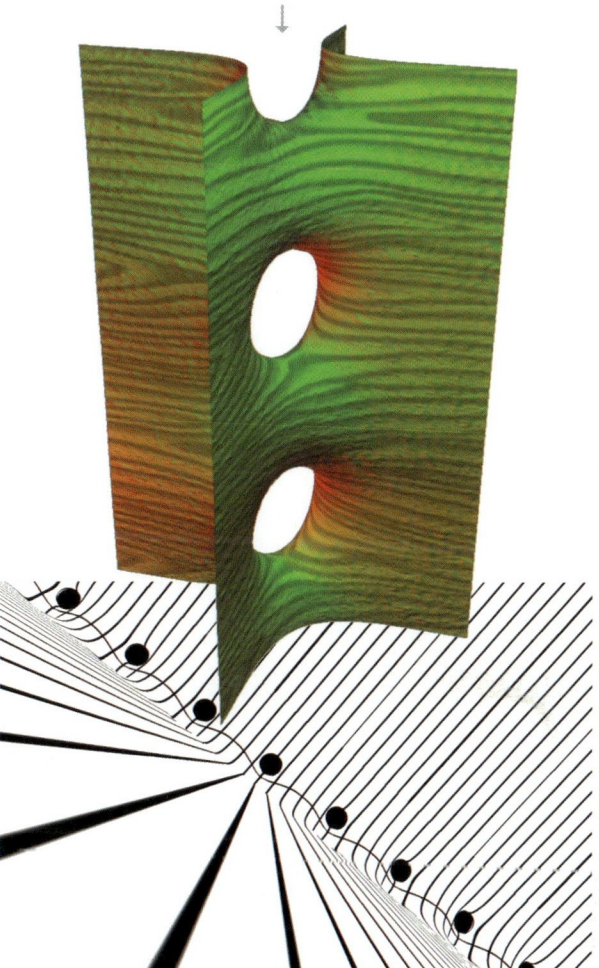

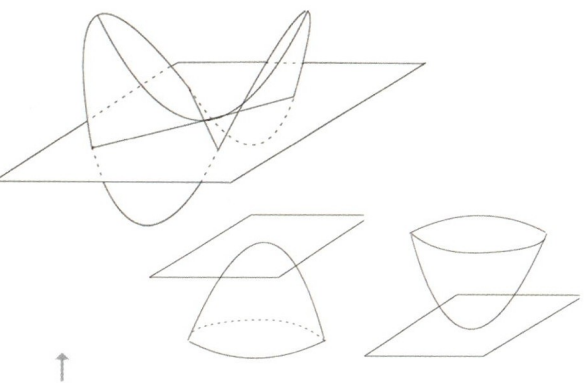

Les films de savon sont toujours en forme de selle, qui se courbe aussi bien vers le haut que vers le bas. Les bulles de savon en revanche ont localement une forme bombée pour contrebalancer la pression intérieure.

> http://fr.wikipedia.org/wiki/Surfaces_de_Scherk
> http://mathworld.wolfram.com/ScherksMinimalSurfaces.html
> http://page.mi.fu-berlin.de/polthier/video.html
> The JavaView Project : www.javaview.de/demo/PaWeierstrass.html

Surfaces minimales classiques

La théorie des surfaces minimales débuta en 1760 avec le problème d'optimisation de **Joseph Louis Lagrange** :

Étant donnée une courbe fermée dans l'espace à trois dimensions, déterminer, parmi toutes les surfaces qui s'appuient sur cette courbe, celle qui a la plus petite aire.

Le physicien belge **Joseph Plateau** mena, au milieu du XIXᵉ siècle, d'innombrables expériences et en tira l'idée que toute courbe délimite une surface d'aire minimale. Cette conjecture – devenue célèbre sous le nom de problème de Plateau – inspira de nombreux mathématiciens. **Jesse Douglas** obtint la médaille Fields pour sa résolution.

La caténoïde est une surface de révolution limitée par deux cercles situés dans des plans parallèles. Ce fut la première surface minimale identifiée : elle avait été découverte, avant Lagrange, par **Leonhard Euler** en 1744. L'hélicoïde (en bas à gauche) fut découverte par **Jean-Baptiste Meunier de la Place** en 1776.

➤ Images d'Andreas Arnez, Konrad Polthier, Martin Steffens, Christian Teitzel
➤ http://fr.wikipedia.org/wiki/Caténoïde
➤ http://www.dailymotion.com/video/x9mj45_la-catenoide-une-surface-minimale_tech
➤ http://www.dailymotion.com/video/x9miu2_l-helicoide-surface-minimale_tech
➤ A. Arnez, K. Polthier, M. Steffens, Chr. Teitzel, *Video Palast der Seifenhäute*, DVD Springer Verlag, 2009.

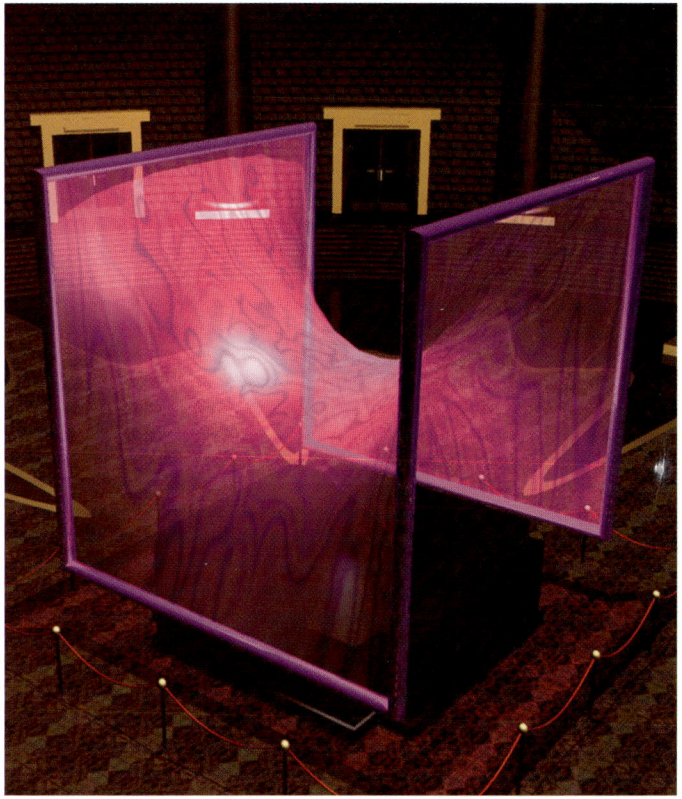

Minimal n'est pas nécessairement minimal

Les surfaces minimales possèdent une tension super-ficielle partout équilibrée, qui se mesure géométri-quement par la **courbure moyenne** H. Les surfaces minimales ont ainsi en chaque point une courbure moyenne nulle.

Réciproquement, les surfaces pour lesquelles la courbure moyenne est nulle sont localement des surfaces minimales. Elles peuvent cependant être globalement instables et ne sont donc pas minimales.

▶ Sur la courbure moyenne : *http://fr.wikipedia.org/wiki/Courbure_moyenne*
▶ J. Meusnier, *Mém. prés. par div. Étrangers,* Acad. Sci. Paris, 10 (1785), pp. 477–510.

Le problème de Gergonne

et les solutions de Scherk et Schwarz

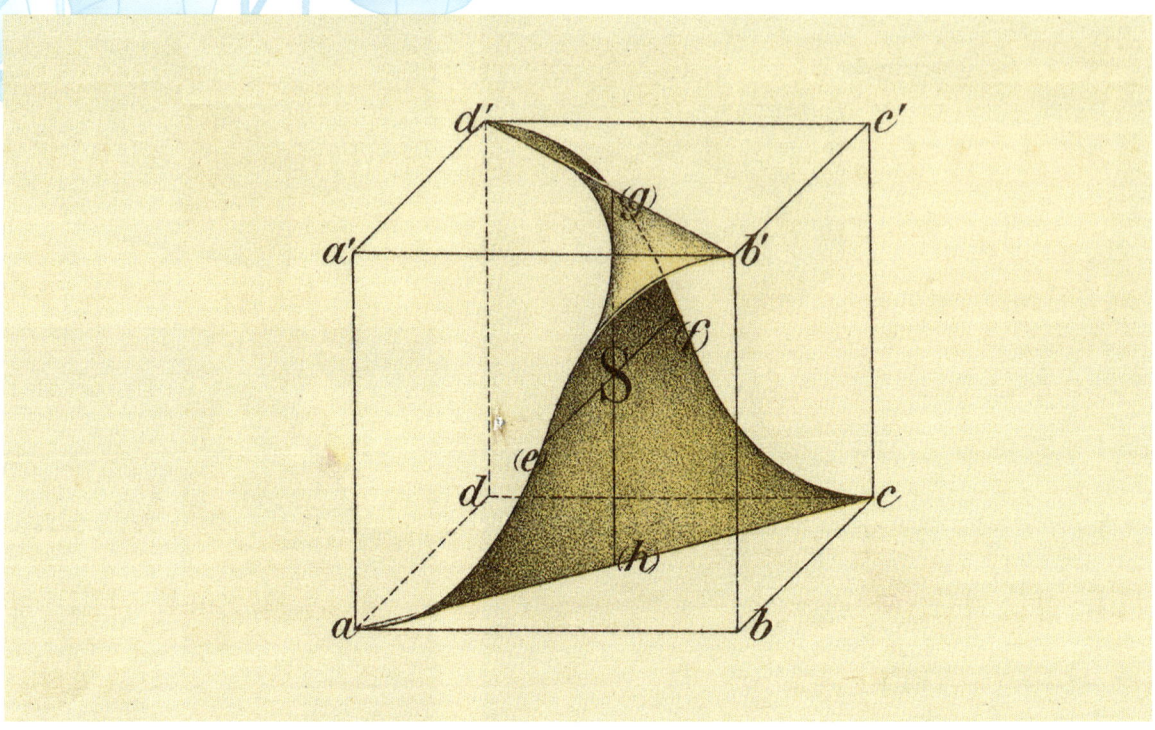

▲ Gravure sur cuivre de Hermann Amandus Schwarz (1865).

Les premières surfaces minimales furent rapidement identifiées : la caténoïde par **Leonhard Euler** en 1744 et l'hélicoïde en 1776 par **Jean-Baptiste Meunier de la Place**.

Mais aucun autre exemple plus complexe de surface minimale ne put être trouvé pendant longtemps. C'est pourquoi, en 1816, **Joseph Diaz Gergonne** poussa les mathématiciens à chercher une surface minimale vérifiant une condition précise :

Quelle est la surface d'aire minimale s'appuyant sur deux diagonales orthogonales de faces opposées d'un cube et qui rencontre perpendiculairement deux faces verticales (image ci-dessus).

▸ Lire l'émouvante biographie de Meusnier : *http://www.utc.fr/~tthomass/Themes/Unites/Hommes/meus/Jean%20Baptiste%20Meusnier.pdf*
▸ S. Hildebrandt, A. Tromba, *Mathématiques et formes optimales*, Belin-Pour la Science, 1986.
▸ H. F. Scherk, *De proprietatibus superficiei quae hac continetur aequatione (1+q2)r-2pqs+(1+p2)t=0 disquisitiones analyticae*, 1831.
▸ H. A. Schwarz, *Gesammelte Werke*, Springer Verlag, 1865.
▸ J. J. O'Connor, E. F. Robertson *www-groups.dcs.st-and.ac.uk/~history/Biographies/Scherk.html*, Heinrich Ferdinand Scherk – School of Mathematics and Statistics, University of St Andrews, Scotland

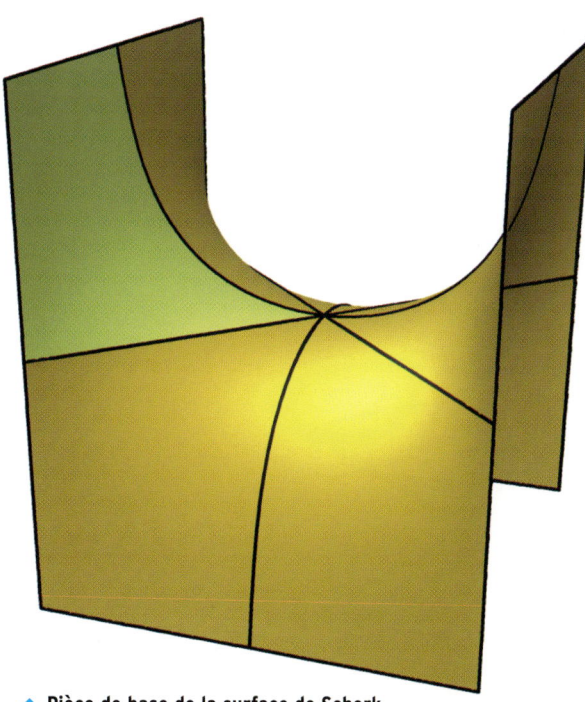

▲ **Pièce de base de la surface de Scherk comportant une pièce de base de la surface de Gergonne.**

La société Jablonowski de Leipzig offrait un prix pour la solution, mais celle-ci se fit attendre. **Heinrich Ferdinand Scherk** soumit une étude qui décrit la surface que l'on nomme aujourd'hui surface de Scherk; il obtint pour cela le prix de la société Jablonowski en 1831.

En fait, la surface de Scherk ne résout pas du tout le problème. Que s'est-il passé? Si la solution au problème de Gergonne existe, elle est partagée par deux droites (gh) et (ef) en quatre morceaux symétriques. Un autre prolongement du morceau de base (c,h,S,f) fournit presque la surface de Scherk en haut à gauche de l'image ci-dessus, car pour se représenter la surface de Scherk, il faut prolonger à l'infini les quatre côtés horizontaux. C'est pourquoi nous supposons que Scherk a considéré une autre disposition des bords, en raison des propriétés de symétrie. En séparant les variables, il put détacher la partie du bord en haut à gauche, cependant seulement avec des valeurs limites à l'infini.

Finalement, **Hermann Amandus Schwarz** réussit à résoudre le problème fini en 1865, grâce à de nouvelles techniques issues de la théorie des fonctions. Schwarz estima sa découverte d'une telle valeur qu'il fit réaliser des gravures sur cuivre pour illustrer son travail, comme celle montrée page précédente.

La pièce élémentaire de la surface de Scherk est étendue, grâce à un demi-tour autour des côtés verticaux, en surface doublement périodique sur les cases noires d'un damier infini.

◄ **Surface de Scherk sur damier.**

➤ *http://mathworld.wolfram.com/ScherksMinimalSurfaces.html*
➤ Si vous voulez tricoter une surface de Scherk : *http://orion.math.iastate.edu/xhnguyen/knitting/scherk-pattern.pdf*

De la caténoïde à l'hélicoïde

◀ Le faisceau de surfaces minimales montre la transformation
par une famille de surfaces minimales, de la caténoïde jaune, qui
est une surface de révolution,
en l'hélicoïde bleue, qui est une
surface en forme de vis. La déformation fut découverte par Edmond
Bour en 1862.

L'une des transformations les plus célèbres de la géométrie différentielle
déforme une surface minimale en une autre, la caténoïde en l'hélicoïde. Presque
tous les livres de géométrie différentielle montrent ce faisceau de surfaces. Nous
présentons ici, en plus de la transformation, trois propriétés géométriques caractéristiques du faisceau de surfaces :

➤ Voir la transformation : *http://www.dms.umontreal.ca/~mat2300/dessinAnima/heliCate/ReadMe.html*
➤ E. Bour, « Mémoire sur la déformation de surfaces », *J. de l'École Polytechnique*, XXXIX Cahier, 1862, pp. 1-148.
➤ Biographie de Bour : *http://archive.numdam.org/ARCHIVE/NAM/NAM_1867_2_6_/NAM_1867_2_6_145_0/NAM_1867_2_6_145_0.pdf*
➤ M. P. do Carmo, *Differentialgeometrie von Kurven und Flächen*, Vieweg, 1998.

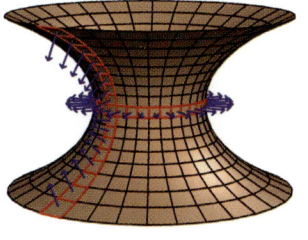

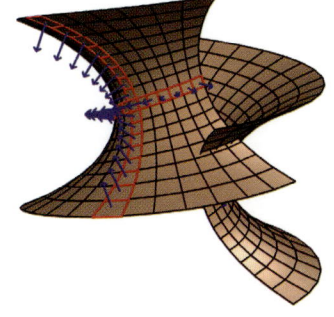

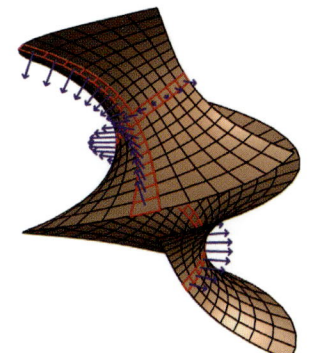

▲ Caténoïde ou surface
de la chaînette

1. Pendant la transformation, les vecteurs bleus normaux à une portion de la surface restent colinéaires. Les directions normales ne changent donc pas, mais les vecteurs normaux sont transformés avec le morceau de surface en des vecteurs colinéaires aux vecteurs initiaux.

2. Si l'on voit chaque élément de surface comme un rectangle infiniment petit, alors l'élément tourne autour de son vecteur normal en conservant ses proportions. La transformation conserve les longueurs et toutes les surfaces du faisceau sont isométriques.

3. Des deux premières propriétés nous pouvons déduire que les courbes planes (les cercles parallèles et tous les méridiens) de la caténoïde sont transformées en droites (axe et «marches») de l'hélicoïde.

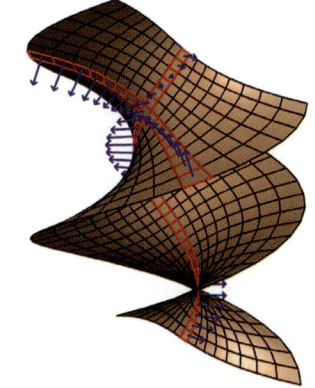

Il existe d'ailleurs pour chaque surface minimale un faisceau dit faisceau de surfaces associées possédant les trois propriétés citées.

Bonnet, Bianchi, Bäcklund et beaucoup d'autres ont étudié intensivement au XIXᵉ siècle les transformations de surfaces, en particulier avec le but de découvrir d'autres surfaces de la même catégorie.

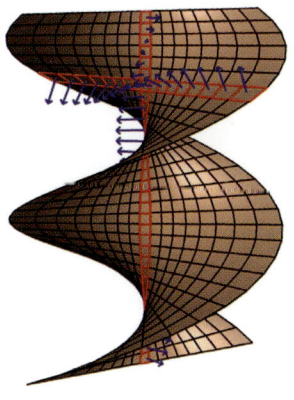

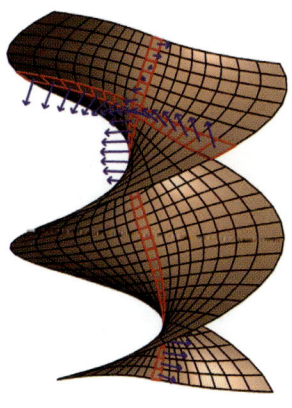

▶ Hélicoïde

La caténoïde et ses avatars

▲ Caténoïde stable (à l'extérieur) et instable (à l'intérieur)

▲ La chaînette de formule cosh(u)

La caténoïde est la seule surface minimale qui soit de révolution; elle fut découverte en 1744 par **Leonhard Euler**. On peut concrètement la matérialiser par un film de savon entre deux cercles de même axe (voir la figure centrale ci-dessus). La distance entre les deux cercles ne doit cependant pas dépasser une certaine valeur dépendant de leurs rayons, sinon le film de savon se dissocie en solution de Goldschmidt sous la forme de deux disques plans (voir ci-dessous). De façon surprenante, si les deux cercles sont proches, on obtient même pour solution deux caténoïdes, l'une stable à l'extérieur et l'autre instable à l'intérieur, laquelle explose à la moindre perturbation.

▲ Caténoïde entre deux cercles

La courbe méridienne put déjà être déterminée explicitement par Euler. Il s'agit de la fonction cosinus hyperbolique $(e^x + e^{-x})/2$, plus connue sous le nom de chaînette. Pour l'adapter à la caténoïde présentée ici, il faut tourner de 90° la chaînette montrée ci-dessus à droite.

Concrètement, la chaînette décrit la courbe que fait une chaîne de longueur donnée, suspendue à ses deux extrémités. Si l'on fait tourner la chaînette autour de sa base, on obtient une section de caténoïde limitée par deux cercles.

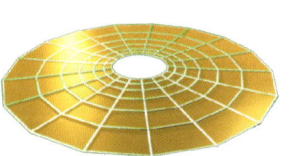 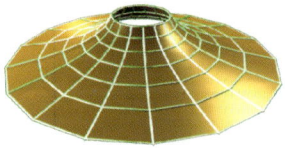  

▲ Film de savon entre deux anneaux

▶ J.-P. Bourguignon, B. Lawson et C. Margerin, « Les surfaces minimales », *Pour la Science*, janvier 1986.
▶ http://xahlee.info/surface/karcher_jd_st/karcher_jd_st.html
▶ http://www.lmpt.univ-tours.fr/~traizet/memoire.pdf
▶ Applet et films autour de la caténoïde : *www.vismath.de/vgp/content/minimal/index.html*
▶ H. Karcher, K. Polthier, « Die Geometrie von Minimalflächen », *Spektrum der Wissenschaft*, octobre 1990.

▲ Surface bidénoïde de Karcher

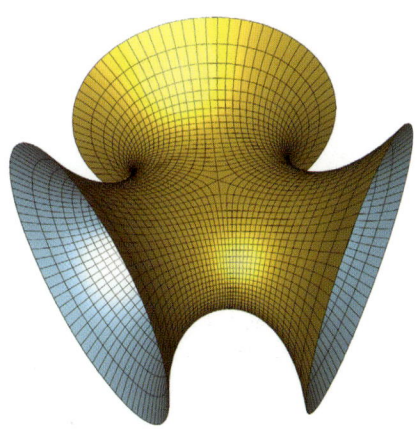

▲ Trinoïde (en haut)
et 9-noïde (en bas)
de Jorge-Meeks

La surface bidénoïde de **Hermann Karcher** montre la diversité des caténoïdes : d'autres petits entonnoirs en forme de caténoïde peuvent être tirés de presque n'importe quel endroit. La première variante connue de caténoïde fut découverte par **Luquesio Jorge** et **William Meeks**. Ils purent augmenter les propriétés de symétrie et trouver des n-oïdes pour tout n entier. Le cas particulier de $n = 2$ fournit la caténoïde classique.

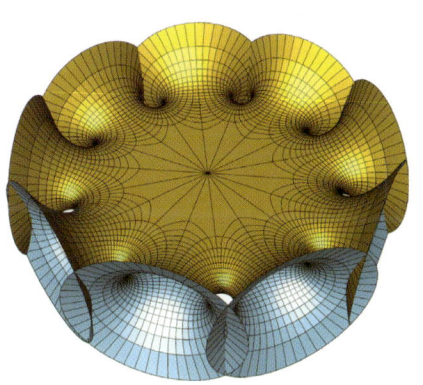

▲ Impossible variante : d'après Richard Schoen, il est impossible de creuser un tunnel à travers la taille de la caténoïde, sinon les deux colonnes extérieures partiraient à l'infini.

Surfaces minimales périodiques

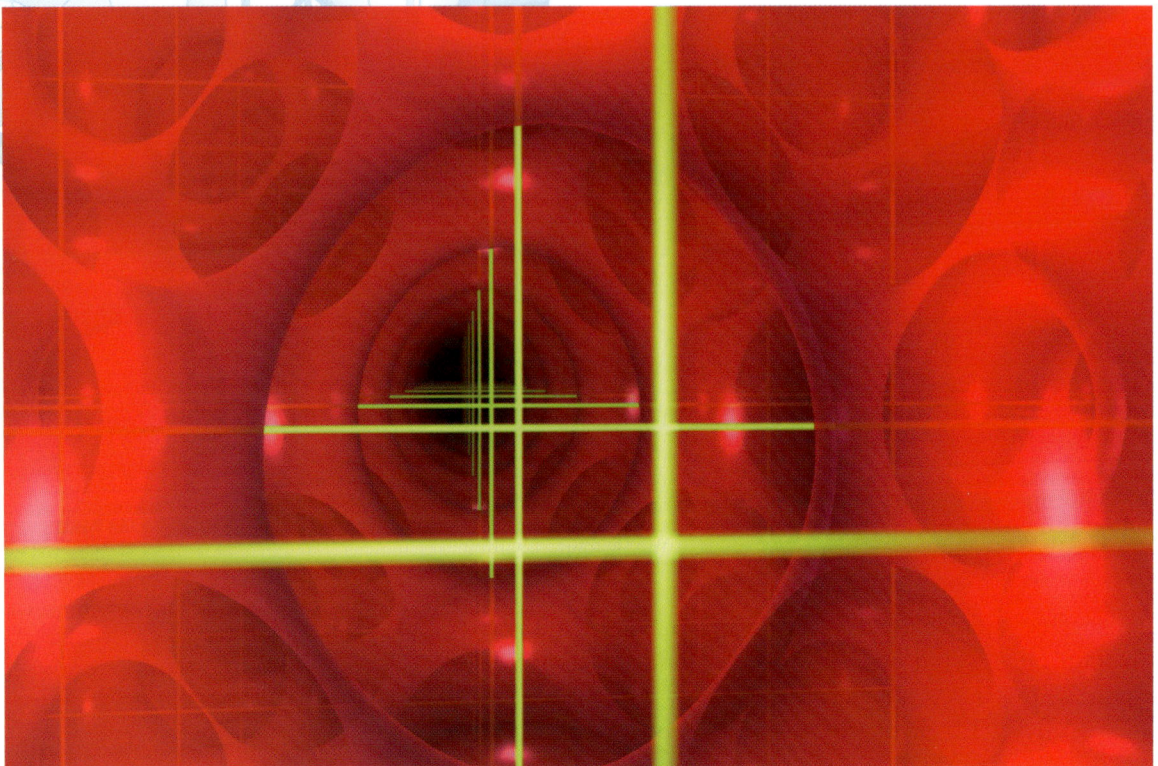

▲ Coup d'œil dans le labyrinthe de la surface « P » de Schwarz, surnommé le « cauchemar du plombier ».

Les surfaces minimales périodiques constituent la classe la plus connue des surfaces minimales plongées (sans recoupement ou auto-intersection). Il est clair que l'on peut fabriquer une surface périodique à l'aide d'un polyèdre convexe en déterminant, comme dans le problème de Gergonne, un film de savon qui rencontre chaque face du polyèdre perpendiculairement. Ce n'est pas facile, mais si l'on y arrive, la surface peut se prolonger dans le polyèdre voisin par symétrie par rapport à la face. On a découvert une multitude de surfaces minimales trois fois périodiques qui s'étendent à l'infini dans l'espace tout entier, d'abord grâce à **Hermann Amandus Schwarz**, son élève **Edvard Neovius**, puis plus tard **Howard Jenkins, James Serrin, Alan Schoen, Werner Fischer, Elke Koch** et **Hermann Karcher**.

➤ Image de gauche d'Andreas Arnez, Konrad Polthier, Martin Steffens, Christian Teitzel
➤ http://schoengeometry.com/e_tpms.html
➤ http://www.mathcurve.com/surfaces/schwarz/schwarz.shtml
➤ www.susqu.edu/brakke/evolver/examples/periodic/periodic.html
➤ H. Karcher, K. Polthier, « Construction of triply periodic minimal surfaces », *Phil. Trans. R. Soc. Lond.* A, 1996, 354.
➤ www.susqu.edu/brakke/evolver/examples/periodic/periodic.html

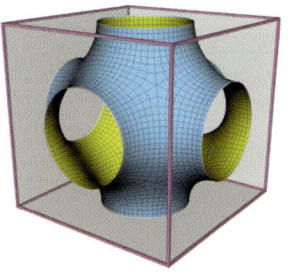 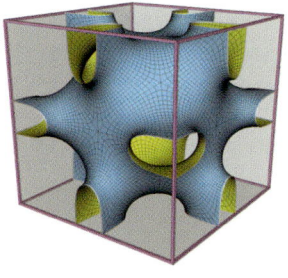 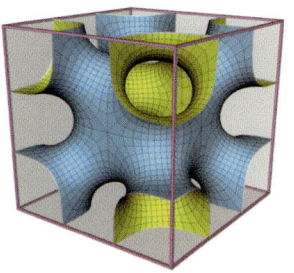 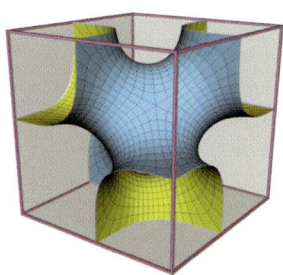

▲ **Cellules de base de surfaces simplement périodiques.**
De gauche à droite : Surface « P » de Schwarz, Neovius, I-Wp, F-Rd, 8-cellules de la F-Rd.

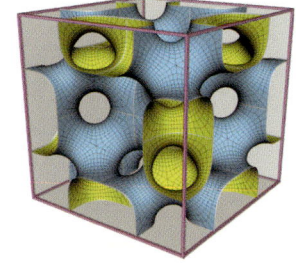

Les surfaces minimales périodiques plongées partagent l'espace en deux régions disjointes, appelons-les intérieur et extérieur. Les deux régions forment deux labyrinthes imbriqués s'étendant à l'infini dans l'espace, et dont la paroi qui les sépare est la surface minimale. Cette façon de voir les choses inspira le chercheur de la NASA Alan Schoen qui construisit une multitude de surfaces minimales périodiques. Il observa des structures cristallines où les atomes chargés positivement et négativement forment des grilles séparées, mais qui s'interpénètrent, en quelque sorte une grille chargée positivement et une négativement. La surface équipotentielle de charge nulle est alors une surface séparant les deux grilles. Bien qu'elle soit fondée sur des données intuitives, et que la surface équipotentielle ne représente pas exactement une surface minimale, cette idée, par l'efficacité de sa méthode, inspira de nombreux exemples.

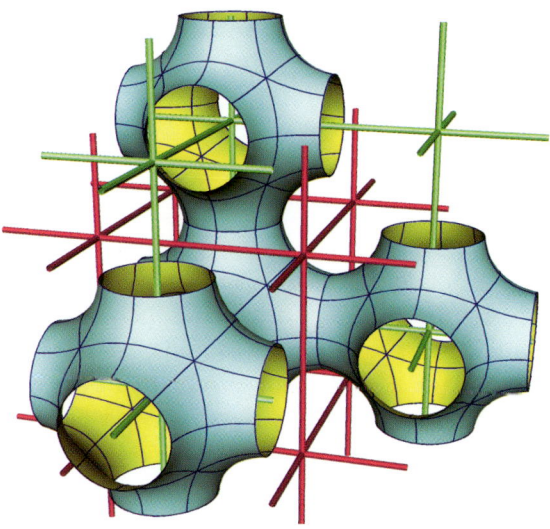

▲ **Labyrinthes intérieurs et extérieurs séparés par une P-surface**

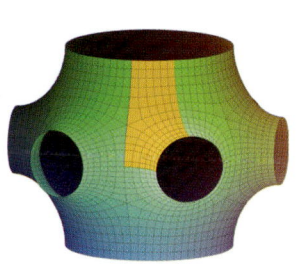 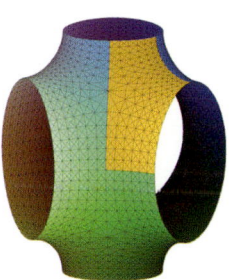

▲ **Surface H¹-T d'Alan Schoen**

La surface de Costa

▲ Surface minimale de Celsoe Costa, David Hoffman et William Meeks

En 1983, le mathématicien brésilien **Celsoe Costa**, en travaillant sur sa thèse de doctorat, découvrit une nouvelle surface minimale que l'on recherchait depuis plus de 200 ans. La question était de savoir, en dehors du plan et de la caténoïde, s'il existait une autre surface minimale s'étendant à l'infini, ne se recoupant pas et de courbure totale finie. En dehors des surfaces périodiques, personne n'avait pu jusqu'alors en trouver d'autre.

➤ http://fr.wikipedia.org/wiki/Surface_de_Costa
➤ http://www.mathcurve.com/surfaces/costa/costa.shtml
➤ D. Hoffman, « Computer-Aided Discovery of New Embedded Minimal Surfaces », *Math. Intelligencer*, 1987, 9(3).
➤ C. Costa, « Example of a Complete Minimal Immersion in R3 of Genus One and Three Embedded Ends », *Bull. Soc. Bras. Mat.* 15, 1984.
➤ www.indiana.edu/~minimal/gallery/index.html

La surface de Costa commença cependant d'abord par poser un problème, parce que les formules de Costa ne permettaient pas encore de comprendre l'enroulement exact de la surface sur l'image de la page précédente. **David Hoffman** et **William Meeks** apportèrent leur clarification. Après de nombreux essais numériques, ils purent

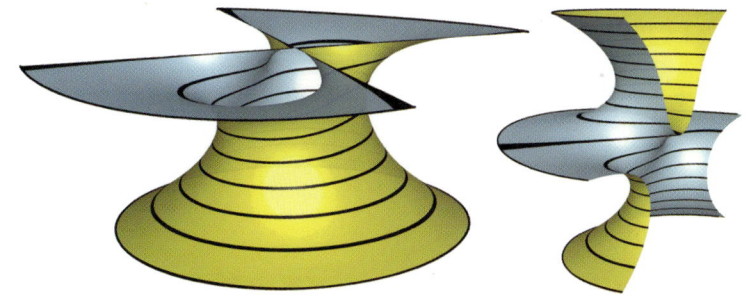

▲ **Portions de la surface de Costa**

finalement utiliser les premiers graphiques de géométrie différentielle sur ordinateur pour comprendre comment la surface était agencée sur la portion présentée et exclure rigoureusement tout recoupement de la surface. La découverte de la surface de Costa donna une impulsion décisive à la théorie des surfaces minimales et de nombreuses autres surfaces minimales furent découvertes les années suivantes – entre autres grâce à une meilleure compréhension des surfaces par le graphisme numérique.

Les deux portions de surface ci-dessus mettent en évidence les symétries de la surface de Costa : à gauche, on voit les deux axes de symétrie passant par le point central, à droite la section par un des deux plans de symétrie contenant ces droites.

La surface de Costa peut être interprétée comme solution au problème des sections circulaires de la caténoïde par un plan. En généralisant avec davantage de symétries, on voit encore mieux le système des trous de liaison alternatifs.

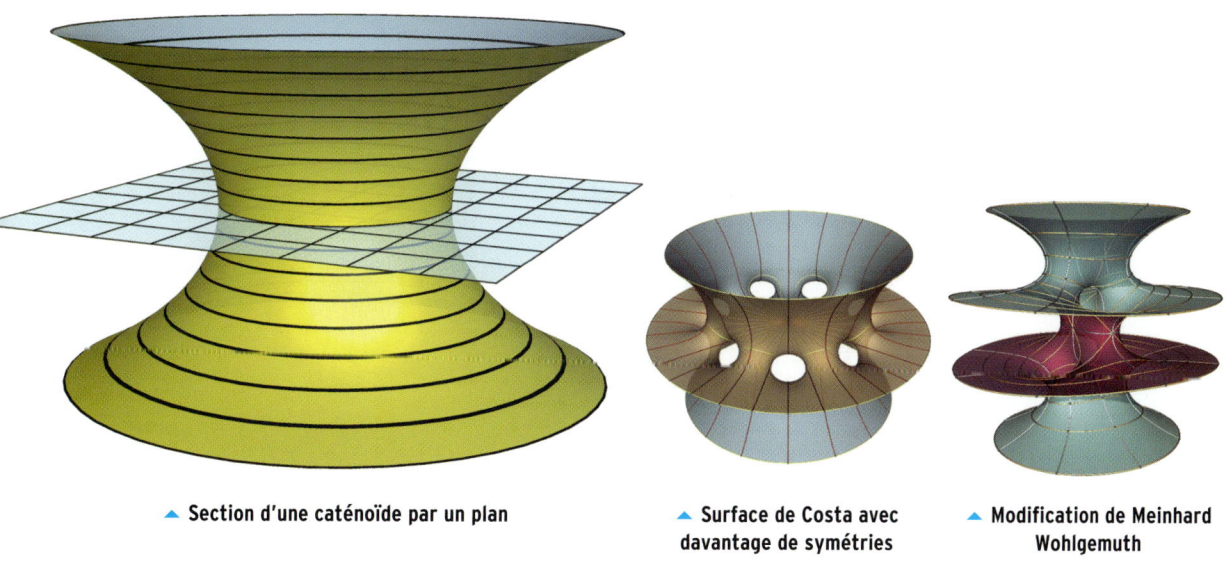

▲ **Section d'une caténoïde par un plan**　　　▲ **Surface de Costa avec davantage de symétries**　　　▲ **Modification de Meinhard Wohlgemuth**

▶ Les deux images en bas à droite sont de Matthias Weber

Surfaces minimales discrètes

Des films de savon constitués de facettes planes

▲ **Surface discrète de Neovius**

Les surfaces minimales discrètes sont constituées de facettes planes et, comme leurs homologues lisses – les films de savon –, leur aire est minimale. Cette aire est mesurée par la somme des aires des facettes : de petites modifications de forme par le déplacement d'un ou de plusieurs points de la grille mènent à une augmentation de l'aire totale.

Le côté minimal d'un maillage peut être explicitement exprimé par la disparition de la courbure moyenne discrète qui mesure la tension superficielle d'une surface (les faces sont planes). Lorsque la tension superficielle est équilibrée, alors – comme pour les films de savon lisses – la surface est minimale. Par exemple, la pointe du cône violet ci-dessous à gauche n'est pas en équilibre, car les triangles qui l'entourent la tirent vers le bas.

Lorsque des facettes voisines ne sont reliées que par le milieu de leurs arêtes, on obtient des maillages encore plus flexibles, dont l'aspect minimal peut être défini en conséquence : les points variables sont les milieux des arêtes. Cependant, ces maillages, dits non conformes, ont en général des trous en dehors des milieux des arêtes.

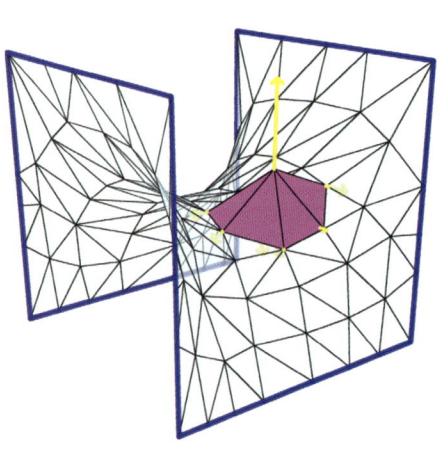

▲ **Surface avec vecteur discret de courbure moyenne**

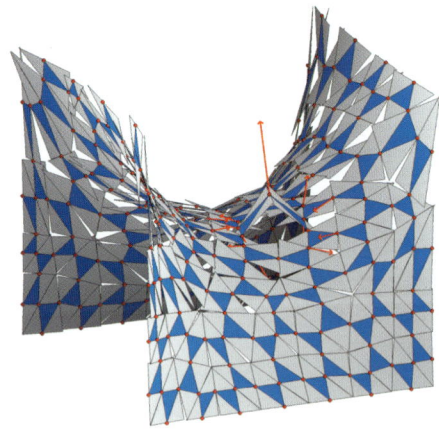

▲ **Les degrés de liberté des maillages non conformes sont les milieux des arêtes**

> U. Pinkall, K. Polthier « Computing discrete minimal surfaces and their conjugates », *Exp. Math.*, 1993.
> K. Polthier, *Unstable Periodic Discrete Minimal Surfaces,* in : *Nonlinear Partial Differential Equations*, S. Hildebrandt, H. Karcher (Eds.), Springer Verlag, 2002, pp. 127-143.

Films de savon discrets

L'avantage des surfaces discrètes est qu'elles sont plus facilement compréhensibles et calculables : cette approche simplifiée assure une compréhension intuitive, sans recourir aux techniques de l'analyse.

Observons ci-contre à gauche une arête c, tirée horizontalement d'une solution savonneuse. La tension superficielle H qui agit sur l'arête est proportionnelle à la longueur de l'arête et reste égale à celle qui s'exerce sur une arête angulaire de même largeur dans les mêmes conditions. Nous en déduisons que, dans un triangle, la tension H à un sommet

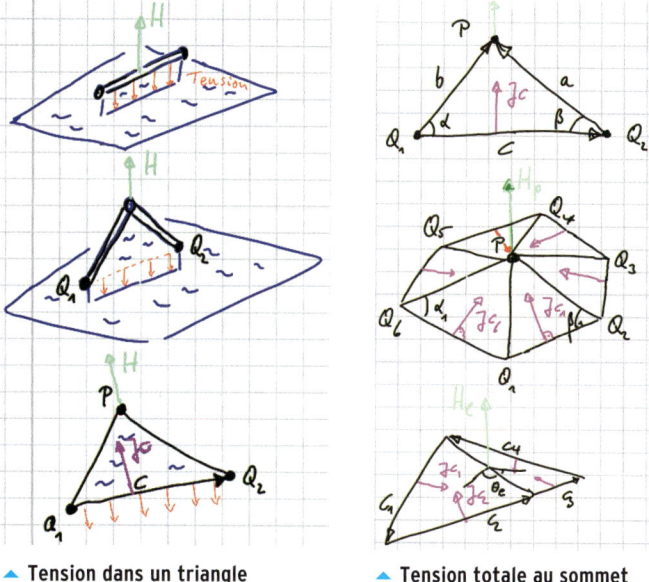

▲ **Tension dans un triangle**

▲ **Tension totale au sommet et au milieu des arêtes**

P est verticale et proportionnelle à la longueur du côté opposé c. Sur une surface discrète, on obtient alors la tension totale à un sommet en ajoutant les tensions individuelles des triangles voisins, et donc les tensions perpendiculaires aux côtés opposés. Pour les surfaces jointives aux milieux des arêtes, on peut directement enchaîner en disant que la tension aux milieux des arêtes s'obtient à partir de celles des deux triangles.

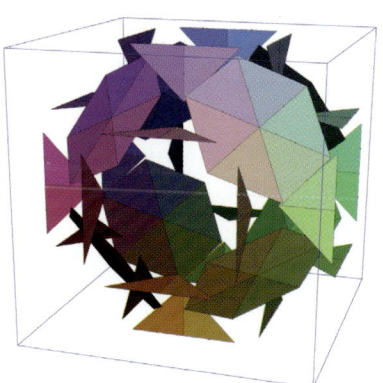
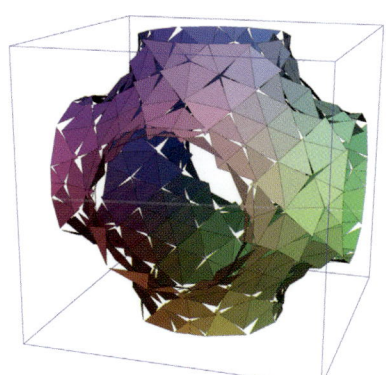
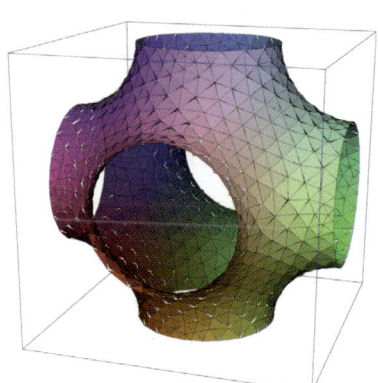

▲ **Les surfaces continues par les milieux des arêtes convergent vers une surface lisse « P » de Hermann A. Schwarz.**

La lanterne chinoise

▲ **Combien de papier faut-il pour construire une lanterne qui rentre exactement dans un cylindre donné ?**

La lanterne de Schwarz illustre le problème de la convergence des aires des surfaces discrètes vers les surfaces limites lisses. Considérons pour cela une famille de cylindres discrets, ou lanternes, qui rentrent exactement à l'intérieur d'un cylindre lisse donné. La discrétisation de la lanterne peut être décrite par deux paramètres : le nombre de points dans la direction verticale (m) et dans la direction circulaire (n). Si l'on augmente la résolution dans les deux directions m et n, les lanternes se rapprochent de plus en plus du cylindre. Mais les aires des lanternes approchent-elles de mieux en mieux l'aire du cylindre ?

➤ Voir la structure de Yoshimura dans *Visions géométriques*, de Ian Stewart, Belin-Pour la Science, 1996.
➤ *http://www.cut-the-knot.org/Curriculum/Calculus/SchwarzLantern.shtml#Berger*
➤ M. Berger, *Géométrie 1*, Cassini.

  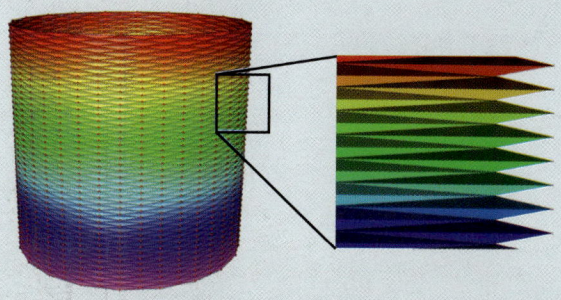

Si l'on augmente le nombre de points de subdivision dans la direction verticale m et le nombre de subdivisions circulaires n, alors les lanternes approchent de mieux en mieux le cylindre lisse. Mais il peut apparaître des plis sur le bord (image de droite) dont la somme des aires peut rendre l'aire de la lanterne arbitrairement grande. Concrètement : l'aire des lanternes ne converge vers l'aire latérale du cylindre que si le quotient m/n^2 tend vers 0. Il faut donc augmenter suffisamment n par rapport à m pour que l'aire supplémentaire due aux plis tende vers zéro.

La longueur d'une courbe lisse ne peut pas toujours être estimée par la longueur d'un polygone dont les sommets sont sur la courbe lisse. Il y a des problèmes avec les courbes fractales. Il en va de même pour l'approximation de l'aire de surfaces lisses par des surfaces polyédriques : l'exemple de la lanterne de **Hermann Amandus Schwarz** (1843-1921) montre que bien que si tous les points de la lanterne se rapprochent de plus en plus du cylindre, l'aire de la lanterne ne tend pas nécessairement vers l'aire du cylindre. Un calcul simple montre que par un choix convenable de la limite de m/n^2, l'aire peut atteindre toute valeur entre l'aire du cylindre et l'infini. Dans certains cas, on doit même utiliser une quantité de papier arbitrairement grande ! D'après un résultat plus général de **Jean-Marie Morvan**, la convergence de l'aire exige de plus que les vecteurs normaux aux surfaces polyédriques convergent aussi vers les vecteurs normaux à la surface lisse.

◀ L'affinage de la lanterne par l'augmentation des points de subdivision du cercle fournit une approximation toujours améliorée du cylindre par les lanternes. L'aire des lanternes converge par cette méthode vers l'aire latérale du cylindre.

▶ http://ljk.imag.fr/membres/Boris.Thibert/publications/M2R_courbeSurface.pdf
▶ www.javaview.de/schwarzLantern.html
▶ H. A. Schwarz, *Gesammelte Mathematische Abhandlungen*, vol 1, pp. 309-311, Springer Verlag, 1890.
▶ J.-M. Morvan, *Generalized Curvatures*, Springer Verlag, 2008.

Surfaces constituées de disques

▲ **Surface minimale discrète constituée de disques**

On peut construire un type particulier de surfaces discrètes à l'aide de disques tangents ou se coupant selon un angle donné. **Alexander Bobenko** et son équipe arrivent à décrire efficacement de telles structures et à discrétiser, à l'aide de leurs disques, de nombreuses formes, comme les films de savon. Les tangentes communes aux disques sont les arêtes d'un maillage imaginaire. Chaque carré du maillage entoure un disque par ses quatre côtés.

> Images de Stefan Sechelmann
> A. I. Bobenko, *Discrete Differential Geometry* (Oberwolfach Seminars), TU Berlin, 2004.
> A. I. Bobenko, T. Hoffmann, B. A. Springborn, « Minimal surfaces from circle patterns », *Ann. of Math.*, 164 :1, 2006.

Les pavages de cercles dans le plan possèdent une grande variété de propriétés combinatoires. Par exemple, les centres des cercles noirs ci-dessus peuvent être reliés par des lignes bleues en un maillage polygonal. Les cercles rouges inscrits dans ces polygones forment à nouveau un pavage du plan. Le rapport des rayons des cercles noirs par rapport à ceux des cercles rouges est alors caractéristique.

C'est incroyable : les structures en disques plats sont si flexibles qu'en conservant les conditions de contact, on parvient à leur faire prendre la forme des surfaces courbes représentées ici.

Le tore de Wente

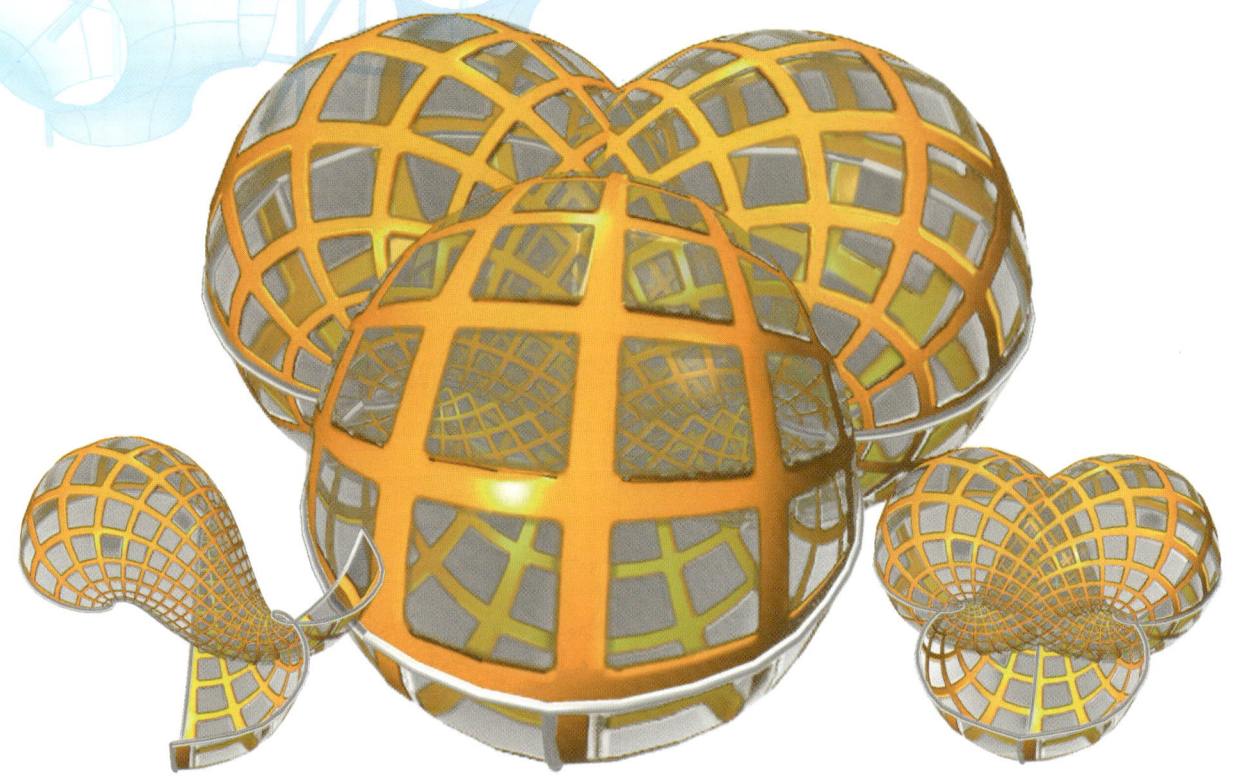

La découverte en 1984 par **Henry Wente** de la surface qui porte son nom fut une percée dans la théorie mathématique des «bulles de savon». Jusque-là, la sphère était l'unique surface fermée de courbure moyenne constante que l'on connaissait et l'on pensait même que l'on en resterait là. Si spectaculaire que fut la découverte de Wente, il apparut cependant que, déjà plus de 100 ans auparavant, **Alfred Enneper** et ses collègues connaissaient des surfaces de ce type.

Topologiquement, la surface de Wente est un tore et elle possède d'inévitables auto-intersections (c'est une immersion). Elle est construite sur la base de six éléments qui sont chacun montrés ici avec deux, quatre ou six éléments (images jaunes). Il existe de nombreuses variantes de la surface de Wente, comme par exemple la surface de Dobriner (verte) ou le tore Twisty (bleu). Il est à noter que les films de savon fermés (voir page 168) ne furent découverts que plus tard.

➤ Images à gauche et à droite en haut de Matthias Heil
➤ http://www.math.utoledo.edu/wente_torus.html
➤ H. Wente, «Counterexample to a conjecture of H. Hopf», *Pacific J. Math*, 121, 1986, 193-243.
➤ http://www.msri.org/web/msri;jsessionid=C1AB956E8C9CE68001AA548B3E959819

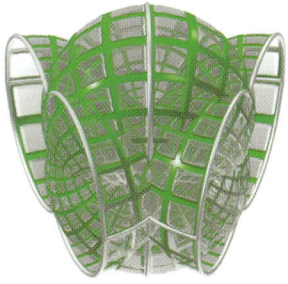

▲ **Tore de Dobriner**

▲ **Tore Twisty**

On obtient une surface simplement (a) ou doublement (b) périodique en «découpant» les demi-
sphères extérieures de la surface de Wente.

(a)

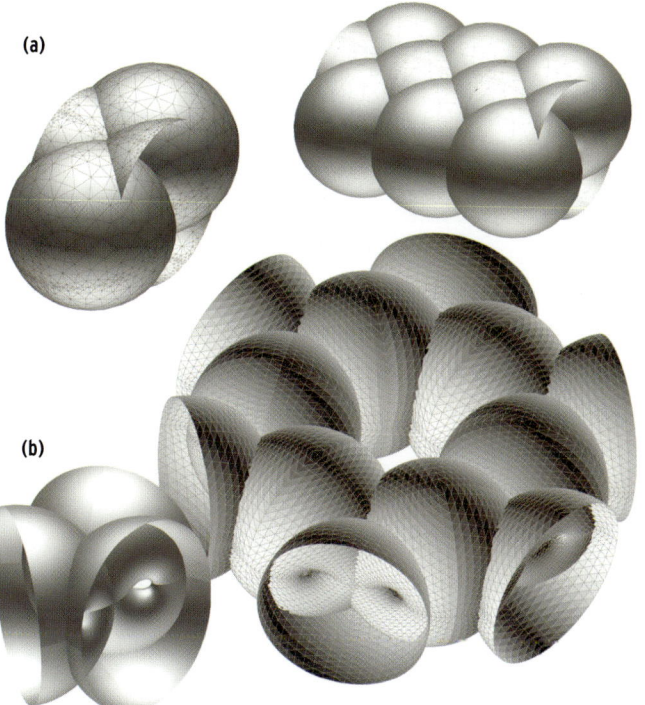

(b)

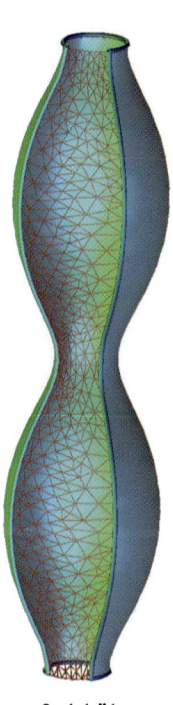

▲ **Onduloïde**

On complète alors les sphères par des
parties d'onduloïde. L'onduloïde est
une surface de Delaunay (ces surfaces
sont les seules surfaces de révolution à
courbure moyenne constante).

▶ H. Dobriner, «Die Flächen constanter Krümmung mit einem System sphärischer Krümmungslinien dargestellt mithilfe von Theta- functionen zweier Variablen», *Acta Math*, 9, 1886/87, 73-104.
▶ U. Abresch, «Constant mean curvature tori in terms of elliptic functions», *J. Reine Angew. Math*, 394, 1987, 169-192.
▶ Images du bas de Karsten Grosse-Brauckmann, Konrad Polthier

Bulles de savon fermées

▲ **La surface Tetra est bâtie sur les arêtes d'un tétraèdre**

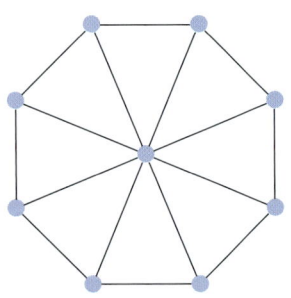

D'après une propriété d'existence de **Nicos Kapouleas**, il est possible, pour chaque graphe fermé, de construire une bulle de savon fermée de genre supérieur à deux. Pour cela, on place les sphères sur les nœuds et on intercale le long des arêtes des morceaux d'onduloïdes et de nodoïdes (images page suivante) en forme de cylindre, jusqu'à ce qu'un équilibre de la tension superficielle soit atteint. Les exemples explicites de cette classe de surfaces présentés ici ont été réalisés par **Karsten Grosse-Brauckmann** et **Konrad Polthier**. Ainsi, dans le cas de la surface Tétra ci-dessus, quatre sphères aux sommets d'un tétraèdre, reliées deux par deux le long des arêtes par un morceau d'onduloïde, sont d'autre part reliées par un morceau de nodoïde à une sphère supplémentaire placée au centre.

➤ Images de Karsten Grosse-Brauckmann, Konrad Polthier
➤ Pour le genre d'une surface : *http://fr.wikipedia.org/wiki/Genre_(mathématiques)*
➤ *http://www.mi.fu-berlin.de/math/groups/ag-geom/publications/db/spacetime.pdf*

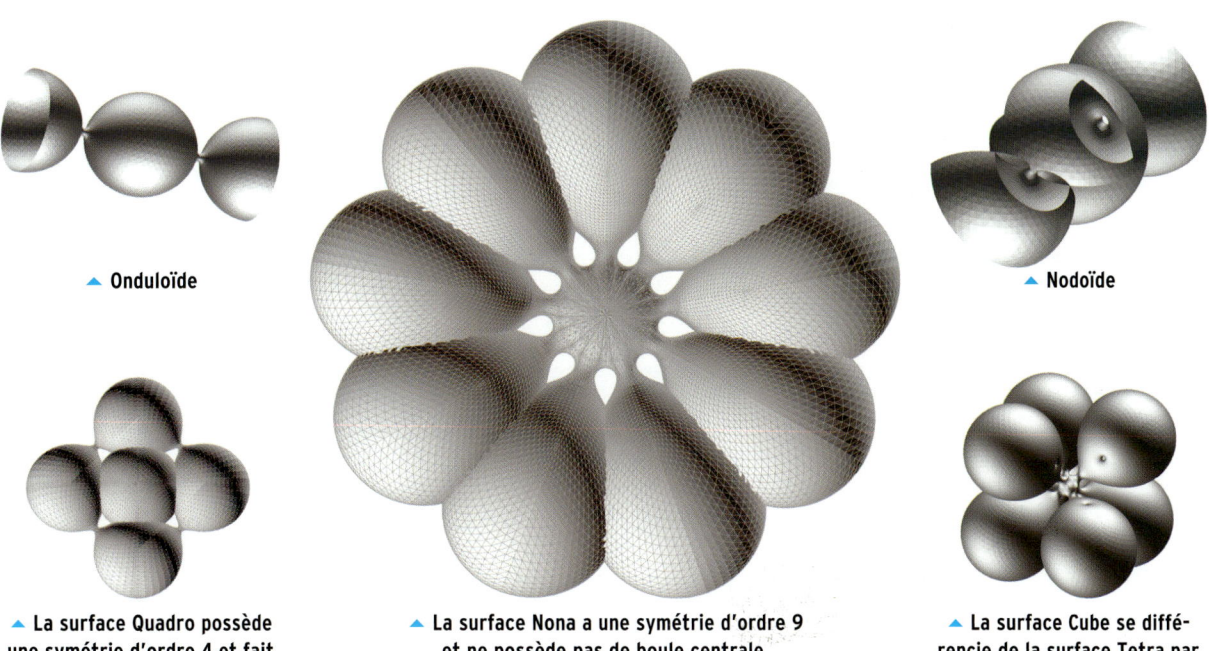

▲ **Onduloïde**

▲ **Nodoïde**

▲ La surface Quadro possède
une symétrie d'ordre 4 et fait
partie de la famille Penta.

▲ La surface Nona a une symétrie d'ordre 9
et ne possède pas de boule centrale.

▲ La surface Cube se diffé-
rencie de la surface Tetra par
l'absence de boule centrale.

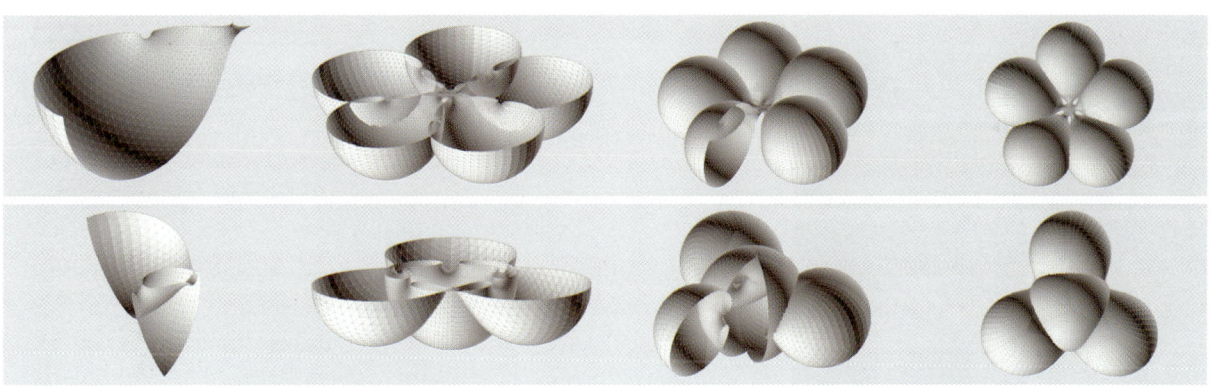

▲ Construction de surfaces avec des symétries d'ordre 5 (en haut) et d'ordre 3 (en bas).
Le rôle des morceaux d'onduloïde et de nodoïde est échangé sur les deux surfaces.
La surface Terz complète la famille des surfaces Penta et surfaces Quadro.

❯ *http://news.cnet.com/2300-11386_3-10011177-6.html*
❯ K. Grosse-Brauckmann, K. Polthier, « Compact constant mean curvature surfaces with low genus », *Exp. Math.*, 1997.
❯ N. Kapouleas, « Compact constant mean curvature surfaces in Euclidean three-space », *J. Diff. Geom*, 1991.

La surface Penta

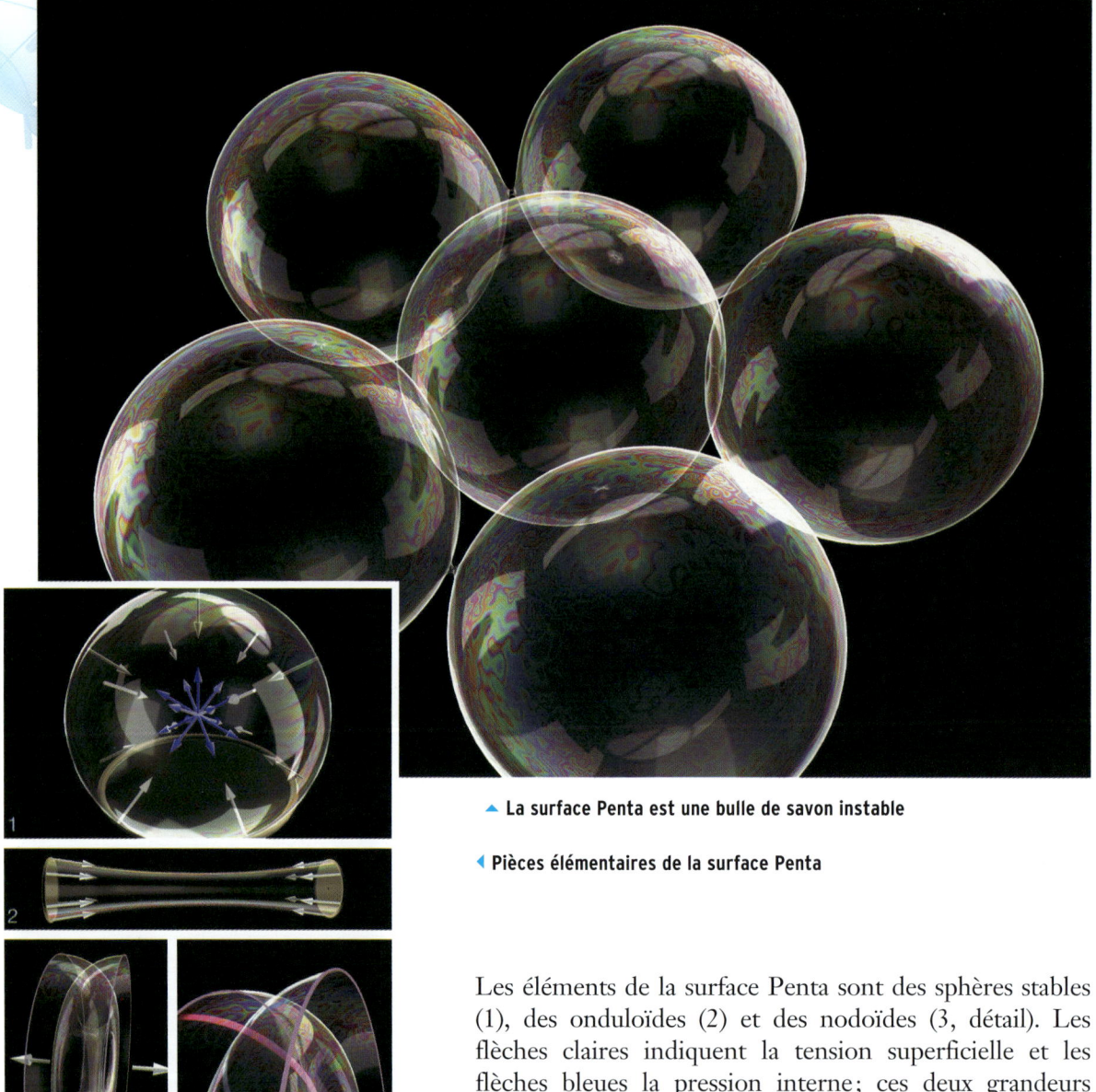

▲ La surface Penta est une bulle de savon instable

◀ Pièces élémentaires de la surface Penta

Les éléments de la surface Penta sont des sphères stables (1), des onduloïdes (2) et des nodoïdes (3, détail). Les flèches claires indiquent la tension superficielle et les flèches bleues la pression interne; ces deux grandeurs sont en équilibre pour la sphère. L'onduloïde possède à ses extrémités une tension globale attractive, alors que le nodoïde en sens inverse pousse vers l'extérieur.

➤ Images de Beau Janzen, Konrad Polthier
➤ http://www.eg-models.de/models/Surfaces/Mean_Curvature_Surfaces/2000.09.039/_direct_link.html
➤ K. Große-Brauckmann, K. Polthier, « Compact Constant Mean Curvature Surfaces with Low Genus », *Exp. Math.*, 1995.
➤ B. Janzen, K. Polthier, *MESH – eine Reise durch die diskrete Geometrie*, DVD Video, Springer Verlag, 2008.

La surface d'une bulle de savon est soumise aux forces de tension superficielle et à la pression interne (en haut à gauche); à l'équilibre, elle prend la forme d'une sphère. La sphère est d'ailleurs la seule forme stable qui puisse exister dans la nature en tant que bulle de savon. Pendant longtemps, la question de savoir s'il existait d'autres formes, peut-être instables, était restée sans réponse. Dans un travail qui fit sensation, **Nicos Kapouleas** put montrer l'existence de nombreuses surfaces, sans cependant en fournir d'exemple concret.

Avec l'aide de la simulation par ordinateur, on réussit la construction de la surface Penta. C'est une bulle de savon instable qui a la forme d'un pentagone avec des rayons. Autour d'une sphère centrale sont agencés cinq sphères, un onduloïde et un nodoïde soigneusement raccordés en forme de pentagone pour établir un équilibre des tensions superficielles (représenté par des flèches).

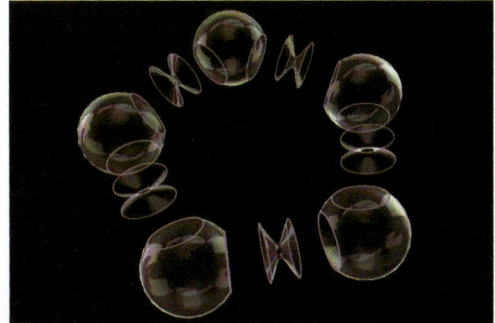

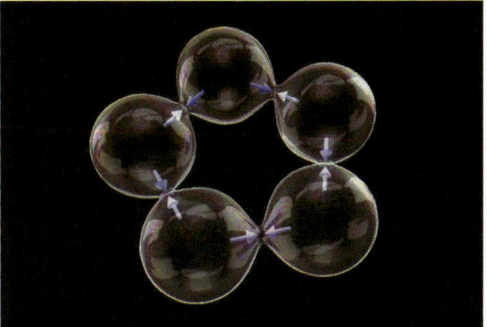

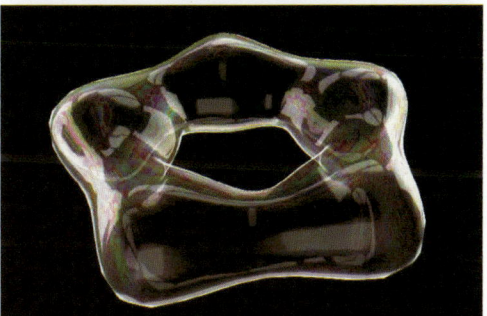

▲ Assemblage de la surface Penta: pour obtenir l'équilibre des tensions superficielles, les dimensions et la forme des composants sont soigneusement calibrées.

▲ Tentative ratée: les forces de tension d'un tel anneau ne sont pas équilibrées et ont une tension globale orientée vers l'intérieur qui conduit l'anneau à s'effondrer sur lui-même.

Pavages du plan et de l'espace

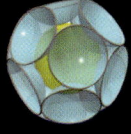

Les 17 groupes de symétrie du plan sont tous représentés
sur les murs de l'Alhambra à Grenade, en Espagne,
sous la forme de magnifiques mosaïques.
Des formes symétriques apparaissent dans les nids d'abeille
ou dans les ornements. En plus de la classification
des groupes de symétrie de l'espace, il est aussi
intéressant d'étudier les pavages de l'espace
par des solides réguliers.

Comment empiler des oranges sphériques de façon
optimale, ou à quoi ressemble une mousse optimale
qui comporte le plus petit nombre possible de parois entre
les bulles ? Nous proposons dans ce chapitre quelques
problèmes qui présentent un aspect graphique intéressant
dans le domaine des pavages de l'espace.

Les frises

Il en existe exactement sept types différents

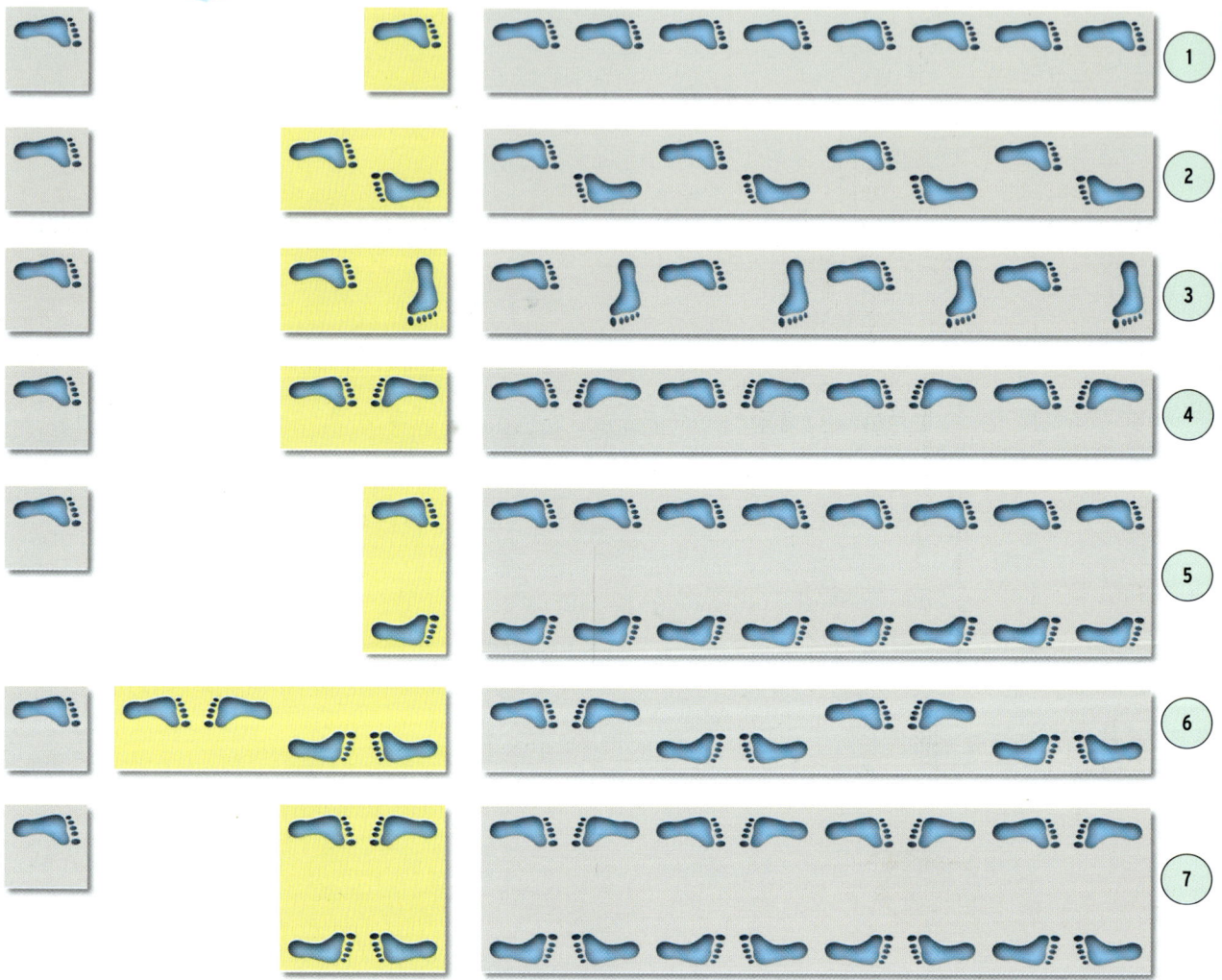

Il est toujours possible de superposer deux figures isométriques à l'aide d'une rotation ou d'une translation si elles ont la même orientation, à l'aide d'une réflexion ou d'une symétrie glissée (réflexion suivie d'une translation dans la direction de l'axe de symétrie), si leurs orientations sont opposées.

> Origine et types de frises : *http://www.uvgt.net/friseexpose.pdf*
> C. Porter, *Tesselation quilts*, David et Charles, 2006.

Les frises sont des motifs simplement périodiques, dont les différents types s'obtiennent par des copies élémentaires d'une figure de base. Pour les construire, observons une figure de base (inscrite dans une « cellule primitive » carrée) et soumettons-la à l'une de ces transformations. On peut réaliser un motif décoratif à partir de cette cellule de base à l'aide de translations dans la direction principale ou selon les diagonales, de rotations d'angles multiples de 90° autour de son centre ou de réflexions par rapport à ses axes médians. Omettons la simple translation de la cellule de base qui ne produit qu'une frise triviale et qui n'est pas particulièrement intéressante. Nous pouvons alors juxtaposer deux ou quatre cellules primaires isométriques d'orientations égales ou opposées, soit l'une à côté de l'autre, soit l'une au-dessus de l'autre, de façon à créer une frise en répétant le nouveau motif. On peut les tourner et les renverser comme on veut, il n'y a que six nouvelles cellules possibles, ce qui fait que nous ne pouvons en tout réaliser que sept frises différentes à partir d'une même cellule primitive.

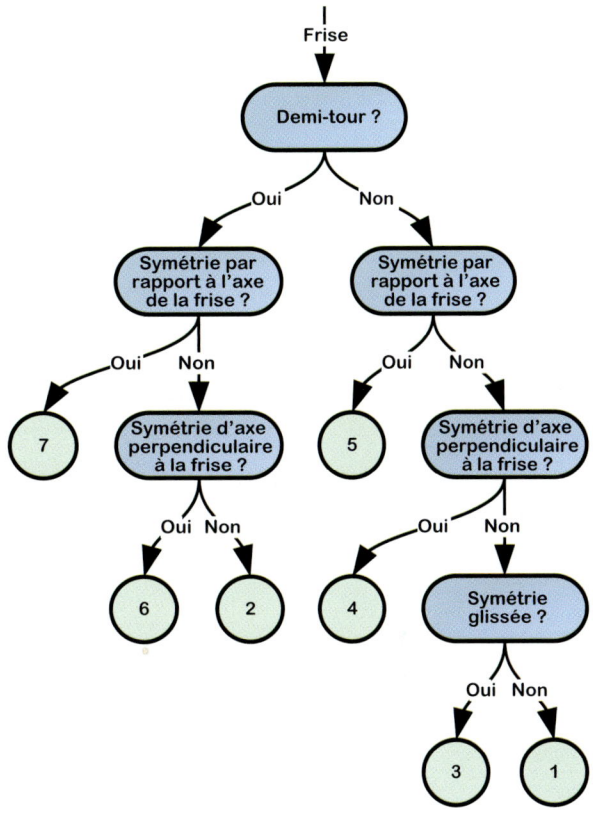

▲ Schéma de reconnaissance du type de frise

▲ Cellule de base, motif et frise associée pour les 7 types de frises, sur deux exemples.

❯ J.-S. Fraser Martineau, D. Lavertu, « Frises et triangulations de polygones » : *http://camus.math.usherbrooke.ca/revue/revue1/article5.pdf*
❯ H. S. M. Coxeter, *Geometry revisited*, Mathematical Association of America, 1996.

Ornementation

Pavage du plan

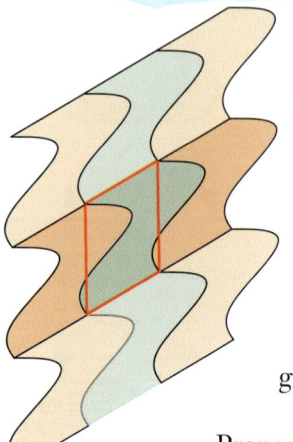

Comment produire le plus grand nombre possible de pavages différents du plan ?

Observons un parallélogramme. Nous pouvons déjà en recouvrir le plan. Si nous déformons au choix un côté puis le côté qui lui est parallèle de la même façon, les pavés obtenus s'assemblent toujours. Chaque pavé se déduit de l'autre par translation (figure de gauche).

On peut maintenant transformer également les deux autres côtés parallèles d'une façon quelconque, mais selon des lignes superposables, sans rien changer au principe de construction (figure à droite).

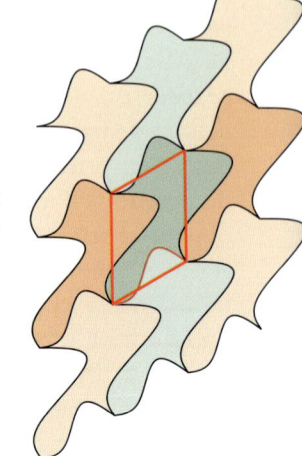

Prenons maintenant un carré particulier : le carré. Modifions un seul de ses côtés de façon à ce que la nouvelle ligne soit symétrique par rapport au milieu du côté. Le pavé ainsi obtenu peut être transformé, grâce à une symétrie par rapport à ce point, en un autre pavé superposable au premier et de même orientation.

Nous pouvons de même remplacer les trois autres côtés du carré, en s'arrangeant pour que les nouvelles lignes obtenues par symétrie de centres les milieux des côtés soient également symétriques par réflexion. On obtient alors un motif comme celui sur l'image ci-dessous à droite.

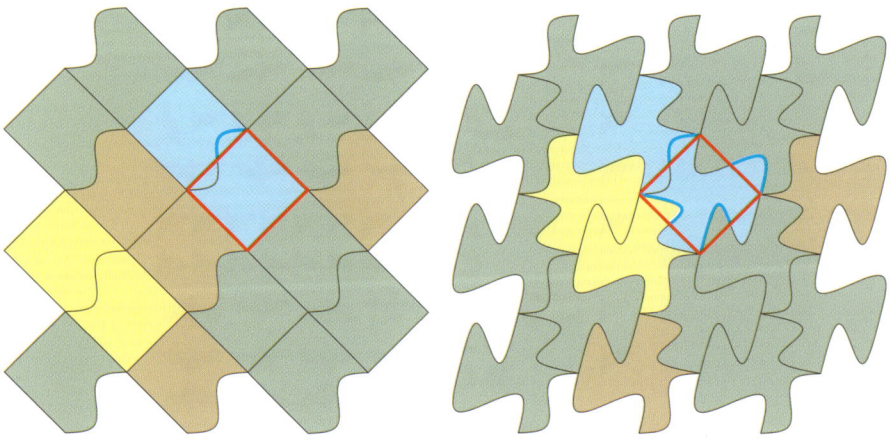

◀ **Pavés superposables de même orientation (en bleu).**

▸ Notation d'après Hermann Mauguin
▸ Cours sur la symétrie et l'ornementation, par C. Rohrbach (en allemand) : *www.claus-rohrbach.de/Symm-home.pdf*
▸ A. Costa, *Arabesques and Geometry*, VHS, Springer Verlag 1999.
▸ *http://www.math.u-psud.fr/~labourie/preprints/pdf/pavage.pdf*

Les 17 groupes de symétrie du plan

Nous pouvons introduire un classement systématique dans la diversité complexe des façons de paver le plan.

L'organigramme ci-contre permet de ranger chaque pavage dans l'une des 17 possibilités.

Dans le château de l'Alhambra de Grenade en Espagne, les 17 groupes de symétrie du plan ont tous été représentés sous forme d'artistiques mosaïques murales, bien avant leur classification mathématique.

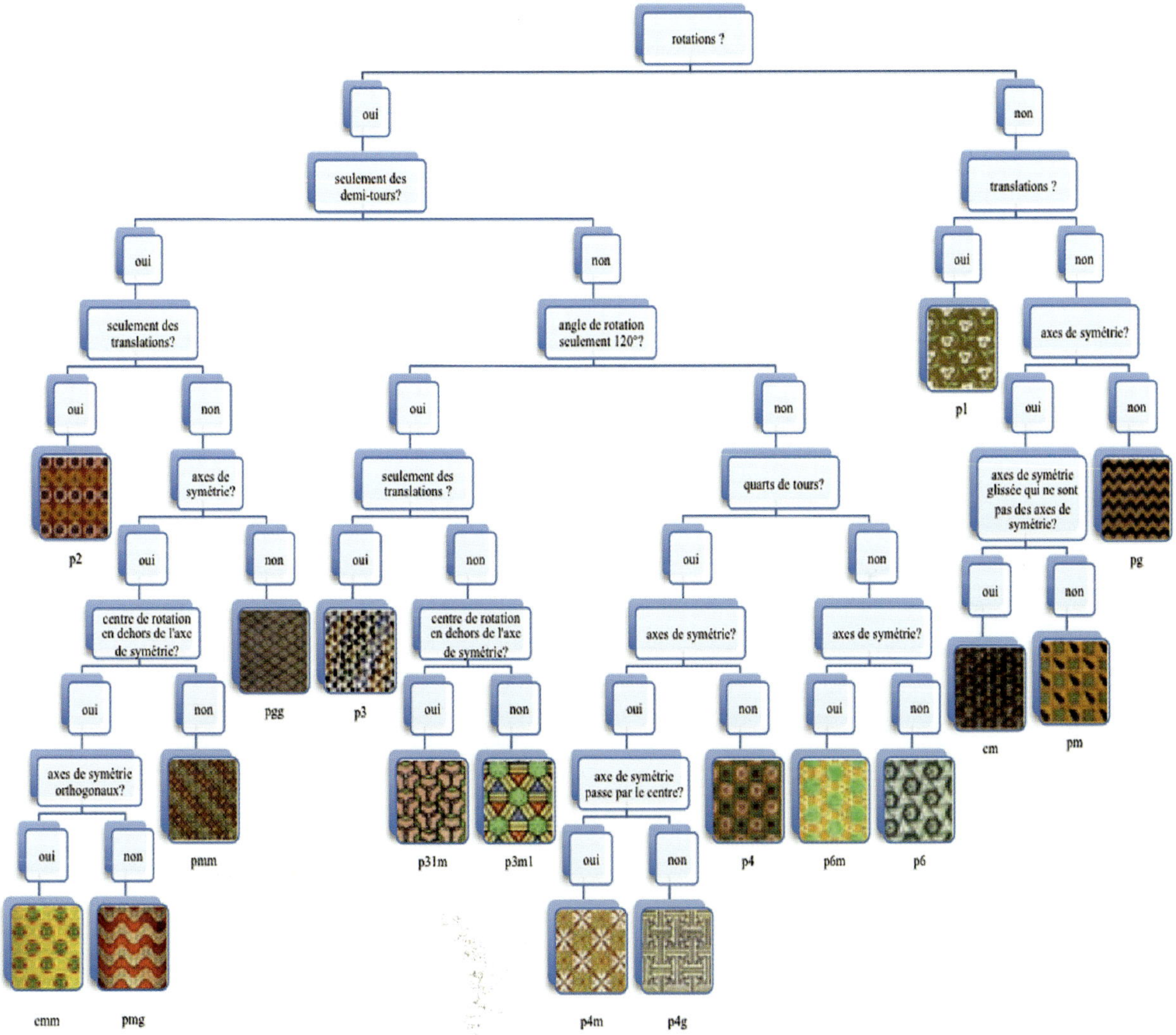

> Divers liens sur les 17 groupes de symétrie du plan : http://therese.eveilleau.pagesperso-orange.fr/pages/jeux_mat/textes/pavage_17_types.htm
> http://netia59a.ac-lille.fr/~vad/IMG/html/17groupes_paveurs.html
> http://en.wikipedia.org/wiki/Wallpaper_group#The_seventeen_groups
> F. Dal'Bo-Milonet, « La géométrie des horizons », *Pour la Science*, 411, janvier 2002 : www.ac-rennes.fr/jahia/webdav/site/academie2/groups/RECTORAT-COM_
> Tous/public/actusweb/pdf/Geometrie_horizons_PLS411.pdf

On peut faire beaucoup de choses à partir du motif en nids d'abeille !

Nous pouvons recouvrir complètement le plan par des hexagones réguliers. Imaginons le procédé suivant : nous déformons un côté sur deux de l'hexagone selon une courbe quelconque (sur l'image en bleu clair, vert clair et orange clair). Nous construisons ensuite les symétriques de ces courbes par rapport aux milieux respectifs des côtés de l'hexagone (représenté en pointillés bleus), puis nous les tournons de 60° autour du centre de l'hexagone. Le pavé ainsi obtenu peut alors être assemblé en un puzzle avec d'autres pièces qui lui sont superposables, ce qui est loin d'être évident (beaucoup de pavages de M. C. Escher sont fondés sur cette idée). Sur l'image en bas à droite sont représentés chaque fois de la même couleur quatre pavés tournés dans le même sens.

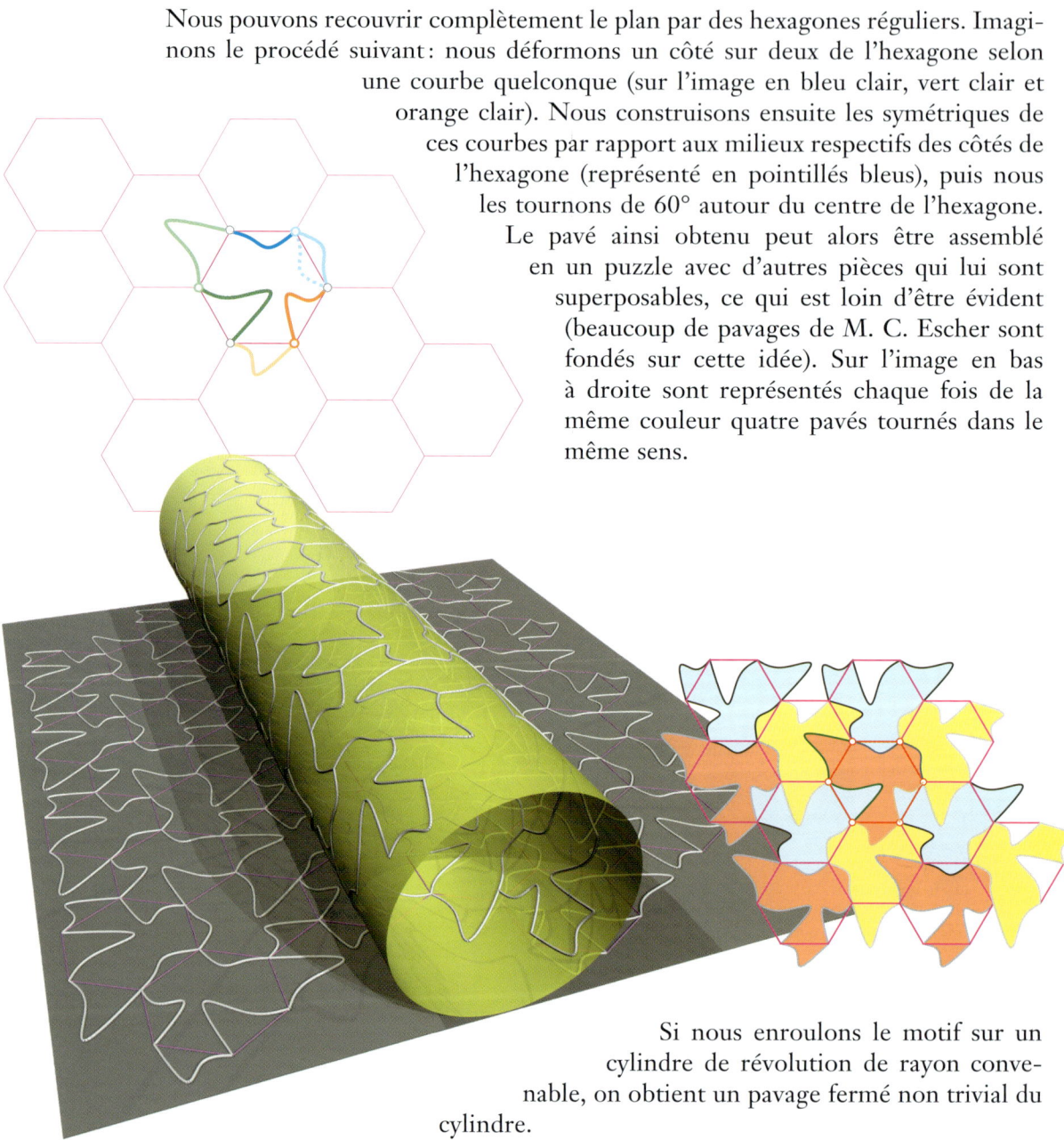

Si nous enroulons le motif sur un cylindre de révolution de rayon convenable, on obtient un pavage fermé non trivial du cylindre.

> Image de Craig S. Kaplan
> Sur les pavages d'Escher : http://mcescher.frloup.com/affichediapo.php?cat=6
> www.cgl.uwaterloo.ca/~csk/projects

Transitions artistiques

L'image ci-dessous montre une déformation de pavage dans l'esprit de l'archi-tecte **William Huff**. Cinq types de transitions («Keyframes») ont été placés dans le plan : un dans chaque coin du carré et un au centre. Chaque côté du motif hexagonal est ensuite transformé après «pondération» par la distance aux trois motifs voisins. En plus de la transformation, les couleurs des mosaïques sont d'intensité graduées.

▲ **Déformation d'un pavage**

Pavages non périodiques

Tout pavage périodique est fondé sur un nombre fini d'éléments à partir desquels il est construit. **Roger Penrose** découvrit en 1973 deux éléments et des règles de construction qui permettent un pavage du plan non plus périodique, mais tout de même quasi-périodique. L'une de ces paires génératrices est « cerf-volant et fléchette » (ci-dessous), une autre est constituée de deux losanges dont les côtés ont la même longueur (ci-contre) : le losange étroit a des angles au sommet de 36° et 144°, ceux du losange large sont de 72° et 108°. Le secret des paires génératrices de Penrose réside dans le nombre d'or.

Cerf-volant et fléchette sont construits à l'aide d'un losange d'angles de 72° et 108°, de façon que la diagonale principale soit partagée selon la divine proportion $(1 + \sqrt{5})/2 : 1$ et que le point de subdivision soit relié aux sommets des angles obtus. Tous les côtés du cerf-volant et de la fléchette ont ainsi pour longueur $(1 + \sqrt{5})/2$ (le nombre d'or) ou 1. Le voisinage de chaque motif est contenu dans un autre motif, et ceci indéfiniment !

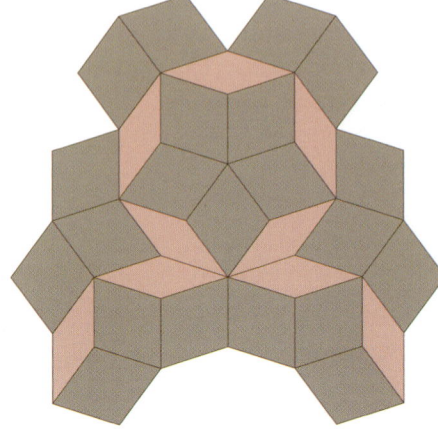

▲ **Deux losanges de côtés isométriques forment un pavage quasi-périodique**

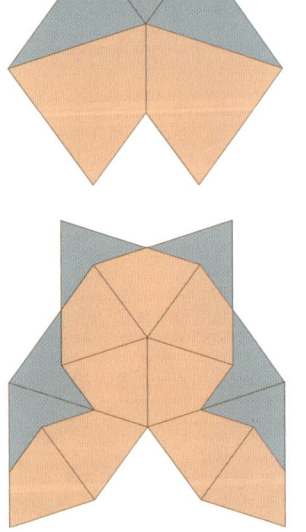

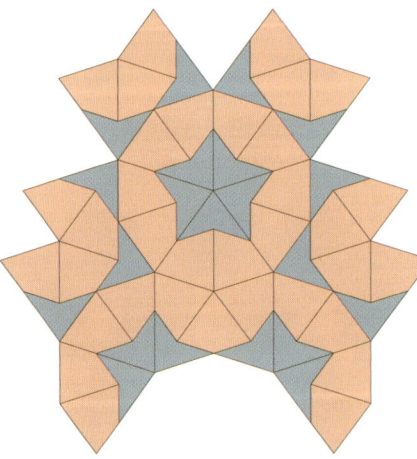

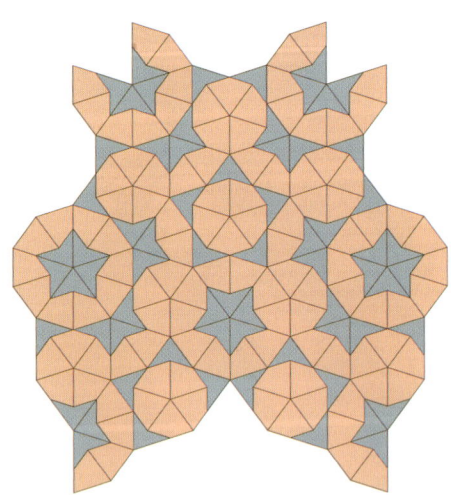

➤ Images de Jos Leys
➤ http://fr.wikipedia.org/wiki/Pavage_de_Penrose
➤ http://www.univ-rouen.fr/LMRS/Vulgarisation/Penrose/penrose.html
➤ http://www2.lifl.fr/~delahaye/dnalor/Paver.pdf
➤ Autres pavages : www.pourlascience.fr/ewb_pages/f/fiche-article-les-pavages-fins-19467.php
➤ R. Penrose, « The Role of aesthetics in pure and applied research », Bull. Inst. Maths. Appl., 10 (1974), 266.
➤ www.schoenleber.org/penrose/f-d-penrose.html
➤ www.josleys.com/show_gallery.php?galid=238

Motifs de Penrose

Paver avec des losanges de Penrose

Le motif de Penrose présente une symétrie généralisée d'ordre 5 et peut servir à décrire des cristaux dits quasi-périodiques (« quasi-cristaux »). On peut ainsi recouvrir tout le plan avec des losanges de Penrose.

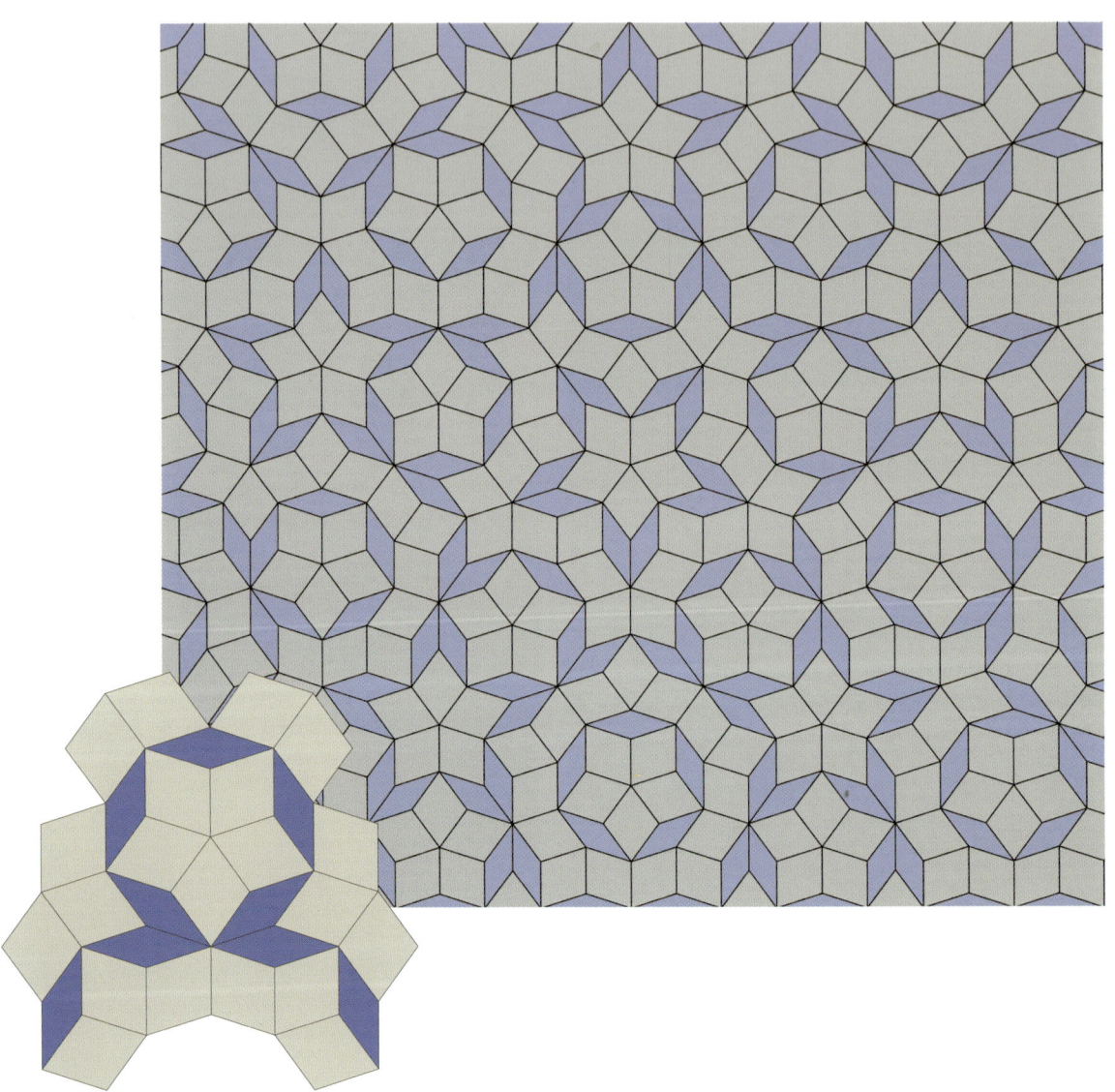

➤ D. Gratias, « Les quasicristaux », Pour la Science, n° 300, octobre 2002.
➤ www.ams.org/featurecolumn/archive/ribbons.html
➤ www.josleys.com/show_gallery.php?galid=238

Le « kissing number », nombre-baiser

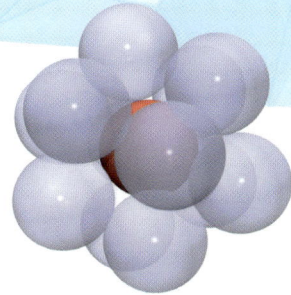

Le nombre de sphères identiques, tangentes les unes aux autres et qui enveloppent une sphère identique est un problème qui a occupé entre autres **Isaac Newton**.

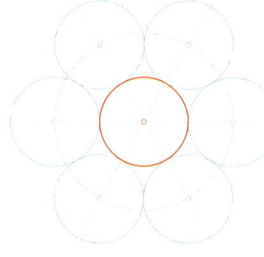

(*kissing number* ou nombre de Newton). Il existe un tel nombre-baiser dans des espaces de dimension quelconque (il faut bien sûr remplacer le mot sphère par le terme « hyper-sphère » pour ces espaces).

Il avait supposé, à raison, qu'il fallait qu'elles soient douze et qu'il n'y avait tout simplement pas de place pour une treizième. Les deux images du dessous montrent la même maquette, vue sous des angles diamétralement opposés. Il y a des espaces libres, mais il y en a peu ! Le nombre de sphères tangentes est généralement désigné par « nombre-baiser »

Dans le cas de la dimension deux, il existe six cercles tangents les uns aux autres, qui sont répartis symétriquement autour d'un cercle identique. En dimension quatre, le nombre-baiser est de 24, en dimension cinq 40. Ce n'est que 200 ans après Newton que l'on est arrivé à le prouver.

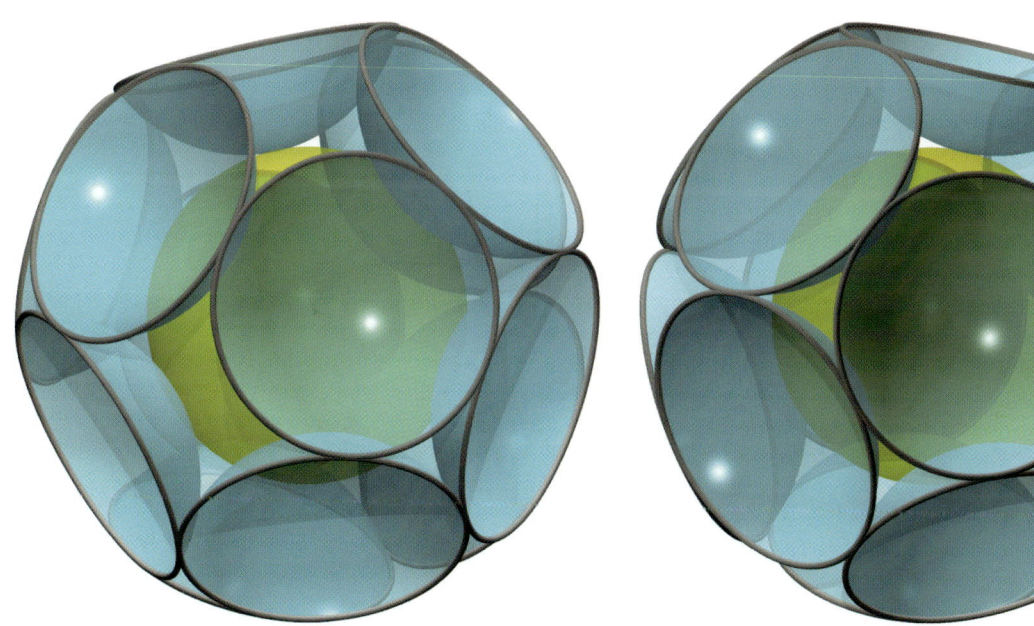

> http://en.wikipedia.org/wiki/Kissing_number_problem
> C. Bender, « Bestimmung der grössten Anzahl gleicher Kugeln, welche sich auf eine Kugel von demselben Radius, wie die übrigen, auflegen lassen », Archiv Math. Physik (Grunert), 56, 302-306, 1874.
> http://mathworld.wolfram.com/KissingNumber.html
> www.ams.org/notices/200408/fea-pfender.pdf
> « Kissing numbers, sphere packings, and some unexpected proofs », Notices of the American Mathematical Society, 873-883, 2004.

Pavages de l'espace

Platoniciens ou archimédiens ?

La façon la plus simple de remplir l'espace avec des blocs identiques consiste à juxtaposer et superposer des pavés. Si ces pavés sont des cubes, l'on a des blocs platoniciens. Peut-on aussi juxtaposer sans trou les autres solides platoniciens ? Le plus vraisemblable serait de prendre le dodécaèdre régulier, mais pour celui-ci comme pour les autres solides platoniciens, la seule méthode consiste à « tricher ».

La tentative suivante est d'essayer avec des solides archimédiens. Là, on arrive effectivement à une solution, avec l'octaèdre tronqué. On peut les empiler sans espace vide.

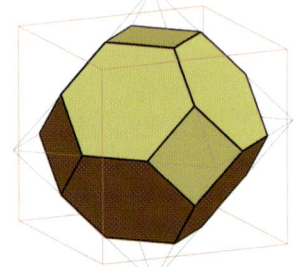

▲ **Octaèdre tronqué**

▲ **Pavage de l'espace avec des dodécaèdres non réguliers**

▲ **Pavage de l'espace avec des octaèdres tronqués**

▸ http://fr.wikipedia.org/wiki/Octaèdre_tronqué
▸ www.mathcurve.com/polyedres/octaedre_tronque/octaedre_tronque.shtml

Plusieurs solutions archimédiennes

À part les pavages simples que nous avons évoqués jusqu'à présent, il existe toute une série de pavages « mixtes », dont les éléments de base sont des solides platoniciens et des solides archimédiens.

Découpons par exemple les sommets d'un cube de façon que les faces du nouveau solide soient alternativement des triangles équilatéraux et des octogones réguliers. Il suffit alors d'intercaler des octaèdres réguliers pour « boucher les trous ».

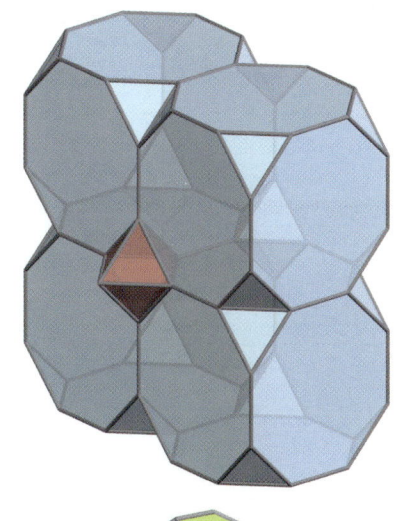

L'image ci-contre présente une combinaison possible de deux solides archimédiens différents et avec des cubes pour boucher les trous. On trouve d'autres possibilités sur les sites internet indiqués ci-dessous.

◀ **Vue en perspective de l'intérieur d'un pavage**

➤ Grande image de Günter Wallner
➤ http://www.jlsigrist.com/pavere.html
➤ www.apprendre-en-ligne.net/blog/index.php/2009/08/18/1368-nouveau-record-pour-le-pavage-de-l-espace-avec-des-tetraedres
➤ http://en.wikipedia.org/wiki/Convex_uniform_honeycomb
➤ www.ogre.nu/doodle

La mousse de Weaire-Phelan…

▲ **La mousse de Kelvin**

▲ **La mousse de Weaire-Phelan**

Le célèbre problème de Kelvin consiste à chercher une division de l'espace en cellules de même volume avec des parois occupant une surface minimale. **Lord Kelvin** proposa en 1887 d'utiliser des cellules en forme d'octaèdre tronqué. En modifiant légèrement la forme des faces, il put construire une mousse remplissant l'espace et économisant la matière première. Kelvin maintint son record plus de 100 ans, jusqu'à ce qu'en 1993, **Denis Weaire** et **Robert Phelan** découvrent une nouvelle mousse. En utilisant le logiciel Surface Evolver de **Ken Brakke**, les deux physiciens du Trinity Collège de Dublin ont réduit la surface de 0,3 %.

> Images de la page de gauche de John Sullivan
> Lord Kelvin, « On the division of space with minimum partinional area », *Phil. Mag.*, 24 (151), 1887.
> http://actualite.portail.free.fr/sciences/04-12-2011/on-a-fabrique-la-mousse-de-l-extreme-de-weaire-phelan/
> http://zapatopi.net/kelvin/papers/on_the_division_of_space.html
> www.susqu.edu/facstaff/b/brakke/evolver/evolver.html

… et les pavages optimaux de l'espace

▲ Mousse de Kelvin avec des cellules en forme d'octaèdre tronqué.

▲ Mousse de Weaire-Phelan constituée de deux solides élémentaires

Ils utilisèrent deux éléments, un dodécaèdre irrégulier et un tétra-kaïdécaèdre irrégulier avec deux hexagones et douze pentagones. Les deux éléments ont le même volume, mais des pressions internes différentes. Afin de respecter la règle des 120° de Plateau le long des arêtes, seuls les hexa-

▲ La piscine olympique de Pékin est inspirée de la mousse de Weaire-Phelan.

gones peuvent être plans, alors que les pentagones sont légèrement bombés. Malgré ce nouveau record, ce pavage optimal de l'espace reste peu connu.

➤ Images des cellules d'après des maquettes de Ken Brakke
➤ http://images.math.cnrs.fr/La-structure-de-Weaire-et-Phelan.html
➤ Image de la piscine olympique : www.flickr.com/photos/52381548@N00/463714674/
➤ D. Weaire, R. Phelan, « A counterexample to Kelvin's conjecture on minimal surfaces », *Phil. Mag. Lett.*, 69, 107-110, 1994.
➤ D. Weaire (Ed.), *The Kelvin Problem: Foam Structures of Minimal Surface Area*, Taylor & Francis, 1996.

Surfaces tissées…

Comment développe-t-on des surfaces tissées ? Commençons comme le tissage **Rinus Roelofs** avec un motif de damier bicolore que nous soumettons à deux règles : sous chaque carré sombre se trouve un carré clair et réciproquement (image en haut à gauche, avec un morceau détaché). Tous les carrés clairs et tous les carrés sombres doivent être liés, ce qu'il faut imaginer en trois dimensions et que l'on peut rendre visible en perforant quelques trous. Si l'on observe à présent les courbes qui bordent les trous (image en bas à gauche), on peut les interpréter comme des ensembles d'anneaux fermés.

Appliquons à présent le même principe sur un motif de nids d'abeille en deux couches superposées, sans nécessairement s'imposer de travailler avec deux couleurs (image en haut à droite). Cette fois, les courbes qui bordent les trous ne forment plus des anneaux simplement fermés, mais des nœuds (image en bas à droite).

> http://www.rinusroelofs.nl/
> www.rinusroelofs.nl/pr-c-holes/pr-c-holes-00.html
> www.bathsheba.com/sculpt

… et trous reliés

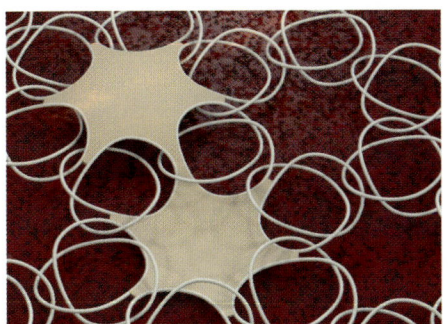

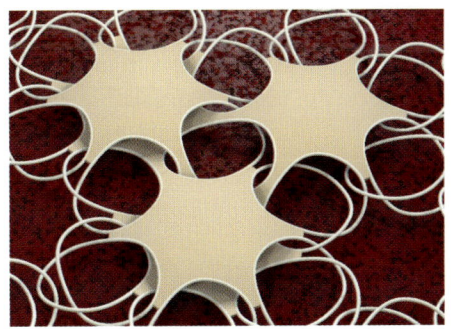

On peut réciproquement partir d'un ensemble de nœuds imbriqués et définir un algorithme de remplissage, qui fonctionne un peu comme le «flood-filling» d'un polygone (dans ce cas, les pixels appartenant à une même surface sont remplis d'une même couleur). Le remplissage est un procédé plein de suspens, qui ne montre que tout à la fin que le fouillis de morceaux de surfaces entremêlés est, dans ce cas précis, une surface en un seul tenant.

Les diagrammes de Voronoi dans le plan

Pavage du plan avec des cellules convexes

On considère le plan où sont donnés un certain nombre de points (noyaux de cellules), et on voudrait le partager en régions convexes (cellules) autour de leurs noyaux, de façon à ce que tous les sommets d'une cellule soient le plus près possible de son noyau. Le procédé suivant doit son nom à **Georgi Feodosjevitsch Voronoi**, mais **René Descartes** l'avait déjà employé :

On détermine pour chacun des points donnés les médiatrices des segments qui le relient aux autres points. Pour chaque point, les médiatrices forment une cellule convexe. La réunion de toutes les cellules forme le Diagramme de Voronoi (en noir ci-dessous).

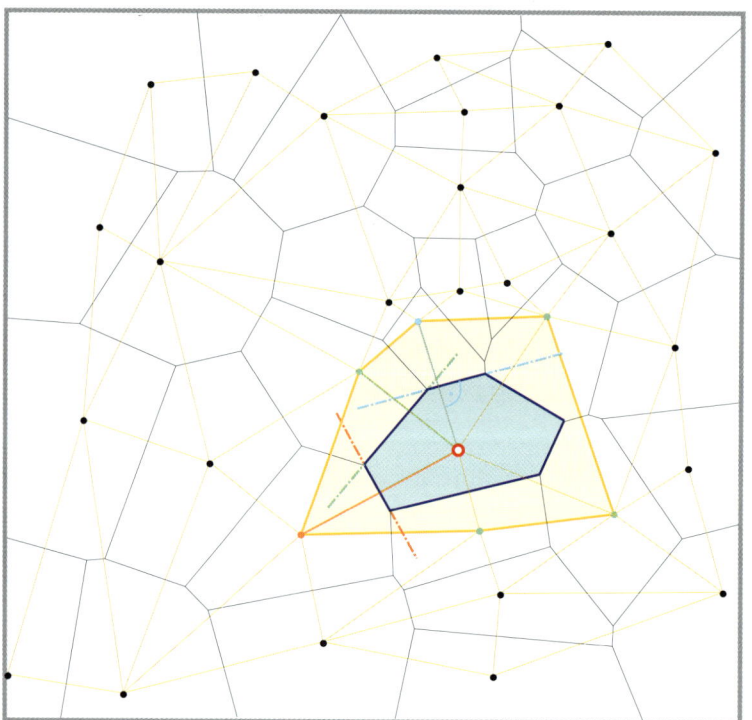

▲ **Diagramme de Voronoi (en gris) avec la triangulation de Delaunay (en jaune)**

De tels diagrammes de Voronoi interviennent dans de nombreux domaines, comme la biologie, la chimie ou la cristallographie. Et ceci parce que tous les sommets d'une cellule de Voronoi sont plus proches du centre de leur cellule que de tous les autres centres. En pratique, on résout le plus souvent le problème dual : on cherche une triangulation particulière du plan (représentée en jaune) dont les sommets sont les noyaux. Les triangles qui se rejoignent en un noyau doivent former ainsi un polygone convexe (représenté en bleu). Cela fonctionne lorsque le disque circonscrit au triangle ne contient aucun autre point. Une telle triangulation de Delaunay est utile par exemple dans l'optimisation des maillages pour la méthode des éléments finis. Les sommets des polygones formés par les triangles fournissent, grâce aux médiatrices, la cellule cherchée. Dans de nombreux domaines d'application, les diagrammes de Voronoi sont aussi appelés polygones de Thiessen.

➤ http://fr.wikipedia.org/wiki/Diagramme_de_Voronoï
➤ www.palais-decouverte.fr/fileadmin/fichiers/infos_sciences/mathematiques/textes/formes_matematiques_revue/359_nov_dec_2k8.pdf

Visualisation de hiérarchies

Les images ci-dessous sont une représentation visuelle d'un logiciel comportant 15 000 classes, regroupées hiérarchiquement en paquets et sous-paquets. Cette représentation est une variante de la représentation traditionnelle *Treemap*, les tailles des classes et des paquets figurant le nombre de lignes contenues dans les programmes.

À l'intérieur des paquets individuels, la position des sous-paquets ou des classes est arbitraire. La méthode pour produire cette image est fondée sur un algorithme de Lloyds généralisé. Dans cette méthode d'optimisation appliquée aux cellules de Voronoi, le noyau de Voronoi est déplacé de façon itérative au centre de gravité de la cellule de Voronoi. On obtient ainsi des diagrammes avec des cellules bien équilibrées.

▼▶ **Visualisation en *Treemap* d'un logiciel.**

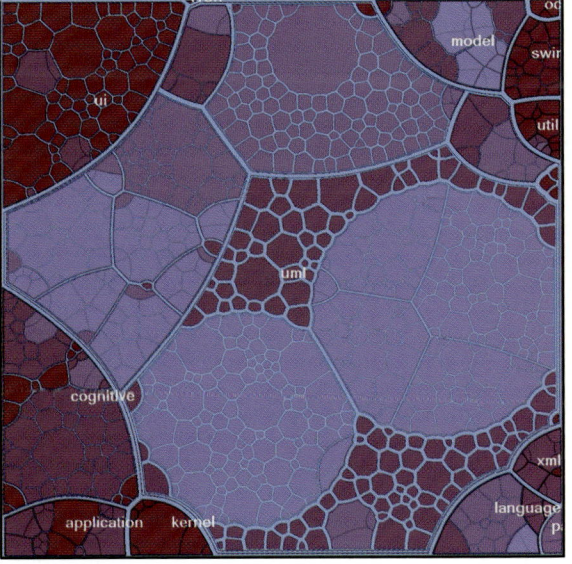

➤ *http://fr.wikipedia.org/wiki/Treemapping*
➤ M. Balzer, O. Deussen, « Voronoi Treemaps for the Visualization of Software Metrics », *ACM Symposium on Software Visualization (SoftVis)*, 2005.
➤ *http://www.ub.uni-konstanz.de/kops/volltexte/2008/6642*
➤ M. Balzer, D. Heck, *Capacity-constrained Voronoi Diagrams in Finite Spaces*, Universität Konstanz, 2008.

Diagrammes de Voronoi dans l'espace

et triangulations de Delaunay

Choisissons à présent des noyaux de cellules dans l'espace et cherchons des cellules convexes regroupant tous les points qui sont plus proches de leur noyau que de tous les autres noyaux. Pour chaque noyau de cellule, les plans médiateurs des segments qui les relient aux autres noyaux forment une cellule convexe autour de ce noyau. Le problème dual pour ce diagramme de Voronoi revient de nouveau à décomposer l'ensemble de points en tétraèdres de Delaunay dont les sphères circonscrites n'englobent aucun autre point.

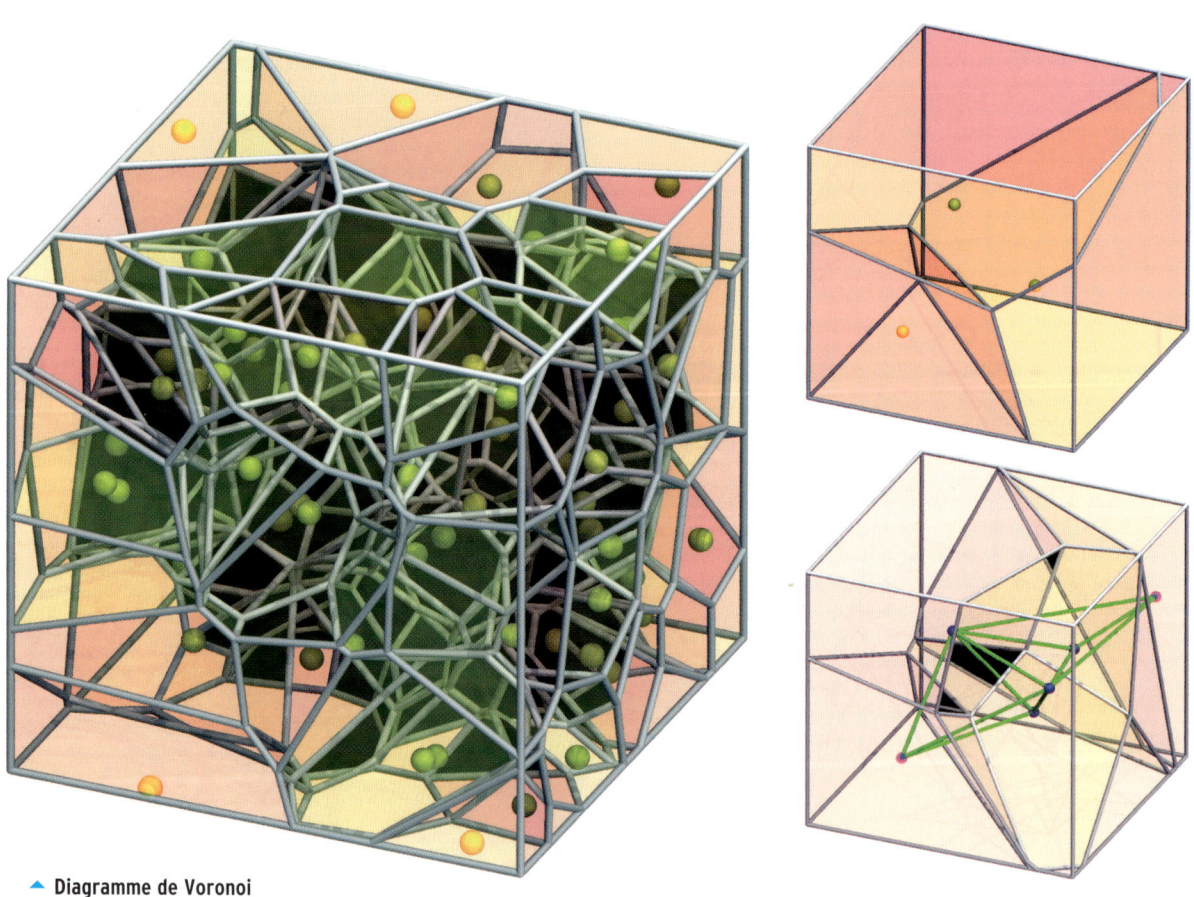

▲ **Diagramme de Voronoi**

▶ http://fr.wikipedia.org/wiki/Triangulation_de_Delaunay
▶ http://www.cs.cornell.edu/home/chew/Delaunay.html
▶ http://web.informatik.uni-bonn.de/I/publications/BaudsonKlein.pdf
▶ R. Friedrich-Wilhelms, *Berechnung und Visualisierung von Voronoi-Diagrammen in 3D*, Universität Bonn, 2006.

Sculptures dans l'espace

L'idée des diagrammes de Voronoi dans l'espace peut conduire à la réalisation de sculptures qui ressemblent à des cristaux. On choisit pour cela des noyaux de cellule dans l'espace et on découpe systématiquement les plans médiateurs des segments qui les relient aux noyaux voisins.

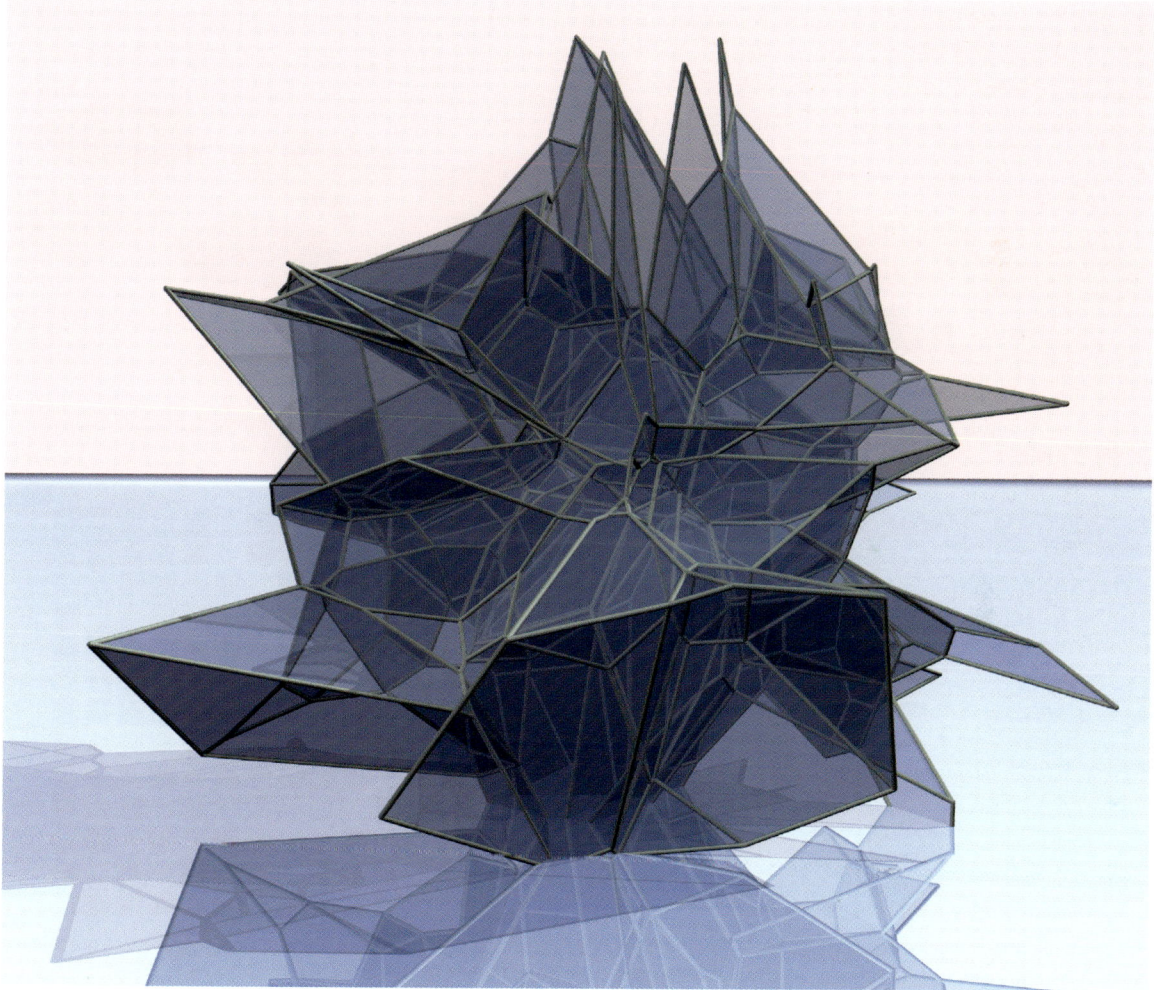

▲ À part le côté esthétique, de telles structures présentent aussi un intérêt architectural

> www.qhull.org
> ww.bathsheba.com
> www.serero.com/news_en.htm
> www.pushpullbar.com/forums/australia/7203-melbourne-federation-square-lab-architecture.html
> www.digisan.nl/dse

Tables de groupes

Les transformations du groupe diédral

Les groupes sont employés en mathématiques pour théoriser le calcul. Un ensemble est un groupe G lorsqu'il est muni d'une loi de composition qui associe à deux éléments du groupe un troisième. Cette loi doit être associative. G doit de plus posséder un élément neutre e et tout élément g de G doit posséder un inverse $g^{-1} \in G$.

Un exemple est le groupe diédral D_n, qui est l'ensemble des rotations et des réflexions (groupe de symétrie) qui laissent un n-gone globalement invariant, muni de la loi de composition des transformations.

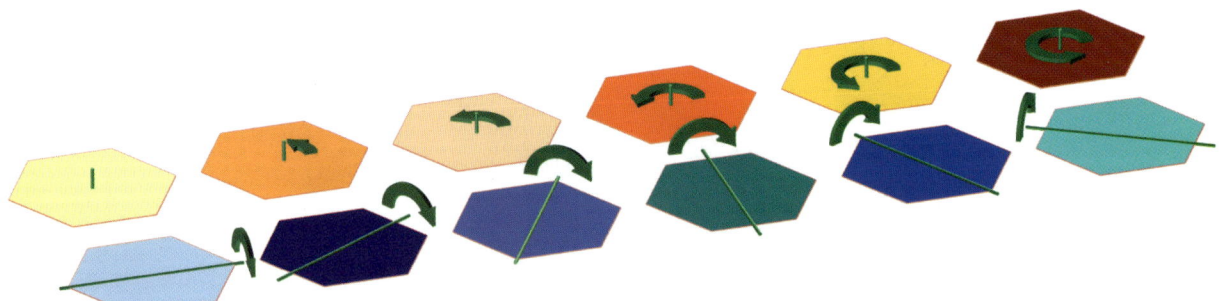

▲ D_6 est constitué de toutes les rotations et réflexions laissant un hexagone régulier globalement invariant. En haut à gauche : l'élément neutre e.

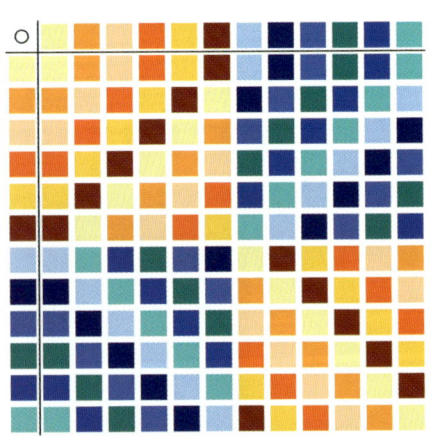

▲ Tableau du groupe D_6 : les résultats de toutes les composées de deux éléments du groupe peuvent être représentés graphiquement dans un tableau. Par convention, on effectue d'abord la transformation de la ligne supérieure, suivie de la transformation de la colonne de gauche. Chaque transformation apparaît une seule fois sur chaque ligne, respectivement sur chaque colonne.

▸ http://fr.wikipedia.org/wiki/Groupe_diédral
▸ http://fr.wikipedia.org/wiki/Groupe_ponctuel_de_symétrie
▸ http://merganser.math.gvsu.edu/david/reed05/projects/carmody/html/presentation.html
▸ MSRI Mathemathical Graphics Workshop 2005 – University of Kansas
▸ www.math.niu.edu/~beachy/aaol/grouptables2.html
▸ http://groupexplorer.sourceforge.net

... et sous-groupes particuliers

Tout sous-ensemble non vide d'un groupe G qui, avec la loi o («rond»), forme lui-même un groupe s'appelle un sous-groupe de G. Certains sous-groupes possédant une symétrie interne convenable – dits sous-groupes normaux – peuvent servir à extraire du groupe initial un nouveau groupe plus petit, dit groupe quotient G/N, en «filtrant» les symétries internes du sous-groupe normal à partir du groupe initial. L'étude de la structure de groupes peut ainsi être ramenée petit à petit à celle de groupes moins complexes.

La formation de ce groupe quotient peut s'interpréter comme un rangement intelligent des éléments du groupe dans la table de composition. Les éléments du groupe se regroupent ainsi en sous-ensembles de même taille (dits classes d'équivalence) qui sont invariants par composition avec le sous-groupe normal. Le groupe normal joue donc le rôle de l'élément neutre du groupe quotient, dont les éléments sont les classes d'équivalence.

Groupe quotient G/N

La division du groupe par le groupe normal permet une énorme simplification de la table de composition. Chaque classe d'équivalence est associée à l'un de ses éléments (le représentant). Les règles de composition du groupe initial sont maintenues. Elles deviennent simplement plus grossières. Le groupe G et le groupe quotient G/N sont homomorphes, c'est-à-dire «de structure semblable».

▲ Un groupe quotient de $D_6 : N = \{$ ⬡ ◡ ◠ ⬡ $\}$

▸ http://www.bibmath.net/dico/index.php?action=affiche&quoi=./d/distingue.html
▸ http://fr.wikipedia.org/wiki/Sous-groupe_normal
▸ www.mathematik.hu-berlin.de/~filler/lv_ph/algebra2/Skript-Algebra2.pdf
▸ http://home.arcor.de/althand/gruppen.html Gruppentheorie

Formes de l'espace et dimensions

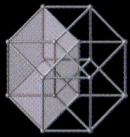

Nous vivons dans un espace de dimension trois – c'est
du moins ce que nous croyons. La vie dans un monde
de dimension deux fut illustrée de façon éloquente
il y a cent ans par Edwin Abbott dans son roman *Flatland*.
Le livre avait pour but de nous familiariser avec
la problématique des dimensions.

Après la lecture de *Flatland*, il est un peu plus facile
d'entrevoir ce qu'est un monde de dimension quatre
ou bien de comprendre les idées d'Einstein sur un monde
où les rayons lumineux suivent des trajectoires courbes.
Une fois arrivés dans un monde abstrait, nous illustrons
l'espace hyperbolique de courbure négative ainsi
que les polyèdres de l'espace de dimension quatre.

Le plan hyperbolique

Il en existe exactement sept types différents

▲ **Nappes supérieure et inférieure du modèle de Lorentz, et disque de Poincaré.**

▶ Les trois images en bas à droite sont de Jürgen Richter-Geber et Martin von Gagern.
▶ Page personnelle de M. von Gagern : *http://martin.von-gagern.net*
▶ K. Polthier in : R. Kellerhals, « *Shape and Size Through Hyperbolic Eyes* », *Mathematical Intelligencer* 17 (2), 1995.
▶ « Ringworld » ou le monde hyperbolique en forme d'anneau, par Jos Leys : *http://images.math.cnrs.fr/Ringworld.html*
▶ Promenades dans un monde hyperbolique : *http://www.math.univ-toulouse.fr/~cheritat/Hyp/hyps.html*
▶ Sur le plan hyperbolique : *http://www.umpa.ens-lyon.fr/JME/Vol1Num2/artGO/artGO.pdf* et *http://xavier.hubaut.info/coursmath/var/planhyp.htm*
▶ Voir aussi : *http://www-cabri.imag.fr/abracadabri/abraJava/GNECJ/HDrt01.html*

L'espace hyperbolique, comme notre plan euclidien, s'étend indéfiniment dans toutes les directions ; toutefois, il n'est pas plat, mais de courbure négative. Malheureusement, toute représentation de l'espace hyperbolique est nécessairement déformée, c'est pourquoi nous nous limitons ici au modèle du disque de **Henri Poincaré** et présentons quelques-unes de ses propriétés sur l'image de gauche. Avec la métrique hyperbolique, la circonférence est à distance infinie de tout point situé à l'intérieur. De plus, les droites hyperboliques du modèle de Poincaré sont des arcs de cercle perpendiculaires à la circonférence du disque. Sur l'image, une répartition régulière de quelques « droites » divise

▲ **Modèle de Poincaré dans le cercle unité.**

le plan hyperbolique en une infinité de triangles isométriques, tous les triangles verts et bruns de l'image étant de mêmes dimensions et de même forme.

En raison de la courbure négative, le périmètre des cercles de l'espace hyperbolique croît de façon exponentielle avec leur rayon. Dans le modèle du disque de Poincaré, on reconnaît clairement la croissance exponentielle du périmètre du cercle à la croissance exponentielle du nombre de triangles. Cela dépasse de loin ce à quoi la croissance linéaire dans le plan euclidien nous a habitués.

▲ **Ornementations de l'espace hyperbolique par des motifs isométriques.**

Le plan hyperbolique d'Escher

Modèles conformes du plan hyperbolique

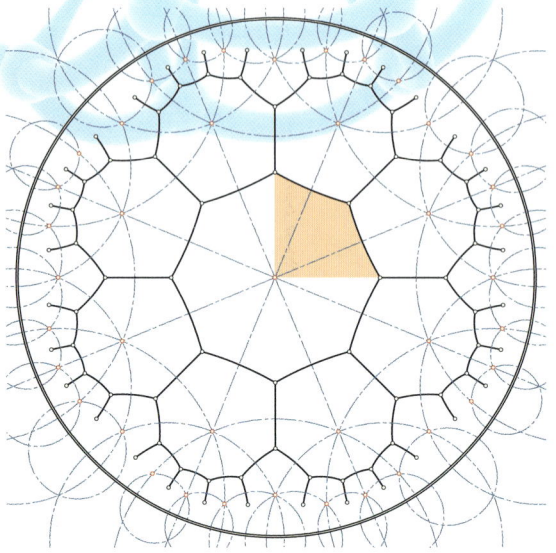

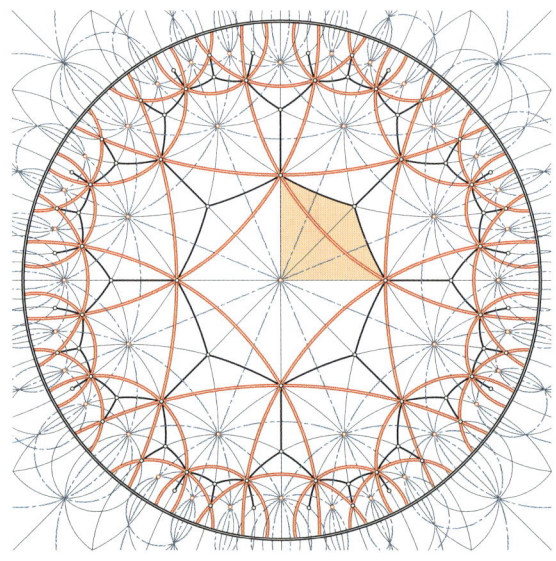

Dans le modèle conforme de l'espace hyperbolique de **Wilhelm Killing** (1847-1923) et **Gaston Darboux** (1842-1917) il est possible d'effectuer des constructions « euclidiennes » : le plan hyperbolique y est représenté par l'intérieur d'un cercle $\mathscr{C}$. Les droites hyperboliques sont des cercles (euclidiens) orthogonaux à $\mathscr{C}$. Les cercles hyperboliques sont des cercles ou des droites (euclidiens) qui ne sont pas orthogonaux à $\mathscr{C}$. Les réflexions hyperboliques par rapport à des droites sont des inversions. Les angles hyperboliques se mesurent comme en géométrie euclidienne.

La base géométrique de « Circle Limit III » (1959) de **Maurits Cornelis Escher** (1898-1972) est un pavage du plan hyperbolique par des octogones réguliers (isométriques au sens hyperbolique). Chaque sommet de ce pavage est commun à trois octogones juxtaposés, c'est pourquoi tous les angles au sommet mesurent 120°.

Chaque octogone est décomposé par deux diamètres orthogonaux en quatre cerfs-volants (en orange). Le pavage de cerfs-volants est à présent remplacé par un pavage de poissons (voir page de droite) en remplaçant les côtés rectilignes par des paires de courbes qui sont orthogonales aux centres des octogones et font un angle de 120° en leurs sommets. Les poissons sont toutefois tordus.

Les images ont pour but de visualiser les idées d'Escher. Il en ressort qu'Escher a simplifié par endroits, dans le sens qu'il a abusé du fait que, dans le modèle utilisé, les symétries axiales sont des inversions (euclidiennes) et il était certainement conscient de cette petite supercherie ! En tout cas le pavage est correct, même si quelques « pavés » (poissons) ne présentent pas de symétrie axiale (lorsqu'un poisson se tord dans la réalité, il n'en perd pas pour autant sa symétrie axiale).

Structure hyperbolique dans le dessin d'Escher

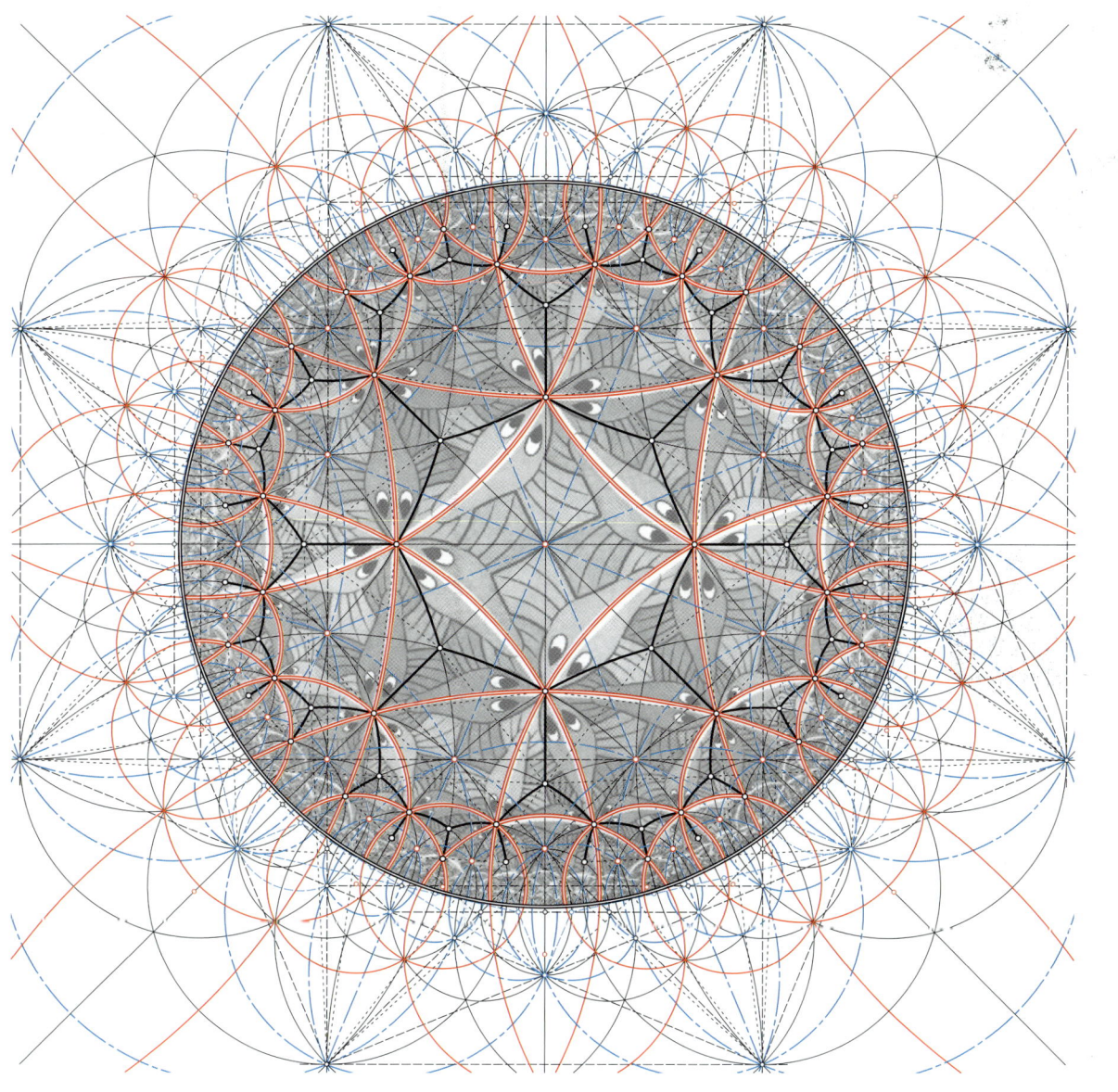

> Images de Hellmuth Stachel.
> J.-P. Delahaye, « Jos Leys, un artiste géomètre », *Pour la Science n° 342, avril 2006*.
> Reproduction de l'œuvre d'Escher par S. Levy : *www.scienceu.com/library/graphics/pix/Special_Topics/Hyperbolic_Geometry/escher.html*
> Sur le plan hyperbolique d'Escher : *http://en.wikipedia.org/wiki/Hyperbolic_geometry*

Les perles d'Indra

Empilements de cercles dans le plan hyperbolique

▲ **Enfilement de sphères dans le disque de Poincaré, modèle du plan hyperbolique suggéré par le cercle frontière virtuel. Comparer à la baderne d'Apollonius, page 220.**

➤ Images de Jos Leys (page de gauche et page de droite en haut).
➤ Voir le site « Mathematical Imagery » de J. Leys et notamment la "Gallery of Kleinian Groups" : *http://www.josleys.com*
➤ D. Mumford, C. Series, D. Wright, *Indra's Pearls,* Cambridge Univ. Press 2002.
➤ Contenus interactifs du livre *Indra's Pearls* par J. Richter-Gebert : *http://www-m10.ma.tum.de/bin/view/MatheVital/IndrasPearls/WebHome*

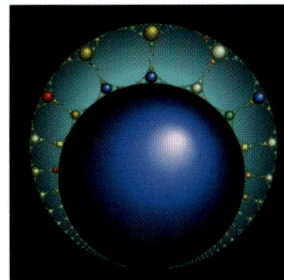

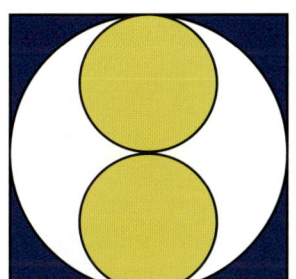   

▲ En faisant varier une confi-guration initialement choisie, on peut créer une grande variété de motifs (voir page 220).

À partir d'un simple empilement de cercles tangents, il est possible de réaliser un pavage complet du plan ou encore du disque unité (voir les exemples de construction ci-dessous). Derrière ces constructions se cachent des applications conformes du plan dans le plan, qui transform-ment des cercles en cercles. Avec ces trans-formations dites de Möbius, on peut recouvrir tout le plan ou le disque unité par itération d'un motif de base constitué d'un petit nombre de cercles. L'interprétation du disque unité comme modèle du plan hyperbolique permet de comprendre ces transformations dans le cadre des groupes de symétrie du plan hyper-bolique.

▲ Expliquons la construction des empilements de cercles sur un exemple : commençons par deux disques jaunes inscrits dans un disque blanc. On obtient deux « petites lunes » blanches à trois pointes. Ensuite, remplissons chaque lune de l'image précédente par le plus grand disque possible. Sur la deuxième image sont inscrits deux disques bleus dans les deux lunules de la première image, puis six disques olivâtres dans les six lunules de la deuxième image, puis les disques bruns, etc. jusqu'à ce qu'à la limite le disque blanc soit couvert d'une infinité de disques.

❯ C. Pöppe, A. Pöppe et al., « Fraktale Perlen », *Spektrum der Wissenschaft*, janvier 2008.
❯ Sur les transformations de Möbius, voir : *http://fr.wikipedia.org/wiki/Transformation_de_Möbius*

Polyèdres idéaux

◀ Les quatre polyèdres idéaux de l'espace hyperbolique. De l'arrière-plan vers l'avant : octaèdre-90°, tétraèdre-60°, cube-60° et dodécaèdre-60°.

Dans l'espace hyperbolique, il existe une classe particulière de polyèdres réguliers, dont les sommets sont répartis régulièrement sur la sphère de l'infini.

Dans le modèle de Poincaré, les enveloppes convexes (au sens hyperbolique) de ces ensembles de points apparaissent comme les polyèdres présentés ici. Les quatre « polyèdres idéaux » illustrés ici sont de surcroît caractérisés par le fait que les angles entre leurs arêtes leur permettent de paver l'espace hyperbolique.

➤ H. S. M. Coxeter, *Regular Polytopes*, Macmillan, 1963.
➤ J.-P. Delahaye, « Calculer dans un monde hyperbolique ? », *Pour la Science n° 316, 2004*.
➤ K. Polthier, « New Periodic Minimal Surfaces in H3 », *Proc. of the CMA 26*, Canberra, 1991.
➤ K. Polthier in : R. Kellerhals, « Shape and Size Through Hyperbolic Eyes », *Mathematical Intelligencer* 17 (2), 1995.

… dans l'espace hyperbolique

Parmi les quatre polyèdres réguliers idéaux de l'espace hyperbolique, observons de plus près l'octaèdre-90°. Il doit son nom à sa structure platonicienne constituée de huit triangles hyperboliques réguliers, dont les arêtes apparaissent en violet sur l'image de gauche. Le suffixe 90° donne l'angle que forment deux triangles ayant une arête en commun.

Rappelons-nous : dans l'espace euclidien, deux arêtes d'un octaèdre forment un angle entre 90° et 120°, c'est pourquoi l'espace euclidien ne peut être pavé par des octaèdres. En revanche, quatre octaèdres idéaux de l'espace hyperbolique se juxtaposent parfaitement autour de chaque arête en un angle complet de 360°. Comme les sommets sont à l'infini, il n'existe pas de condition supplémentaire pour qu'ils se referment. Le pavage de l'espace hyperbolique par des octaèdres-90° est ainsi démontré.

Observons le pavage de plus près : au lieu de regarder une grille constituée de nombreux octaèdres, construisons dans un octaèdre de base une surface minimale (surface jaune en bas à gauche) qui recoupe perpendiculairement les faces de l'octaèdre et présente les mêmes symétries que l'octaèdre. Par symétrie par rapport à ses faces, l'octaèdre fournit un octaèdre voisin et la surface jaune se transforme en une surface minimale périodique, qui s'étend dans toutes les régions de l'espace hyperbolique. L'image du haut montre un extrait de cette surface périodique dans le voisinage de l'un des huit sommets idéaux.

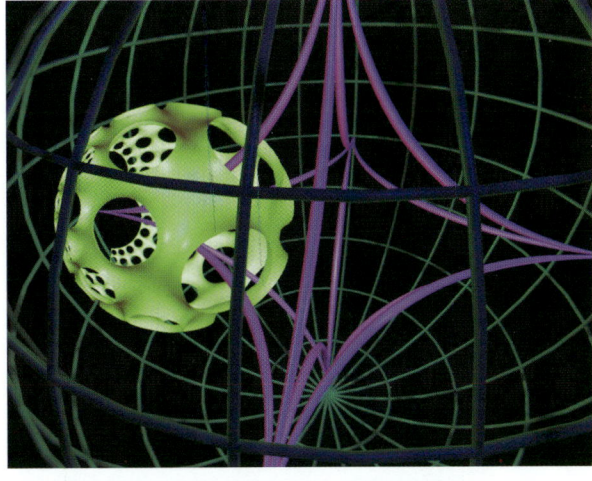

▲ **Octaèdre idéal, en violet, et surface périodique, en jaune.**

▲ **Surface minimale dans l'octaèdre idéal.**

La forme de l'espace

Peut-il exister d'autres mondes?

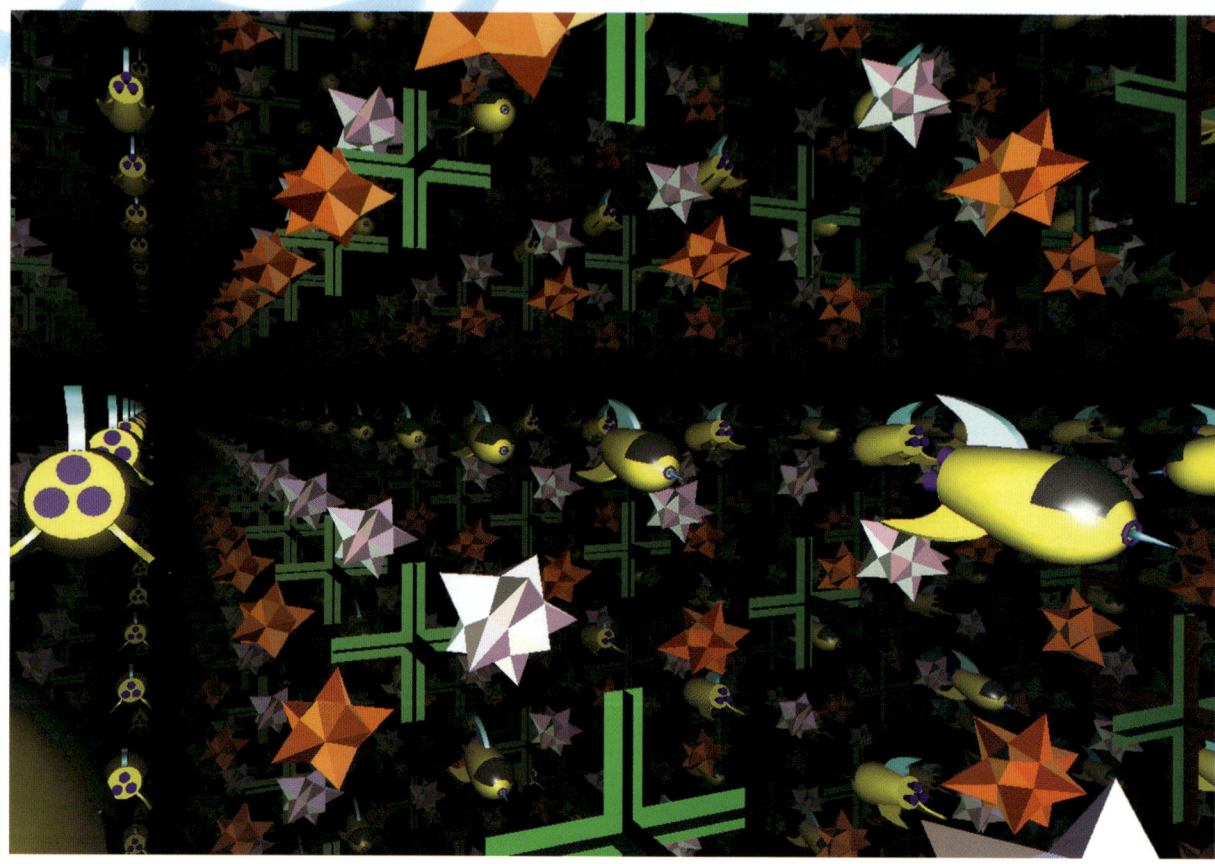

▲ **Regard sur un autre Univers.**

La structure de notre Univers nous préoccupe depuis les débuts de la science: est-il infini, est-il fini, est-il courbé? Comment est-il au juste? La géométrie peut proposer un large éventail de structures, comme par exemple celle d'un Univers fini parcouru par un unique véhicule spatial, comme dans le film « Shape of Space » (voir référence).

➤ Images de Charles Gunn, Stuart Levy, Delle Maxwell, Tamara Munzner, Lori Thomson, Jeff Weeks.
➤ T. Munzner, D. Maxwell « The Shape of Space » in: VideoMath Festival at ICM'98, Springer Verlag, 1998 (édition DVD 2005). Voir la vidéo sur *http://www.youtube.com/watch?v=Uzd484Mvm2k*
➤ J. Weeks, *Exploring the shape of space,* Key Curriculum Press, 2001. Voir aussi: *www.geometrygames.org*
➤ Généralités sur la question de la forme de l'Univers: *http://fr.wikipedia.org/wiki/Forme_de_l'Univers*
➤ M. Strauss, « La structure de l'Univers », *Dossier Pour la Science*, n° 45, octobre - décembre 2004.

Construction d'espaces

Dans des univers de dimension deux, il est déjà possible d'envisager plusieurs formes d'espace. Considérons une vaste plaine où les habitants peuvent se déplacer vers la gauche et vers la droite, mais aussi vers l'avant et vers l'arrière. Outre les modèles dans lesquels on peut se déplacer indéfiniment loin, il existe aussi des modèles finis. Considérons par exemple un carré fini comportant un véhicule spatial et assemblons ses côtés rouges et verts deux à deux pour former un tore. Le véhicule spatial peut se déplacer librement dans les quatre directions à la surface du tore, cependant il se retrouvera à chaque fois, après un tour complet, dans sa position de départ. Le tore représente un univers fini à deux dimensions. L'univers de la grande image, en page de gauche, a été obtenu d'une façon similaire en recollant les faces d'un cube de dimension trois.

▲ Un univers plat.

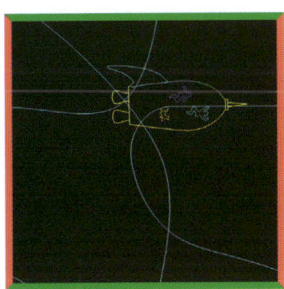

▲ Véhicule spatial dans un carré...

▲ ... et accolement des côtés rouges et verts pour former un tore.

Le cube de dimension quatre

Le tremplin pour passer aux dimensions plus élevées

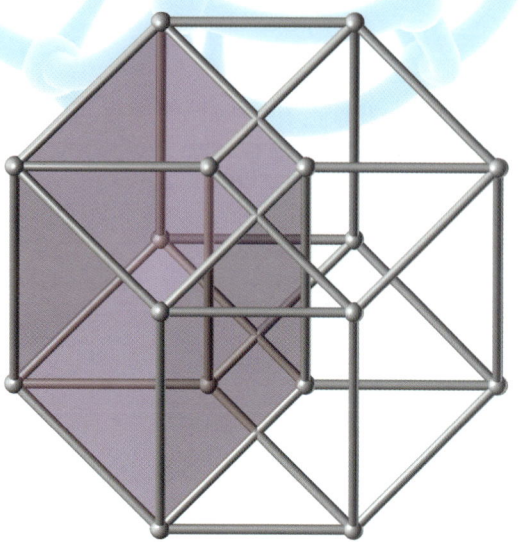

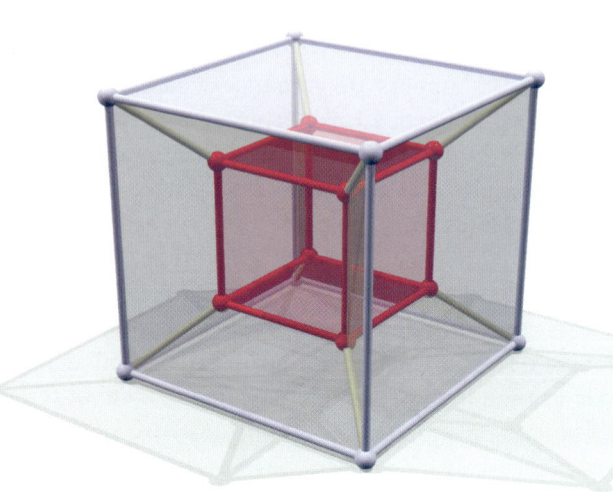

Prenons un carré, translatons-le d'un certain vecteur dans le plan, en traçant les figures initiale et finale, ainsi que les trajets des sommets. Notre imagination nous permet d'interpréter cet assemblage de segments comme projection d'un cube de dimension trois sur la feuille de dessin de dimension deux. Nous dénombrons huit sommets, douze arêtes et six faces.

Extrapolons ce procédé : prenons un cube et translatons-le dans l'espace. On obtient ainsi une projection parallèle d'un hypercube ou « Tesseract » dans l'espace. Puisque notre feuille de dessin reste de dimension deux, nous avons besoin d'une deuxième projection. Dans un cas particulier, le résultat peut ressembler à ce qui est représenté en haut à gauche.

Si l'on choisit des projections centrales, le résultat peut ressembler pour un cube habituel à ce qui est présenté à droite, pour l'hypercube à ce qui est montré en bas à gauche. En chaque sommet se rejoignent quatre cubes, six carrés et quatre arêtes…

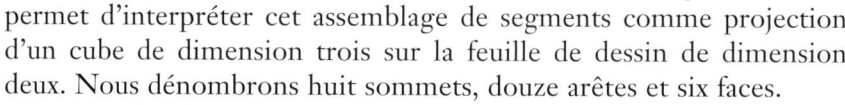
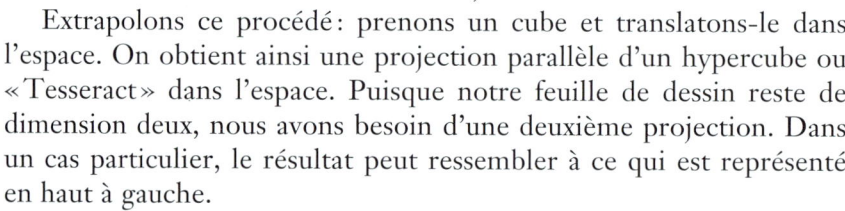

> Sur le tesseract (ou octachore): *http://fr.wikipedia.org/wiki/Tesseract*
> *http://villemin.gerard.free.fr/Geometri/Hypercub.htm*
> *http://www.mathcurve.com/polyedres/hypercube/4-hypercube.shtml*

…et son patron

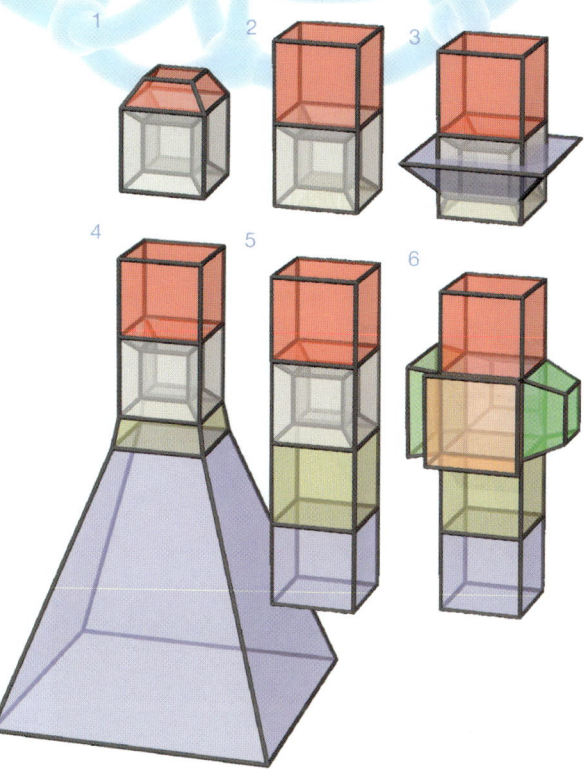

En 1954, **Salvador Dali** (1904-1989), inspiré par Marcel Duchamp, peignit son célèbre tableau *Corpus Hypercubus*. Il y a peint le patron de l'hypercube (ci-dessous), dans lequel huit cubes s'assemblent pour former une croix.

Dans le développement du cube classique pour en faire un patron, nous rabattons les faces les unes après les autres autour des arêtes du cube et nous obtenons six carrés dans le plan.

L'hypercube est délimité par huit cubes classiques. Ces cubes doivent être tournés autour de «plans-bords», de façon à ce qu'ils arrivent dans l'espace de dimension trois. Pour de telles opérations, le mieux est de faire le calcul. La série d'images ci-dessus montre à quoi pourraient ressembler pour nous de telles rotations des «cubes-côtés».

▸ Définition des hypercubes : *http://fr.wikipedia.org/wiki/Hypercube*
▸ Généralisation des patrons aux dimensions supérieures à trois : *http://en.wikipedia.org/wiki/Net_(polyhedron)*
▸ Animation du tesseract, par W. S. Peters : *www.mathematik-piechatzek.de/Entwurf/Hyperwuerfel/Analogie/analogie.html*

L'hyper-dodécaèdre
de 120 cellules

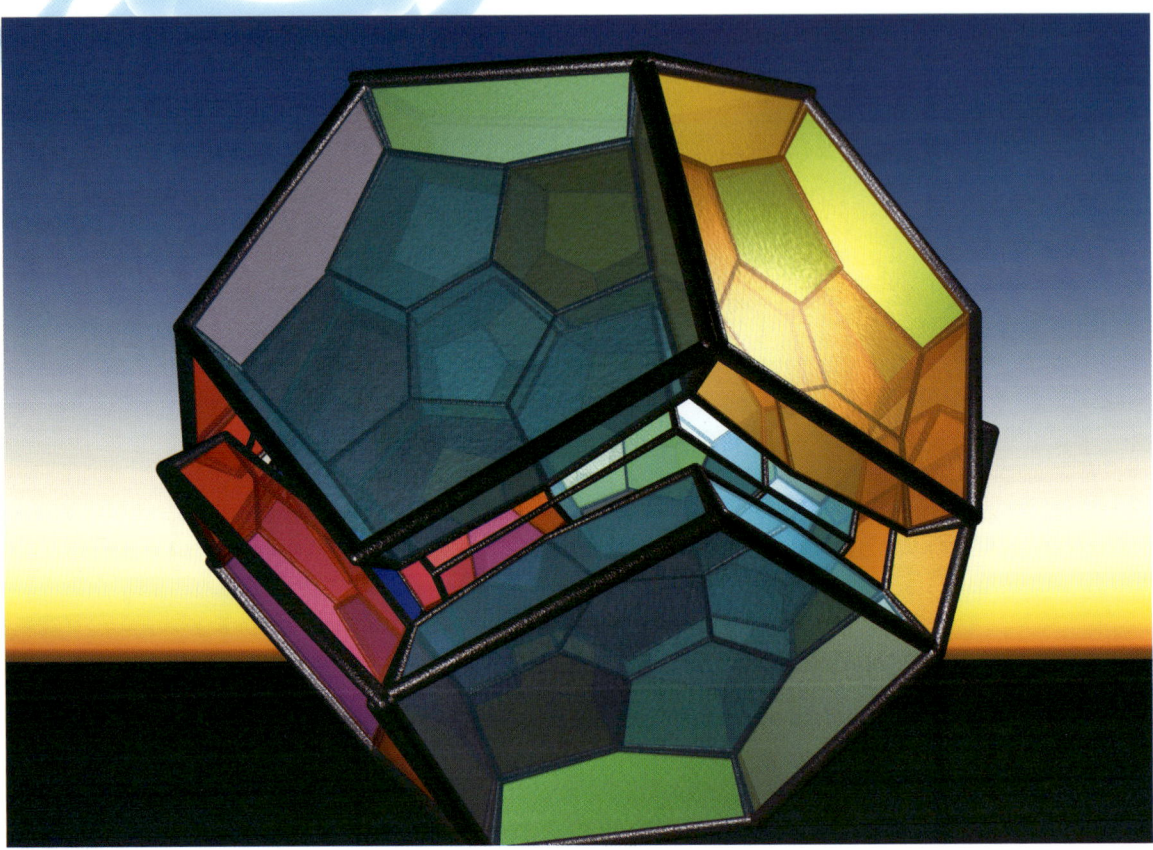

▲ **L'hyper-dodécaèdre est constitué de 120 dodécaèdres réguliers.**

Paver avec des solides réguliers « notre » espace de dimension trois est bien monotone, puisqu'il ne peut se faire qu'en empilant des cubes. L'espace hyperbolique et la 3-sphère n'en sont que plus intéressants, puisqu'ils peuvent tous deux être pavés par des dodécaèdres réguliers de taille adaptée. Sur la 3-sphère, on trouve des dodécaèdres dont les arêtes forment des angles de 120°. Il en faut exactement 120 pour remplir sans trou toute la 3-sphère. Le principe de construction est illustré de façon évocatrice sur la page de droite.

> Images de Gian Marco Todesco.
> R. Lehoucq, *L'univers a-t-il une forme ?*, Flammarion, 2004.
> http://sab33.forumactif.fr/t48-lunivers-a-t-il-une-forme-et-un-sens
> G. M. Todesco, *Konstruktion eines Hyperdodekaeders*, in : MathFilm Festival 2008, Springer Verlag, DVD, 2008. Voir la vidéo sur : *http://www.vismath.eu/film/konstruktion-eines-hyperdodekaeders*

La 3-sphère est la sphère unité de l'espace de dimension quatre, et forme elle-même un espace de dimension trois. Dans la 3-sphère, on trouve des dodécaèdres réguliers dont les arêtes forment un angle de 120°. On peut ainsi juxtaposer exactement trois dodécaèdres autour d'une arête. En réfléchissant un peu, on reconnaît que quatre dodécaèdres remplissent juste l'espace autour d'un sommet. De ces considérations locales, on déduit que toute la 3-sphère peut ainsi être remplie.

Pour paver la 3-sphère sans espace vide, commençons par constituer un empilement jaune de dix dodécaèdres (*a*) et entourons-le ensuite de cinq autres empilements enroulés en spirale (*b*). En y adjoignant un deuxième macro-empilement de ce type (*c*), nous arrivons à un total de 2 × 2 × 6 × 10 = 120 dodécaèdres. Refermons maintenant dans la 3-sphère les deux empilements (*d* et *e*) en deux cercles et nous obtenons un pavage qui remplit la 3-sphère. Pour une meilleure visualisation, nous avons projeté stéréographiquement, dans notre espace de dimension trois, des 3-sphères de l'espace de dimension quatre. Cependant les dodécaèdres n'apparaissent maintenant plus tous avec la même taille.

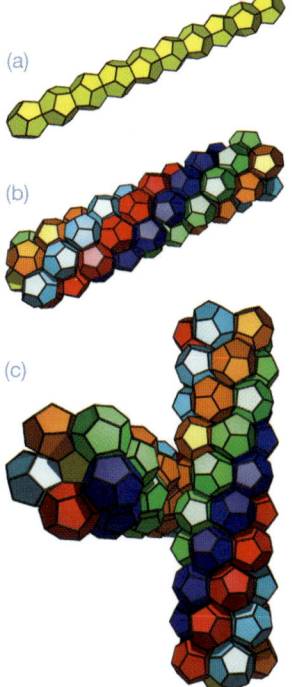

(a)

(b)

(c)

(e)

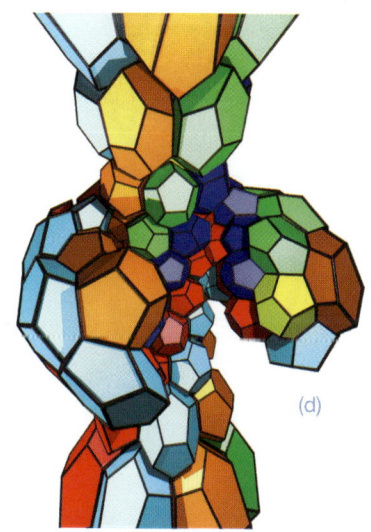

(d)

▲ **La construction de l'hyper-dodécaèdre est présentée dans la séquence d'images (*a*)-(*e*). En commençant par un empilement de dix dodécaèdres, on y accroche cinq autres empilements. Deux macro-empilements de ce type constituent finalement un pavage complet de la 3-sphère.**

120 cellules et davantage !

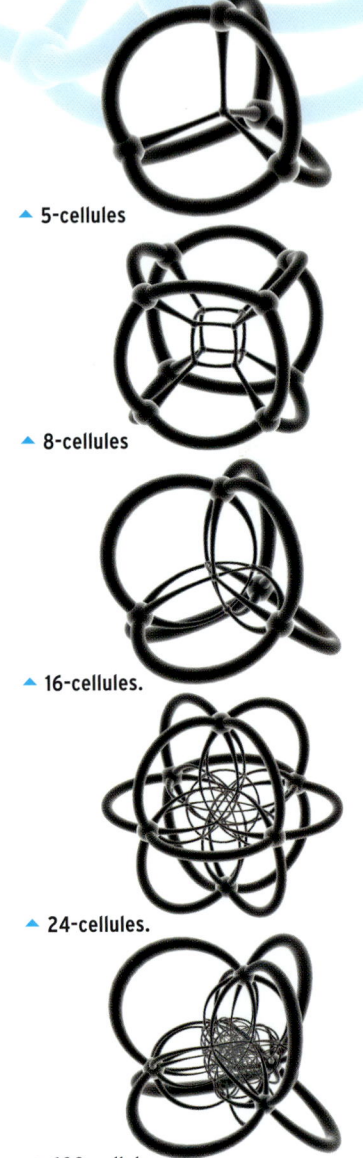

▲ 5-cellules

▲ 8-cellules

▲ 16-cellules.

▲ 24-cellules.

▲ 600-cellules.

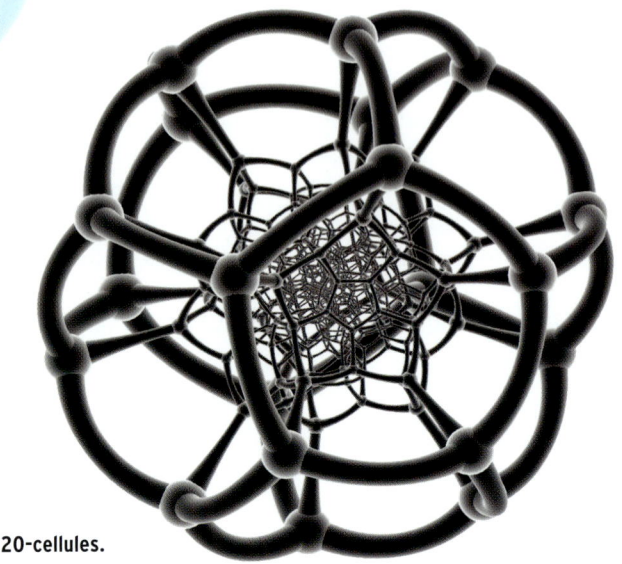

▲ 120-cellules.

Vers la fin du XIXe siècle, on étudia les polytopes réguliers de l'espace de dimension quatre. En dimension trois, il existe exactement cinq solides de Platon (voir p. 2). Leurs faces latérales sont des polygones réguliers et permettent de paver régulièrement la 2-sphère. Dans l'espace de dimension quatre, les polytopes réguliers correspondent à des pavages de la 3-sphère avec des solides réguliers de dimension trois. Il existe en tout six types différents de polytopes réguliers de l'espace de dimension quatre. Ils sont constitués respectivement de 5, 16 ou 600 tétraèdres, 8 cubes, 24 octaèdres et 120 dodécaèdres (voir les images de cette page). On parle alors de 5-cellules, 16-cellules etc.

Par exemple, le bord (de dimension trois) du 120-cellules est constitué de 120 dodécaèdres dont trois exemplaires se rencontrent sur chaque arête et quatre exemplaires passent par un même sommet (voir aussi la page précédente).

➤ Images de Fritz Obermayer.
➤ H. S. M. Coxeter, *Regular Polytopes,* Dover Publications, 1973.
➤ Catalogue des polytopes uniformes, par F. Obermeyer : http://www.math.cmu.edu/~fho/jenn/polytopes/index.html
➤ Sur les polytopes à 4 dimensions : http://fr.wikipedia.org/wiki/4-polytope_régulier_convexe
➤ http://www.mathcurve.com/polyedres/regulier/4polytoperegulier.shtml
➤ Classement des polytopes réguliers dans l'espace de dimension 4, par U. Hebisch : www.mathe.tu-freiberg.de/~hebisch/cafe/regpol4.html

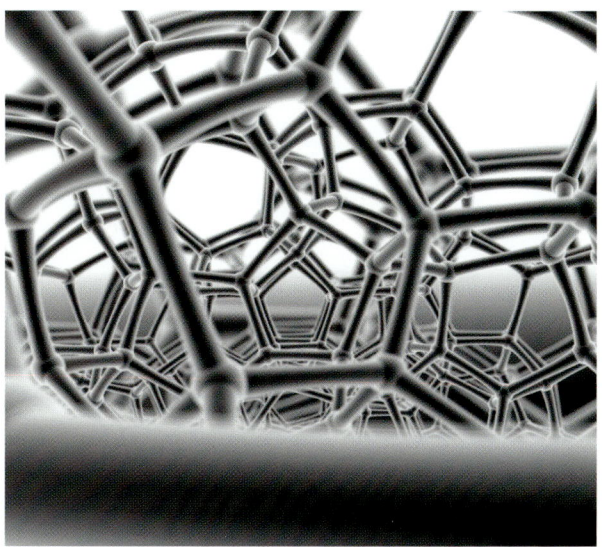

▲ 120-cellules (détail).

▲ 600-cellules (détail).

▲ 600-cellules (détail).

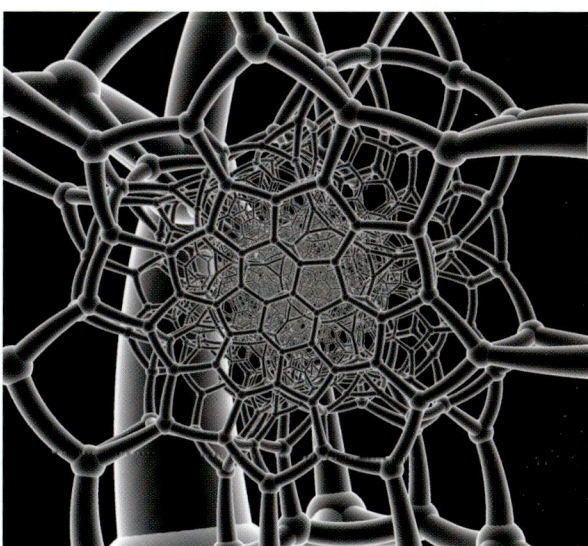

▲ 120-cellules bitronqué (détail).

> *http://en.wikipedia.org/wiki/120-cell*
> *http://en.wikipedia.org/wiki/600-cell*
> *http://en.wikipedia.org/wiki/Bitruncated_120-cell*

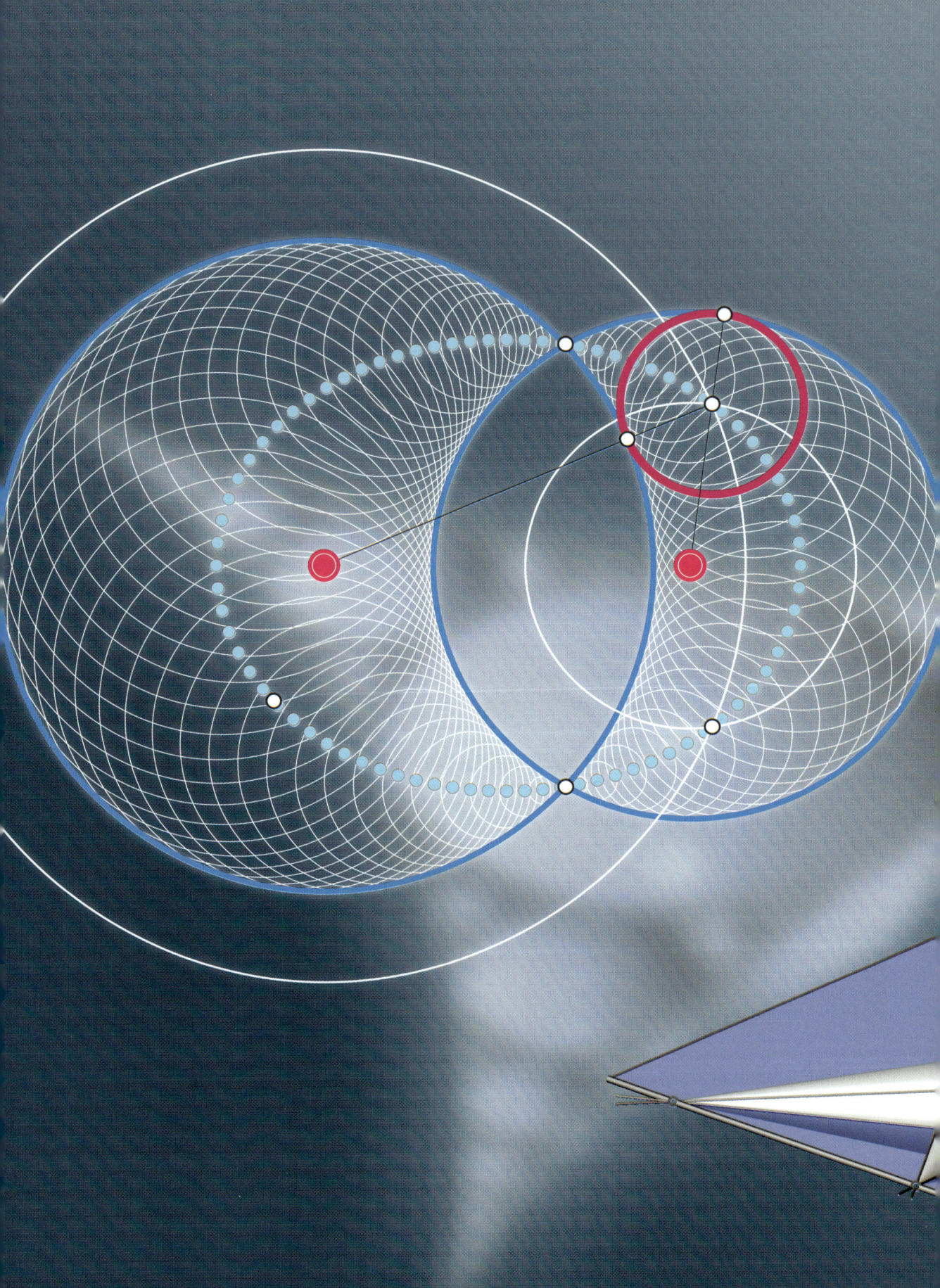

CHAPITRE 11

Graphes et incidences

La théorie des graphes étudie sous un aspect combinatoire
et géométrique les relations entre des ensembles de points
(ou sommets ou nœuds), dont certains sont reliés
par des segments (ou arêtes ou arcs). Un pentagone
est un graphe dont les lignes relient les cinq sommets ;
le plan du métro d'une ville constitue aussi un graphe
avec les lignes qui relient les stations.
Nombre de problèmes pratiques peuvent s'exprimer
en termes de graphes pour être ensuite étudiés
en utilisant des résultats déjà démontrés.
Dans la géométrie dite « d'incidence », on étudie
les positions respectives d'objets géométriques : la droite
A relie les points P et Q, ou bien la sphère B est tangente
aux sphères S et T. Si ces descriptions semblent un tantinet
formelles, les questions que soulèvent ces domaines
de la géométrie n'en sont que plus excitantes
et leur aspect visuel est intéressant.

Le théorème de Pascal

Il en existe exactement sept types différents

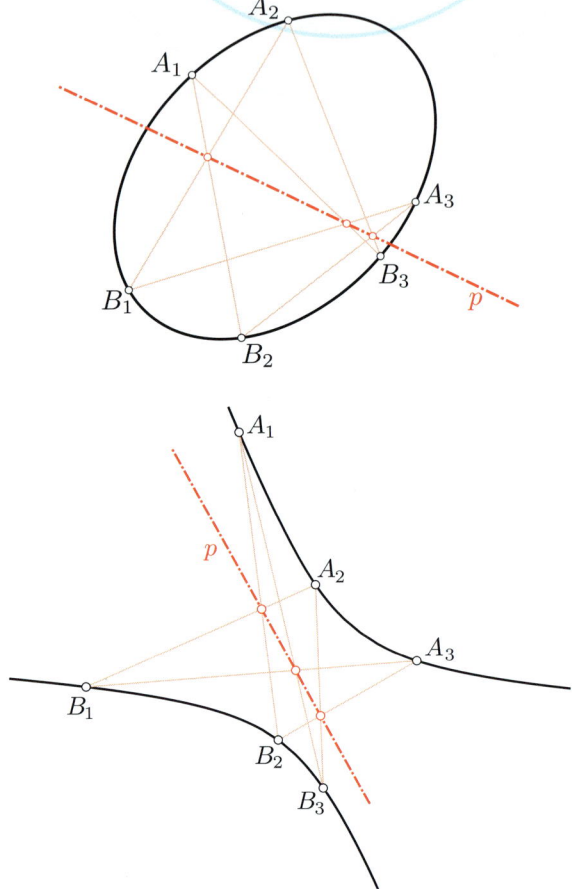

▲ **Exemples avec l'hexagone croisé A₁B₂A₃B₁A₂B₃.**
Les points d'intersection s'alignent sur la droite (p).

Théorème de Pappus

Si les six sommets d'un hexagone sont alternativement alignés sur deux droites, alors les points d'intersection des trois côtés opposés sont alignés.

Le théorème de Pascal s'énonce ainsi :

Pour tout hexagone inscrit dans une conique, les intersections des trois paires de côtés opposés sont alignées.

La réciproque du théorème existe aussi : les hexagones de Pascal, c'est-à-dire les hexagones dont les intersections des paires de côtés opposés sont alignées sur la droite de Pascal, sont toujours inscrits dans une conique. L'existence de la droite de Pascal n'est donc pas seulement une condition nécessaire, mais c'est aussi une condition suffisante pour que l'hexagone soit inscrit dans une conique.

Le théorème n'est pas seulement vrai pour toutes les coniques régulières, mais aussi pour les coniques dégénérées (en des droites) et il est d'une grande importance dans la toute la géométrie projective. Historiquement, le « théorème de Pappus », qui est donc un cas particulier du théorème de Pascal, est cependant bien plus ancien.

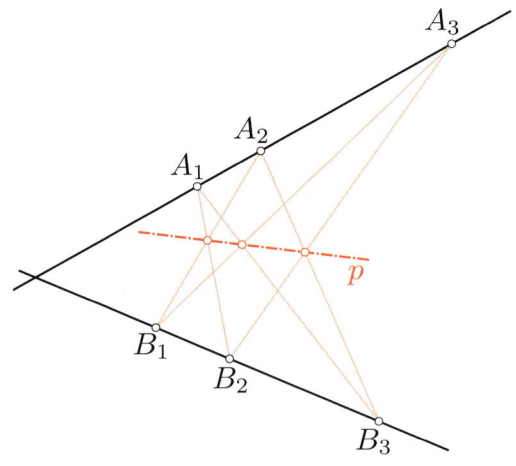

> Présentation du théorème : *http://www.cabri.net/castillon/pascal.html* et *http://mathafou.free.fr/themes/kpascal.html*
> Une démonstration du théorème se base sur le théorème de Ménélaus : *http://homeomath.imingo.net/menelaus.htm*

... et son théorème dual

Le théorème de Brianchon

En 1806, **Charles Julien Brianchon** découvrit et démontra un théorème qui devait se révéler être le théorème dual du théorème de Pascal :

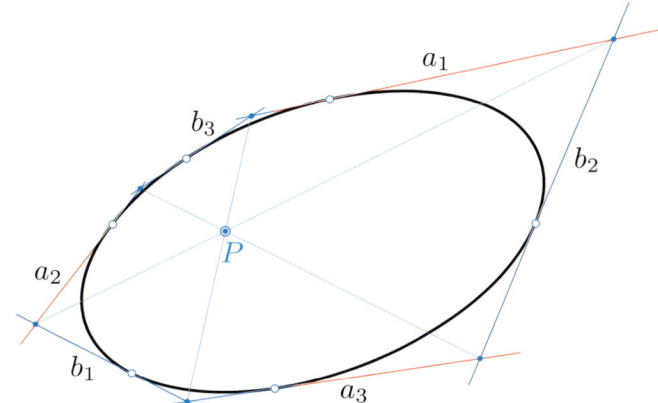

Dans tout hexagone circonscrit à une conique, les diagonales joignant les sommets opposés sont concourantes en un point P (dit point de Brianchon).

Réciproquement, si un hexagone possède un point de Brianchon, alors il est circonscrit à une conique.

À partir de 6 points répartis sur une conique, on peut envisager 60 hexagones différents, donc 60 droites de Pascal dans le cas général. De même, on obtient 60 points de Brianchon dans le problème dual.

Si l'on choisit au hasard quatre de ces droites (respectivement quatre de ces points), elles sont toujours concourantes, (respectivement ils sont toujours alignés).

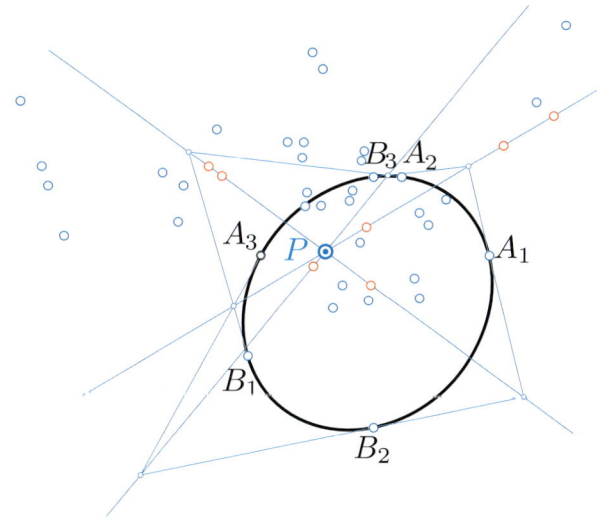

➤ Figure de Pascal complète avec toutes les droites de Pascal : *http://www.math.uregina.ca/~fisher/Norma/paper.html*
➤ H. Brauner, *Geometrie projektiver Räume I, II*, BI Hochschultaschenbücher, Mannheim 1976.
➤ Pour une généralisation datant de 1882 : *http://archive.numdam.org/ARCHIVE/NAM/NAM_1882_3_1_/NAM_1882_3_1__318_1/NAM_1882_3_1__318_1.pdf*

Le théorème de Desargues

Un théorème de base en géométrie projective

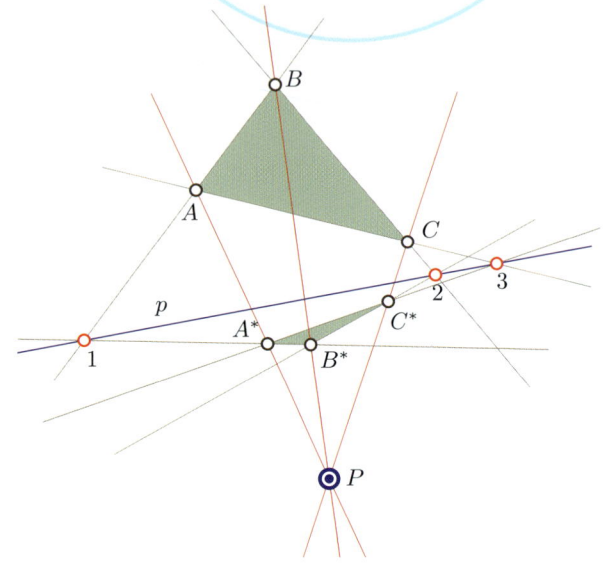

Une conférence sur la géométrie projective plane commence souvent par l'exposé du théorème de **Gérard Desargues**, parce que l'on en a besoin pour démontrer d'autres théorèmes.

Si les droites reliant trois paires de points (A et A*, B et B*, C et C*) sont concourantes en un point P, alors les points d'intersection des paires de côtés correspondants ((AB) et (A*B*), (BC) et (B*C*), (AC) et (A*C*)) sont alignés.

Dans le plan, la preuve n'est pas facile à établir. On peut par exemple calculer en introduisant des coordonnées projectives ou bien aussi employer le théorème de Pappus. Mais le théorème est quasiment évident si l'on observe les choses à travers des « lunettes 3D ».

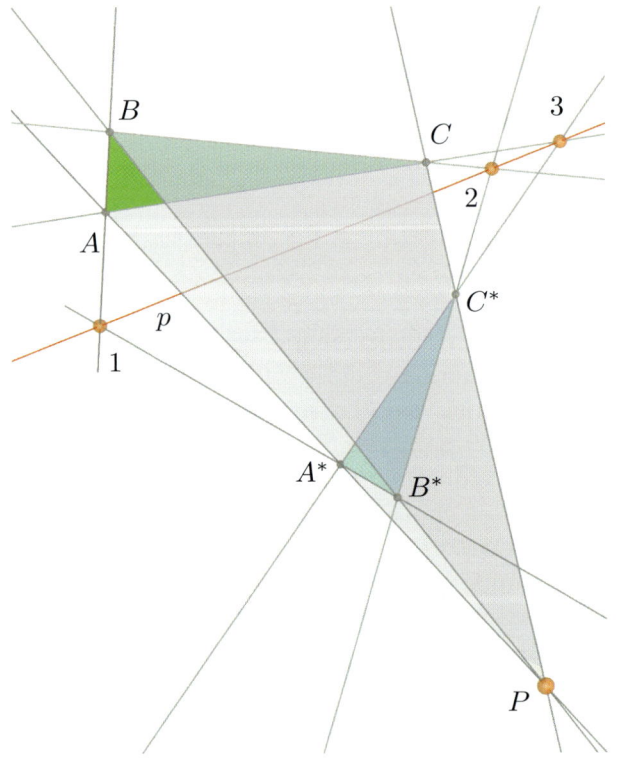

Les points ABC, respectivement A*B*C*, sont alors interprétés comme triangles de l'espace à trois dimensions qui définissent chacun un plan. Les droites reliant les points correspondants apparaissent comme supports d'une pyramide de sommet P, dont les faces sont coupées par ces deux plans selon des droites qui doivent se rencontrer sur la droite d'intersection p des deux plans.

➤ R. Lingenberg, *Grundlagen der Geometrie I*, Bibliographisches Institut, Mannheim 1969.
➤ F. Modler : *www.matheplanet.com/default3.html?call=article.php?sid=1009*
➤ Sur le passage à trois dimensions pour démontrer des propriétés du plan, voir : « Jeux math' », *Dossier Pour la Science* n° 59, avril – juin 2008.

Autres configurations remarquables

L'image de droite présente la figure illustrant le théorème de Desargues, cette fois sans aucune indication ou mise en relief de points ou de droites particuliers. On dénombre $p = 10$ points et $d = 10$ droites ; trois points sont placés sur chaque droite ($P = 3$), et trois droites passent par chaque point ($D = 3$). On parle de configuration de Desargues $(10_3, 10_3)$. De plus $p \times D = P \times d$. Le théorème de Desargues ne peut être déduit des seuls axiomes du plan, bien qu'il fasse partie de la géométrie plane, comme cela a été prouvé par **David Hilbert** et **Forest Ray Moulton**.

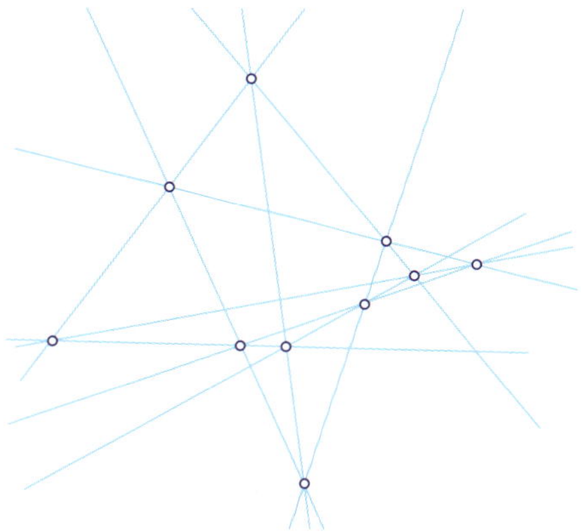

La configuration remarquable $(9_3, 9_3)$ (en bas à gauche) s'obtient à partir d'un triangle équilatéral en reportant les angles α et β, comme indiqué ci-dessous. À chaque angle α correspond un angle β qui mène au résultat.

▲ **Configuration de Desargues (10_3, 10_3).**

Si l'on fait varier l'angle β pour un angle α donné, les trois points intérieurs décrivent des arcs de cercle passant par le centre du triangle (en gris sur le schéma le plus à droite) et qui recoupent les segments verts aux points solutions.

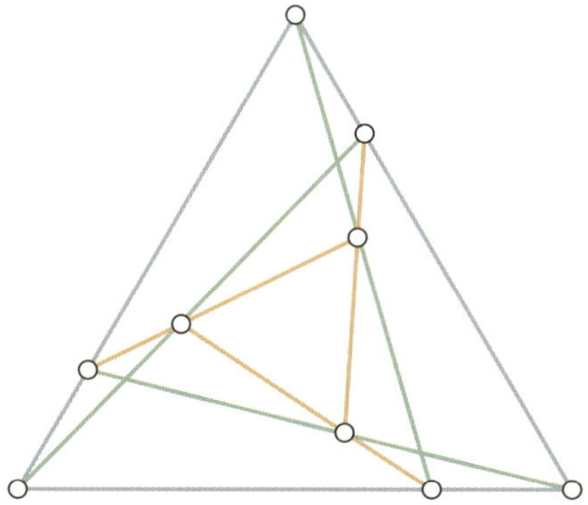

▲ **Configuration (9_3, 9_3).**

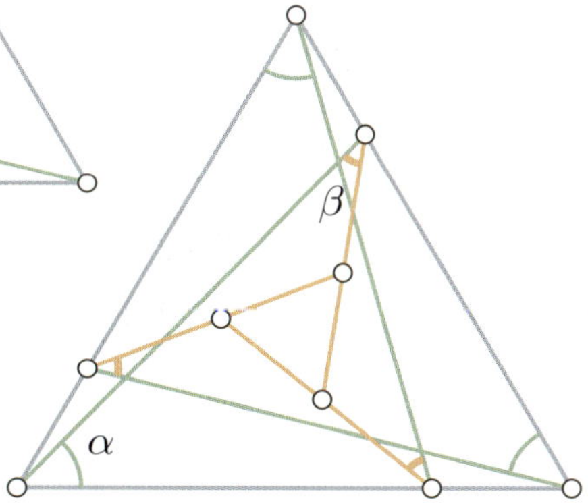

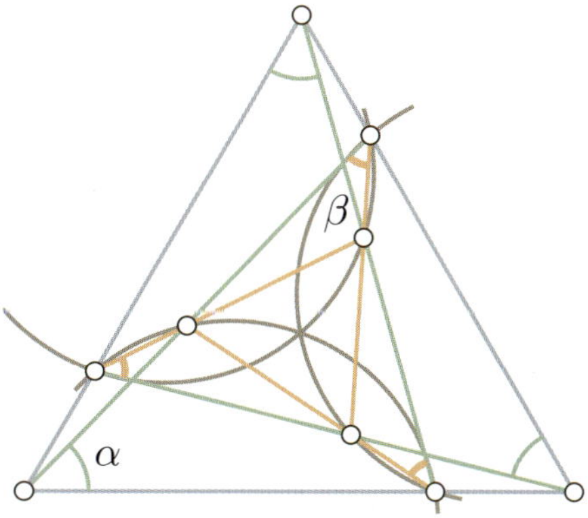

> Sur le plan de Moulton : *http://fr.wikipedia.org/wiki/Plan_de_Moulton*
> M. Stroppel, « Bemerkungen zur ersten nicht desarguesschen ebenen Geometrie bei Hilbert », *Journal of Geometry*, Birkhäuser, Vol. 63 (1998).

Cercles tangents

La baderne d'Apollonius

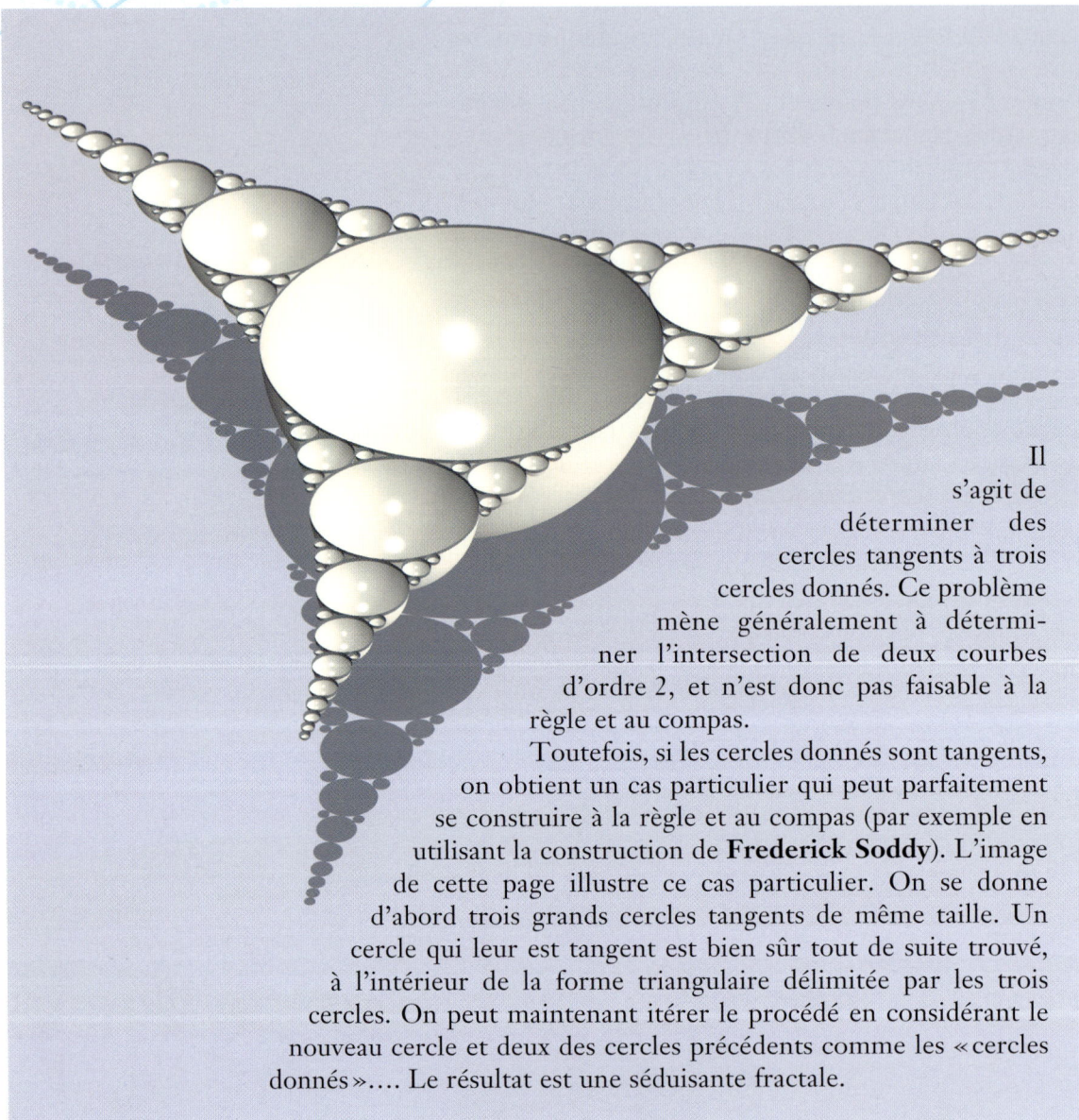

Il s'agit de déterminer des cercles tangents à trois cercles donnés. Ce problème mène généralement à déterminer l'intersection de deux courbes d'ordre 2, et n'est donc pas faisable à la règle et au compas.

Toutefois, si les cercles donnés sont tangents, on obtient un cas particulier qui peut parfaitement se construire à la règle et au compas (par exemple en utilisant la construction de **Frederick Soddy**). L'image de cette page illustre ce cas particulier. On se donne d'abord trois grands cercles tangents de même taille. Un cercle qui leur est tangent est bien sûr tout de suite trouvé, à l'intérieur de la forme triangulaire délimitée par les trois cercles. On peut maintenant itérer le procédé en considérant le nouveau cercle et deux des cercles précédents comme les « cercles donnés »…. Le résultat est une séduisante fractale.

▶ Sur les cercles d'Appolonius : *http://fr.wikipedia.org/wiki/Cercle_d'Apollonius*
▶ Sur les points de Soddy : *http://mathafou.free.fr/themes/ksoddyp.html*
▶ Animation interactive par D. Eppstein : *www.ics.uci.edu/~eppstein/junkyard/tangencies/apollonian.html*
▶ Explication pas à pas de la construction, par W. Urban : *www.hib-wien.at/leute/wurban/informatik/apollonius/index.html*
▶ *http://fr.wikisource.org/wiki/Solutions_de_plusieurs_problèmes_de_géométrie_et_de_mécanique*

Du problème des cercles tangents aux cyclides

Si l'on se donne seulement deux cercles (dessinés en bleu) et si l'on cherche tous les cercles qui leur sont tangents, on obtient tout un réseau paramétré de solutions. La construction ci-contre avec un cercle tangent (dessiné en rouge) montre que la somme des distances du centre du cercle tangent aux centres des deux cercles donnés est toujours égale à la somme des rayons donnés. Par conséquent les centres des cercles tangents recherchés sont sur une ellipse.

Si l'on interprète les cercles solutions comme des cercles équatoriaux de sphères, ces sphères enveloppent alors une surface connue sous le nom de cyclide de Dupin (voir page 116).

Selon les positions des cercles donnés (sécants, tangents ou contenus l'un dans l'autre), on obtient des « bicornes », des « monocornes » ou des formes en anneau ; dans le cas particulier de cercles concentriques, on obtient un tore.

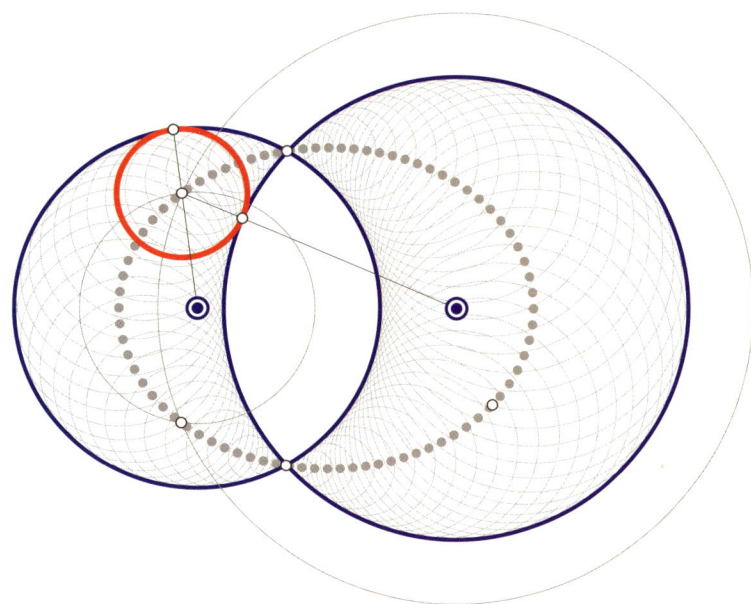

▲ Les centres des cercles tangents recherchés (en rouge) sont sur une ellipse (en pointillés gris).

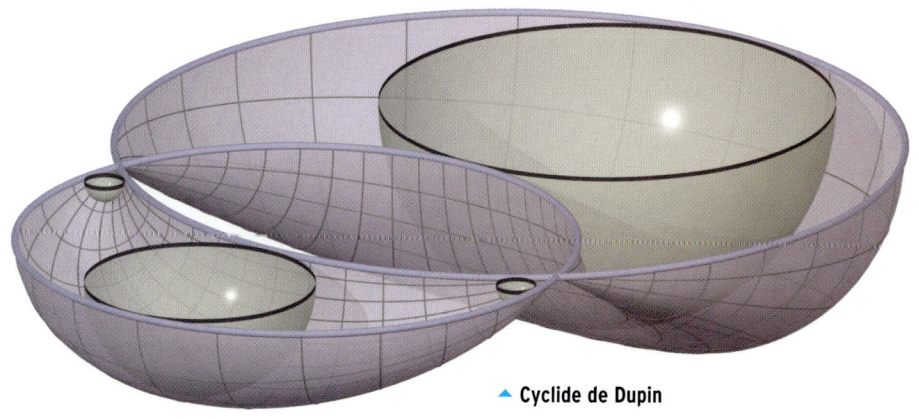

▲ Cyclide de Dupin

➤ http://portail.mathdoc.fr/JMPA/PDF/JMPA_1924_9_3_A2_0.pdf
➤ G. Glaeser, *Geometrie und ihre Anwendungen, 2.Aufl.*, Spektrum Akademischer Verlag, 2007.
➤ W. Wunderlich, *Darstellende Geometrie II.*, B.I. Hochschultaschenbücher, Mannheim, 1967.

Prendre la tangente dans l'espace

Examinons ce théorème (dit théorème de Monge) :

Étant donnés trois cercles du plan et les tangentes extérieures à ces cercles pris deux à deux, alors les tangentes se coupent deux à deux selon trois points alignés.

Pour le démontrer, imaginons la configuration suivante dans l'espace : on se donne trois cônes de révolution basés sur les trois cercles donnés dans le plan de base π. Les trois sommets A, B, C des cônes ont pour cote les rayons des cercles correspondants, ce qui fait que les cônes ont des demi-angles au sommet de 45°.

Une tangente en un point quelconque d'un cercle de base et la génératrice du cône passant par ce point définissent un plan tangent au cône. Chercher une tangente commune à deux cercles de base se ramène alors à la recherche d'un plan tangent commun aux deux cônes. De tels plans tangents doivent donc contenir les sommets des cônes et par conséquent la droite qui les relie. Soit ε le plan défini par les sommets A, B et C des cônes.

Les points d'intersection P, Q, R des trois droites (AB), (AC) et (BC) avec le plan de base sont les points d'intersection des tangentes communes. Ils sont sur l'intersection du plan ε avec le plan de base, et sont donc alignés comme l'affirmait le théorème.

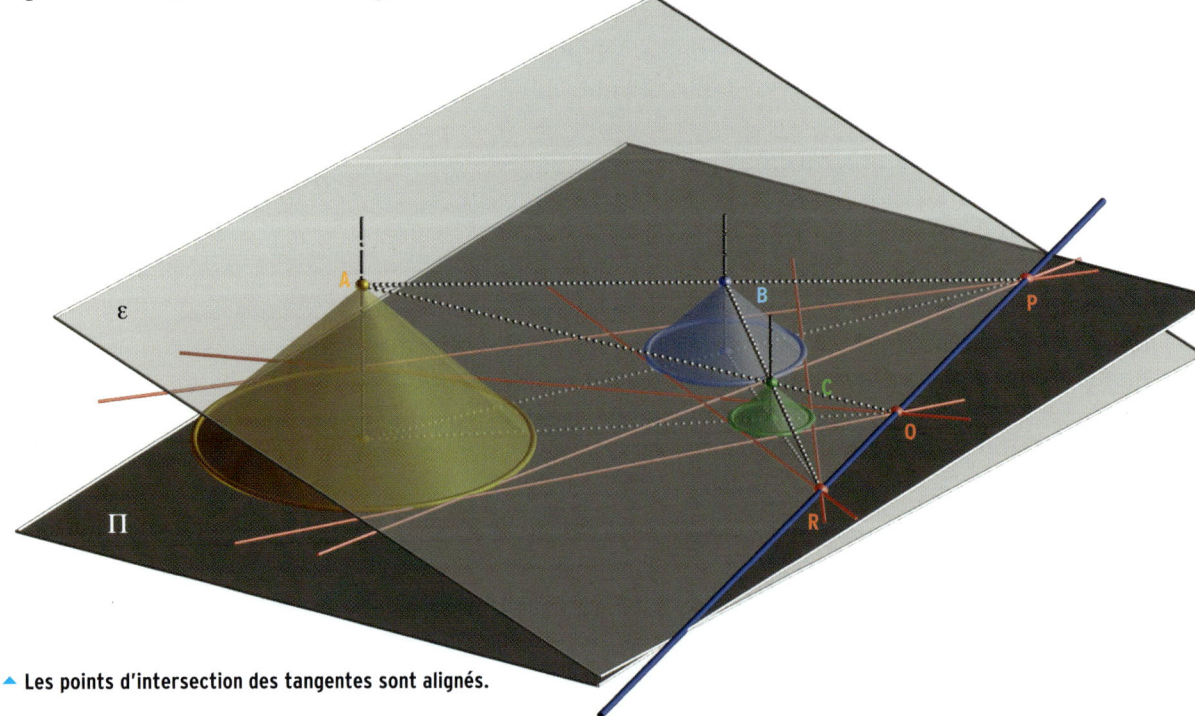

▲ **Les points d'intersection des tangentes sont alignés.**

➤ « Jeux math' », Dossier *Pour la Science* n° 59.
➤ E. Müller, J. Krames, *Vorlesungen über darstellende Geometrie, Band 2: Die Zyklographie*, Deuticke, Wien, 1929.
➤ J. L. Coolidge, *A Treatise on the Circle and the Sphere*, Clarendon Press, Oxford 1916.
➤ Présentation du théorème de Monge par A. Bogomolny : *www.cut-the-knot.org/proofs/threecircles.shtml*
➤ P. Winkler, *Mathematische Rätsel für Liebhaber*, Spektrum Akademischer Verlag 2008.

Des ensembles de courbes déterminent des régions

Mais combien ?

Considérons tout d'abord des courbes non fermées qui ne se recoupent pas elles-mêmes. De plus, trois courbes quelconques ne doivent jamais passer par un même point. Sur les deux premières images, on a choisi chaque fois cinq courbes de telle façon qu'elles se coupent une fois deux à deux. Dans les deux cas, on obtient ainsi six régions.

Observons à présent quatre courbes qui se coupent deux à deux exactement deux fois (à gauche), respectivement trois fois (à droite). Le nombre de régions s'élève maintenant à neuf, respectivement à 15.

Soit n le nombre de courbes et $g(n)$ le nombre de régions délimitées. Les formules correspondantes dans chacun des cas (1, 2, 3 points d'intersection) sont :

$$g(n) = (n^2 - 3n + 2)/2$$
$$g(n) = (n - 1)^2$$
$$g(n) = (n - 1)(3n - 2)/2$$

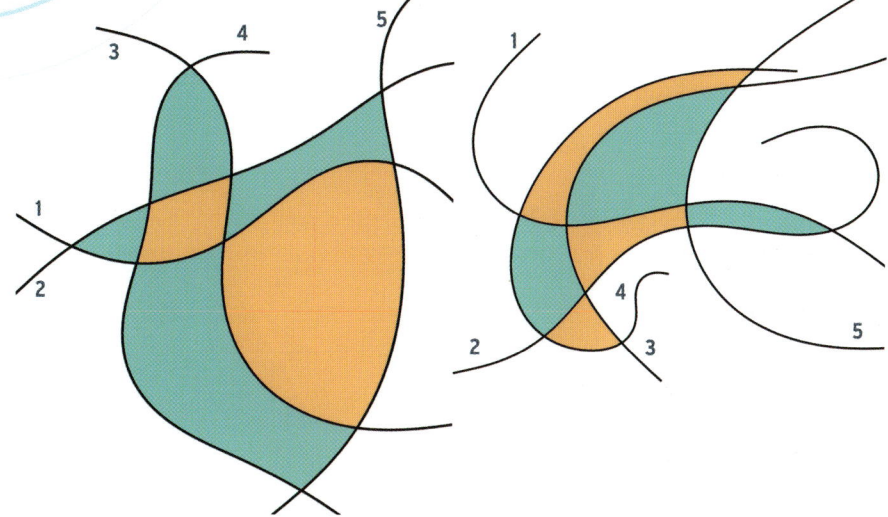

▲ Cas $n = 5$ avec 1 point d'intersection.

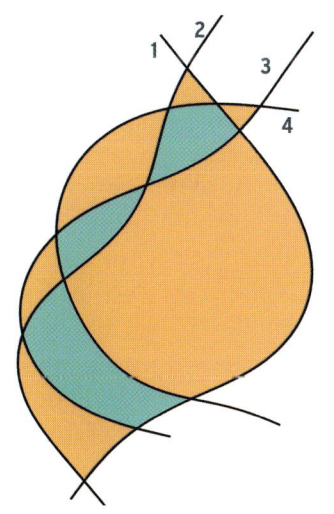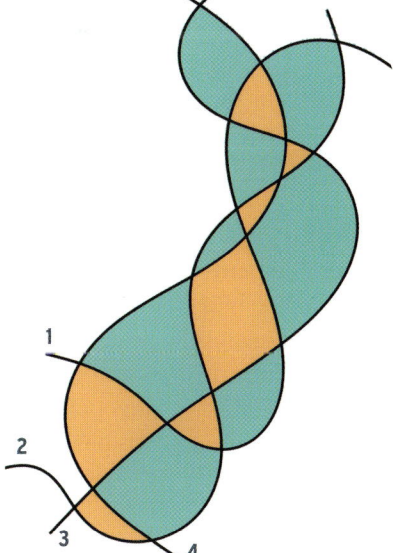

▲ Cas $n = 4$ avec 2 points d'intersection (à gauche) et 3 points d'intersection (à droite).

▶ M. Berger, « La taxonomie des courbes », *Pour la Science*, n° 297, juillet 2002.
▶ *http://mathenjeans.free.fr/amej/edition/actes/actespdf/96177182.pdf*
▶ W. Winzen, *Anschauliche Topologie*, Diesterweg Salle, Frankfurt/Berlin/München, 1975.

Le graphe de Petersen

Le graphe de Petersen fut construit en 1898 par **Julius Petersen**, comme le plus petit graphe cubique sans pont, d'indice chromatique 4. « Sans pont » signifie que le retrait d'une arête quelconque du graphe ne le partage pas en deux graphes séparés ; « cubique » signifie que, tout comme le cube, trois arêtes se rencontrent exactement en chaque sommet. Enfin, un indice chromatique de 4 signifie que 4 couleurs au moins sont nécessaires pour colorier les arêtes, de sorte que deux arêtes incidentes à un même sommet soient toujours de couleurs différentes.

◀ Le graphe de Petersen (en jaune) peut être plongé sans croisement dans le plan projectif. Le modèle de bonnet croisé présenté ici est obtenu comme identification antipodale d'un dodécaèdre dont le système d'arêtes projectives fournit un graphe de Petersen avec son pentagone caractéristique.

La caractérisation du graphe de Petersen semble peut-être très particulière, mais elle est devenue très populaire en tant qu'exemple et contre-exemple pour beaucoup de propriétés de la théorie des graphes. Ainsi le graphe de Pertersen est le plus petit graphe cubique sans pont ne possédant pas de cycle hamiltonien (voir p. 226).

Pendant longtemps (1898-1946), le graphe de Petersen fut le seul snark connu, snark signifiant un graphe sans pont, cubique, d'indice chromatique 4. Les snarks sont eux-mêmes devenus intéressants en 1880, lorsque **Peter G. Tait** démontra que le problème des quatre couleurs est équivalent à la propriété qu'il n'existe aucun snark planaire, c'est-à-dire que tout snark du plan doit présenter des croisements d'arêtes. Le cube est bien sans pont, cubique et planaire, mais son indice chromatique est 3 et ce n'est donc pas un snark. Le graphe de Petersen a un nombre minimal de croisements égal à 2 : ce snark n'est donc pas planaire et ne contredit pas l'énoncé.

▷ D. A. Holton, J. Sheehan, *The Petersen Graph*, Cambridge Univ. Press, 1993.
▷ J. Petersen, « Sur le théorème de Tait », *L'Intermédiaire des Mathématiciens* 5: 225-227, 1898.
▷ Sur le graphe de Peterson : *http://fr.wikipedia.org/wiki/Graphe_de_Petersen* et *http://www.win.tue.nl/~aeb/graphs/Petersen.html*
▷ Sur les snarks : *http://mathworld.wolfram.com/Snark.html*
▷ *http://en.wikipedia.org/wiki/Snark_(graph_theory)*

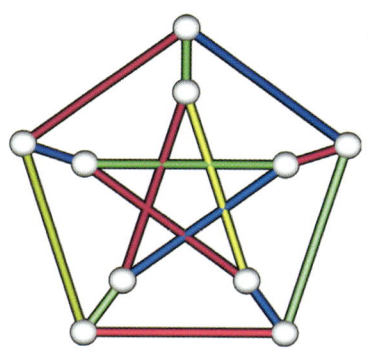

▲ **Coloriage minimal des arêtes avec 4 couleurs (indice chromatique 4).**

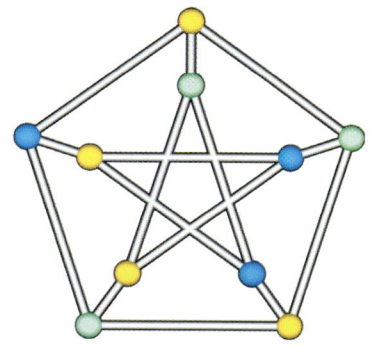

▲ **Coloriage minimal de sommets avec 3 couleurs (nombre chromatique 3).**

Un coloriage minimal des arêtes utilise le nombre minimal de couleurs tel qu'en chaque sommet se rencontrent des arêtes de couleurs différentes. Le graphe de Petersen arrive à ce résultat avec quatre couleurs et son indice chromatique est 4. Pour un coloriage minimal des sommets, il faut que les extrémités de chaque arête soient de couleurs différentes. Le graphe de Petersen a le nombre chromatique 3, puisque trois couleurs suffisent pour un coloriage minimal de ses sommets.

Graphe de Petersen avec une symétrie d'ordre 5. Toutes les arêtes extérieures et intérieures ont été choisies de même longueur, il y a cependant cinq arêtes plus courtes. →

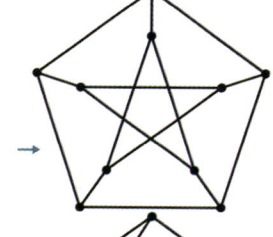

Il est même possible de rendre toutes les arêtes de même longueur - en faisant tourner l'étoile intérieure de 90°. →

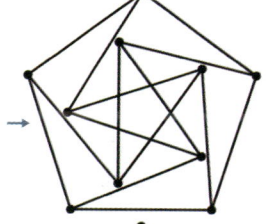

Le graphe de Petersen a un nombre de croisements égal à 2. C'est le nombre inévitable de croisement d'arêtes, topologiquement indispensable pour un plongement dans le plan. →

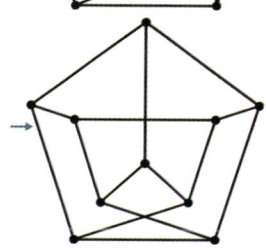

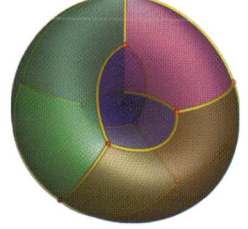

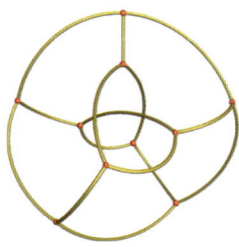

◀ **Comparez ces représentations des graphes de Petersen dans l'espace avec les images planes de cette page : elles sont toutes équivalentes.**

▶ Sur le problème des 4 couleurs : http://fr.wikipedia.org/wiki/Théorème_des_quatre_couleurs
▶ Cours et divers problèmes de la théorie des graphes : http://jeux-et-mathematiques.davalan. org/graphs/cours/graphes.pdf
▶ http://commons.wikimedia.org/wiki/Graphs_in_graph_theory

Cycles hamiltoniens

et le jeu icosien

Sir William Hamilton inventa en 1857 le «jeu icosien» qui consiste à passer une seule fois par chaque sommet d'un dodécaèdre, en suivant un parcours fermé le long des arêtes. Même si le succès commercial du jeu resta modeste, le nom de cycle hamiltonien resta attaché à un type de courbe fermée sur un graphe : un tel cycle visite une seule fois tous les sommets d'un graphe sur un circuit fermé le long des arêtes.

On connaît des cycles hamiltoniens pour les graphes des arêtes des solides platoniciens, mais il n'existe aucun cycle hamiltonien pour le graphe de **William Lindgren** (ci-dessous). La question de décider si un graphe donné possède un cycle hamiltonien n'est pas facile à résoudre de façon algorithmique. D'après **Richard Karp** (1972), il s'agit d'un problème NP-complet.

▲ **Cycle hamiltonien sur un dodécaèdre.**

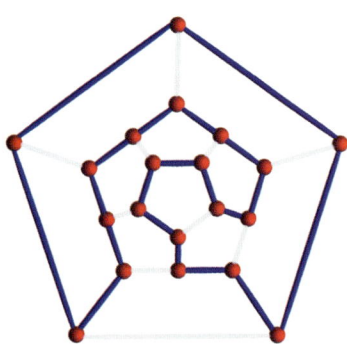

▲ **Cycle hamiltonien sur un dodécaèdre, dessiné sur un diagramme de Schlegel (voir p. 230).**

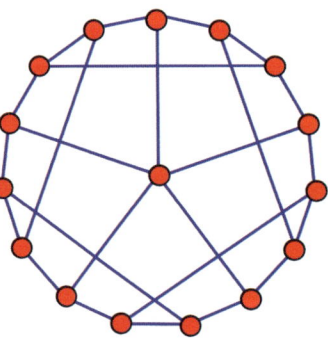

▲ **Graphe de Lindgren.**

Le graphe de Lindgren représenté à gauche est un graphe hypohamiltonien. Un tel graphe ne possède pas de cycle hamiltonien, mais le fait de lui retirer l'un quelconque de ses sommets rouges et les arêtes adjacentes lui permet cependant d'en avoir un. Le graphe de Peterson (voir p. 224) est un exemple de graphe hypohamiltonien.

> Sur les cycles hamiltoniens : *http://mathworld.wolfram.com/HamiltonianCycle.html*
> I. Stewart, « Meurtre à Ghastleigh Grange », *Dossier Pour la Science* n° 59, avril-juin 2008.
> J.-P. Delahaye, « Une propriété cachée des graphes », *Pour la Science*, avril 2008.
> Jeu de recherche de cycles hamiltoniens : *http://naturelovesmath.blogspot.fr/2010/12/icosien-jeu-theorie-des-graphes.html*
> Photographie du jeu original de W. Hamilton, par J. Dalgety : *http://puzzlemuseum.com/month/picm02/200207icosian.htm*
> *http://fr.wikipedia.org/wiki/21_problèmes_NP-complets_de_Karp*

…et chaînes eulériennes

et ponts de Königsberg

À Königsberg, il y avait autrefois sept ponts au sujet desquels on se demandait : « Existe-t-il un chemin fermé passant une seule fois par chaque pont, autrement dit pratique du point de vue touristique ? » **Leonhard Euler** put apporter son aide dans l'un de ses premiers travaux qui ont lancé la théorie des graphes. En théorisant le problème, on obtient un graphe (voir à droite au milieu) sur lequel on cherche un chemin eulérien : un chemin sur le graphe qui parcourt exactement une fois chaque arête. Le graphe du problème des ponts est constitué de quatre sommets et sept arêtes. Trois des sommets ont pour degré 3, autrement dit un nombre impair d'arêtes incidentes. Les sommets de degré impair devant forcément se situer au début ou à la fin du parcours, il n'existe donc pas de chemin eulérien à Königsberg.

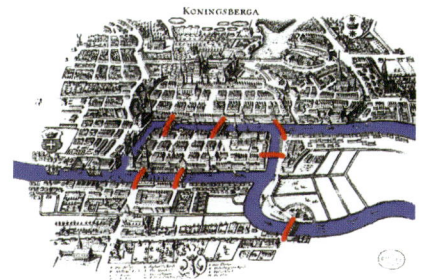

▲ **Les sept ponts de Königsberg.**

Les cycles eulériens sont des chemins eulériens fermés. Jusqu'à quatre points, on fait simplement le tour du graphe.

 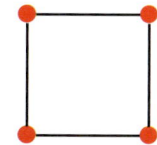

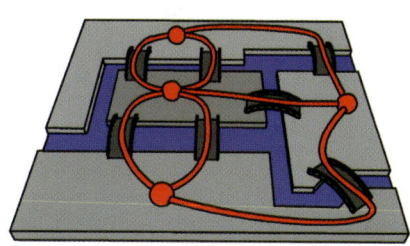

▲ **Interprétation par un graphe : les 4 quartiers reliés par des ponts sont représentés par 4 points et les 7 ponts par des arêtes.**

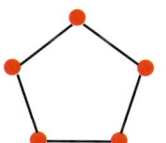   

Parmi les graphes simples à cinq sommets, seuls les quatre graphes ci-dessus possèdent un cycle eulérien.

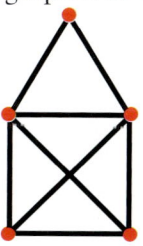

Le graphe ci-contre en forme de maison possède un chemin eulérien, mais aucun cycle eulérien. Le parcours classique suit bien chaque arête une seule fois, mais le chemin n'est pas fermé.

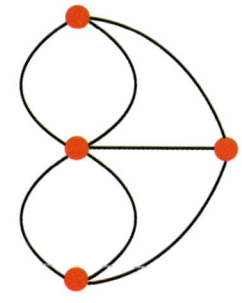

▲ **Graphe équivalent pour le problème des 7 ponts.**

> Carte de Königsberg de 1652, issue de : *www.preussen-chronik.de/_/bild_jsp/key=bild_kathe2.html*
> Pour le détail de la démonstration : http://fr.wikipedia.org/wiki/Problème_des_sept_ponts_de_Königsberg
> I. Stewart, *Visions géométriques*, Pour la Science, 1994, page 118.
> http://www.gerad.ca/~alainh/Chapitre6.pdf

Diagrammes de Venn

Nous avons tous utilisé, en théorie des ensembles, des schémas en forme de «patate» pour représenter l'intersection ou la réunion de deux ensembles A et B (voir page de droite). Les diagrammes de Venn nous permettent aussi une approche de la relation intersection parmi les ensembles lorsque nous observons des sous-ensembles du plan euclidien : étant données n régions (A, B, C, …) délimitées par des courbes fermées comme des cercles, si les intersections d'un choix quelconque de régions et de leurs zones extérieures sont d'un seul tenant et non vide, alors il s'agit d'un diagramme de Venn. Pour $n = 2$ et $n = 3$ nous en voyons des exemples explicites sur la page de droite. La définition compliquée d'un diagramme de Venn exclut par exemple qu'un ensemble B soit entièrement contenu dans A. On peut démontrer que n régions décomposent le plan en 2^n sous-régions, en comptant l'extérieur.

◀ Diagramme de Venn constitué de cinq ellipses. Chaque point à l'intérieur du diagramme est coloré d'après le nombre d'ellipses qui le contiennent.

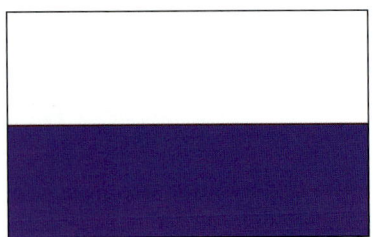 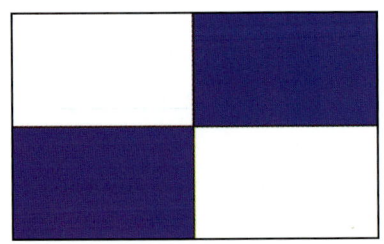 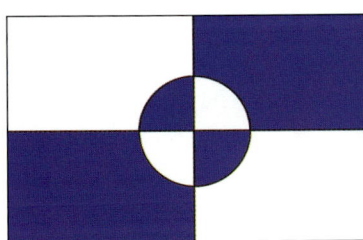

▲ **Construction d'Edwards pour obtenir un diagramme de Venn symétrique à $2^6 = 64$ régions.**

➤ Définition des diagrammes de Venn : *http://fr.wikipedia.org/wiki/Diagramme_de_Venn*
➤ I. Stewart, *Visions géométriques*, Pour la Science, 1994, page 30.
➤ Site très complet sur les diagrammes de Venn par F. Ruskey, M. Weston : *www.combinatorics.org/Surveys/ds5/VennEJC.html*

Diagrammes d'Edwards-Venn

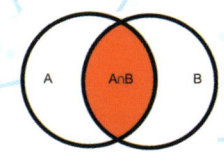

▲ Le diagramme de Venn
à deux ensembles met en évidence
l'intersection classique.

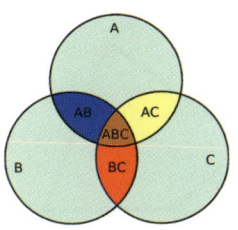

▲ Diagramme de Venn constitué de
trois cercles avec $2^3 = 8$ régions (y
compris l'extérieur).

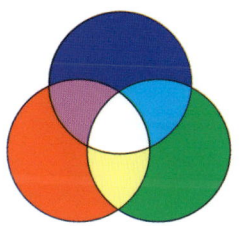

▲ Synthèse additive des couleurs
primaires.

John Venn connaissait déjà une méthode de construction d'un diagramme de Venn quel que soit le nombre n d'ensembles. Il s'intéressait particulièrement aux figures symétriques. En 1989, **Anthony Edwards** développa la méthode présentée en bas de page pour construire de façon itérative des diagrammes de Venn symétriques pour un nombre d'ensembles aussi grand que l'on veut.

On part d'une ligne horizontale qui partage le plan en deux régions (bleue et blanche), on la complète dans un deuxième temps par une ligne verticale séparant la gauche de la droite. On poursuit ensuite le procédé avec des cercles et des courbes ondulées. Sur la troisième image, on obtient avec un cercle huit régions, puis avec les courbes ondulées suivantes, le nombre de zones est doublé à chaque étape. On obtient ainsi 2^n régions sur la $n^{\text{ième}}$ image.

Chaque ligne ou cercle supplémentaire a deux fois plus d'intersections avec les courbes précédentes qu'à l'étape d'avant (c'est-à-dire 1, 2, 4, …). Pour un meilleur décompte des points d'intersection, il faut considérer que les droites se referment à l'infini.

Le diagramme de la synthèse additive des couleurs offre une représentation plus explicite d'un diagramme de Venn. Les trois lampes éclairent chacune une région de leur cône de lumière. L'intersection se traduit par « est contenu dans le cône de lumière » et produit le mélange additif des couleurs.

▼ Courbes
utilisées dans
la construction
d'Edwards.

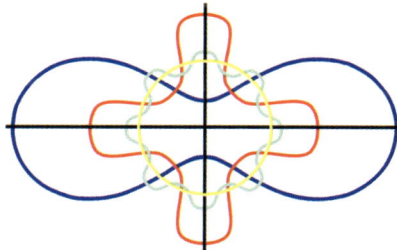

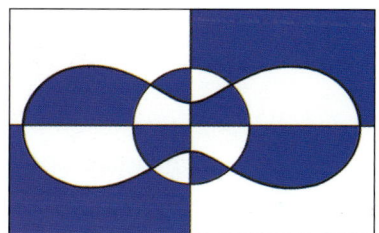
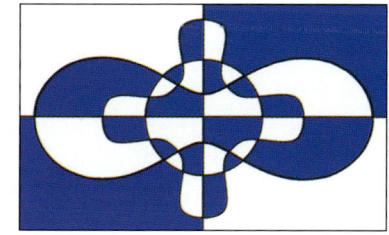
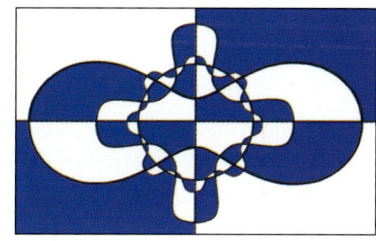

❯ A. Glassner, *Venn and now Morphs, mallards, and montages*, AK Peters, 2004.
❯ A. W. F. Edwards, « Venn diagrams for many sets », *New Scientist*, 7, January 1989, 51-56.

Diagrammes de Schlegel

Ombres de polytopes de dimension supérieure

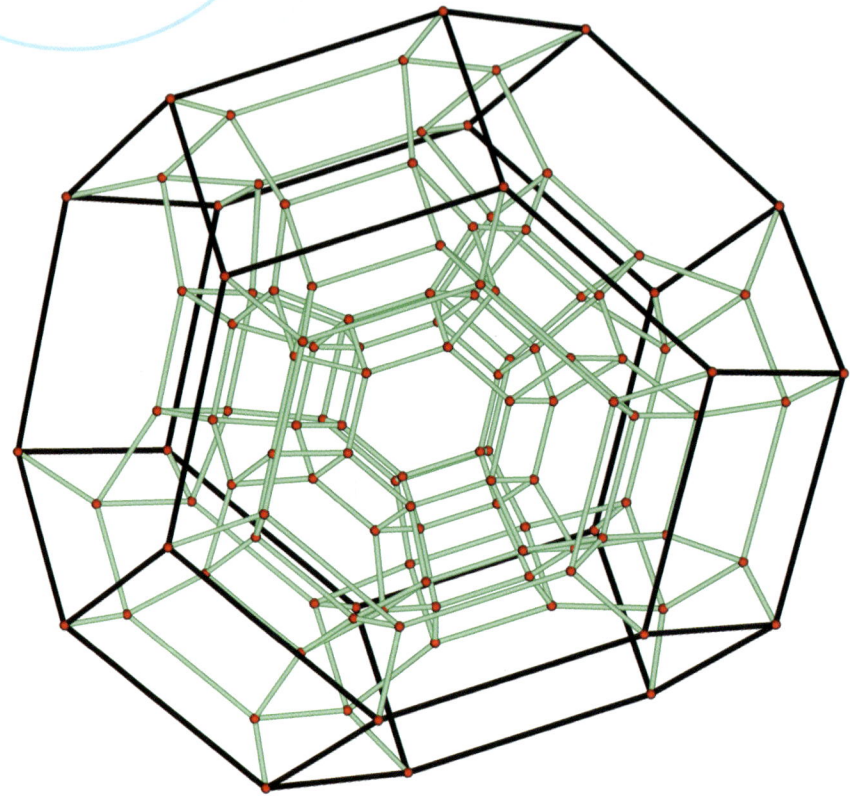

▲ Diagramme de Schlegel d'un permutaèdre de dimension quatre.

Comment nous représenter des objets de dimension *n* dans un espace de dimension *n* – 1 ? À partir des ombres d'objets de dimension trois sur le plan, on peut déjà déduire d'importantes propriétés de l'original dans l'espace. Mais il faut bien choisir la source de lumière : des rayons de lumière parallèles juste au-dessus d'un cube ne donneraient pour ombre qu'un carré.

Le diagramme de Schlegel d'un polytope peut ainsi être considéré comme l'ombre projetée de ce polytope, avec des déformations nécessaires pour bien visualiser les arêtes.

➤ Modèle du diagramme de Schlegel du permutaèdre de dimension quatre de Michael Joswig.
➤ E. Gawrilow, M. Joswig : *polymake – a framework for analyzing convex polytopes in :* «Polytopes - combinatorics and computation», *DMV Sem.* 29, 43-73, Birkhäuser 2000.
➤ Téléchargement du logiciel Polymake sur : *www.polymake.de polymake.*

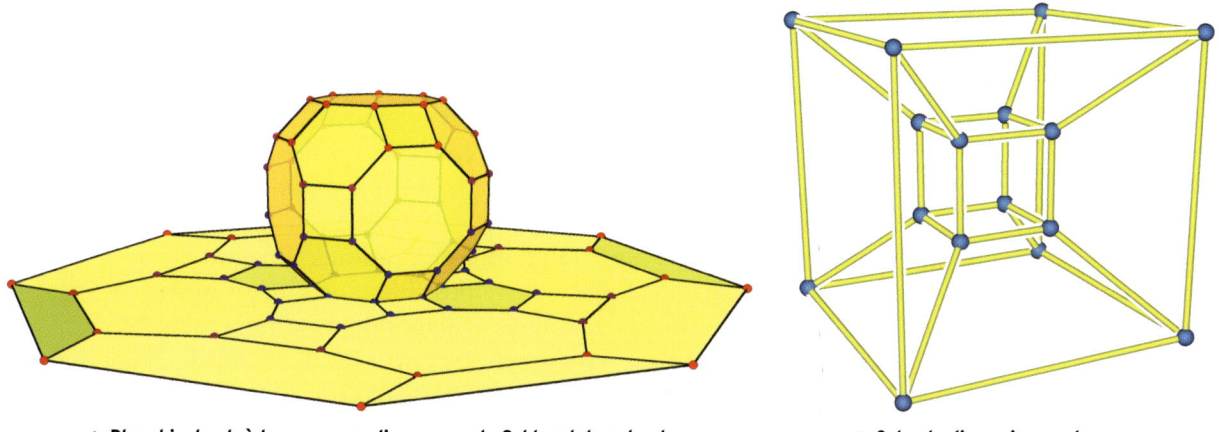

▲ **Rhombicuboctaèdre avec son diagramme de Schlegel dans le plan.**　　　▲ **Cube de dimension quatre.**

Pour obtenir un tel diagramme, on place une source de lumière un peu au-dessus d'une face d'un polytope et on projette les arêtes du polytope sur un plan parallèle à la face : ce procédé est semblable à la projection stéréographique d'une sphère sur un plan à partir du Pôle Nord. Sur l'image du haut, on a projeté de cette façon le rhombicuboctaèdre sur un plan.

Ci-dessous nous voyons les diagrammes de Schlegel des solides platoniciens. Dans l'ombre du cube, la face supérieure est représentée par le carré extérieur et la face inférieure par le carré intérieur.

La réduction du nombre de dimensions rend les diagrammes de Schlegel particulièrement intéressants pour les polytopes de dimension quatre : leur ombre ou diagramme de Schlegel est, dans ce cas, de dimension trois et peut être étudié comme objet de l'espace. Le cube de dimension quatre possède pour faces huit cubes de dimension trois. Dans le diagramme de Schlegel du cube 4D, le cube 3D qui était le plus proche du centre de projection est représenté comme cube extérieur, comme dans le diagramme de Schlegel du cube 3D. Le 120-cellules (voir page 212) est d'ailleurs aussi un diagramme de Schlegel.

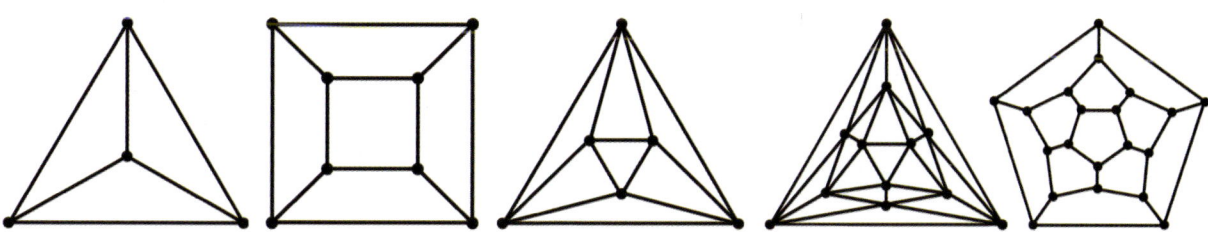

▲ **Diagrammes de Schlegel des cinq solides de Platon : tétraèdre, cube, octaèdre, icosaèdre et dodécaèdre.**

▸ *http://ctg.epfl.ch/webdav/site/ctg/users/162532/public/symGroupRegPolyhedra.pdf*
▸ V. Schlegel, *Ueber Projektionsmodelle der regelmäßigen vierdimensionalen Körper*, Waren, 1886.

Arbres couvrants minimaux

Un arbre couvrant minimal d'un graphe connexe est le plus petit ensemble connexe d'arêtes qui relie tous les points du graphe. Ce graphe partiel ne contient pas de cycle et est donc un arbre.

L'arbre minimal présente un grand intérêt pratique. Imaginons qu'il faille construire une conduite d'eau la plus courte possible d'un village au suivant. Mais certaines conditions empêchent deux de ces villages d'être directement reliés, par exemple parce que le terrain est trop accidenté entre les deux. Sur le graphe, des lignes droites représentent alors une solution possible pour la création du réseau d'eau.

L'algorithme suivant est une alternative aux algorithmes les plus populaires (de Kruskal et Prim) et s'illustre de manière particulièrement claire. Nous faisons grossir des cercles autour des nœuds jusqu'à ce qu'ils se touchent. Si les nœuds correspondants sont reliés par une arête, on rajoute celle-ci à l'arbre minimal. Ensuite on continue à faire grossir les cercles jusqu'au « contact » suivant.

Au cas où il y a une arête entre les nœuds correspondants et qu'il est possible de la rajouter sans enfreindre la condition sur l'arbre (pas de cycle), alors l'arbre minimal est aussi complété avec cette arête. On itère le procédé jusqu'à ce que les points du graphe soient tous reliés.

On voit sur le dessin que les nœuds numérotés 1 et 3 sont reliés par une arête grise qui n'a pu être marquée en noir parce que cela aurait formé un cycle avec 3 nœuds.

À l'inverse, l'arête reliant les nœuds numérotés 2 et 4 a pu être ajoutée à l'arbre minimal (elle est marquée en noir) car elle ne forme pas de cycle avec les arêtes voisines. Pourtant les cercles de centres ces deux points ne s'étaient pas rejoints.

▷ M. Diehl, M. Jünger, V. Kaibel, T. Lange, G. Reinelt : *www.informatik.uni-koeln.de/old-ls_juenger/projects/dust.html*
▷ Illustration étape par étape de l'algorithme par croissance cellulaire, par M. Goemans : *http://www-math.mit.edu/~goemans/matching.html*
▷ M. X. Goemans, D. P. Williamson, « A general approximation technique for constrained forest problems », *SIAM Journal on Computing* 24:296-317, p. 195.
▷ Description des algorithmes de Kruskal et Prim : *http://www.dil.univ-mrs.fr/~gcolas/algo-licence/slides/graphes2.pdf*
▷ Exercices sur les arbres couvrants : *http://www.apprendre-en-ligne.net/graphes-ancien/arbres/couvrant.html*

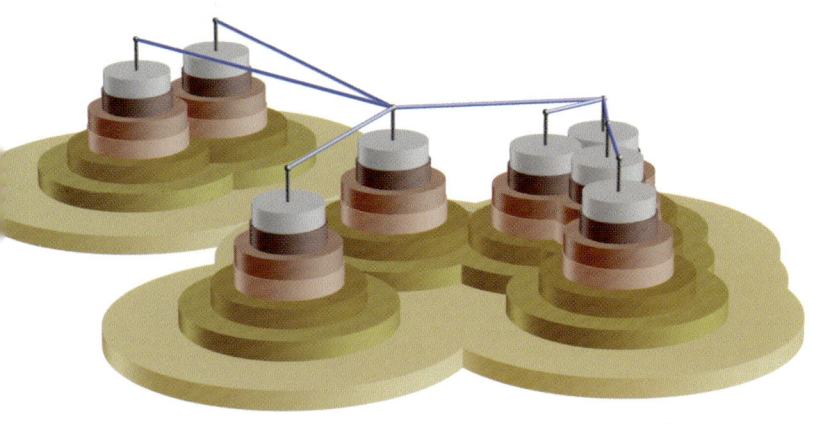

◀ Pour garder une vue d'ensemble, on a seulement représenté l'arbre couvrant minimal de ces deux graphes à 8 et 16 nœuds respectivement.

En coloriant alternativement les anneaux, on ne peut pas s'empêcher – même si c'est très simplifié - de penser qu'il s'agit ici d'une simulation de croissance annulaire comme dans les cultures de bactéries ou de lichens.

Les «phases de croissance» peuvent aussi être visualisées en trois dimensions sous forme «d'anneaux de croissance annuelle». La projection horizontale reproduit la situation en dimension deux.

Décompte de triangulations

Combien existe-t-il de maillages de triangles pour un ensemble de points donné ? Comment peut-on dénombrer l'ensemble infini de maillages triangulaires ?

Pour simplifier, limitons-nous tout d'abord à des triangulations à l'intérieur d'un triangle ABC du plan et déterminons le nombre de maillages triangulaires associés à un nombre donné de points. Nous ne faisons pas la différence ici entre deux maillages triangulaires qui sont simplement tournés ou légèrement déformés. Les côtés peuvent aussi êtres courbes, du moment qu'ils ne se coupent pas. Pour trois points A, B, C il existe un seul maillage triangulaire, constitué du triangle de côtés [AB], [BC] et [AC]. De même il n'existe pour quatre points, où chacun est relié aux trois autres, et pour cinq points, qu'une seule triangulation.

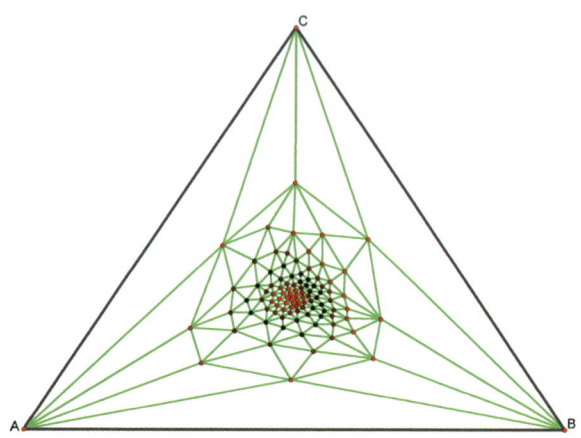

▲ Les triangulations à l'intérieur d'un triangle sont équivalentes aux triangulations d'une sphère, c'est-à-dire au diagramme de Schlegel.

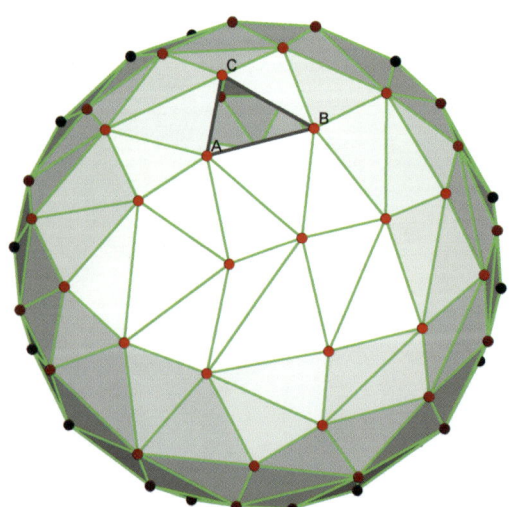

Cela commence à devenir intéressant avec six points, où il existe alors quatre maillages triangulaires différents. On commence à se dire qu'il est vraiment difficile de dénombrer les maillages triangulaires pour un ensemble de *n* points intérieurs. C'est effectivement une tâche complexe, que **William Tutte** a réussi à accomplir en 1962. Tutte a réussi à déterminer une formule explicite qui permet de calculer pour chaque nombre *n* le nombre total $\psi(n)$ de triangulations. La fonction ψ croît naturellement très vite lorsque le nombre de points augmente. Il est donc préférable, lorsque *n* tend vers l'infini, de considérer le taux par point du maillage. Cela mène, comme nous allons le voir, à la notion d'entropie de Tutte de maillages triangulaires.

➤ W.T. Tutte, « A census of planar triangulations », *Canadian Journal of Mathematics* 14, 1962, 21-38.
➤ F. Kälberer, K. Polthier, U. Reitebuch, M. Wardetzky, « FreeLence-Coding with free valences », *Computer Graphics Forum* 24 (3), 2005, 469-478.
➤ Divers liens sur la triangulation de Delaunay et l'entropie de Tutte : *http://www-sop.inria.fr/geometrica/courses/slides/delaunay-generalites-od.pdf*

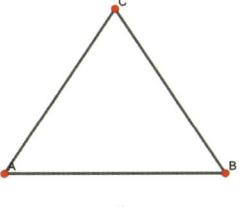 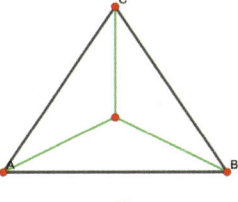 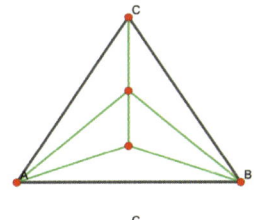

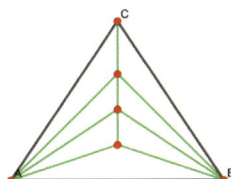 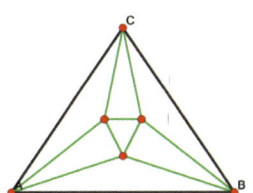 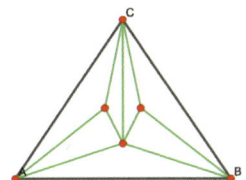 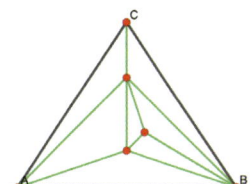

◀ **Tous les maillages triangulaires avec 0, 1, 2 et 3 points intérieurs ; les versions symétriques ne sont pas représentées. Pour trois points intérieurs, il existe déjà 13 maillages différents.**

Pourquoi nous limitons-nous à des maillages à l'intérieur d'un triangle au lieu de nous intéresser aux maillages limités par un polygone quelconque ? Tous les maillages à l'intérieur d'un triangle peuvent s'interpréter comme maillages sur une sphère, la surface fermée la plus simple. Pour cela, observons un maillage sphérique sur la page de gauche (image en bas à gauche), sélectionnons un triangle quelconque et nommons ses sommets A, B, C. Supprimons à présent ce triangle et déplions la sphère ouverte en un maillage plat sur le plan (image en haut à droite). Ce procédé produit un maillage plan, similaire à un diagramme de Schlegel (voir p. 230), et qui contient tous les autres triangles de la sphère.

Le nombre de triangulations ψ est intéressant en graphisme assisté par ordinateur, dans le calcul de la place de stockage nécessaire pour les maillages, en nombre de bits. Des surfaces complexes ou des scènes nécessitent des millions de triangles. On cherche alors à avoir une structure des données particulièrement efficace, de façon à gaspiller le minimum de capacité de stockage. La fonction ψ nous dit quelle quantité d'informations est contenue dans l'ensemble des triangulations, et donc quelle capacité de stockage nécessite l'enregistrement de modèles 3D. Les techniques de compression, comme l'algorithme FreeLence actuellement en tête, améliorent l'efficacité en intégrant des informations géométriques sur la surface et compriment ainsi même au-dessous de l'entropie de Tutte.

$$\Psi(0) = \Psi(1) = 1 \qquad \Psi(2) = 3 \qquad \Psi(3) = 13$$

$$\Psi(n > 1) = \frac{2}{(n+1)!}(3n+3)(3n+4)\ldots(4n+1)$$

▲ **Formule de Tutte du calcul du nombre de triangulations pour un nombre donné _n_ de points intérieurs.**

Pour mesurer la capacité de stockage nécessaire pour tous les maillages triangulaires avec _n_ points intérieurs, nous observons, plutôt que la dépense totale qui devient infiniment grande, la dépense moyenne pour chaque point concerné. Le logarithme en base 2 fournit pour chaque point concerné l'entropie de Tutte, l'unité étant le nombre de bits par point :

$$\lim_{n \to \infty} \frac{\log_2 \Psi(n)}{n} = 3,245\ldots$$

➤ http://ufrsciencestech.u-bourgogne.fr/~roudet/publications/articles/articleAFIG.pdf
➤ http://geom.mi.fu-berlin.de/kaelberer/files/Kaelberer_DiplomaThesis.pdf
➤ http://www.lix.polytechnique.fr/~amturing/pub/slides_JGAD04.ps

CHAPITRE 12

Formes mobiles

Les géométries du mouvement jouent un rôle important
en robotique, par exemple dans la construction
de plateformes flexibles, dans la prévention de collision de
bras robotisés, ou dans le moteur Wankel qui utilise
la théorie des courbes de largeur constante.
Quelques exemples sont présentés de façon visuelle
dans ce chapitre. Certains modèles, comme le kaléidocycle
d'Escher, peuvent aussi être reproduits avec un peu
de patience sous forme de maquettes flexibles en papier.

Le mouvement elliptique

Un mouvement guidé simple qui fonctionne aussi dans l'espace

Considérons un segment [UV] de longueur constante et déplaçons-le de façon à ce que U glisse sur une droite u et V sur une droite v. Alors tout point D (ou aussi P ou C) qui reste à la même distance de U et de V (en particulier tout point du segment [UV]) décrit une ellipse.

Il existe en particulier deux points, A et B, qui se déplacent sur deux ellipses «aplaties» normales l'une à l'autre et qui définissent le même mouvement elliptique (ellipsographe de Proclus).

▲ **Ellipsographe de Proclus.**

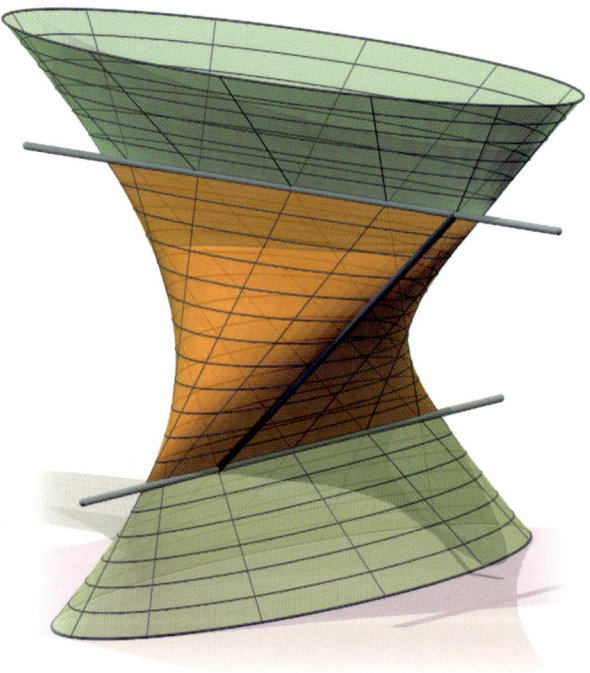

Le mouvement de l'ellipsographe peut se généraliser à l'espace. Les droites u et v sont alors orthogonales et non sécantes. Tout point de [UV] décrit une ellipse dans un plan normal à la perpendiculaire commune aux droites u et v. La surface balayée par [UV] est d'ailleurs une très intéressante surface réglée de degré 4.

▲ **Quartique réglée en berlingot.**

> J. Krames, « Zur aufrechten Ellipsenbewegung des Raums », *Monatshefte für Mathematik,* vol. 46/1, 1937, pp. 38-50.

> G. Glaeser, H. P. Schröcker, *Handbook of Geometric Programming using Open Geometry GL,* Springer Verlag, N.Y. 2002.

> M. Husty, A. Karger, H. Sachs, W. Steinhilper, *Kinematik,* Springer Verlag, 1997.

> W. Wunderlich, *Ebene Kinematik,* B.I. Hochschultaschenbücher 447/447a, Mannheim, 1970.

> http://fr.wikipedia.org/wiki/Ellipsographe

> http://www.mathcurve.com/surfaces/berlingot/berlingot.shtml

Polyèdres déformables (flexaèdres)

Des articulations qui s'animent

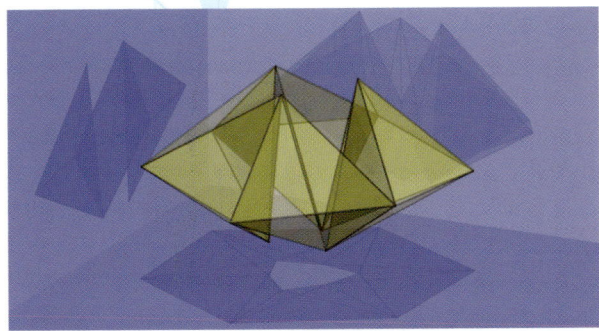

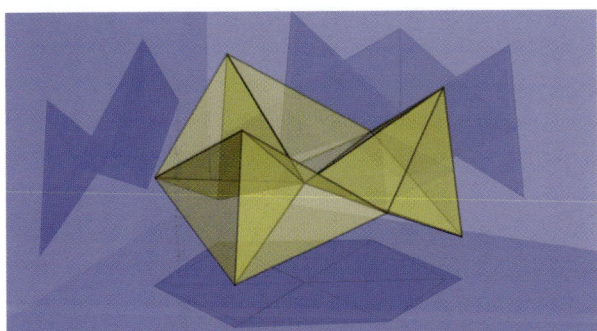

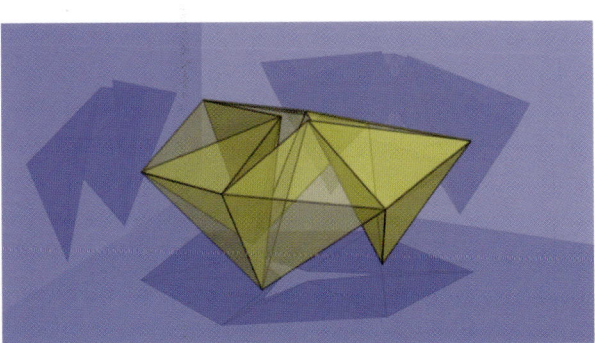

▲ **Kaléidocycle d'Escher.**

Il est étonnant de constater que certains polyèdres peuvent se déformer de façon continue grâce à la longueur particulière de leurs arêtes. On prend le patron d'un polyèdre, on le plie pour former le polyèdre, on le colle selon les instructions et on peut finalement le faire bouger comme un soufflet. Est-ce vraiment faisable ? La réponse est : en général, non. Mais si certaines conditions sont respectées, le polyèdre peut alors « s'animer ».

La construction du célèbre kaléidocycle d'Escher est fondée sur un mécanisme, dit mécanisme R6, selon lequel deux paires de groupes de trois segments sécants (dessinés en vert et noir sur l'image ci-dessous), arrangés de façon symétrique autour d'un axe de rotation, définissent un polygone fermé (en orange). Ses côtés sont constitués des perpendiculaires communes aux segments pris deux à deux (voir page 242).

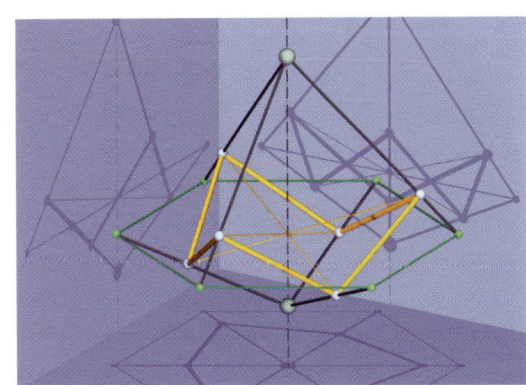

➤ Construction de Hans-Peter Schröcker.
➤ I. Stewart, « La conjecture du soufflet », *Pour la Science*, n° 250, août 1998.
➤ *http://irem.u-strasbg.fr/php/articles/16_Lefort.pdf*
➤ D. Schattschneider, *M. C. Escher Kaleidocycles*, Pomegranate Artbooks Inc, 1987.
➤ M. Engel : *www.kaleidocycles.de/index.shtml*

Trajectoires et enveloppes

Lors d'un mouvement dans l'espace

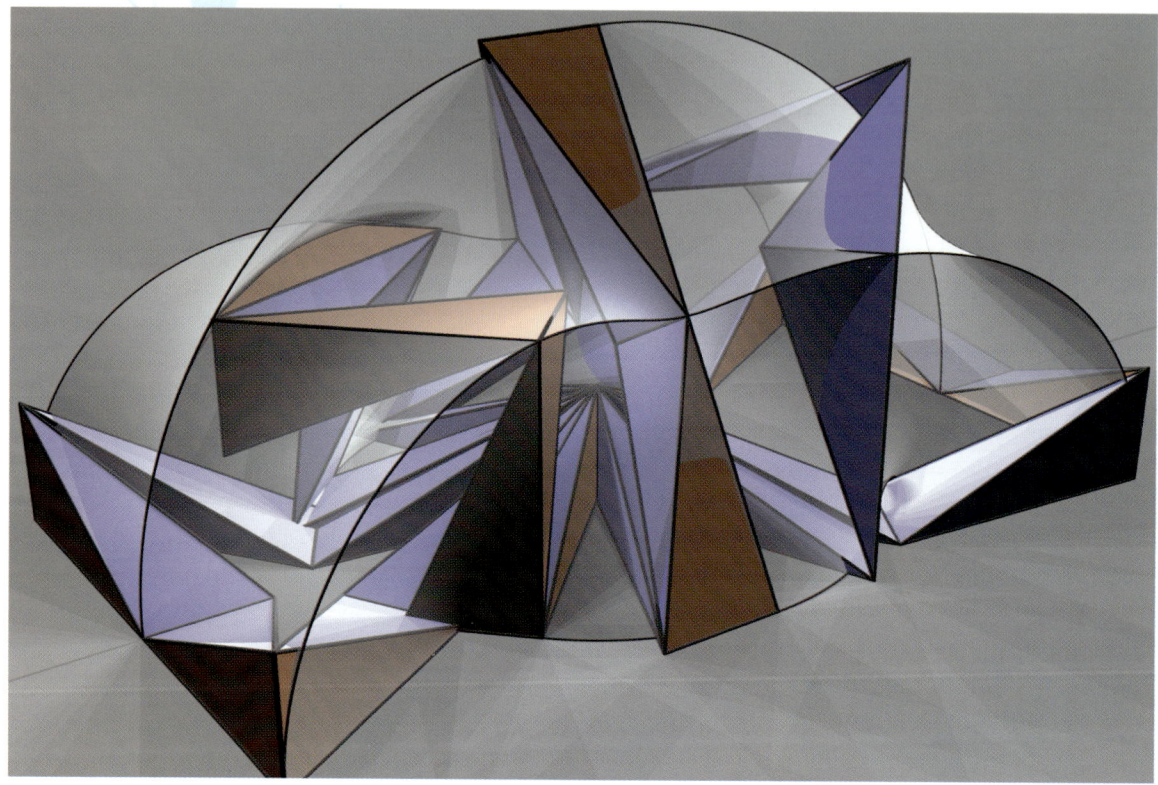

Lorsqu'un point se déplace selon une trajectoire quelconque dans l'espace, cette trajectoire n'est en général pas plane. Des droites balayent des surfaces réglées, des courbes quelconques engendrent des «traces»; des plans enveloppent des surfaces réglées développables. Sur l'image ci-dessous, on a représenté différentes étapes du déploiement d'un mécanisme R6 (décrit sur la page suivante) de façon à ce que l'une des arêtes situées sur l'axe de rotation de l'articulation reste fixe. À un moment donné (deuxième position à partir de la gauche), les côtés de l'angle droit du triangle frontière déterminent un cube. C'est pourquoi **Paul Schatz**, l'inventeur de l'oloïde décrit sur la page suivante, a dénommé cette figure le «retournement du cube».

▷ Image de Franz Gruber.
▷ P. Schatz, *Die Welt ist umstülpbar: Rhythmusforschung und Technik*, Verlag Niggli Zürich 2008, 3e édition.
▷ Biographie de P. Schatz : *http://www.paul-schatz.ch/en/who-was-paul-schatz/*
▷ P. Schatz, *Die Welt ist umstülpbar: Rhythmusforschung und Technik*, Verlag Niggli Zürich 2008, 3e édition.

Mouvements à marche guidée dans l'espace

sur l'exemple du roulement de l'oloïde

Observons le mouvement entièrement déterminé par l'articulation de trois tiges de même longueur d, représentée sur les images ci-contre. Si nous déplaçons une tige, les quatre charnières obligent les articulations des points d'ancrage à tourner (de façon non proportionnelle) autour des axes verticaux fixés soutenant les points d'ancrage. Si les points d'ancrage sont distants de $d\sqrt{3}$, les trois tiges deviendront, à un moment ou à un autre, les arêtes d'un cube, ce qui nous rappelle l'image de la page précédente : on peut en effet montrer qu'un engrenage R6 se cache aussi derrière.

Ce mouvement dans l'espace, particulièrement compliqué, a été étudié en relation avec le roulement de l'oloïde, défini comme enveloppe convexe de deux cercles de même taille, imbriqués perpendiculairement l'un dans l'autre jusqu'au centre. Cette surface réglée a de nombreuses propriétés intéressantes (les génératrices sont par exemple toutes de même longueur). On a en plus découvert que l'oloïde, grâce à son mouvement décrit ci-dessus, est parfaitement adapté au mélange de liquides.

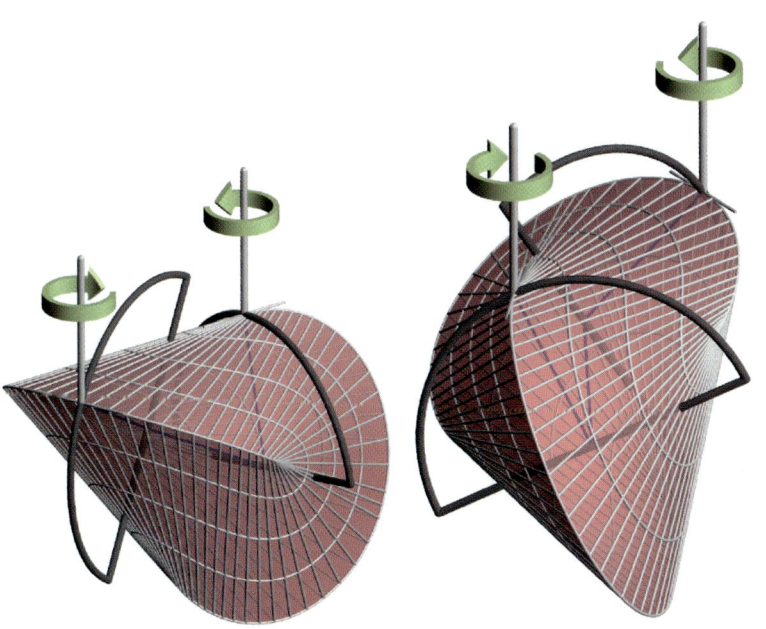

◀ **Mouvement d'un oloïde.**

▶ Sur l'oloïde : *http://www.emis.de/journals/JGG/1.2/2.html* et *http://fr.wikipedia.org/wiki/Oloïde*
▶ E. Pawlowski : *www.uni-kl.de/AG-Leopold/lehre/architektur_geometrie/raumstrukturen/umstuelpungskoerper.pdf*
▶ G. Glaeser, *Geometry and its application in arts, nature and technology*, Springer Verlag, 2012.

Degrés de liberté

Et pourtant il bouge !

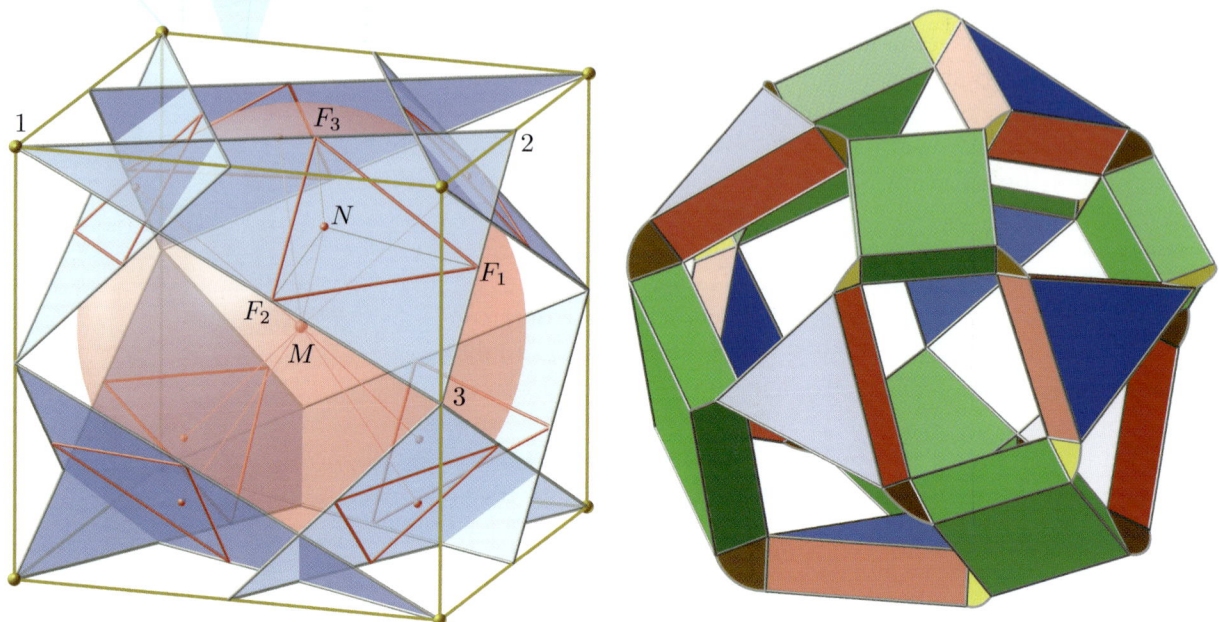

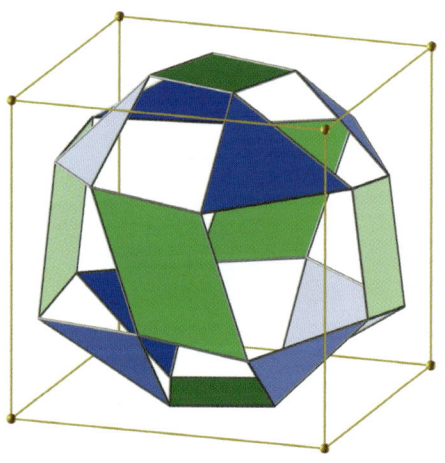

Prenons un cube et découpons-en les coins comme le montre la figure ci-dessus à gauche (en respectant le sens de parcours). Il n'est pas difficile de montrer que chaque triangle 123 est tangent en un point N à la sphère inscrite dans le cube. Projetons maintenant orthogonalement le point N sur les côtés du triangle et observons les huit triangles bleus ainsi obtenus (voir image ci-contre).

Les huit triangles rouges déterminent en plus deux carrés sur la base et le haut du cube, et quatre parallélogrammes isométriques. Dressons maintenant, par-dessus les polygones ainsi définis, des prismes de hauteur quelconque, mais la même pour tous. Relions ces prismes par des «doubles charnières sphériques», c'est-à-dire par exemple en arc de cercle, comme sur l'image ci-dessus à droite. On obtient un mécanisme à plusieurs articulations.

➤ O. Röschel, F. Gruber : *http://sodwana.uni-ak.ac.at/freiheitsgrade.html*

➤ Tout s'éclaire avec l'animation : *http://sodwana.uni-ak.ac.at/math-pictures/truncated-cube.avi*

➤ O. Röschel, « Und sie bewegen sich doch – neue übergeschlossene Polyedermodelle », *Informationsblätter der Geometrie (IBDG)* 1/2002, 37 – 41 (2002).

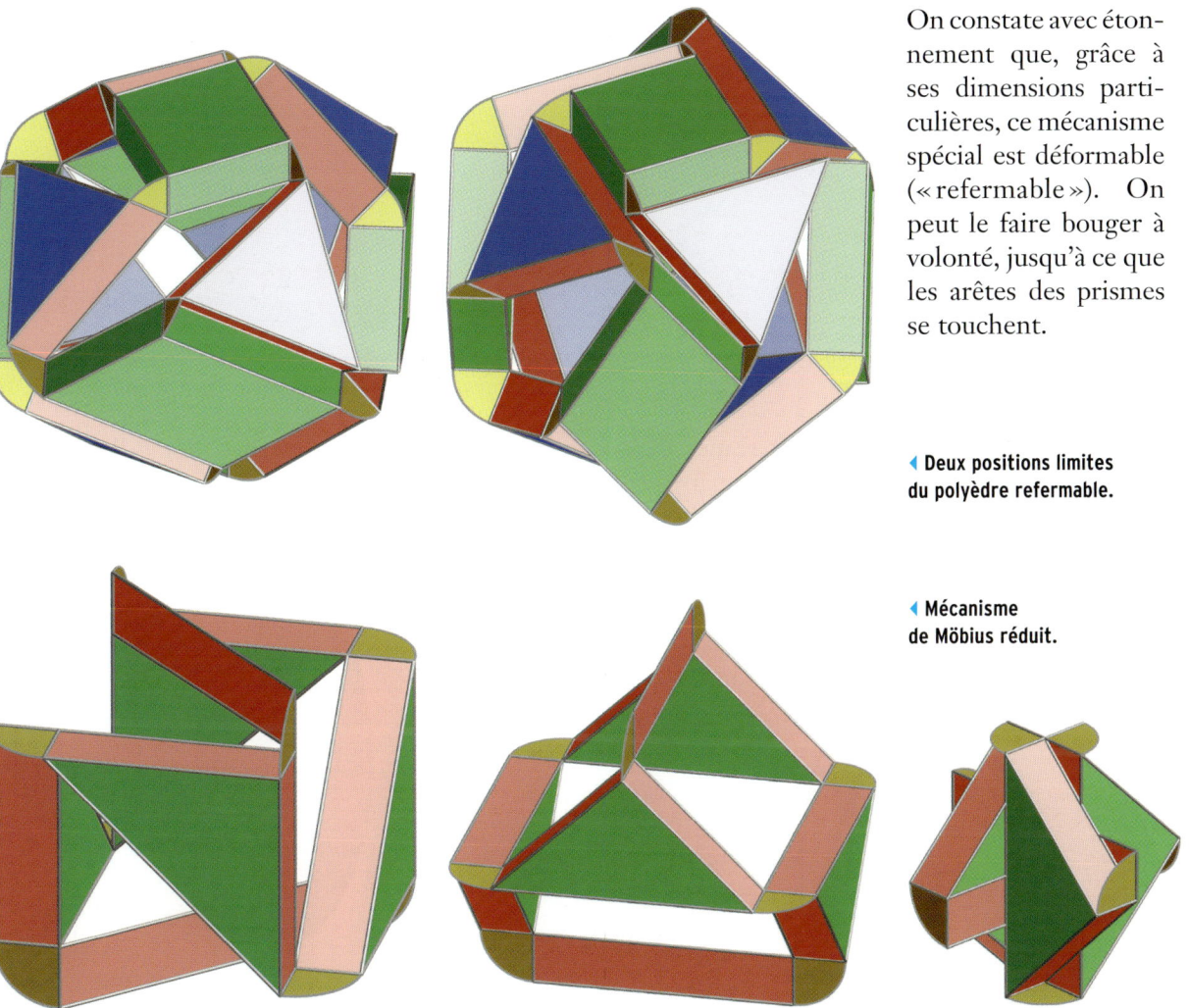

On constate avec étonnement que, grâce à ses dimensions particulières, ce mécanisme spécial est déformable («refermable»). On peut le faire bouger à volonté, jusqu'à ce que les arêtes des prismes se touchent.

◀ **Deux positions limites du polyèdre refermable.**

◀ **Mécanisme de Möbius réduit.**

En général, un mécanisme à plusieurs articulations est rigide, c'est-à-dire sans degré de liberté. Comme point de départ pour construire toute une série de modèles de flexaèdres, il est recommandé d'étudier les «mouvements guidés qui conservent les angles», engendrés par la superposition d'une rotation et d'une similitude. Le «mécanisme de Möbius réduit» (série d'images ci-dessus) a aussi été trouvé grâce à de tels mouvements guidés.

➤ O. Röschel, « Möbius mechanisms », in J. Lenarcic, M. M. Stanisic (eds.): *Advances in Robot Kinematic*, 375-382, Kluwer Academic Publishing, 2000.

Le triangle de Reuleaux qui roule

C'est fou tout ce que l'on peut tourner et retourner…

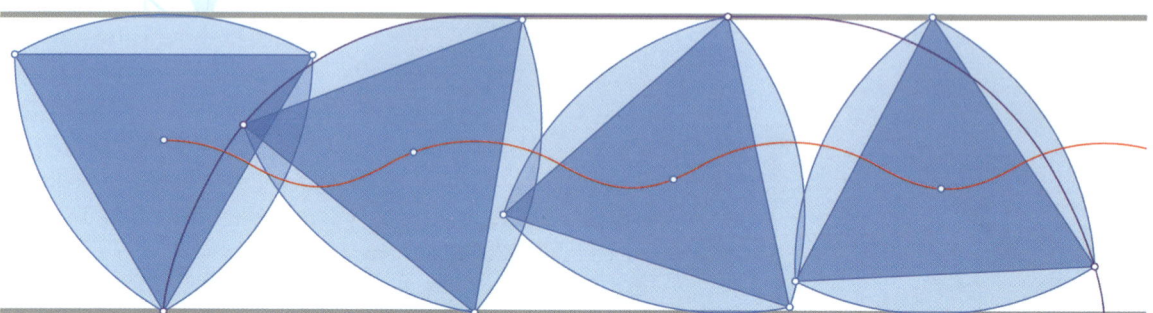

▲ **Roulement du triangle de Reuleaux.**

Des cercles peuvent rouler dans une bande de largeur constante, mais d'autres formes le peuvent aussi, par exemple le triangle de Reuleaux, qui est formé de trois arcs de cercle dont les centres forment un triangle équilatéral.

Pour obtenir des lignes ovoïdes à courbure continue et de largeur constante, on trace des épicycloïdes, par exemple le deltoïde de Steiner de la figure de gauche. Cette courbe constitue la développée seconde de l'ovoïde. Sur l'image, on fait tourner un segment [PQ] de longueur constante sur la développée. Le point P* = Q* est centre de courbure, aussi bien pour P que pour Q.

Ces procédés s'appliquent aussi dans l'espace. Dans le cas le plus simple, on arrive au tétraèdre de Reuleaux, qui n'est cependant pas un solide de largeur constante.

▲ **Tétraèdre de Reuleaux, délimité par quatre sphères autour des sommets d'un tétraèdre régulier.**

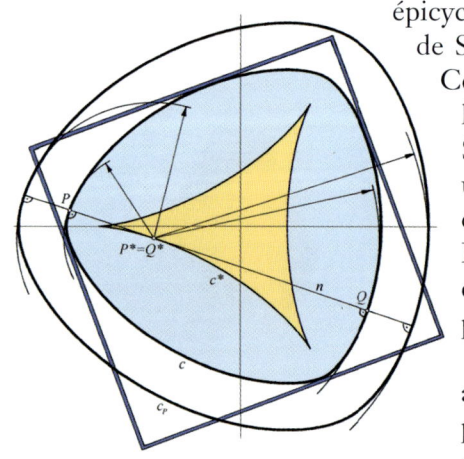

▲ **Deltoïde de Steiner.**

❯ F. Manhart, « Kurven und Flächen: Analyt. Behandlung und graph. Darstellung mit MAPLE », *IBDG*, Jg. 21, Heft 2 (2002), 35-44.
❯ F. Manhart : *http://dmg.tuwien.ac.at/manhart/diffgeombilder*
❯ J. Koeller : *www.mathematische-basteleien.de/gleichdick.htm*
❯ *www.wundersamessammelsurium.info/mathematisches/reuleaux/index.html*
❯ *http://fr.wikipedia.org/wiki/Triangle_de_Reuleaux*
❯ *http://mathenjeans.free.fr/amej/edition/2005/Briancon2005/reul05/05reulea.html*
❯ *http://www.maa.org/FoundMath/08week21.html*

Le Gömböc

Il se redresse toujours - garanti sans trucage

Les mathématiciens hongrois **Peter Vàrkonyi** et **Gàbor Domokos** recherchaient un solide capable de se redresser tout seul – mais sans recourir à l'astuce d'un poids dissimulé – et ils découvrirent l'objet ci-contre, le Gömböc (ce qui signifie « petit gros » en langue parlée hongroise). Ce qui est particulier, c'est que le Gömböc est convexe (des objets non convexes qui se redressent tout seuls sont faciles à trouver). Le problème a été attaqué mathématiquement, c'est-à-dire que l'on a étudié le nombre de positions d'équilibre ou de déséquilibre de l'objet, par rapport à un plan de référence. De toutes petites modifications de la surface suffisent à modifier ce nombre de façon considérable.

Dans une même quête, l'évolution a abouti à la carapace de la tortue étoilée de Madagascar, qui n'a aucun mal à se remettre à l'endroit !

▶ www.gurumed.org/2011/06/16/le-gmbc-la-plus-trange-forme-au-monde-mais-cela-ne-ne-lempchera-pas-de-garder-pour-toujours-la-tte-haute/
▶ P. L. Várkonyi, G. Domokos, « Static equilibria of rigid bodies: dice, pebbles and the Poincare-Hopf Theorem », *Nonlinear Sci.*, Vol 16 : pp 255-281, 2006.
▶ Pour s'informer ou acheter le Gömböc, voir le site de Gömböc Ltd. : www.gomboc.eu

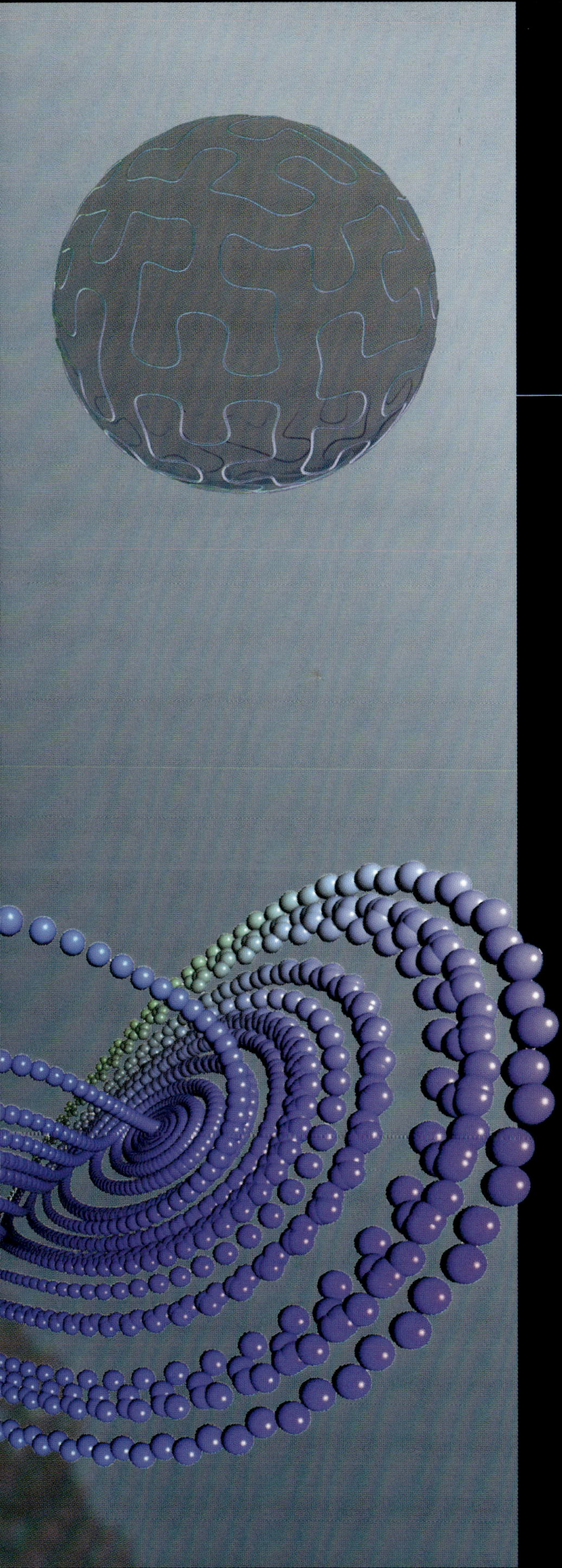

Ensembles fractals

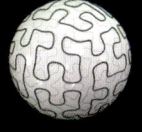

Les fractales ont pour dimension des nombres qui ne sont

pas nécessairement entiers et se distinguent en cela

des courbes lisses, des surfaces et des volumes

de dimension 1, 2, 3 etc. L'étude de cette zone transitoire

entre les dimensions entières fut abordée il y a déjà plus

de 100 ans par David Hilbert, Gaston Julia, Felix Hausdorff

et bien d'autres mathématiciens.

Ce n'est cependant que grâce aux images en couleurs

de l'ensemble de Mandelbrot, qui fascinèrent le public

du monde entier au milieu des années 1980,

que les fractales connurent une réelle popularité.

Les premiers ordinateurs graphiques permirent soudain

de visualiser avec un esthétisme magique des mondes

fractals jusqu'alors totalement méconnus et qui n'avaient

rien de mathématique au premier coup d'œil.

Nos exemples illustrent quelques-unes

des idées sous-jacentes.

L'arbre de Pythagore

Un simple mouvement guidé qui fonctionne aussi dans l'espace

L'arbre de Pythagore apparaît, au voisinage de son tronc, comme une belle surface de dimension 2. Dans le voisinage de ses feuilles, l'arbre se subdivise tellement que son contour est finalement aussi de dimension 2 (voir p. 253).

Le nom de Pythagore fait référence aux triangles rectangles et aux carrés utilisés. On peut naturellement aussi employer d'autres triangles ou d'autres rectangles de base, cependant cela nuit à la ressemblance avec un vrai arbre, comme on peut le voir à droite.

▲ Arbre de Pythagore.

> Construction interactive de l'arbre : *http://therese.eveilleau.pagesperso-orange.fr/pages/truc_mat/textes/fractale_pythagore.htm*
> Animations sur les fractales : *http://fpassebon.pagesperso-orange.fr/fractales.html#*

Construction

On commence par un tronc constitué d'un carré et d'un triangle rectangle. À la première étape, un tronc supplémentaire pousse sur chaque côté du triangle, comme une branche, en quelque sorte. Ce procédé se répète à chaque étape : sur chacun des 2^n côtés libres pousse une nouvelle branche qui a la forme d'un tronc. Le nombre de côtés libres double à chaque étape de l'itération.

▲ Tronc de base.

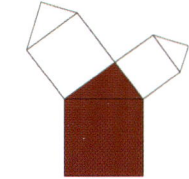

▲ Étape 1.

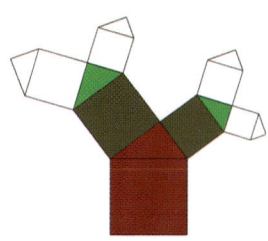

▲ Étape 2.

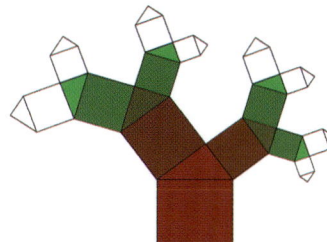

▲ Étape 3.

Exercice

On suppose que le triangle est rectangle.

1. Dans le cas où le triangle est en outre isocèle, l'arbre devient-il infiniment haut ou large ?
2. Que se passe-t-il lorsqu'un côté du triangle devient très petit ?
3. Combien mesure l'aire de l'arbre, lorsque dans le cas du triangle isocèle et du tronc rectangulaire, la hauteur du tronc est nulle (c'est-à-dire que l'on construit l'arbre seulement avec des triangles, voir image en haut à droite) ?

Modification

On utilise un rectangle à la place du carré :

▲ Tronc (représenté sans le rectangle de base).

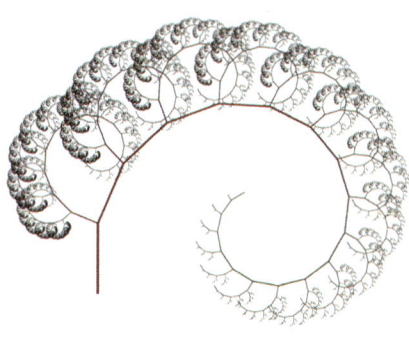

▲ Tronc étroit.

▲ Arbre obtenu à partir de triangles isocèles.

❯ W. Brefeld : www.brefeld.homepage.t-online.de/pythagorasbaum.html
❯ H. O. Peitgen, H. Jürgens, D. Saupe, *Chaos and Fractals*, Springer Verlag, 1992.

Remplir le plan et l'espace…

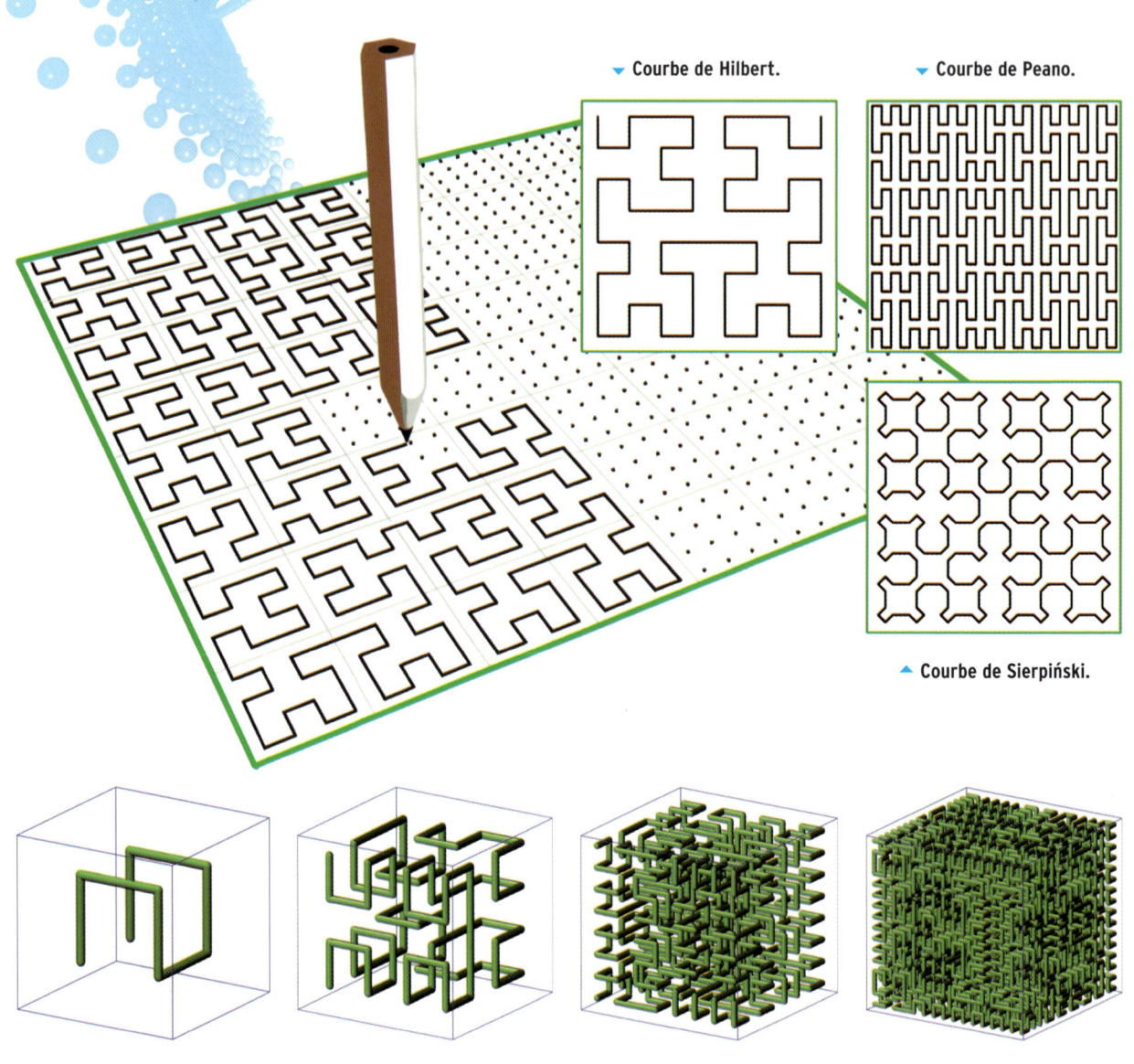

Courbe de Hilbert.

Courbe de Peano.

Courbe de Sierpiński.

Courbe de Hilbert dans l'espace.

> Images de Franz Gruber.
> J.-P. Delahaye, « Labyrinthes de longueur infinie », *Pour la Science*, n° 318, avril 2004.
> Sur la courbe de Peano : *http://villemin.gerard.free.fr/Wwwgvmm/Suite/FracPean.htm*
> H. Sagan, *Space-Filling Curves*, Springer-Verlag 1994.

…avec une courbe fermée

David Hilbert (1862-1943) créa en 1891 une courbe qui peut, grâce à un nombre suffisant de plis et de replis (plus précisément un nombre infini), remplir complètement une surface de dimension deux. Il avait ainsi ébranlé le concept classique de dimension. Avec la notion de «dimension fractale» utilisée aujourd'hui pour ce type d'objets (voir page 253), un segment a pour dimension $d = 1$, un carré pour dimension $d = 2$ (comme d'habitude).

La célèbre courbe du flocon de neige a une dimension $d = 1,26$ et se trouve entre les deux. La courbe de Hilbert a pour dimension $d = 2$, ce qui serait totalement impossible pour une courbe «normale». La courbe de Hilbert en 3D, dont chaque stade intermédiaire à une étape donnée a pour dimension 1, atteint finalement la dimension 3.

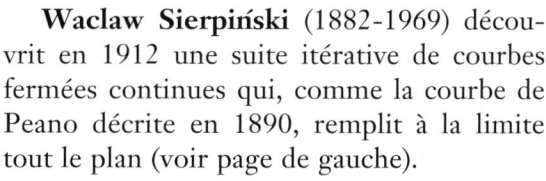

▲ **Courbe du flocon de neige (courbe de Von Koch) de dimension fractale égale à 1,26.**

Waclaw Sierpiński (1882-1969) découvrit en 1912 une suite itérative de courbes fermées continues qui, comme la courbe de Peano décrite en 1890, remplit à la limite tout le plan (voir page de gauche).

La série d'images ci-dessous montre différentes étapes de courbes de Hilbert arrondies.

➤ Biographie de W. Sierpiński : *http://fr.wikipedia.org/wiki/Wacław_Sierpinski*
➤ Construction itérative des courbes de Hilbert, Peano et Sierpiński, par V. B. Balayoghan : *www.cs.utexas.edu/users/vbb/misc/sfc/0index.html*
➤ A. Maas : *www5.in.tum.de/lehre/seminare/oktal/SS03/ausarbeitungen/maas.pdf*
➤ D. Hilbert, «Über die Theorie der algebraischen Varianten», in : *Nachrichten von der Königl. Gesellschaft der Wissenschaften der Georg-Augusts-Universität zu Göttingen*. 1891. p. 232-242.
➤ Retrouvez les fractales présentées sur le site de R. Ferréol : *http://www.mathcurve.com/fractals/fractals.shtml*

Courbes de Hilbert sur la sphère

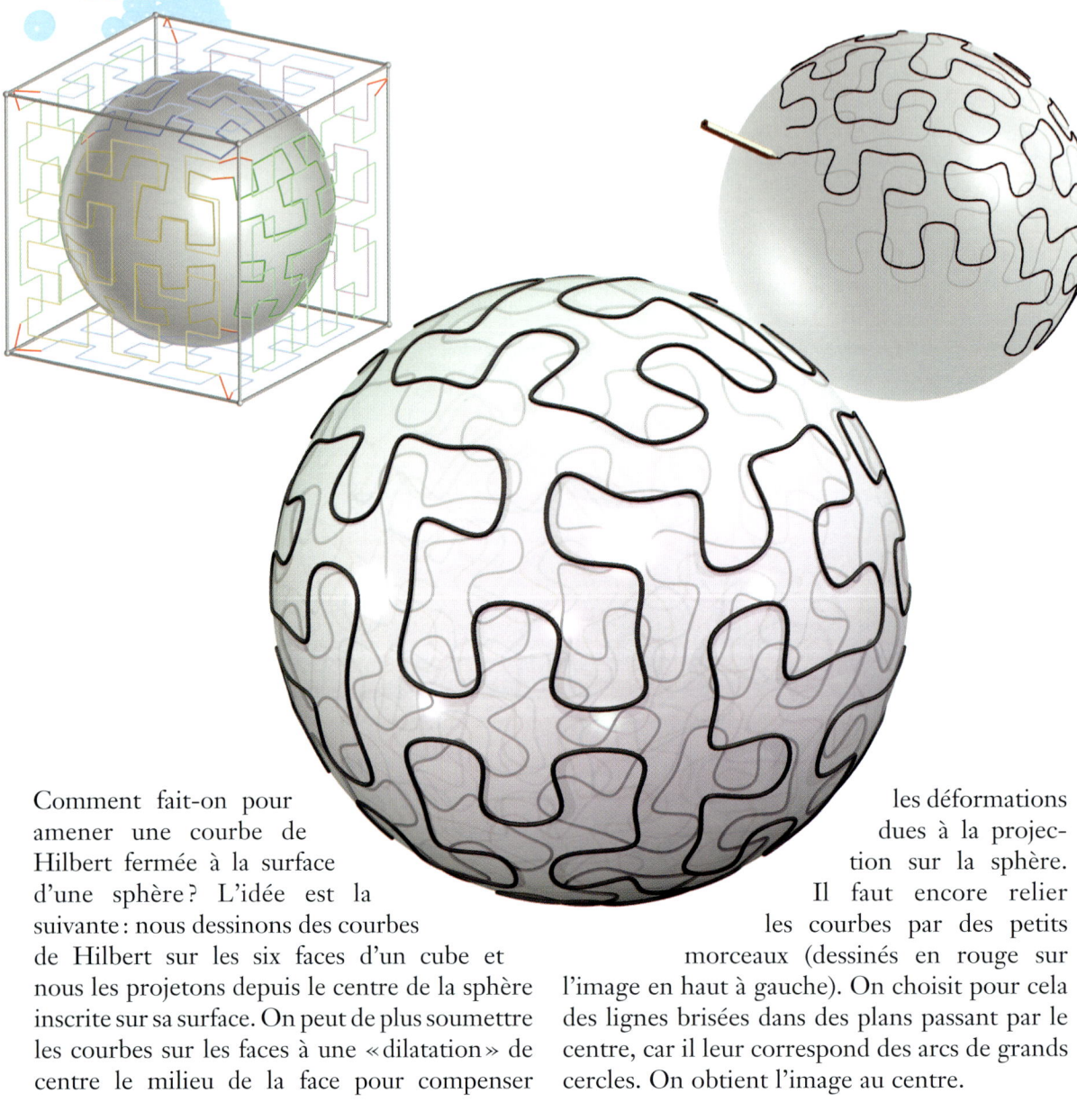

Comment fait-on pour amener une courbe de Hilbert fermée à la surface d'une sphère? L'idée est la suivante: nous dessinons des courbes de Hilbert sur les six faces d'un cube et nous les projetons depuis le centre de la sphère inscrite sur sa surface. On peut de plus soumettre les courbes sur les faces à une «dilatation» de centre le milieu de la face pour compenser les déformations dues à la projection sur la sphère. Il faut encore relier les courbes par des petits morceaux (dessinés en rouge sur l'image en haut à gauche). On choisit pour cela des lignes brisées dans des plans passant par le centre, car il leur correspond des arcs de grands cercles. On obtient l'image au centre.

> Images de Franz Gruber.

Dimension fractale

De haut en bas sur les images, l'agrandissement progressif de l'angle du cap (angle entre deux segments consécutifs) transforme une courbe en une fractale qui ressemble beaucoup à la courbe du flocon de neige – toutefois ce ne sont pas des triangles qui sont construits sur les segments, mais des trapèzes. Visiblement, cela change le degré de couverture du plan (les courbes de Hilbert recouvrent complètement le plan et ont pour dimension 2).

Comment se représenter une dimension d qui n'est pas un nombre entier ?

D'après Felix Hausdorff, dans le cas d'une figure géométrique constituée de n parties disjointes qui représentent des copies de l'objet tout entier à l'échelle 1:m, on a $m^d = n$, par conséquent $d = \log n / \log m$. Ainsi la courbe de Koch, qui est formée de quatre petites copies de toute la courbe à l'échelle 1:3, a pour dimension $d = \log 4 / \log 3$, soit environ 1,2618595.

En revanche, un carré, que l'on peut décomposer en neuf carrés de côté chaque fois le tiers du côté initial, a pour dimension $d = \log 9 / \log 3 = 2$, ce qui prend tout son sens.

➤ Voir la définition de la dimension de Hausdorff : *http://fr.wikipedia.org/wiki/Dimension_de_Hausdorff*
➤ L. Nottale, « La relativité d'échelle à l'épreuve des faits », *Pour la Science*, n° 309, juillet 2003.
➤ L. Nottale, *Fractal Space-Time and Microphysics*, World Scientific, 1993.

L'éponge de Menger

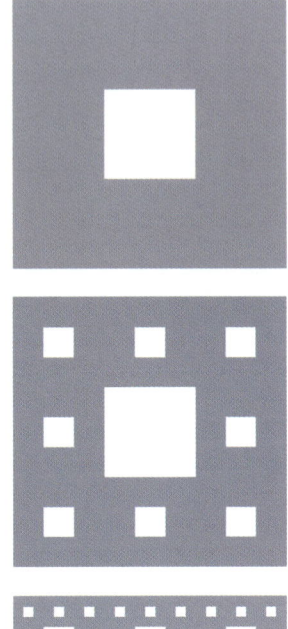

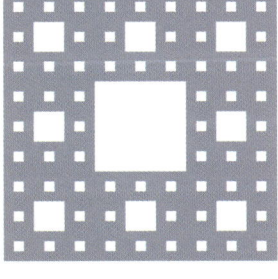

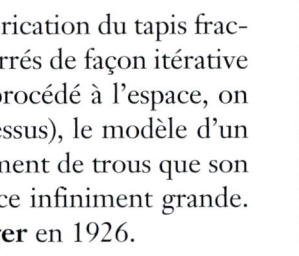

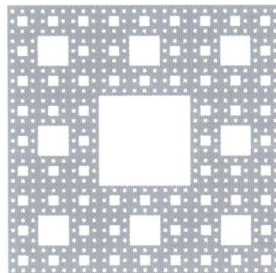

Dans la suite d'images de droite, on assiste à la fabrication du tapis fractal de Sierpiński, dans lequel on poinçonne des carrés de façon itérative à partir d'un carré existant. Si l'on extrapole le procédé à l'espace, on arrive à l'éponge de Menger (grande image ci-dessus), le modèle d'un ensemble qui tient dans un cube, mais qui a tellement de trous que son volume tend vers zéro – tout cela avec une surface infiniment grande. Elle fut décrite par le mathématicien **Karl Menger** en 1926.

➤ Sur l'éponge de Menger : *http://fr.wikipedia.org/wiki/Éponge_de_Menger* et *http://www.apmep.asso.fr/IMG/pdf/menger.pdf*
➤ G. Bär, « Bildnerische Experimente mit dem Menger-Schwamm », in *Geometrie, Kunst und Wissenschaft*, Tagungsband, 2007.
➤ Plusieurs itérations de la construction de l'éponge, par S. Werbeck : *www.angelfire.com/art2/stw*
➤ E. W. Weisstein : *http://mathworld.wolfram.com/MengerSponge.html*
➤ D. Hilbert, « Über die stetige Abbildung einer Linie auf ein Flächenstück », *Math. Ann.* 38, 459-460, 1891.

Une éponge avec toutes sortes d'aspects et une dimension fractale

Le croquis ci-dessus montre qu'à chaque étape, un cube est partagé en 27 petits cubes, tout en laissant vides 7 de ces petits cubes. La dimension de Hausdorff de l'éponge de Menger s'élève donc à $d = \ln 20 / \ln 3 \approx 2{,}73$.

Les tranches découpées sur l'éponge parallèlement à un plan diagonal du cube sont particulièrement intéressantes, parce que l'opération fait apparaître des symétries radiales. En colorant habilement, on obtient toutes sortes de «motifs de tapisserie» fractals.

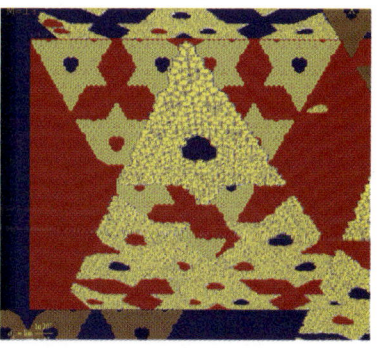

▲ Tranches de l'éponge de Menger

> Images de Gert Bär (davantage sur *www.math.tu-dresden.de/~baer/Menger*).
> Biographie de K. Menger : *http://en.wikipedia.org/wiki/Karl_Menger#Biography*
> K. Menger, « Über die Dimensionalität von Punktmengen (Erster Teil) », *Monatshefte für Mathematik u. Physik* (Heft 33), S. 148-160.

Les ensembles de Julia…

Les ensembles de Julia sont des régions fractales dans le plan complexe qui s'obtiennent par itération de fonctions non linéaires du plan complexe. L'ensemble de Julia d'une fonction f est l'ensemble des nombres complexes z pour lesquels l'itération répétée $f(...f(z)...)$ de f ne diverge pas vers l'infini, et qui restent donc « prisonniers ». Par exemple, pour la fonction définie par $f_0(z) = z^2$, tous les points du cercle unité restent prisonniers. Si l'on modifie cependant f_0 en ajoutant une constante complexe c, on obtient alors pour chaque valeur de c une fonction définie par $f_c(z) = z^2 + c$, dont les prisonniers forment un impressionnant ensemble de Julia $J(f_c)$. Sur l'image ci-dessus, les prisonniers sont indiqués par des points noirs, les fugitifs sont colorés selon le nombre d'itérations qui leur est nécessaire pour quitter une zone critique. **Gaston Julia** (1893-1978) découvrit à 25 ans les propriétés sous-jacentes de l'ensemble de Julia dans une étude fameuse.

➤ Image de Janet Chen. Voir aussi : *www.math.harvard.edu/~jjchen/fractals*
➤ *http://www.mathcurve.com/fractals/julia/julia.shtml*
➤ G. Julia, « Mémoire sur l'itération des fonctions rationnelles », *J. de Math. Pure et Appl.* 8 (1918), 47-245.
➤ Biographie de G. Julia : *www-history.mcs.st-andrews.ac.uk/Biographies/Julia.html*
➤ H. O. Peitgen, H. Jürgens, D. Saupe, *Chaos and Fractals*, Springer Verlag, 1992.

... et le bonhomme de neige

L'ensemble de Mandelbrot s'est établi au cours des dernières années comme l'icône absolue des fractales. En raison de la forme géométrique de l'ensemble dessiné en noir, on emploie souvent le terme de bonhomme de neige. D'après **Benoît Mandelbrot** (1924-2010), à chaque point d'affixe c (dans la zone noire) de l'ensemble de Mandelbrot correspond un ensemble de Julia $J(f_c)$ qui est connexe. L'ensemble de Mandelbrot peut même servir à structurer les ensembles de Julia $J(f_c)$ et peut être étudié de façon interactive dans le « Julia Set Explorer » (voir la référence ci-dessous).

> Image de Wolfgang Beyer. Voir *http://commons.wikimedia.org/wiki/File:Mandel_zoom_07_satellite.jpg*.
> *http://images.math.cnrs.fr/L-ensemble-de-Mandelbrot.html*
> Animation interactive (Julia Set Explorer) par K. Polthier : *www.javaview.de/vgp/iterate/juliaSet/PaJuliaSet.html*

Le diagramme de Feigenbaum

et la structure de l'ensemble de Mandelbrot

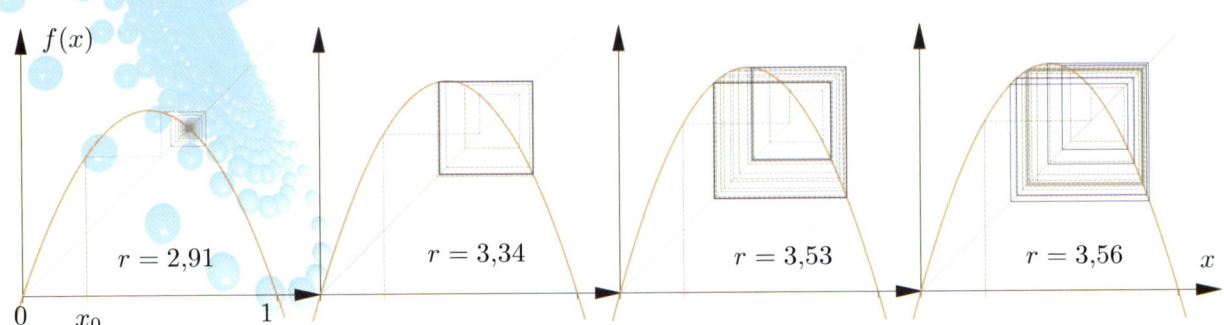

Le comportement en bifurcations de l'ensemble de Mandelbrot est mis en évidence par le diagramme itératif de Feigenbaum. Considérons tout d'abord la fonction réelle non linéaire définie par $f(x) = rx(1 - x)$ avec une valeur initiale réelle $0 < x_0 < 1$. Utilisons cette fonction de façon itérative sur ses valeurs, autrement dit introduisons la valeur $x_1 = f(x_0)$ dans la même égalité : $x_2 = f(x_1)$, etc. Nous avons ainsi défini par récurrence une suite :

$$x_{n+1} = rx_{n+1}(1 - x_n).$$

On voit que pour des valeurs fixes de $0 \leq r \leq 4$, les termes de la suite ne quittent pas l'intervalle [0 ; 1]. Pour $0 \leq r \leq 1$, la suite converge vers 0. Pour $1 < r \leq 3$, la suite converge vers une valeur bien définie qui, de façon surprenante, ne dépend pas du terme initial (voir la première image ci-dessus avec $r = 2{,}91$). Si $r > 3$, jusqu'à $r \approx 3{,}57$, il n'y a plus de point fixe stable, et selon les valeurs de r, apparaissent deux, quatre, huit, etc. points d'accumulation, qui forment chaque fois une orbite. Plus r est grand, plus il y a d'attracteurs (doublement de période). Les autres figures illustrent ce fait pour $r = 3{,}34$ (cycle de longueur 2), $r = 3{,}53$ (cycle de longueur 4) et $r = 3{,}56$ (cycle de longueur 8).

Indépendamment du choix de x_0, la suite converge vers une orbite stable (en violet). Les valeurs correspondantes sont visibles sur la page de droite (diagramme de Feigenbaum). À partir de $r = 3{,}57$ environ, commence un étrange chaos : on ne reconnaît plus de période, d'infimes changements de la valeur initiale résultent en des valeurs complètement disparates.

Relions maintenant le diagramme de Feigenbaum au bonhomme de neige de Mandelbrot qui s'obtient avec la formule itérative $z_{n+1} = z_n + c$. Pour chaque point du plan complexe d'affixe c, cherchons si la suite (z_n) de terme initial $z_0 = 0$ diverge ou non.

> H. O. Peitgen, H. Jürgens, D. Saupe, *Chaos and Fractals*, Springer Verlag, 1992.
> *http://fr.wikipedia.org/wiki/Nombres_de_Feigenbaum*
> *http://www.apsq.org/sautquantique/telechargement/chaos_mathematica.pdf*

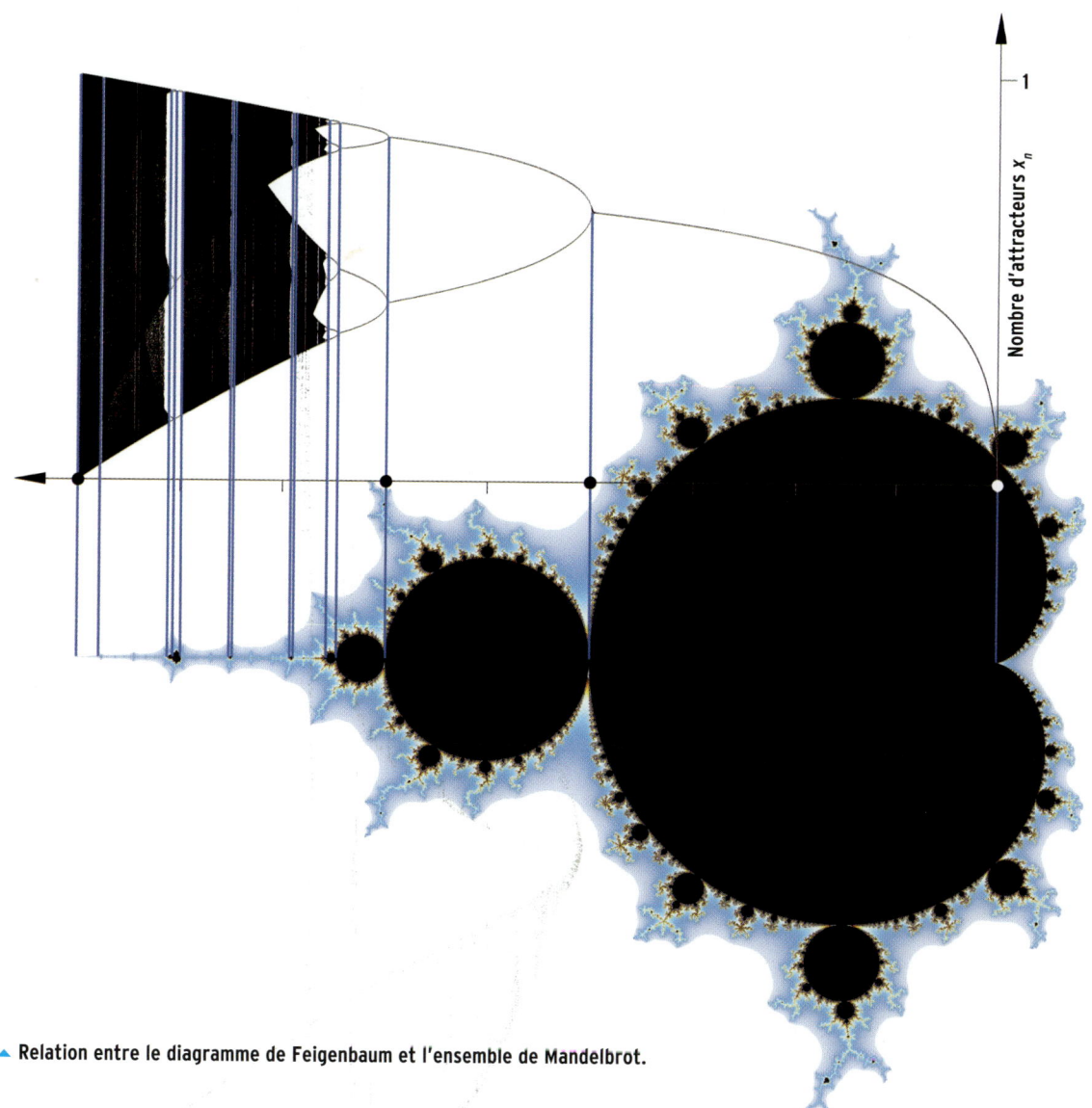

Nombre d'attracteurs x_n

1

▲ **Relation entre le diagramme de Feigenbaum et l'ensemble de Mandelbrot.**

Lorsque, pour une valeur de c donnée, tous les termes de la suite restent bornés, on colore le point d'affixe c en noir, sinon en blanc. On obtient ainsi l'image en noir et blanc du célèbre «bonhomme de neige». Sur l'axe réel, les doublements de période correspondent aux valeurs du diagramme de Feigenbaum.

L'attracteur de Lorenz

comme attirés par un aimant

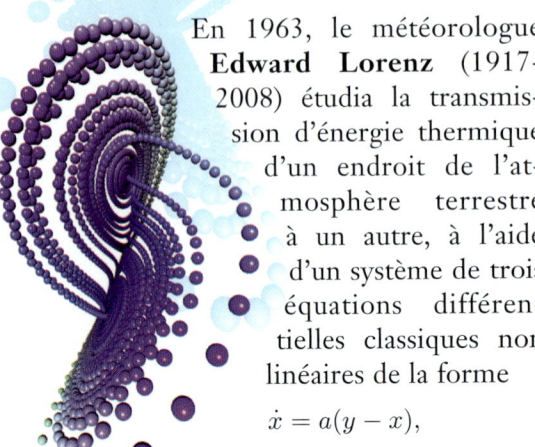

En 1963, le météorologue **Edward Lorenz** (1917-2008) étudia la transmission d'énergie thermique d'un endroit de l'atmosphère terrestre à un autre, à l'aide d'un système de trois équations différentielles classiques non linéaires de la forme

$$\dot{x} = a(y - x),$$
$$\dot{y} = x(b - z) - y,$$
$$\dot{z} = xy - cz.$$

Ces équations devaient permettre des prévisions à long terme. Or, le système est très sensible aux conditions initiales : les valeurs obtenues pour deux valeurs initiales, même très proches, divergent très rapidement. Le système de Lorenz met ainsi en évidence que

dans l'atmosphère, de petites perturbations peuvent avoir de grands effets. La résolution numérique du système montre un comportement chaotique déterministe ; pour certaines valeurs des paramètres, les trajectoires suivent un attracteur étrange.

C'est pour cela que l'attracteur de Lorenz intervient dans la théorie mathématique du chaos, car les équations présentent un des systèmes les plus simples du comportement chaotique. Les valeurs typiques des constantes (a est le nombre de Prandtl, b le nombre de Rayleigh) sont environ $a = 10$, $b = 8$, et $c = 8/3$. Pour $b = 99,96$ apparaît un nœud torique.

▲ **Nœud torique.**

▲ **Attracteur étrange de Lorentz.**

➤ E. N. Lorenz, « Deterministic nonperiodic flow », *J. Atmos. Sci.* 20, 1963: 130-141.
➤ *http://fr.wikipedia.org/wiki/Attracteur_de_Lorenz*
➤ R. Morris : *http://demonstrations.wolfram.com/LorenzAttractor*
➤ O. Kobchenko : *www.jsoftware.com/jwiki/Essays/Lorenz_Attractor*
➤ P. Bourke : *http://local.wasp.uwa.edu.au/~pbourke/fractals/lorenz*
➤ É. Ghys : *http://www.bourbaphy.fr/ghys.pdf* et *www.ams.org/featurecolumn/archive/lorenz.html*

▲ **L'attracteur étrange d'Otto Rössler.**

Otto Rössler décrivit un autre attracteur étrange déterminé par le système d'équations différentielles :

$$dx/dt = -(y + z), \quad dy/dt = x + a\,y, \quad dz/dt = b + xz - cz$$

Pour $a = 2{,}4$, $b = 2{,}1$ et $c = 5{,}7$, on obtient l'image de gauche.

Markus Mooslechner représente la structure supposée chaotique des battements cardiaques humains – l'attracteur étrange – de la façon suivante : chaque triplet de valeurs consécutives est interprété comme les coordonnées d'un point de l'espace, ce qui donne des courbes de l'espace.

Leur « épaisseur » est proportionnelle à l'écart de l'abscisse par rapport à la moyenne de tous les écarts.

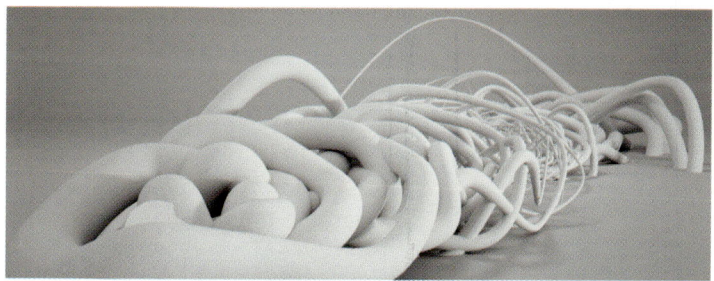

▶ **Structure chaotique des battements cardiaques humains.**

▶ Sur l'attracteur de Rössler : *http://fr.wikipedia.org/wiki/Attracteur_de_Rössler*
▶ Voir galerie d'images de J. Leys : *www.josleys.com/show_gallery.php?galid=306*
▶ M. Mooslechner : *www.humanchaos.net*
▶ *http://www.astrosurf.com/luxorion/chaos-inerte-vivant.htm*

Arabesques fractales
Échantillons d'enroulements

On considère la consigne suivante : construire une articulation avec des tiges de même longueur l (image de droite), de telle façon que l'angle α entre deux tiges consécutives varie selon une fonction donnée (par exemple linéaire ou sinusoïdale). Dans le cas où l'angle varie de façon linéaire, on obtient, lorsque l tend vers 0, une clothoïde ou « spirale de Cornu » à deux points d'enroulement. La courbure est dans ce cas proportionnelle à l'abscisse curviligne. Sur l'image de gauche, on a reporté régulièrement sur la courbe des arcs de même longueur.

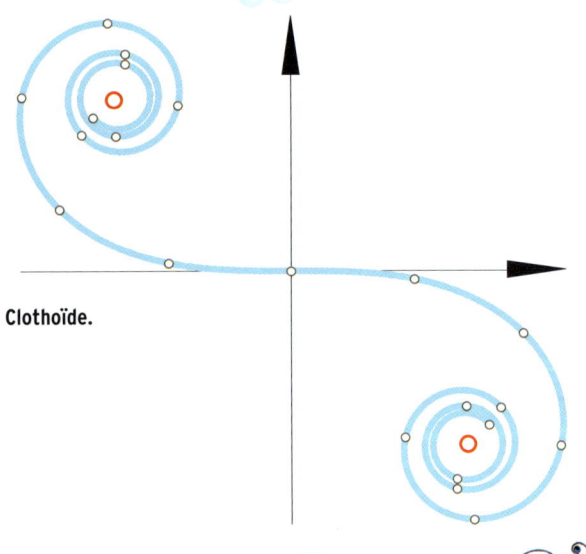

▲ Clothoïde.

Si l'on rend maintenant la fonction périodique, la courbe de la fonction linéaire se transforme en courbe en dents de scie. Chaque fois qu'une période est parcourue, on obtient au moment d'un saut ou d'une pointe un « saut de l'articulation » dans une nouvelle position.

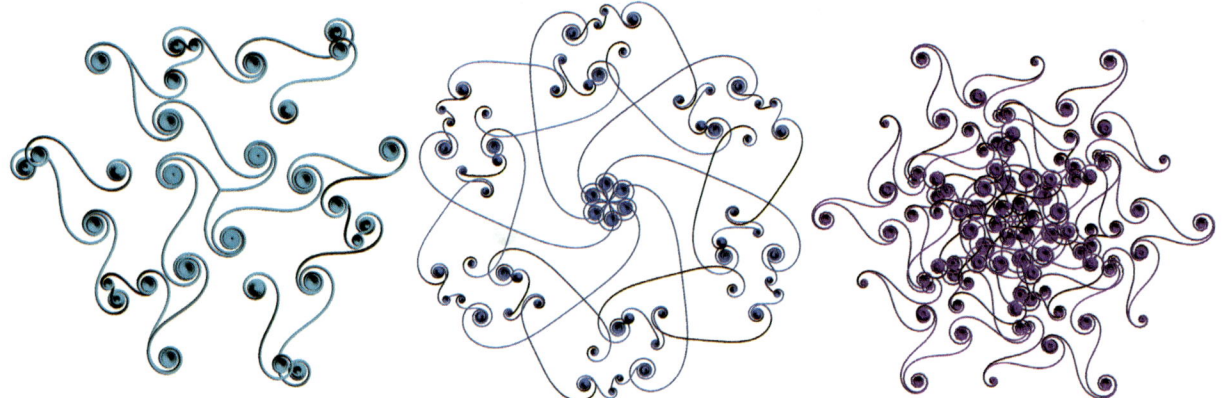

▲ Courbe en dents de scie obtenue lorsque l'angle varie selon une fonction périodique.

> http://fr.wikipedia.org/wiki/Clothoïde
> http://fr.wikipedia.org/wiki/Alfred_Cornu
> E. W. Weisstein : www.mathworld.wolfram.com/CurlicueFractal.html
> P. Giblin : www.liv.ac.uk/~pjgiblin/papers/zigzag-final.pdf

Une variante dans l'espace

Il est naturel d'étendre ce procédé récursif à l'espace, en introduisant un paramètre supplémentaire t qui détermine le déplacement de la tige dans une troisième direction. Voici divers exemples avec des variations périodiques du paramètre t.

> Images de Benjamin Koren.

Chemins aléatoires

Balades au hasard menant toujours au but

Considérons une grille plane à maille carrée, partons de l'origine et déplaçons-nous avec des probabilités de ¼ vers la droite, la gauche, le haut ou le bas, les choix des différents pas e_i étant indépendants. Au bout de n pas, la moyenne quadratique des distances à l'origine vaut :

$$< r^2 > = < \sum_{i,j=1}^{n} \mathbf{e}_i \cdot \mathbf{e}_j >$$
$$= \sum_{i=j}^{n} < \mathbf{e}_i \cdot \mathbf{e}_j > + \sum_{i \neq j}^{n} < \mathbf{e}_i \cdot \mathbf{e}_j >$$

La première somme vaut n, et la deuxième disparaît, puisque les pas individuels sont indépendants. Par conséquent, la moyenne quadratique des distances est proportionnelle au nombre de pas (ou au temps).

Pour le dire familièrement, il faut quatre fois plus de temps pour arriver deux fois plus loin. Si l'on fait tendre convenablement la largeur des carreaux et des pas vers zéro, on obtient une fractale aléatoire auto-similaire (mouvement brownien dans le plan) avec une dimension de Hausdorff égale à 2.

On peut montrer que de tels chemins aléatoires de probabilité 1 dans le plan reviennent au point de départ à un moment ou à un autre (éventuellement aussi à tout autre point de la grille : «Tous les chemins mènent à Rome»). Dans le cas de chemins aléatoires dans l'espace avec une grille à mailles cubiques, cela n'est pas vrai : on ne revient au point de départ qu'avec une probabilité de 34 % environ.

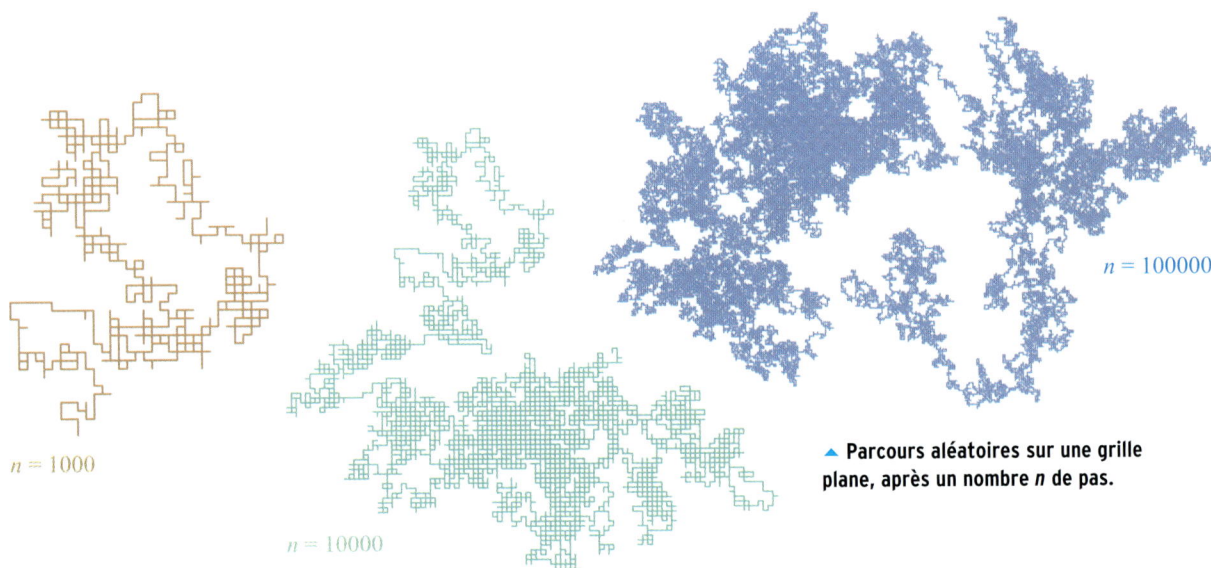

$n = 1000$

$n = 10000$

$n = 100000$

▲ **Parcours aléatoires sur une grille plane, après un nombre n de pas.**

➤ Wikimedia *http://commons.wikimedia.org/wiki/File:Random_walk_in2D_closeup.png?uselang=fr#file*
➤ Sur le mouvement brownien : *http://www2.cndp.fr/themadoc/mouvbrown/universalite.htm*
➤ Richard Griego et Reuben Hersh, « Le mouvement brownien et la théorie du potentiel », *Pour la Science*, octobre 1977.

Contours fractals et chemins sans recoupement

L'étude des chemins aléatoires est un domaine de recherche intensif: c'est seulement il y a peu d'années que l'on a prouvé (mais la conjecture, due à Mandelbrot, en avait déjà été faite depuis longtemps) que la frontière d'un chemin aléatoire dans le plan (marquée en rouge) a pour dimension 4/3. Cela a contribué à faire obtenir la médaille Fields à **Wendelin Werner** en 2006.

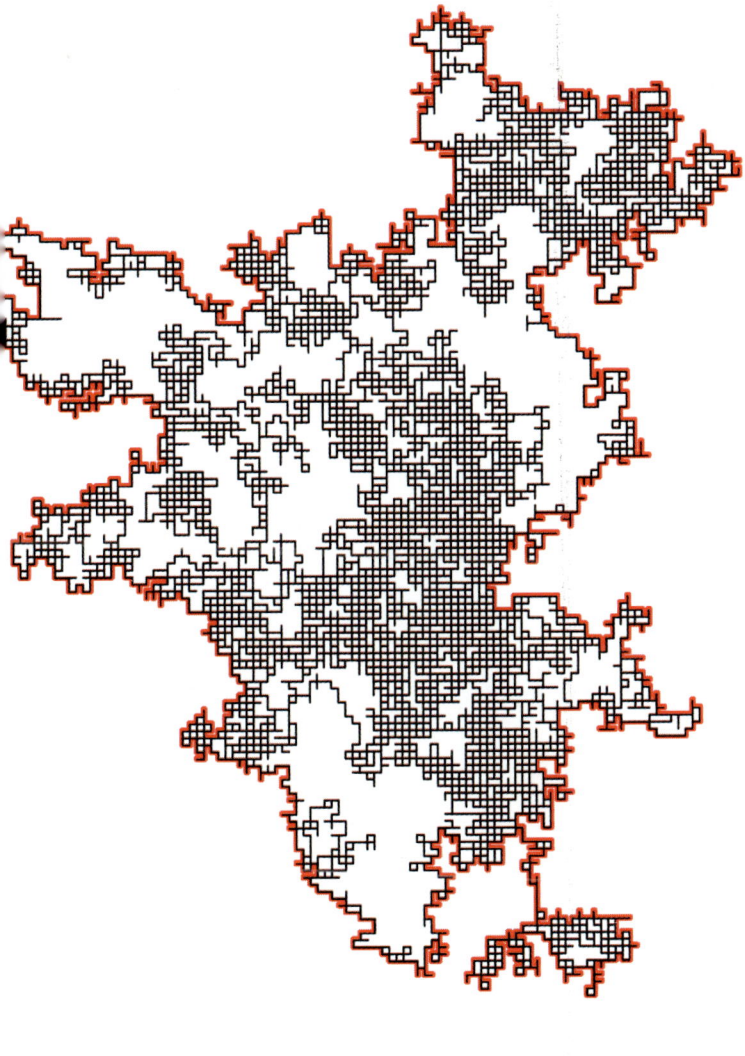

L'image ci-dessous illustre ce qui se passe si l'on transforme après-coup la balade au hasard dans le plan en «balade sans traîner». Le résultat est un chemin aléatoire, mais sans recoupement.

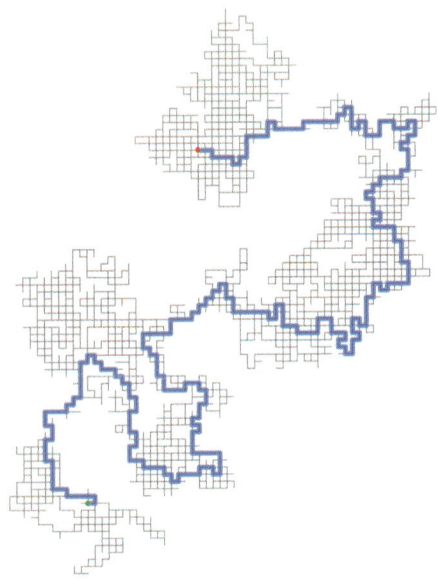

> Wendelin Werner, «Les chemins aléatoires», *Pour la Science*, n° 286, août 2001.
> Liste des médaillés Fields sur le site de la Math Union: *www.mathunion.org/general/prizes/fields/prizewinners/*

Chemins aléatoires avec contraintes

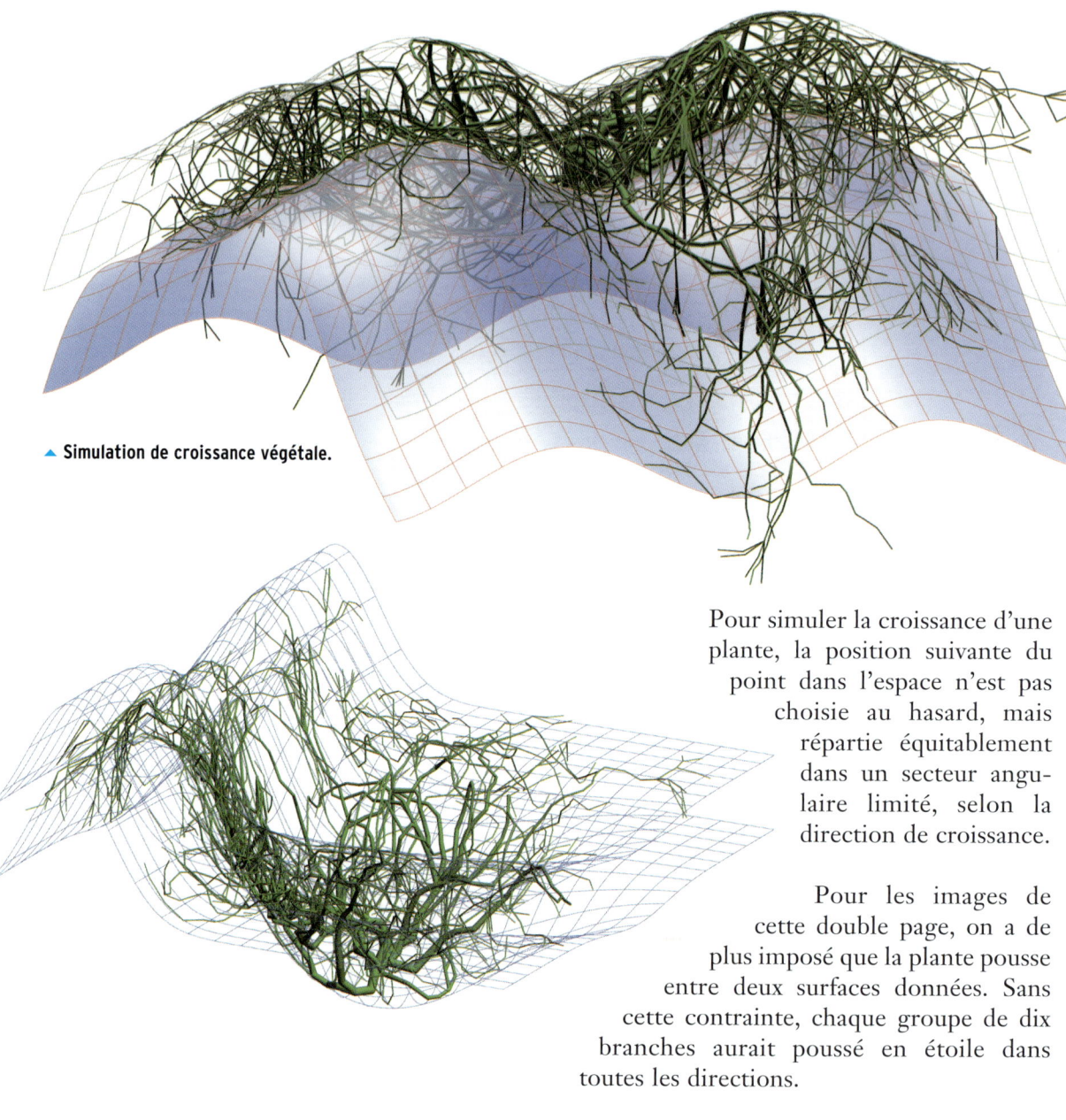

▲ **Simulation de croissance végétale.**

Pour simuler la croissance d'une plante, la position suivante du point dans l'espace n'est pas choisie au hasard, mais répartie équitablement dans un secteur angulaire limité, selon la direction de croissance.

Pour les images de cette double page, on a de plus imposé que la plante pousse entre deux surfaces données. Sans cette contrainte, chaque groupe de dix branches aurait poussé en étoile dans toutes les directions.

> G. M. Paily, S. Jolad, S. Neogi : *www.personal.psu.edu/saj169/PercolationRW/PercolationRw.html*
> P. Bourke : *http://paulbourke.net/fractals/dla3d/*
> Physics World : *http://physicsworld.com/cws/article/print/21146*

▲ Croissance le long de chemins aléatoires limités par un cylindre creux.

Percolation

À partir de quand cela commence-t-il à fuir ?

Combien faut-il occuper en moyenne de cellules d'une grille à mailles carrées pour que l'on puisse passer d'un côté de la grille au côté opposé sans tomber dans un trou ? Autrement dit, à partir de quand existe-t-il un chemin connexe de cellules allant du haut au bas de la grille ? Remplissons au hasard les cellules (ou les parois) d'une grille périodique (par exemple 59 % des cases). Les cellules connexes sont coloriées de la même couleur. On sait que dans le cas d'une grille à mailles carrées, le seuil de percolation se situe à 59,27 % lorsque l'on remplit les cellules au hasard. Dans le cas de la percolation des parois, le seuil est exactement de 50 %.

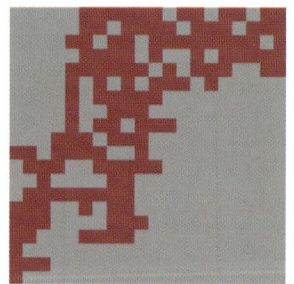 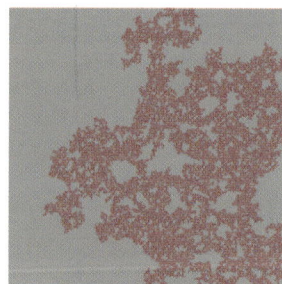  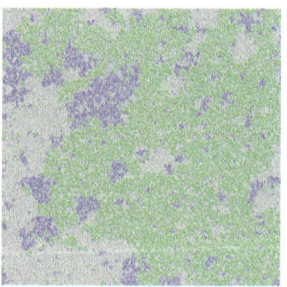

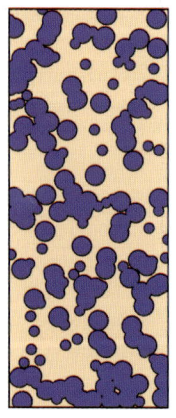

▲ **Au-dessous du seuil de percolation.**

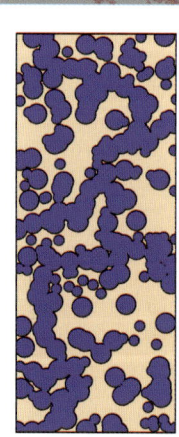

▲ **Au-dessus du seuil de percolation.**

Si la grille devient de plus en plus fine, les amas se détaillent en conséquence et prennent un aspect presque organique (voir les 4 images ci-dessus).

La théorie de la percolation (« infiltration » littéralement en anglais) décrit la formation de zones reliées entre elles (amas) dans le remplissage au hasard de structures (grilles).

➤ Sur la percolation : *http://fr.wikipedia.org/wiki/Percolation* et *http://percolation.free.fr/theseweb003.html*
➤ D. Stauffer, A. Aharony, *Introduction to Percolation Theory*, Taylor and Francis, 1994.
➤ E. W. Weisstein : *http://mathworld.wolfram.com/PercolationTheory.html*
➤ A. Böcher : *http://pille.iwr.uni-heidelberg.de/~perkolation1*

L'affirmation suivante est vraie dans le plan et dans l'espace : si une cellule est remplie avec une probabilité p, alors il se forme des amas plus grands lorsque p augmente.

À partir d'une certaine valeur de p, un gros amas traversera (ou percolera) tout le système de haut en bas, mais aussi de gauche à droite et d'avant en arrière. La valeur correspondante de la probabilité s'appelle seuil de percolation.

Les structures en éponge obtenues rappellent les modèles pixelisés de structures organiques complexes. Il s'agit donc d'une bonne méthode pour créer des formes aléatoires.

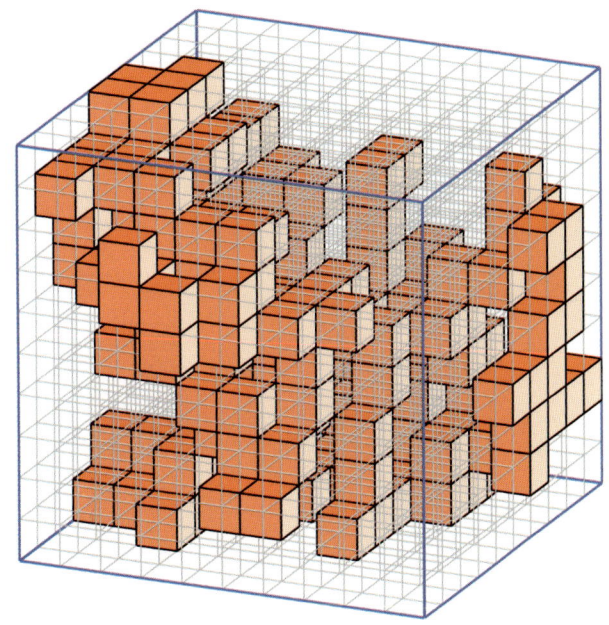

▲ **Percolation d'un cube (rempli à 59 %).**

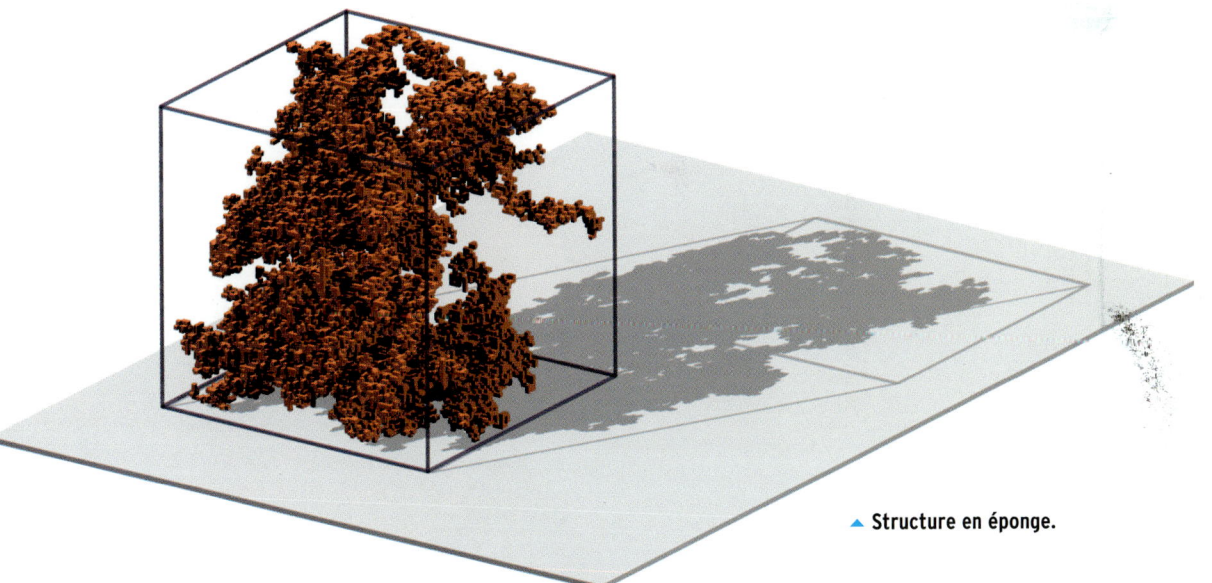

▲ **Structure en éponge.**

➤ É. Guyon, « La physique de la matière hétérogène », *Pour la Science*, n° 60, octobre 1982.
➤ O. Häggström, *Streifzüge durch die Wahrscheinlichkeitstheorie*, Springer, 2006.

Cartes topographiques et transformations

Mesurer le monde et dessiner des cartes topographiques

fut une tâche épineuse mais très utile, pour laquelle

les cartographes travaillèrent main dans la main

avec les géomètres. Carl Friedrich Gauss fut invité

par le roi de Hanovre à mesurer le territoire de Basse Saxe.

Gauss montra dans ce contexte que toute carte

doit nécessairement déformer les longueurs,

même pour les petits pays.

Quelles sont donc les propriétés qu'une carte

doit conserver ? La recherche des cartes optimales

est étudiée en mathématiques d'une façon bien plus

générale dans le cadre des transformations d'un espace

dans un autre. Nous voyons par exemple des applications

pratiques du calcul de réseaux discrets optimaux

dans la simulation numérique et le graphisme assisté

par ordinateur.

Les cartes isométriques

sont impossibles, mais…

Carl Friedrich Gauss avait exercé une activité de topographe et savait qu'il est impossible d'appliquer sans déformation la surface d'une sphère sur un plan. On peut, il est vrai, conserver les distances entre certains points, mais les distances entre d'autres points sont alors nécessairement modifiées par la transformation.

Même de petites sections de la sphère ne peuvent pas être représentées isométriquement. Gauss formula cette idée dans son célèbre *Theorema Egregium* selon lequel la courbure d'une surface est entièrement déterminée par la mesure des longueurs. Pour nous, la réciproque signifie que deux surfaces de courbures différentes (sphère : courbure 1 ; plan : courbure 0) ont toujours des mesures de longueur différentes et qu'il ne peut donc pas exister de cartes isométriques.

Puisqu'il ne peut donc exister aucune carte optimale de la Terre, les cartographes ont développé une quantité de modèles de cartes semi-optimaux. On peut ainsi se limiter à la conservation des longueurs sur les méridiens, comme dans la projection géographique, ou alors on néglige complètement les longueurs et on exige la conservation des angles, comme dans la projection de Mercator de **Gerhard Kremer** (Gerardus Mercator en latin), qui date de 1569.

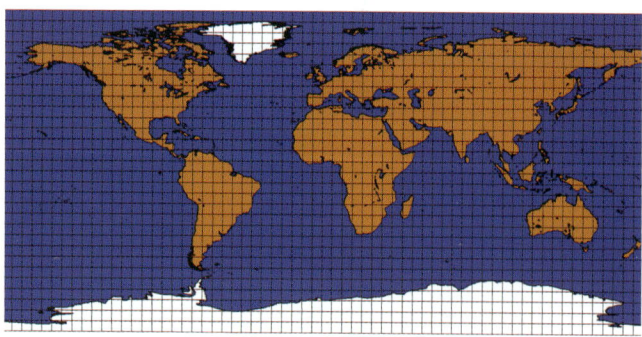

▲ **Projection géographique.**

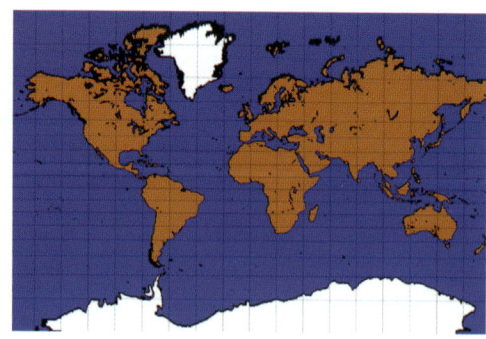

▲ **Projection de Mercator.**

➤ Image de la carte topographique de la projection de Fuller : Jim Knighton.
➤ http://fr.wikipedia.org/wiki/Projection_de_Fuller
➤ http://help.arcgis.com/fr/arcgisdesktop/10.0/help/index.html#//003r0000002p000000

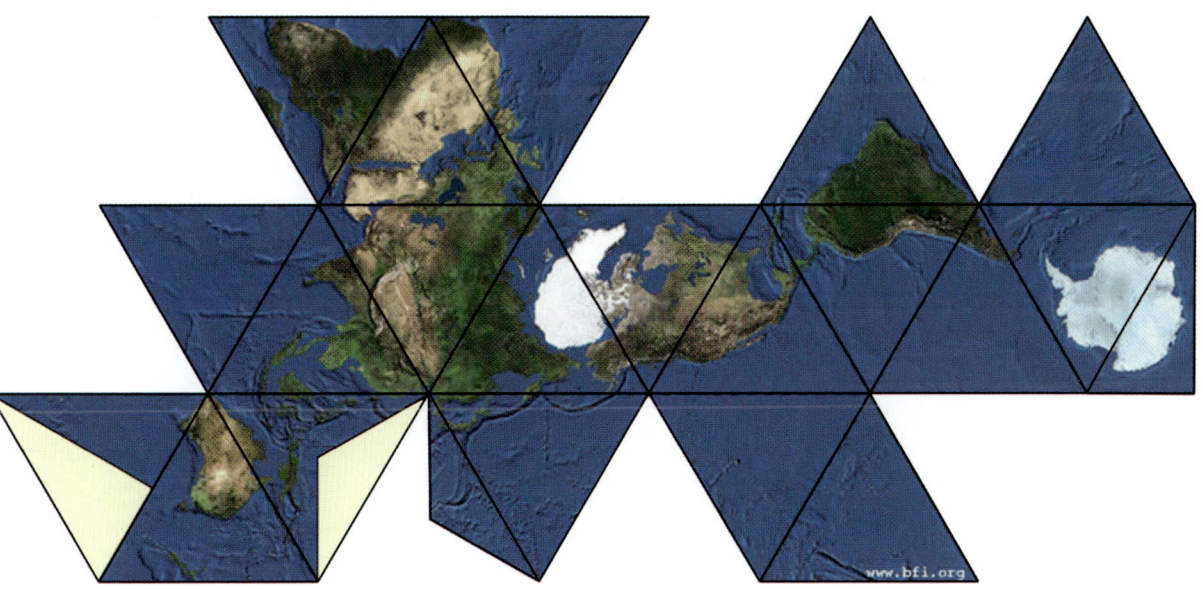

Richard Buckminster Fuller (1895-1983) eut l'idée en 1954 d'appliquer la surface terrestre sur un polyèdre circonscrit, puis de déplier simplement le polyèdre sur un plan. Les déformations ne surviennent ainsi que lors de la projection initiale de la sphère sur le polyèdre. Les images montrées ici présentent la projection sur un icosaèdre et son développement.

Dans une deuxième étape d'optimisation, la transformation de Buckminster-Fuller, dite de Dymaxion, dispose les pièces du patron de l'icosaèdre de telle façon que les terres émergées ne soient pas divisées et que les distances puissent être le plus souvent mesurées directement à la règle. À la place de l'icosaèdre, on pourrait bien sûr utiliser n'importe quel polyèdre, le développement présenterait toutefois toujours plus de petites pièces.

On remarquera la petite imperfection de la transformation de Buckminster-Fuller : deux triangles de l'icosaèdre ont été découpés pour préserver l'intégrité des terres émergées.

▲ **Développement presque isométrique de Buckminster-Fuller (avec les deux triangles découpés, à gauche).**

➤ http://www.rwgrayprojects.com/rbfnotes/maps/graymap1.html
➤ Buckminster Fuller Institute : http://www.bfi.org/about-bucky/buckys-big-ideas/dymaxion-world/dimaxion-map

Gnomonique

Les liaisons les plus courtes sont rectilignes

Comme nous l'avons vu p. 272, il est problématique de représenter la surface terrestre dans le plan (et cela le restera toujours) : contrairement au plan, la sphère est courbée. On peut naturellement projeter les points de la surface à partir du centre de la sphère de façon gnomonique, c'est-à-dire par projection centrale sur le plan tangent au « point le plus important » de la carte (ce qui n'a de sens que pour la moitié de la sphère). Au moins, par ce procédé, les grands cercles entre deux points de la sphère (et donc les trajectoires de vol les plus courtes) sont ainsi représentés par des droites sur le plan.

▲ **Projection gnomonique de l'hémisphère Nord.**

> *http://fr.wikipedia.org/wiki/Gnomonique*
> *http://membres.multimania.fr/gnomonic/lagnomonique.html*
> Voir le film *Dimensions* : *http://www.dimensions-math.org/Dim_regarder.htm*

... ou stéréographique

conserve les angles et les cercles

Tout point de la surface terrestre possède « son » point diamétralement opposé – Londres se trouve ainsi opposé à un archipel proche de la Nouvelle-Zélande, les Îles subarctiques des Antipodes. Si l'on projette les points de la surface terrestre à partir du point opposé sur le plan tangent correspondant au point choisi, on obtient une projection stéréographique. L'avantage est que les courbes à la surface de la Terre se coupent selon un angle qui conserve sa valeur dans la projection. Par ailleurs, le réseau de parallèles et méridiens est transformé en réseau de cercles, et l'on peut représenter toute la sphère, sauf le centre de projection. En cartographie, on emploie souvent plusieurs projections et d'autres transformations pour obtenir une carte satisfaisante.

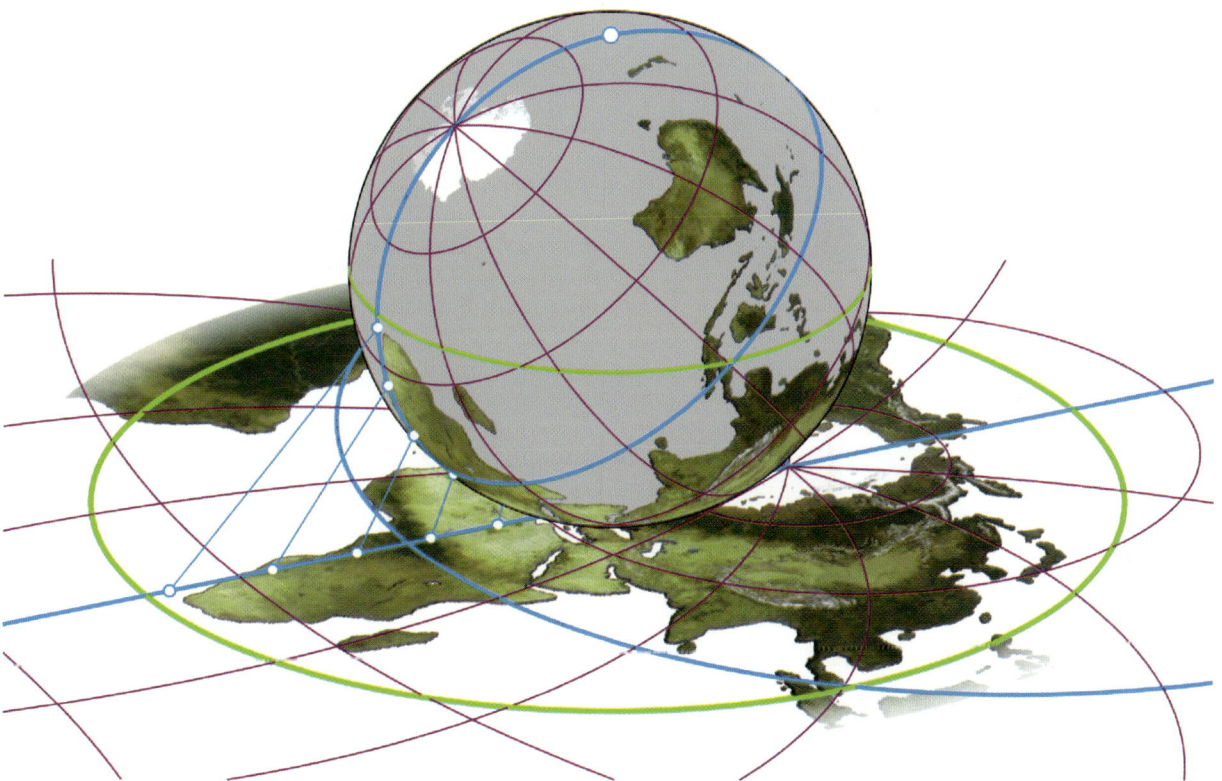

➤ http://www-irem.ujf-grenoble.fr/irem/nonEuclid/sphere/stereoproj/stereograph.pdf
➤ http://www.shadowspro.com/help/fr/stereographicprojection.html
➤ Institute of Discrete Mathematics and Geometry : www.geometrie.tuwien.ac.at/karto

Inversion et projection

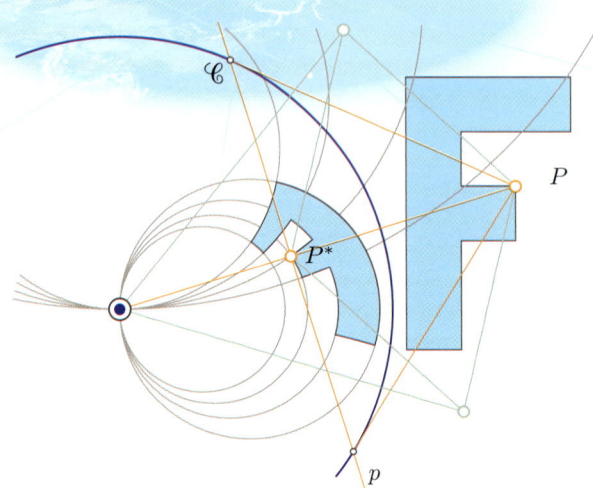

On entend par inversion par rapport au cercle 𝒞 une relation entre points du plan, qui est définie de la façon suivante : P et P* sont sur une demi-droite d'origine le centre de 𝒞 et le produit de leurs distances au centre est constant, égal au carré du rayon. On a représenté ci-contre la construction par la polaire p de P.

La projection stéréographique ci-dessous est étroitement liée à l'inversion. C'est la projection des points d'une sphère à partir d'un point C de la sphère, par exemple le pôle Nord, sur le plan tangent opposé π ou sur un plan parallèle à celui-ci. Les deux transformations conservent les angles et les cercles.

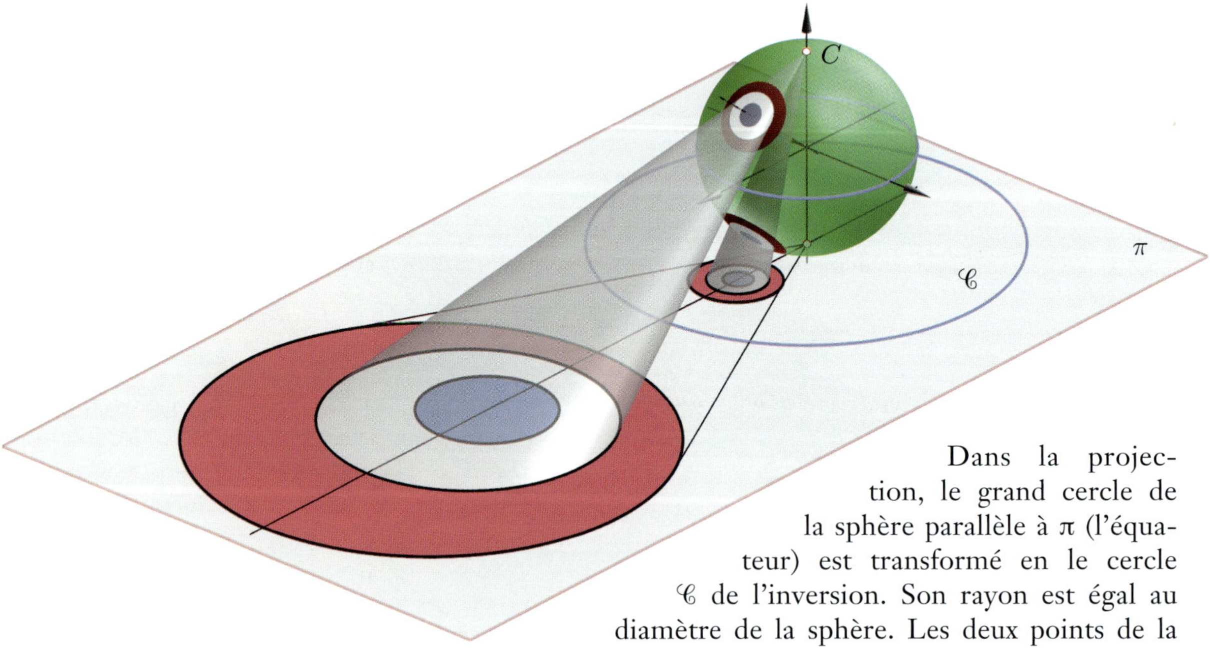

Dans la projection, le grand cercle de la sphère parallèle à π (l'équateur) est transformé en le cercle 𝒞 de l'inversion. Son rayon est égal au diamètre de la sphère. Les deux points de la sphère situés sur une normale à π sont, dans le plan de projection, inverses par rapport à 𝒞.

▶ http://mathenjeans.free.fr/amej/edition/actes/actespdf/92161165.pdf
▶ Y. Zilberberg Mohanty : http://math.ucsd.edu/~mohanty/nopix1.html
▶ http://www.cut-the-knot.org/pythagoras/StereoProAndInversion.shtml
▶ D. W. Henderson : www.math.cornell.edu/~henderson/courses/M451-F02/peaucellier.html

Le contour d'une boule

L'observateur s'attend à un cercle

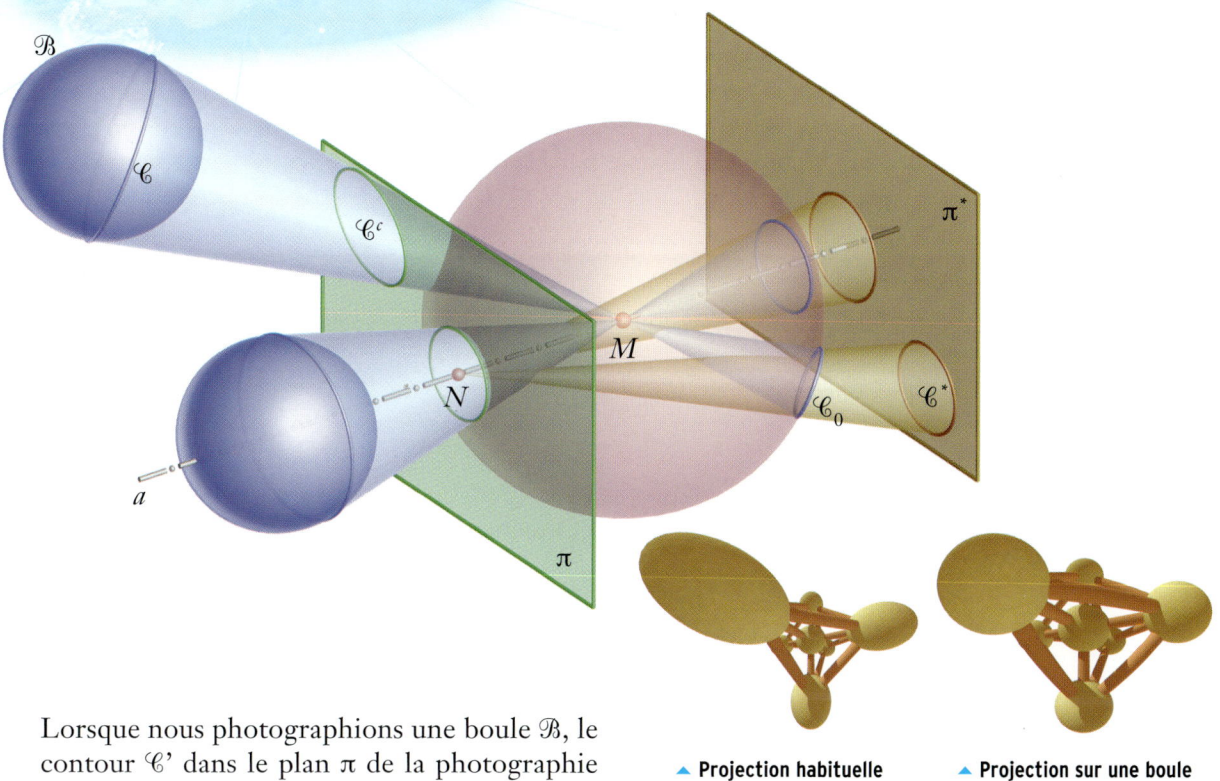

▲ **Projection habituelle (photographie).**

▲ **Projection sur une boule suivie d'une projection stéréographique.**

Lorsque nous photographions une boule $\mathcal{B}$, le contour $\mathcal{C}'$ dans le plan π de la photographie est une conique, le plus souvent une ellipse. Si l'axe optique a rencontre le centre de la boule, le contour est exactement un cercle. Lorsque nous regardons une boule, notre œil tourne autour de son centre M de façon à ce que nous suivions le contour de la boule.

On obtient ainsi une « photographie multiple » qui revient à faire une projection de centre M sur la rétine de courbure sphérique. Dans cette technique photographique, le contour d'une boule quelconque sur la rétine est alors toujours un cercle $\mathcal{C}_0$. Le seul problème ici, c'est que la surface de projection n'est pas plane. Mais si nous faisons une projection stéréographique à partir d'un point N du globe oculaire sur l'axe optique (approximativement le centre de l'iris) sur un plan π^* perpendiculaire à l'axe, les contours $\mathcal{C}^*$ de la boule restent circulaires. Inconvénient de cette méthode : les droites se projettent selon des arcs de cercle (petite image de droite).

▷ http://pdf.aminer.org/000/562/844/artistic_multiprojection_rendering.pdf
▷ G. Glaeser, E. Gröller, « Fast generation of curved perspectives for ultra-wideangle lenses in VR-applications », *Visual Computer*, Vol. 15 (1999), pp. 365-376, Springer, 1999.

Transformations de Möbius

Les transformations de Möbius constituent une classe très riche de transformations du plan dans lui-même qui conservent les angles. Pour s'en faire une idée, observons les images du carré unité qui, par des transformations de Möbius, conduit à un grand nombre de figures aux lignes courbes. Une interprétation particulièrement intuitive des transformations de Möbius remonte à **Bernhard Riemann** et a été mise en images d'une façon impressionnante par **Douglas Arnold** et **Jonathan Rogness.**

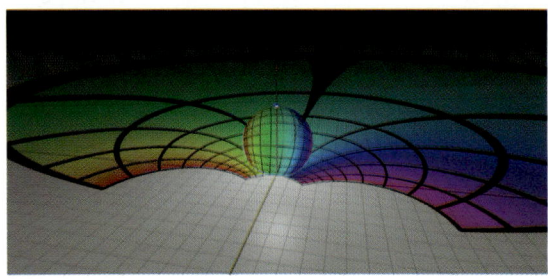
▲ **Déformation du carré unité avec conservation des angles.**

▲ **L'inversion par rapport au cercle unité transforme** z **en** $1/z$.

... à partir de mouvements de la sphère

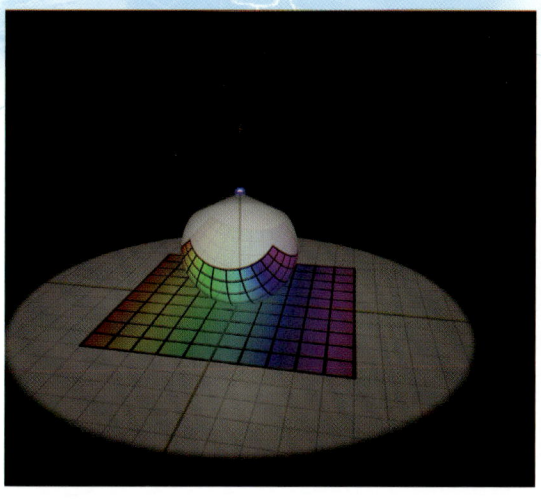

◀ Interprétation du carré unité comme projection d'un carré sphérique projeté sur le plan par une lampe placée au pôle Nord.

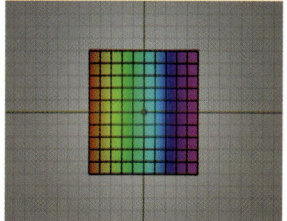

▶ Carré unité.

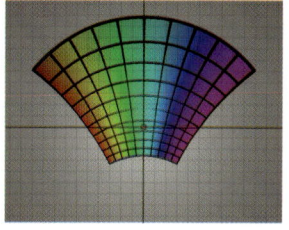

▶ Carré unité déformé avec conservation des angles.

Les quatre types de transformations de Möbius, translation, homothétie, rotation et inversion, peuvent être élégamment décrits par les mouvements adéquats d'une sphère éclairée. Une translation de la sphère déplace le carré, une élévation de la sphère conduit à une homothétie, et une rotation de la sphère donne toutes les rotations du carré et les inversions. En effet, si l'on renverse la sphère, alors l'intérieur du carré unité est tourné vers l'extérieur et par conséquent le centre du carré est envoyé à l'infini. Grâce aux transformations de Möbius, nous pouvons clairement comprendre que nombre de transformations du plan sont plus faciles à appréhender sur la sphère.

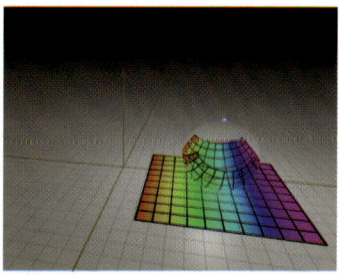

▲ Translation du carré en déplaçant la sphère.

▲ Agrandissement du carré en élevant la sphère.

▲ Autres déformations du carré en renversant la sphère.

❯ Images de Douglas Arnold, Jonathan Rogness.
❯ D. Arnold, J. Rogness, *Möbius-Transformationen beleuchtet,* in : MathFilm Festival 2008, Springer Verlag, DVD, 2008.
  MathFilm Festival 2008 : *www.mathfilm2008.de/2008.003.02*
❯ *http://serge.mehl.free.fr/chrono/Mobius.html*
❯ *http://fr.wikipedia.org/wiki/Transformation_de_Möbius*

Le théorème de l'application conforme de Riemann

Transformations conformes avec empilement de disques

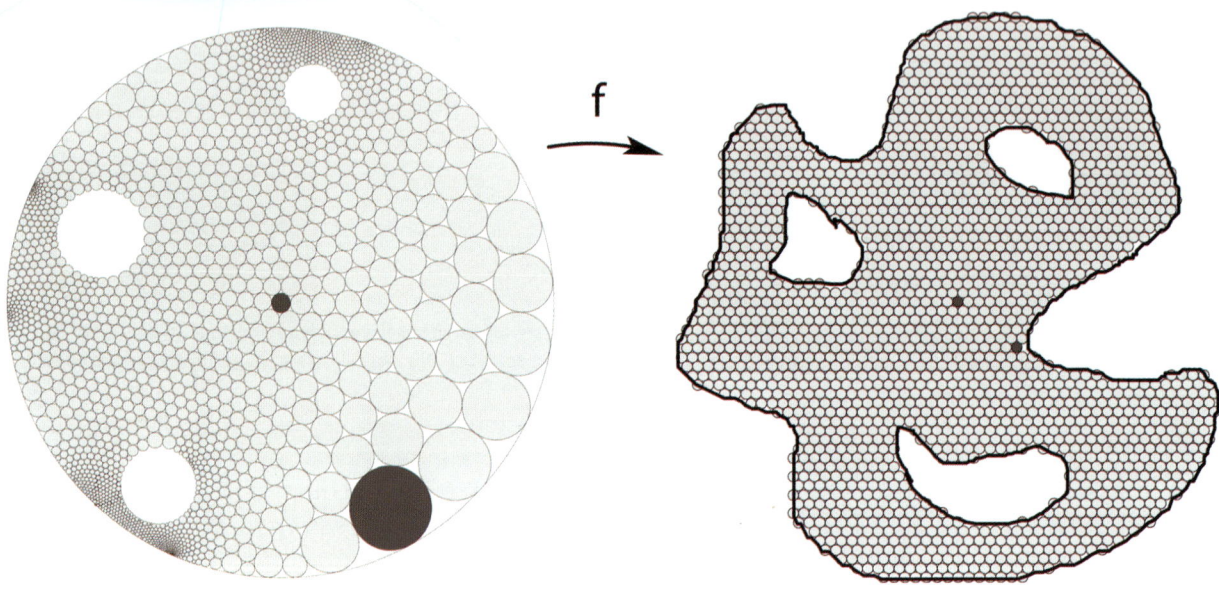

Les applications conformes entre deux régions conservent les angles entre des paires quelconques de lignes sécantes. Le théorème de l'application conforme de Riemann est l'un des plus remarquables de la théorie des applications conformes. L'intérieur d'un disque peut être transformé par une application conforme en l'intérieur de tout autre domaine simple.

Le logiciel CirclePack de **Ken Stephenson** résout ce problème de façon numérique. En se fondant sur une idée de **William Thurston**, on commence par recouvrir le domaine cible par un motif régulier de disques. Ensuite, le motif est réduit jusqu'à ce qu'il rentre à l'intérieur d'un cercle. Puis commence un procédé complexe, dans lequel les disques du motif à l'intérieur du cercle circonscrit sont déplacés de façon conforme jusqu'à ce que le cercle circonscrit soit entièrement rempli. Thurston put démontrer que cette méthode conduit toujours au résultat attendu.

Sur l'image ci-dessus, on a établi une application conforme entre des domaines comportant des trous, une généralisation du théorème de l'application conforme de Riemann.

> Images de Ken Stephenson.
> Logiciel CirclePack et exemples d'images, par K. Stephenson : *www.math.utk.edu/~kens*
> K. Stephenson, *Introduction to Circle Packing*, Cambridge Univ. Press, 2005.

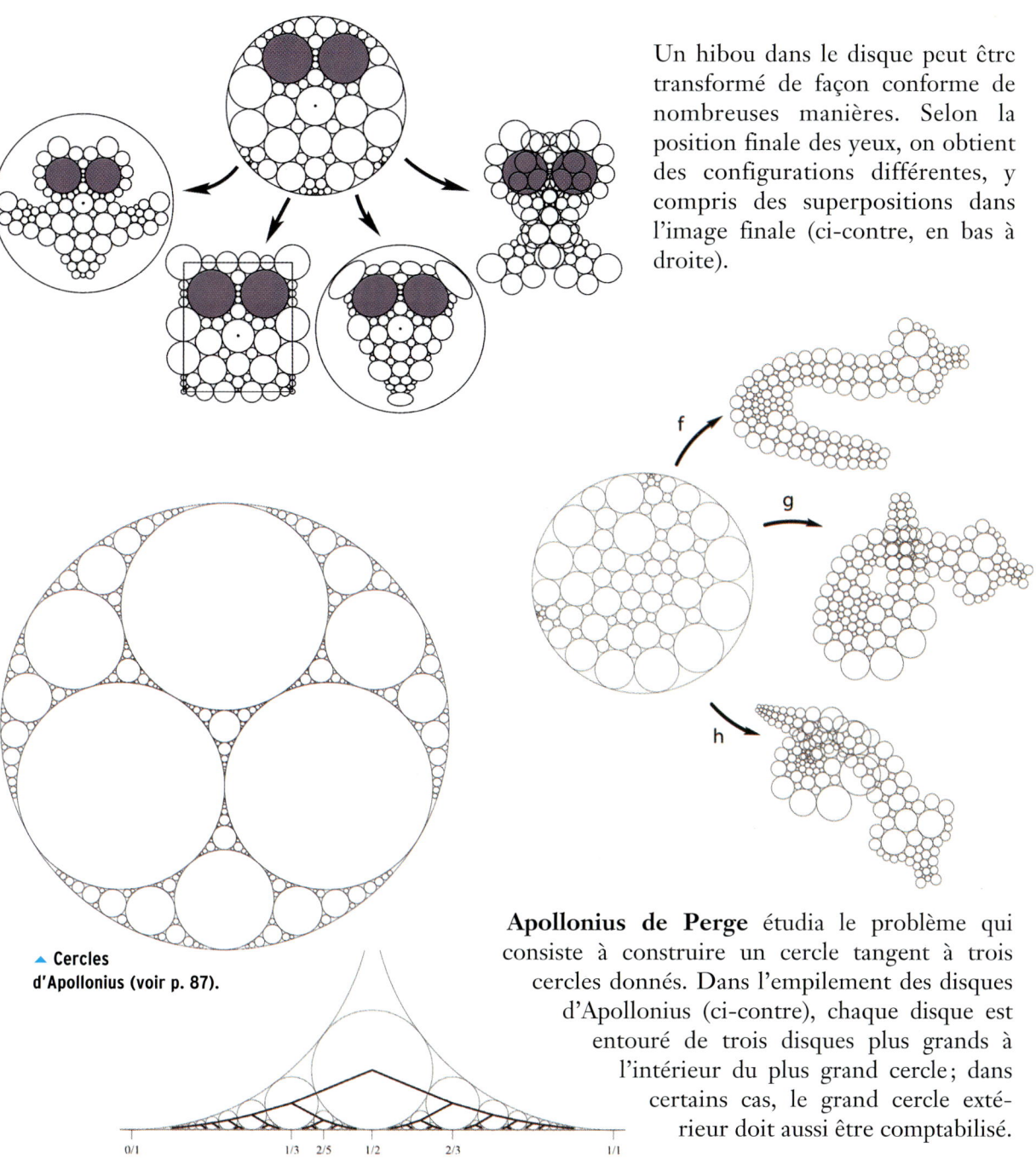

Un hibou dans le disque peut être transformé de façon conforme de nombreuses manières. Selon la position finale des yeux, on obtient des configurations différentes, y compris des superpositions dans l'image finale (ci-contre, en bas à droite).

f

g

h

▲ **Cercles d'Apollonius** (voir p. 87).

Apollonius de Perge étudia le problème qui consiste à construire un cercle tangent à trois cercles donnés. Dans l'empilement des disques d'Apollonius (ci-contre), chaque disque est entouré de trois disques plus grands à l'intérieur du plus grand cercle ; dans certains cas, le grand cercle extérieur doit aussi être comptabilisé.

0/1   1/3 2/5 1/2   2/3   1/1

➤ http://fr.wikipedia.org/wiki/Théorème_de_l'application_conforme
➤ Cercles tangents à trois cercles donnés : http://debart.pagesperso-orange.fr/seconde/Theoreme_Descartes.html
➤ http://fr.wikipedia.org/wiki/Problème_des_contacts

La transformation de Schwarz-Christoffel

Maillages orthogonaux dans le plan

En 1851, dans son mémoire de doctorat très renommé, **Bernhard Riemann** démontra que deux régions simplement connexes du plan complexe peuvent être reliées de façon conforme, c'est-à-dire par une transformation qui conserve les angles. Peu après, **Elwin Bruno Christoffel** en 1867 et **Hermann Amandus Schwarz** en 1869 ont trouvé sans se concerter la transformation connue aujourd'hui sous le nom de transformation de Schwarz-Christoffel, et qui présente un procédé concret de calcul de cette transformation conforme. Cependant, dans le cas de régions compliquées, le calcul des paramètres de cette transformation est très coûteux et fait actuellement l'objet de recherches actives.

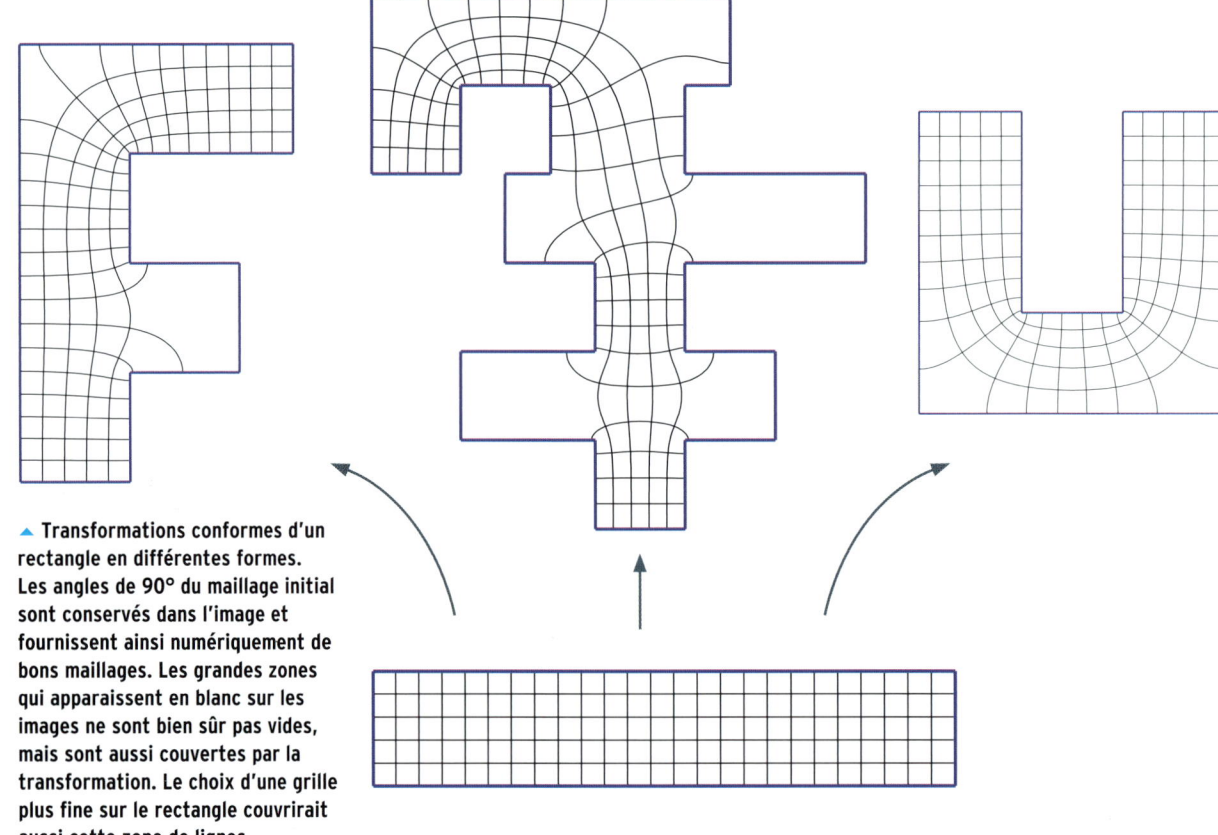

▲ **Transformations conformes d'un rectangle en différentes formes. Les angles de 90° du maillage initial sont conservés dans l'image et fournissent ainsi numériquement de bons maillages. Les grandes zones qui apparaissent en blanc sur les images ne sont bien sûr pas vides, mais sont aussi couvertes par la transformation. Le choix d'une grille plus fine sur le rectangle couvrirait aussi cette zone de lignes.**

➤ Images de Janis Bode, Konrad Polthier produites avec SC Toolbox.
➤ http://www.scribd.com/doc/59853011/11/Transformation-de-Schwarz-Christoffel
➤ T. A. Driscoll, « Algorithm 843: Improvements to the Schwarz-Christoffel Toolbox for MATLAB. ACM », *Trans Math. Soft.* 31 (2005), 239-251.
➤ T. A. Driscoll, L. N. Trefethen, *Schwarz-Christoffel Mapping,* Cambridge Univ. Press, 2002
➤ H. A. Schwarz, « Über einige Abbildungsaufgaben », *J. Reine Angew. Math.* 70, 1869

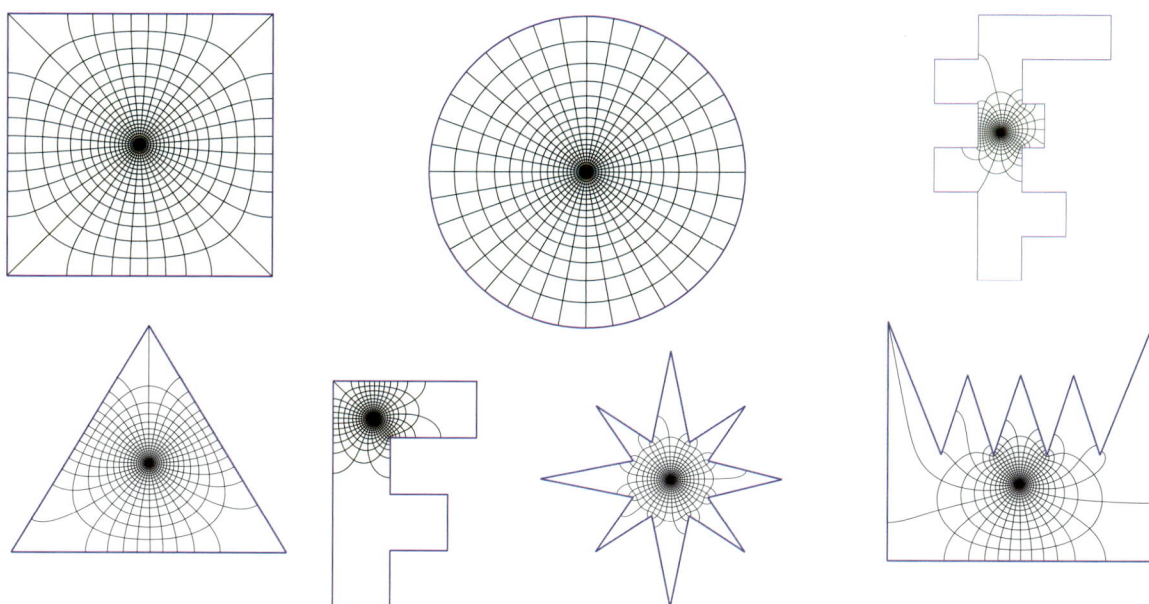

▲ Transformations du disque unité en régions simplement connexes.

Pour calculer ou simuler des problèmes physiques dans certaines régions, il faut commencer par recouvrir ces régions d'une grille. Les grilles conformes présentent des propriétés particulièrement intéressantes et réduisent les erreurs de calcul numérique. C'est ici que la transformation de Schwarz-Christoffel entre en scène. Contrairement à d'autres générateurs de grilles, qui fournissent des maillages irréguliers en triangles ou en carrés, cette transformation permet l'utilisation de maillages réellement structurés. Les exemples fournis illustrent les multiples facettes de cette méthode, mais montrent cependant aussi les éventuelles difficultés rencontrées dans les régions extrêmes.

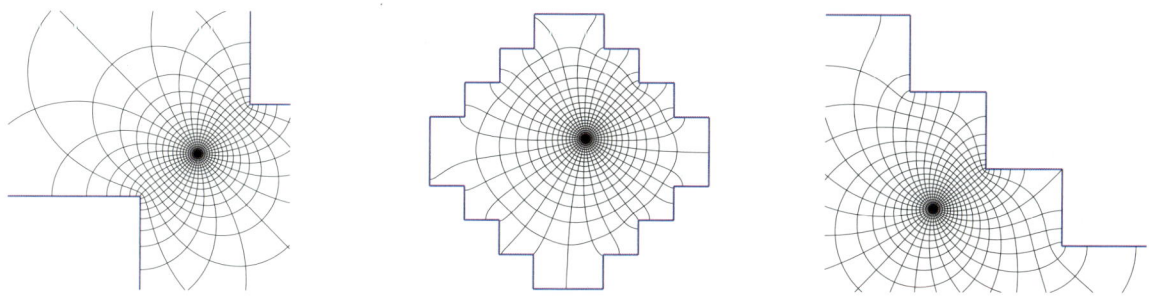

▲ Transformations du disque unité dans des régions limitées ou non limitées.

Paramétrisation de surfaces

Conversion d'un maillage triangulaire en maillage carré

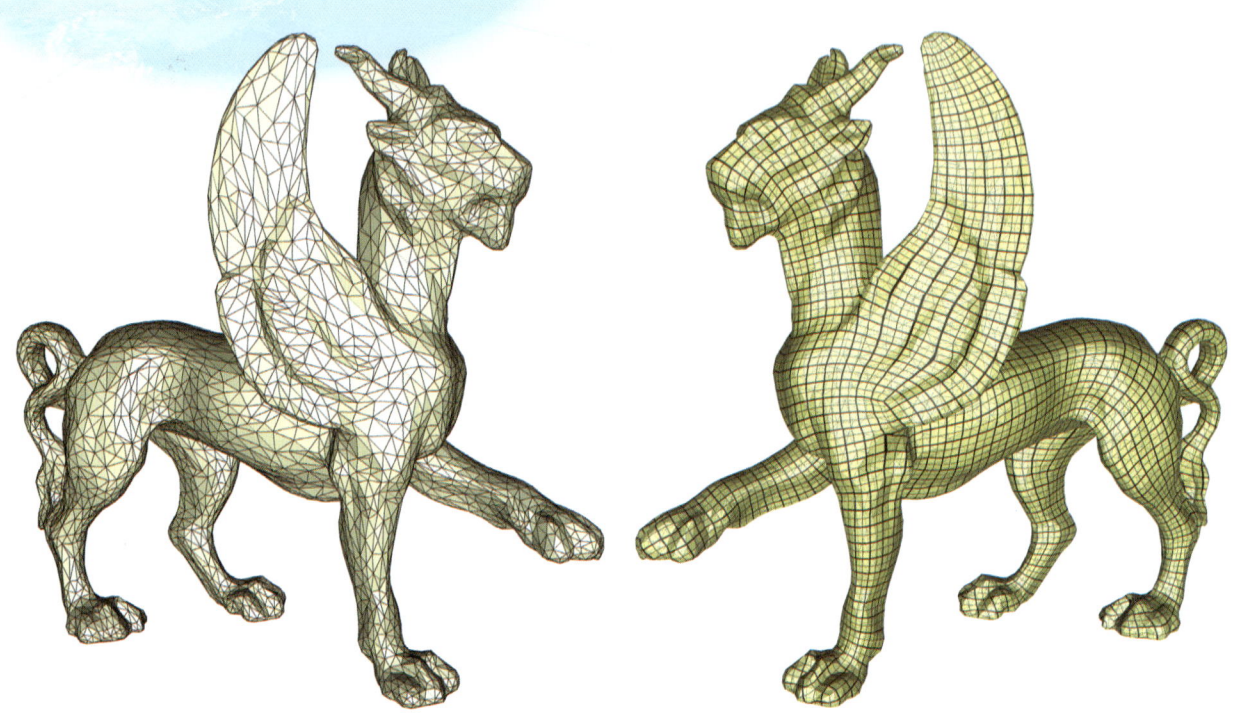

▲ **Maillage triangulaire et maillage carré sur un modèle de félin.**

Convertir de façon automatique un maillage triangulaire en un maillage carré est l'une des tâches les plus ardues du traitement géométrique, en particulier lorsque les lignes paramétriques doivent suivre la courbure de la surface ou des arêtes particulièrement vives. La flexibilité des maillages triangulaires, par exemple pour affiner localement en ajoutant de nouveaux triangles, mène à une nouvelle répartition désordonnée des triangles sur la surface. De nombreuses applications peuvent cependant profiter de davantage de structure : dans la modélisation interactive de surface en modifiant simplement quelques points de contrôle, quand des arêtes sont des éléments visibles de la structure d'un toit, ou bien dans des applications techniques comme les méthodes hiérarchiques, d'ondelettes, ou de subdivision. Sur les images ci-dessus, le maillage carré a été réalisé par l'algorithme *QuadCover* qui produit de façon automatique des maillages carrés de cette qualité. Cet algorithme emploie des techniques issues de la géométrie différentielle discrète, de la théorie de Hodge et de la topologie algébrique.

➤ Images sur QuadCover de Felix Kälberer, Matthias Nieser, Konrad Polthier.
➤ *http://www.mi.fu-berlin.de/math/groups/ag-geom/publications/db/KNP07-QuadCover.pdf*

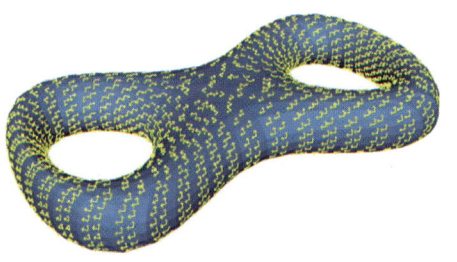

▲ **Champ de contour.**

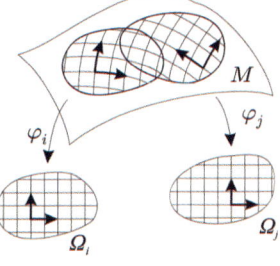

▲ **Cartes locales.**

▲ **Lignes adaptées au contour.**

L'algorithme Quad-Cover exige que la surface soit couverte d'un champ de contour, le long duquel il va construire les côtés d'un maillage carré. L'idée de base de l'algorithme consiste à construire des cartes, c'est-à-dire des applications de petits morceaux de surface sur le plan euclidien. Grâce aux cartes, on peut finalement faire remonter la grille régulière du plan sur la surface.

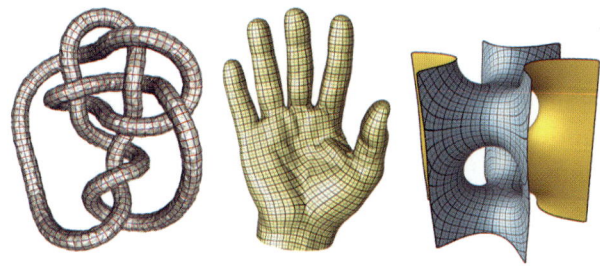

▲ **Exemples de maillages engendrés de façon automatique (tuyaux entremêlés et noués, image scannée d'une main, surface lisse de courbure négative).**

En définitive, les cartes voisines sont arrangées de sorte que des maillages voisins se rejoignent sans décalage et sans pli – comme présenté sur la figure ci-dessus. Des méthodes issues de la topologie algébrique assurent alors la continuité globale du maillage.

Illusion d'optique

Les cadres issus des directions principales de courbure d'une surface permettent aux lignes paramétriques de suivre la courbure naturelle de la surface et fournissent le meilleur rendu des surfaces courbes. D'autres orientations, par exemple le long des directions asymptotiques, peuvent à l'inverse donner un rendu erroné de la surface. Parmi les deux pseudo-sphères ci-contre, celle de droite a une partie centrale qui semble bombée vers l'avant : notre œil est apparemment habitué aux maillages orthogonaux et déforme la surface pour que le maillage asymptotique ait aussi l'air orthogonal !

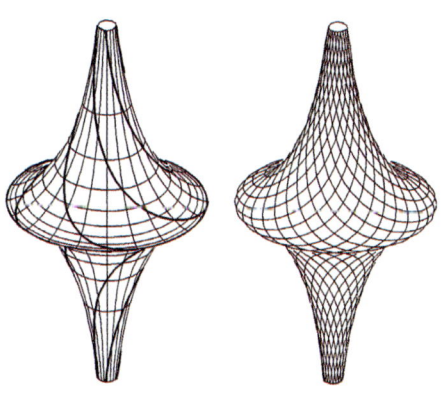

▲ **Comparez les impressions visuelles provoquées par ces deux maillages différents de la pseudo-sphère.**

> F. Kälberer, M. Nieser, K. Polthier, « QuadCover – Surface Parametrization using Branched Coverings », *Computer Graphics Forum* 26 (3), 2007.
> J. Hahn, K. Polthier : *http://page.mi.fu-berlin.de/polthier/Calendar/Kalender87*

Collinéation dans l'espace

Application linéaire de l'espace de dimension trois dans lui-même

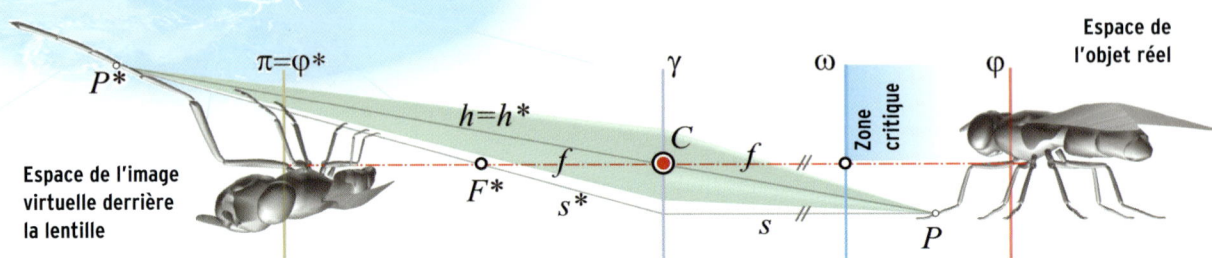

Espace de l'objet réel

P^* $\pi=\varphi^*$ γ ω φ

Espace de l'image virtuelle derrière la lentille

$h=h^*$ C Zone critique

F^* f f

s^* s P

Que se passe-t-il lorsque nous photographions l'espace ? D'après les lois optiques sur les lentilles, les droites h, s, etc. de l'espace réel sont transformées en des droites h^*, s^*, etc. d'un espace virtuel. Les rayons principaux passant par le centre C de la lentille ne changent pas de direction ($h = h^*$). Les rayons s parallèles à l'axe optique sont, en revanche, déviés pour passer par le foyer objet F* de la lentille. On peut ainsi pour chaque point P* trouver le point P correspondant (l'application est une bijection).

La figure ci-dessous montre que plus la lentille est proche de l'objet, plus il est difficile de représenter les points avec netteté. L'escargot avance de quelques millimètres en direction du centre optique, avec des conséquences fatales pour l'image et la profondeur de champ.

L'application est linéaire : une droite correspond à une droite, il apparaît donc une collinéation. C est le centre de la collinéation, le plan principal γ passant par C est le plan fixe. Le plan ω situé à la distance f (distance focale) devant la lentille est le plan de fuite. Plus les points à transformer sont proches de ce plan, plus il devient critique de reproduire avec netteté une partie la plus grande possible de l'objet.

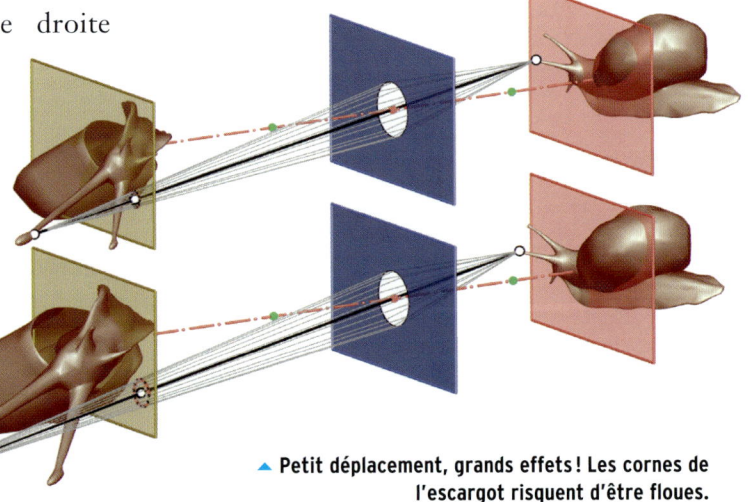

▲ Petit déplacement, grands effets ! Les cornes de l'escargot risquent d'être floues.

➤ http://fr.wikipedia.org/wiki/Théorème_fondamental_de_la_géométrie_projective
➤ http://www-cabri.imag.fr/abracadabri/abraJava/GNECJ/BachCJ/BAxiomG.html
➤ G. Glaeser, *Praxis der digitalen Makro- und Naturfotografie*, Spektrum Akademischer Verlag, Heidelberg, 2008.
➤ C. Hofmann, *Die optische Abbildung*, Akademische Verlagsgesellschaft Geest & Portig, Leipzig 1980.

La taille absolue est décisive

Le plan du capteur optique (ou de la pellicule) $\pi = \varphi^*$ correspond réciproquement au « plan de netteté » φ. Si tous les rayons traversant le système de lentilles en passant par le diaphragme circulaire éclairent à présent le capteur (ou la pellicule), seuls les points les plus proches de φ seront représentés avec netteté. C'est pourquoi des photographies prises à des distances extrêmement courtes ne peuvent avoir une netteté satisfaisante que dans la proximité immédiate du plan de netteté, même avec les meilleurs objectifs.

Plus l'objet est éloigné du centre optique, plus l'image virtuelle créée par l'objectif est plate. C'est pourquoi, pour une même ouverture, l'image d'un objet plus grand apparaîtra plus nette. Le facteur d'agrandissement joue un rôle décisif en photographie.

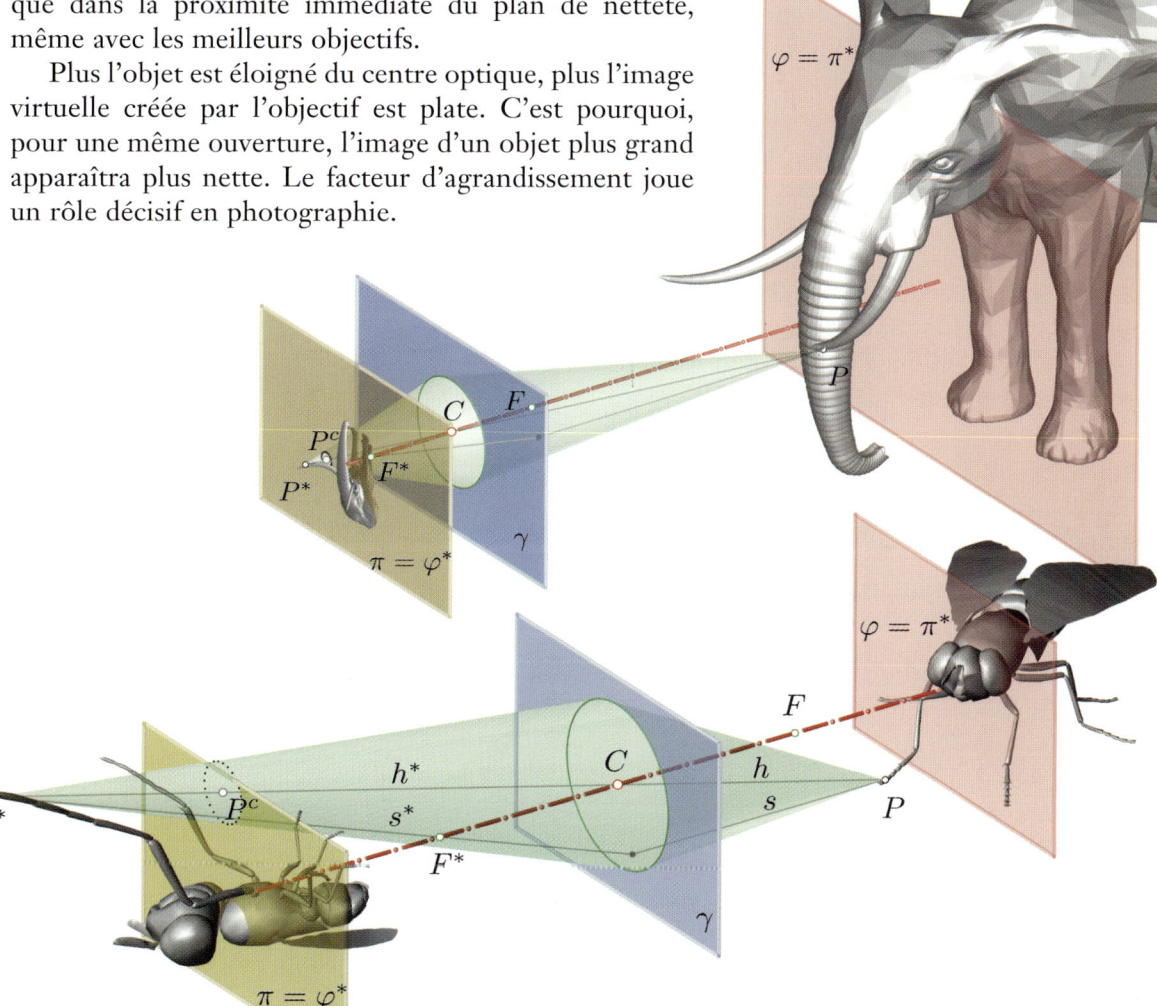

> G. Glaeser, « Virtuelle Räume in der Fotografie », *IBDG (Informationsblätter der Geometrie)*, Heft 2/2007, pp. 24-31.
> Quelques notions pour la photographie : *http://www.cmp-color.fr/pdc.html*

Zéros d'une fonction complexe

Partie réelle et partie imaginaire

Une fonction complexe f de la variable z dans le plan complexe décrit une variété de dimension deux dans l'espace de dimension 4 : elle est donc, au vrai sens du mot, « très complexe ». Mais on peut toujours la décomposer en partie réelle et partie imaginaire.

$$f(z) = \operatorname{Re} f(z) + i \cdot \operatorname{Im} f(z)$$

Avec $z = x + iy$, ces composantes décrivent deux « surfaces classiques » de l'espace. Si l'on s'intéresse aux zéros de $f(z)$, on peut chercher les intersections des ensembles de zéros des parties réelles et imaginaires. En voici un exemple simple : soit f la fonction quadratique définie par $f(z) = z^2 - 1$. Ses deux racines sont les deux valeurs $z = \pm 1$ puisque

$$f(z) = (z - 1)(z + 1)$$

La fonction réelle qui à z associe $|f(z)|$ doit avoir les mêmes racines, car de $f(z) = 0$, on déduit immédiatement $|f(z)| = 0$. La représentation graphique (ci-contre, en bleu) touche effectivement le plan xOy en deux points d'affixes $z = \pm 1$. Avec

$$f(z) = x^2 - y^2 - 1 + 2xy \cdot i,$$

la partie réelle (en vert) est donnée par $\operatorname{Re} f(z) = x^2 - y^2 - 1$ et la partie imaginaire (en jaune) par $\operatorname{Im} f(z) = 2xy$. Ces deux représentations graphiques décrivent un paraboloïde hyperbolique. Leurs zéros sont respectivement une hyperbole équilatère et une paire de droites. Les racines cherchées se trouvent à l'intersection des deux ensembles.

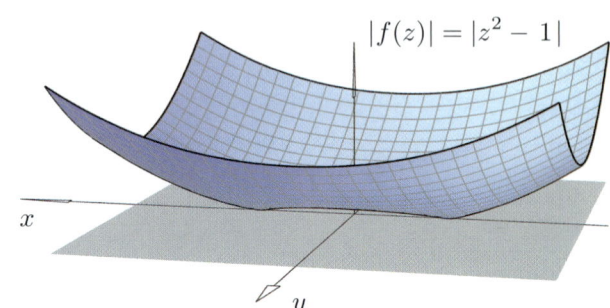

$$|f(z)| = |z^2 - 1|$$

x

y

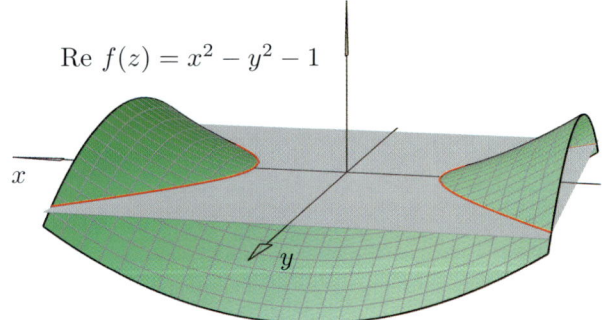

$$\operatorname{Re} f(z) = x^2 - y^2 - 1$$

x

y

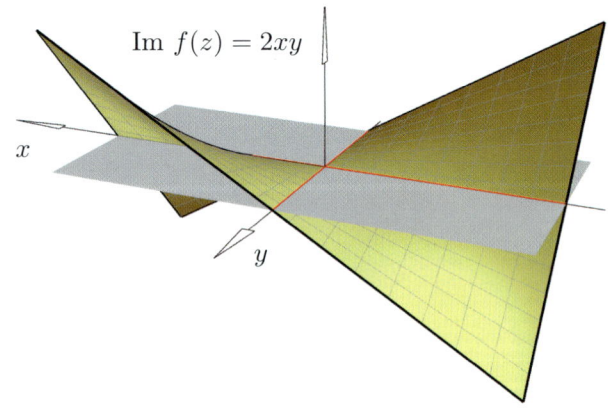

$$\operatorname{Im} f(z) = 2xy$$

x

y

> http://commons.wikimedia.org/wiki/File:Random_walk_in2D_closeup.png?uselang=fr#file
> http://www2.cndp.fr/themadoc/mouvbrown/universalite.htm
> Richard Griego et Reuben Hersh, « Le mouvement brownien et la théorie du potentiel », *Pour la Science*, octobre 1977.

La sphère de Riemann
ou le théorème fondamental de l'algèbre

Si l'on fait une projection stéréographique du plan complexe sur la sphère unité autour de l'origine, à chaque point du plan complexe correspond un unique point sur la sphère. Le point à l'infini dans le plan a pour image le pôle Nord. On peut alors se représenter le terme $z = \infty$ et raisonner avec lui comme avec tous les autres nombres complexes.

Examinons sur l'image ci-dessous la fonction cubique f et cherchons ses zéros. Cette fonction possède une partie réelle et une partie imaginaire (non représentées). Les ensembles de zéros des deux composantes sont des courbes cubiques (représentées en bleu et en rouge) qui, en projection sur la sphère, fournissent deux étoiles décalées autour du pôle Nord. On voit donc immédiatement que les lignes de zéros (puisqu'elles ne peuvent pas être finies) doivent se rencontrer en au moins un point. À cet endroit, les parties réelle et imaginaire de la fonction sont simultanément nulles, il y a donc un zéro de la fonction. Ces points sont marqués par des petites boules vertes sur la figure.

Cet exposé d'un théorème fondamental de l'algèbre remonte à **Carl Friedrich Gauss**, mais il n'était pas en mesure d'en fournir une démonstration rigoureuse faute de méthodes suffisamment avancées en topologie.

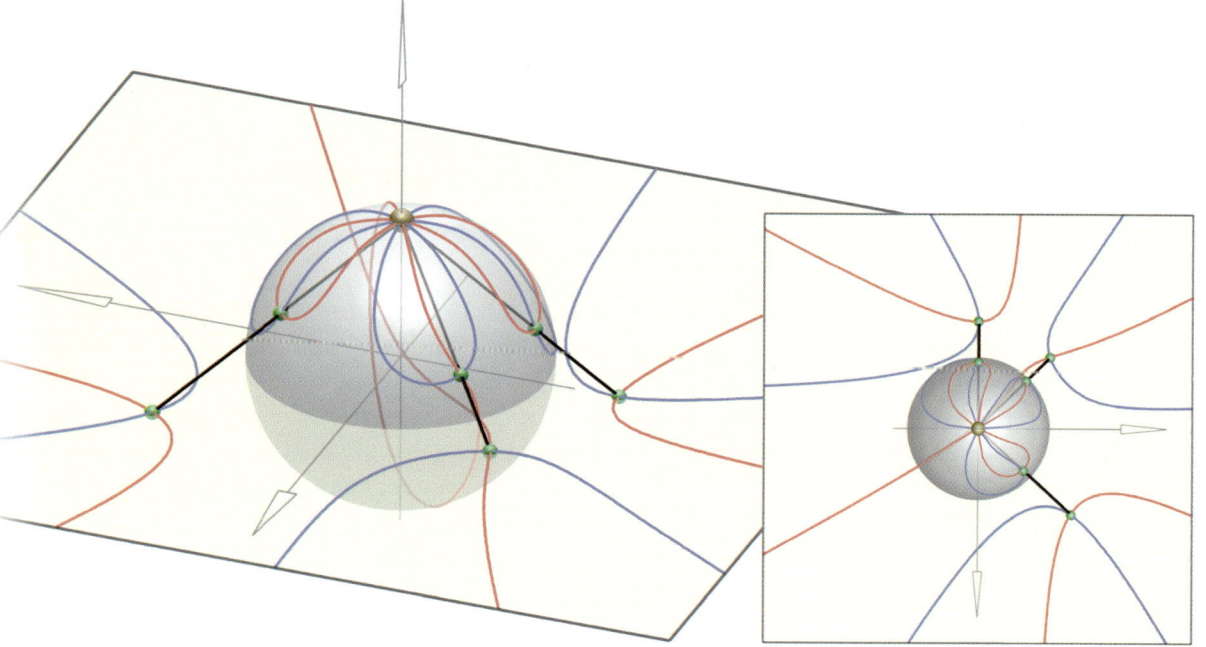

> http://fr.wikipedia.org/wiki/Carl_Friedrich_Gaus
> http://www.les-mathematiques.net/a/a/u/node10.php
> D. Hoffmann : www.math.uni-konstanz.de/~hoffmann/Funktionentheorie/kap1.pdf
> http://gilles.dubois10.free.fr/Nombres/Complexes/fondamental.html

Coloration de régions…

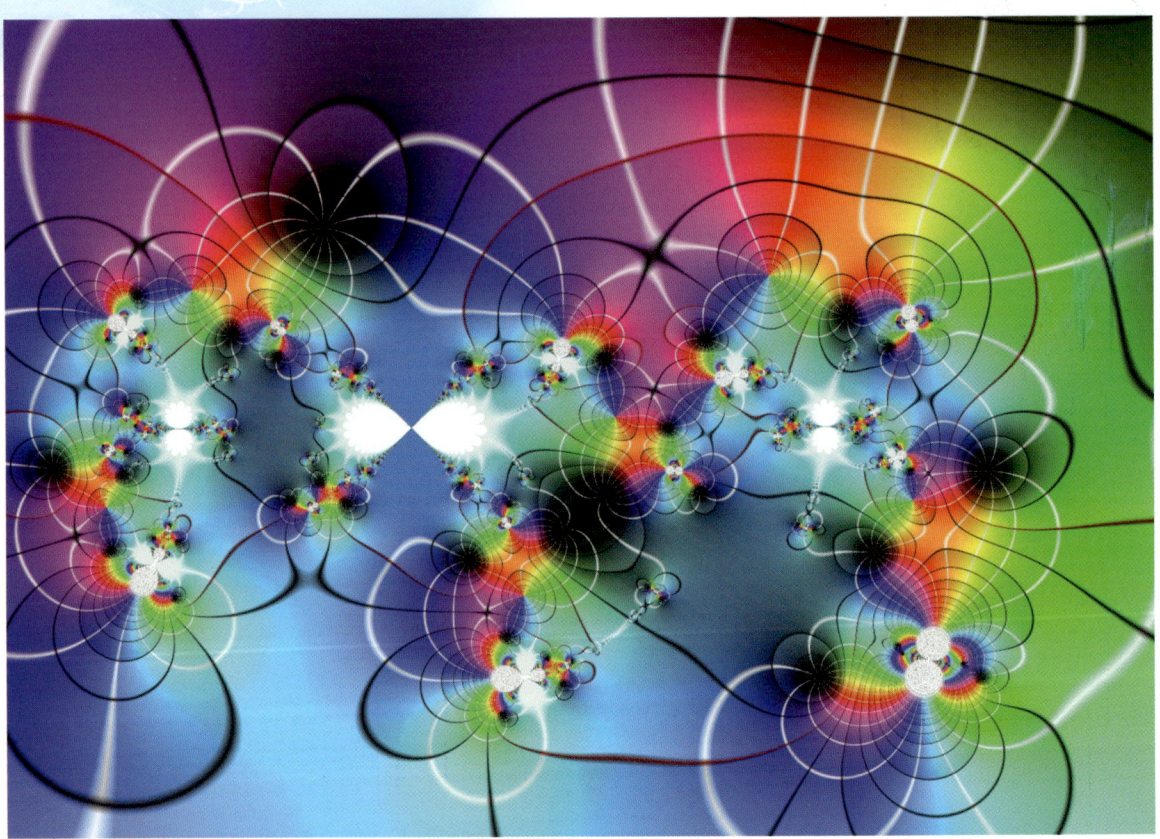

▲ **Représentation d'une fonction à valeurs complexes.**

Les fonctions complexes (d'une variable) sont des fonctions du plan complexe $\mathbb{C}$ dans $\mathbb{C}$. Pour mettre cela en image, utilisons ici un nouveau développement de la coloration de régions, dans lequel des propriétés essentielles de la fonction sont représentées par des couleurs. Le long des lignes noires, le module des valeurs prises par la fonction est constant et le long des lignes blanches, c'est l'argument qui est constant. Les zéros et les pôles sont reconnaissables aux centres ponctuels noirs et blancs respectivement, par lesquels passent au moins douze lignes blanches. Des singularités essentielles sont situées dans les larges régions blanches avec une infinité de petits arcs-en-ciel.

➤ G. M. Paily, S. Jolad, S. Neogi : *www.personal.psu.edu/saj169/PercolationRW/PercolationRw.html*
➤ P. Bourke : *http://local.wasp.uwa.edu.au/~pbourke/fractals/dla3d*
➤ *http://physicsworld.com/cws/article/print/21146*

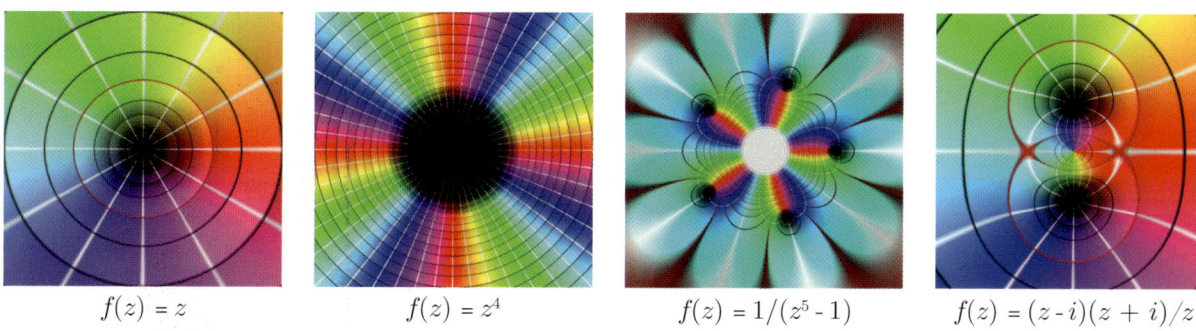

$f(z) = z$ $f(z) = z^4$ $f(z) = 1/(z^5 - 1)$ $f(z) = (z - i)(z + i)/z$

Dans la coloration des régions (en anglais : *domain coloring*) d'une fonction $f : \Omega \subset \mathbb{C} \to \mathbb{C}$, le domaine de définition est coloré en se basant sur les valeurs prises par la fonction sur son domaine de définition Ω. Pour cela, l'ensemble des valeurs prises par la fonction est muni d'un schéma de couleurs, en utilisant une fonction *col* : $\mathbb{C} \to$ *espace des couleurs* qui associe une couleur à chaque valeur prise par la fonction. La coloration de l'ensemble de définition s'obtient alors à partir de la fonction complexe f et de la fonction couleur *col* de la façon suivante : à chaque point de Ω est affectée la couleur *col*$(f(z))$, il est donc coloré en fonction de la valeur prise par f à cet endroit. Le schéma de couleurs utilisé ici est montré ci-dessus à gauche (il s'interprète comme coloriage de la fonction identité *f(z) = z*).

▲ Fonction méromorphe
$f(z) = (z-1)(z+1)^2 / ((z+ i)(z - i)^2)$.

▲ Fonction $f(z) = z\sin(1/z)$.
On remarque l'existence d'une singularité dite « essentielle » en analyse complexe.

> http://www.mathworks.com/matlabcentral/fileexchange/25773-domain-coloring
> K. Poelke, K. Polthier, « Lifted Domain Coloring », *Computer Graphics Forum* 28 (3), 2009.
> F. A. Farris : www.maa.org/pubs/amm_complements/complex.html
> Sur les singularités : http://fr.wikipedia.org/wiki/Singularité_en_analyse_complexe

… et surfaces de Riemann

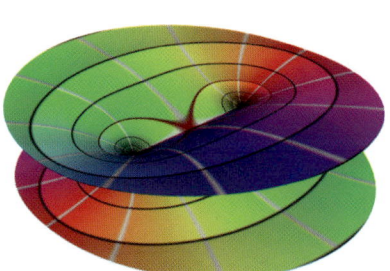

La fonction racine carrée qui à z associe $\sqrt{z}$ est à valeurs multiples, comme beaucoup d'autres fonctions, et elle prend à chaque point du plan complexe au moins deux valeurs. Par exemple, $\sqrt{1}$ prend les valeurs 1 ou -1, de même $\sqrt{-1}$ prend les valeurs i et $-i$, seul 0 a pour seule image 0. D'après une idée de Bernhard Riemann, on peut cependant rendre de telles fonctions univoques en utilisant pour ensemble de définition des revêtements ramifiés convenables du plan complexe. Pour la fonction racine carrée, qui prend presque partout deux valeurs, on utilise un revêtement double (ci-contre). La fonction qui à z associe $\sqrt{z-1}\,\sqrt{z+1}$ est aussi à valeurs doubles.

Ses deux feuillets sont représentés ci-dessous par des carrés. Ils sont attachés le long du segment qui relie les points de ramification -1 et $+1$, en reliant le bleu avec le bleu et le vert avec le vert. Sur la représentation dans l'espace (ci-dessous à gauche), on obtient ainsi un dégradé continu de couleurs.

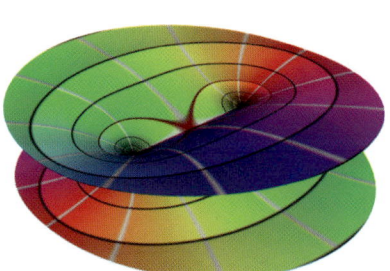

▲ La surface de Riemann de la fonction $\sqrt{z-1}\,\sqrt{z+1}$ se ramifie aux points $z = 1$ et $z = -1$, comme la fonction racine carrée.

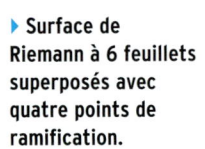

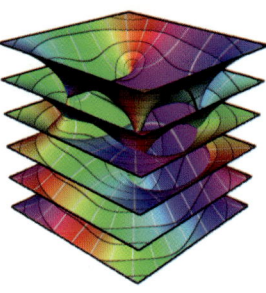

▶ Surface de Riemann à 6 feuillets superposés avec quatre points de ramification.

▶ Initiation aux surfaces de Riemann : *http://www.math.univ-toulouse.fr/~sauloy/PAPIERS/SRM1.pdf*
▶ *http://fr.wikipedia.org/wiki/Surface_de_Riemann*
▶ M. Nieser, K. Poelke, K. Polthier, « Automatic Generation of Riemann Surface Meshes », *GMP 2010*, Springer LNCS 6130, 161-178.
▶ H. Weyl, *Die Idee der Riemannschen Fläche*, Teubner 1913. Traduction anglaise : *The Concept of a Riemann Surface*, Eigal Meirovich, 2010.

Le développement en série de la fonction exponentielle

Le développement en série entière classique pour la fonction exponentielle est :

$$e^z = \sum_{k=0}^{\infty} \frac{z^k}{k!}$$

La fonction exponentielle ne possède de zéro ni dans les réels ni dans les complexes. Observons maintenant le développement de Taylor d'ordre n sans reste :

$$P_n(z) = \sum_{k=0}^{n} \frac{z^k}{k!}$$

Les polynômes P_n sont des polynômes d'ordre n en z qui approchent de mieux en mieux la fonction exponentielle lorsque les valeurs de n deviennent de plus en plus grandes. De tels polynômes ont cependant de plus en plus de zéros lorsque leur degré augmente. Avons-nous là une contradiction ?

L'explication tient au fait que les polynômes n'approchent bien l'exponentielle que dans un certain rayon (qui devient de plus en plus grand) autour de l'origine. Au-delà, les polynômes ont tendance « à partir dans tous les sens » et à posséder de nombreux zéros. C'est uniquement quand n est infiniment grand que toute la fonction exponentielle est représentée.

  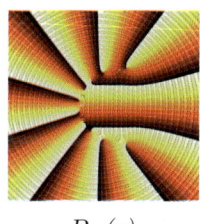 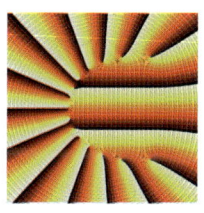 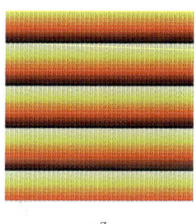

$P_1(z)$ $P_5(z)$ $P_{10}(z)$ $P_{15}(z)$ e^z

▲ **Approximation de la fonction exponentielle par des polynômes.**

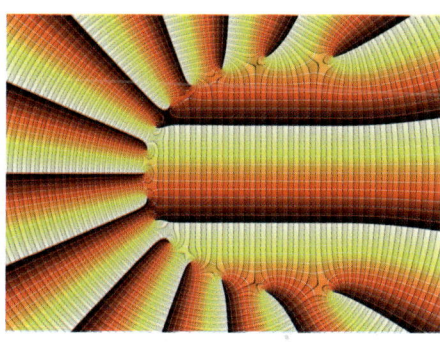

La série d'images ci-dessus montre, de gauche à droite, les polynômes de Taylor d'ordre 1, 5, 10 et 15 et la fonction exponentielle, chaque fois dans la région $z = \pm 14 \pm 14i$. Le schéma de couleurs utilisé est un éventail du noir au blanc en passant par le rouge et le jaune. Des demi-droites partant de zéro sont colorées en blanc. On reconnaît les zéros au fait que vue localement, une ligne « déborde » le long de la séparation du domaine blanc-noir. L'œil exercé repère que les zéros sont rejetés de plus en plus loin du centre au fur et à mesure que le degré augmente. L'image ci-contre montre un agrandissement pour $n = 15$.

❯ Images de Konstantin Poelke sur une idée de Hans Lundmark.
❯ H. Lundmark : *www.mai.liu.se/~halun/complex/taylor*
❯ *http://ljk.imag.fr/membres/Bernard.Ycart/mel/fu/node4.html*
❯ F. Labelle : *www.cs.berkeley.edu/~flab/complex/gallery2.html*
❯ G. Abdo : *http://my.fit.edu/~gabdo/function.html*

La courbe de Szegö

Les zéros du polynôme

$$P_n(z) = \sum_{k=0}^{n} \frac{z^k}{k!}$$

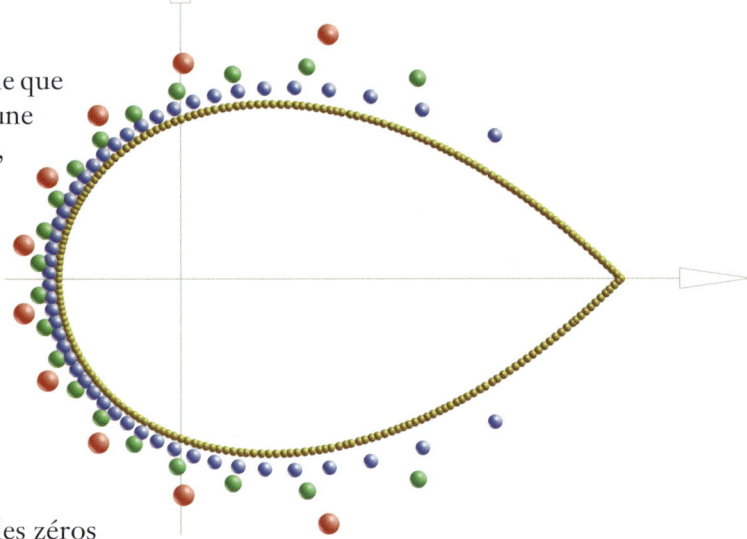

sont d'autant plus éloignés de l'origine que n est grand. Pour pouvoir se faire une idée de l'endroit où ils se trouvent, on peut réduire le plan d'un facteur $1/n$. Comme cela, les zéros se trouvent sur le disque unité. Pour de très grandes valeurs de n, les zéros se rassemblent le long d'une courbe décrite pour la première fois en 1924 par **Gàbor Szegö** (1895-1985) :

$$|z \cdot e^{1-z}| = 1$$

Sur l'image ci-contre, on a reporté les zéros de $P_n(z)$ pour $n = 10$, $n = 20$ et $n = 50$ en rouge, vert et bleu (en réduisant chaque fois le plan d'un facteur 1/10, 1/20, 1/50 respectivement). Le « collier de perles » pour des grandes valeurs de n est représenté en jaune.

▲ **Représentation de la courbe de Szegö.**

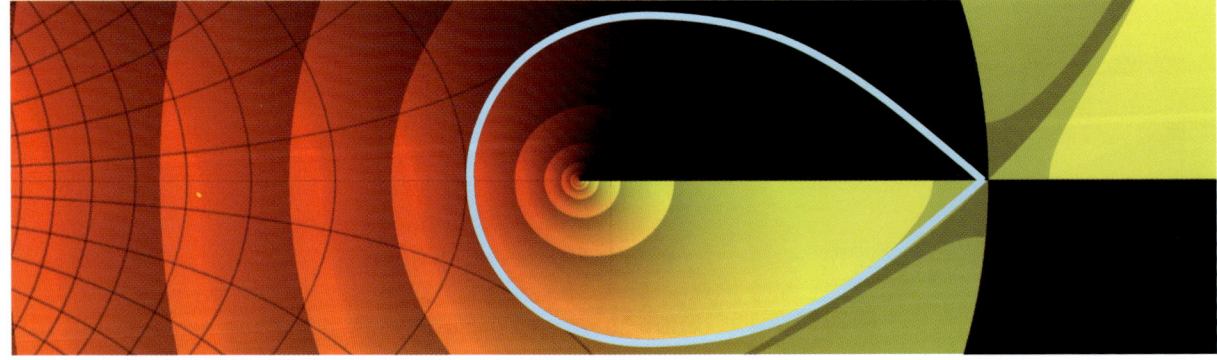

> http://www-fourier.ujf-grenoble.fr/~demailly/manuscripts/riemann2.pdf
> R. S. Varga, A. J. Carpenter, « Zeros of the partial sums of cos(z) and sin(z) », *Numerical Algorithms* 25: 363-375, 2000.
> E. Rowland : http://demonstrations.wolfram.com/SzegoeCurve
> G. Szegö, « Über eine Eigenschaft der Exponentialreihe », *Sitzungsberichte der Berliner Math. Gesellschaft*, 23 (1924), 50-64.
> C. Yalcin Yildirim : www.math.boun.edu.tr/instructors/yildirim/paper/OnZerosOfSectionsOfExpFunction.pdf

Polynomiographie

un mélange de mathématiques et d'art

La polynomiographie (introduite par **B. Kalantari**) représente les polynômes du plan complexe de façon artistique. La mise en évidence des zéros fait apparaître des images créatives entre l'art et les mathématiques. Le logiciel de Kalantari permet à l'utilisateur d'intervenir de façon interactive pour modifier les motifs.

▲ Butterfly.

▲ Golden Heart.

Butterfly repose sur une équation de degré 5, dont les cinq zéros sont les points sur les ailes. La même équation peut donner des images très différentes.

L'image **Golden Heart** utilise 17 points du plan qui sont les zéros d'un polynôme complexe de degré 17. Certains points sont les épicentres de nouveaux petits cœurs. Le choix d'extraits différents permet de créer une infinité de nouvelles images.

➤ Images de Bahman Kalantari (voir *www.polynomiography.com*).
➤ *http://www.josleys.com/references/expo_creteil.pdf*
➤ B. Kalantari, *Polynomial Root-finding and Polynomiograghy*, World Scientific, 2008.

Zéros de polynômes

dans le plan complexe

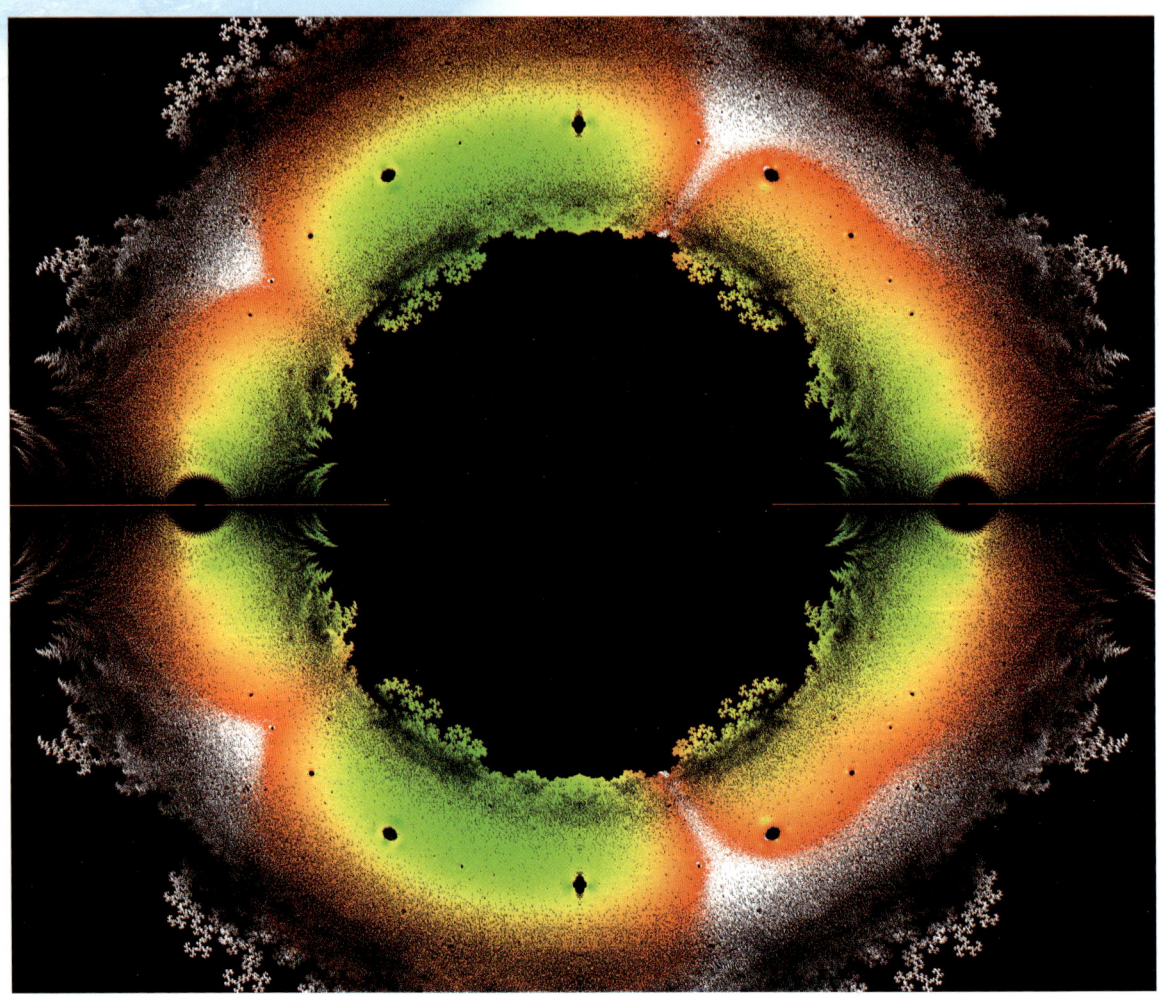

▲ **Zéros des polynômes de coefficients −1 et +1 jusqu'au degré 18.**

❯ Images de Jonathan Borwein, Loki Jorgensen.
❯ *http://www.youscribe.com/catalogue/ressources-pedagogiques/education/cours/chapitre-racines-des-polynomes-reels-et-complexes-1712353*
❯ J. E. Littlewood, *Some Problems in Real and Complex Analysis,* Heath Mathematical Monographs, 1968.

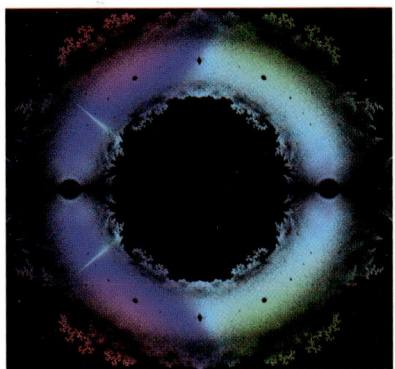

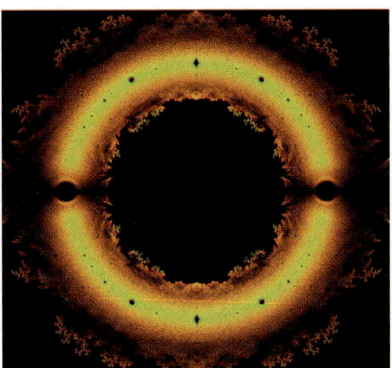

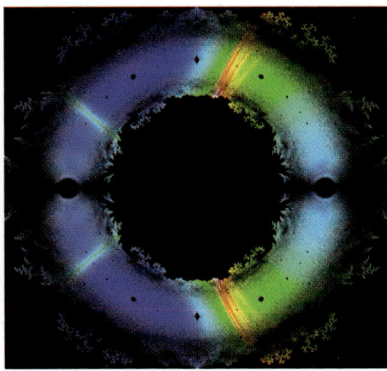

▲ Coloration selon la sensibilité du polynôme à de petites modifications de ses zéros. Dans la zone violette, le passage d'un zéro à l'autre modifie le polynôme au maximum.

▲ Coloration selon la densité locale des zéros. Dans la région jaune en forme d'anneau autour du cercle unité, la densité des zéros est la plus grande.

▲ Coloration selon la sensibilité des zéros à la variation continue du coefficient a_9. Il n'y a pas encore d'explication mathématique à la présence de bandes radiales.

Considérons la répartition des zéros de polynômes particulièrement simples. Pour cela, nous nous limitons à des polynômes de variable complexe dont les coefficients a_i sont soit 1, soit –1 :

$$f(z) = a_0 + a_1 z + a_2 z_2 + a_3 z_3 + \dots + a_n z_n$$

Il existe 2^{n+1} polynômes de degré n de ce type. Par exemple, pour le degré 1, on a les quatre polynômes

$$1 + x, \ 1 - x, \ -1 + x, \ -1 - x$$

qui s'annulent en –1 et +1. À partir du degré 2 apparaissent aussi des zéros complexes, comme les nombres imaginaires purs de module 1 ($-i$ et i) qui sont les zéros du polynôme

$$1 + x + x^2 + x^3$$

Sur l'image de la page précédente on a calculé les zéros de tous les polynômes de coefficients –1 et +1 jusqu'au degré 18. L'ensemble de tous les zéros donne une image fractale dans le plan complexe, qui s'étend environ dans la zone de $-1,5(1+i)$ jusqu'à $1,5(1+i)$. Le codage des couleurs montre la stabilité d'un zéro pour une petite variation réelle du coefficient a_3, la couleur rouge montrant une faible dépendance et la verte une forte. On peut tirer de ces images de nouvelles informations importantes : par exemple on ignorait auparavant l'existence de zones vides autour des racines de l'unité.

En théorie des nombres, la répartition des zéros apporte une aide importante à l'étude des fonctions ; voir aussi la page 46 sur la fonction Zêta de Riemann.

CHAPITRE 15

Formes et méthodes dans la nature et la technique

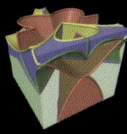

Les mathématiques sont le soubassement
des procédés techniques modernes.
Il est surprenant que les mêmes méthodes mathématiques
soient utilisées dans des domaines extrêmement divers.

On trouve par exemple des polyèdres dans les structures
des squelettes calcaires des radiolaires et des invariants
topologiques dans les turbulences des courants ;
des méthodes numériques sont nécessaires pour
la planification des opérations virtuelles et des méthodes
géométriques pour optimiser les images
dans les scanners 3D.

Dans ce chapitre, nous présentons différentes
applications des mathématiques
choisies pour leur beauté graphique.

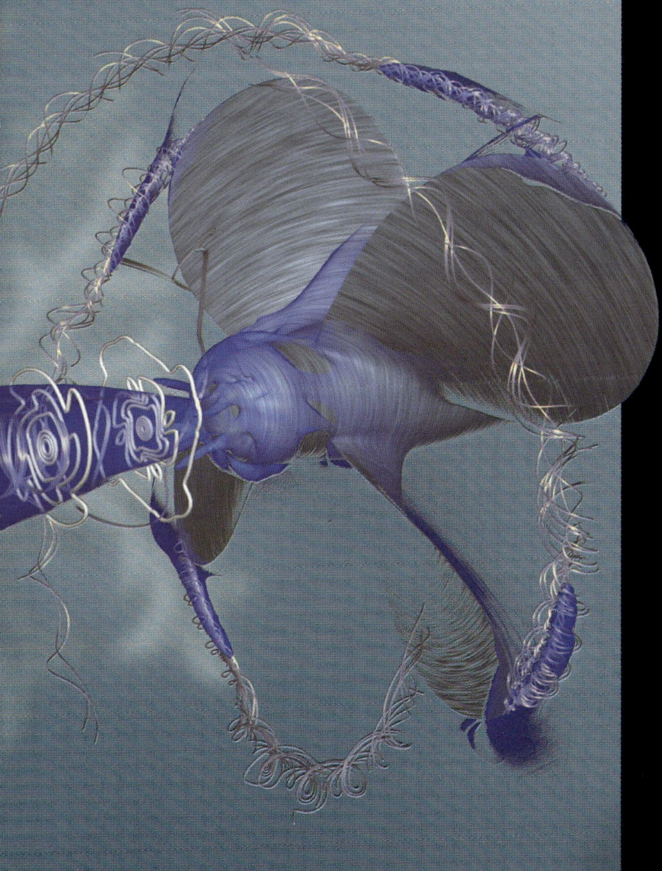

Nombres en mouvement

▲ **Photographie de la chute de dés en vitesse rapide**

Les nombres sont omniprésents. Ils nous servent à compter, à mesurer, à nommer les jours, les mois et les cartes à jouer. Les constantes de la nature elles-mêmes se manifestent par leur valeur. Avec le développement croissant des ordinateurs, presque tout est maintenant traduit en grandeurs numériques (et donc en nombres). D'où viennent les nombres, sont-ils une propriété intrinsèque de la nature ou une invention des mathématiques ? Cela demanderait certainement une longue réponse. Nos systèmes actuels de numération dépassent bien sûr le décompte 1-, 2-, 3- et peuvent calculer avec les notions « d'infini » et de « limite ».

Dans le développement des systèmes de numération, la simple introduction du chiffre zéro fut un progrès intellectuel. Donner un nom au rien et en plus établir avec lui des règles de calcul cohérentes marqua le premier pas dans l'abstraction féconde. **Roland Wehalp** et **Robert Leitner** ont tourné sur les nombres un film qui stimule la réflexion.

> Images de Roland Wehap, Robert Leitner
> R. Wehap, R. Leitner, *Numbers in motion* in : MathFilm Festival 2008, DVD, Springer Verlag.

Les nombres
sont présents dans de
nombreuses situations
quotidiennes

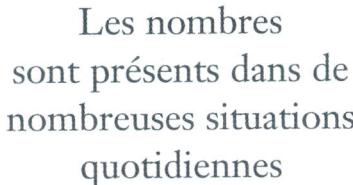

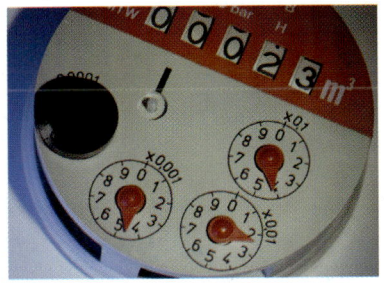

L'allée de tourbillons de Karman

Les liaisons les plus courtes sont rectilignes

Simulation d'une allée stable de tourbillons, en arrière d'un cylindre (en gris) contourné par un courant.

Derrière un cylindre placé dans un courant, les filets liquides se détachent et s'enroulent pour former une allée de von Karman, composée de tourbillons alternés tournant dans un sens et dans l'autre. **Theodore von Karman** (1881-1963) observa en 1911, dans sa thèse d'habilitation, une suite stable de ces tourbillons. Cette suite périodique de tourbillons peut, dans certaines conditions, se manifester par des sifflements lors de courants d'air. Dans le calcul scientifique, l'allée de von Karman joue le rôle de problème modèle, pour tester certaines méthodes numériques et des logiciels.

➤ Image de Mario Ohlberger, Eberhard Bänsch, Joachim Becker
➤ Th. von Kármán, « Über die Mechanismen des Widerstandes, den ein bewegter Körper in einer Flüssigkeit erfährt », *Nachr. Ges. Wiss.* Göttingen. Math.-Phys. Kl., 1911.
➤ *http://wavelets.ens.fr/RESULTATS/GAELE/Website/resume_francais.html*
➤ *http://fr.wikipedia.org/wiki/Allée_de_tourbillons_de_Karman*

Une allée stable de tourbillons de von Karman se forme aussi à l'arrière d'obstacles naturels. Par exemple, la photographie de la NASA (en fausses couleurs) prise par le satellite *Landsat* 7 le 15/9/1999 montre une formation spectaculaire de nuages derrière les Îles Juan Fernández près de la côte chilienne.

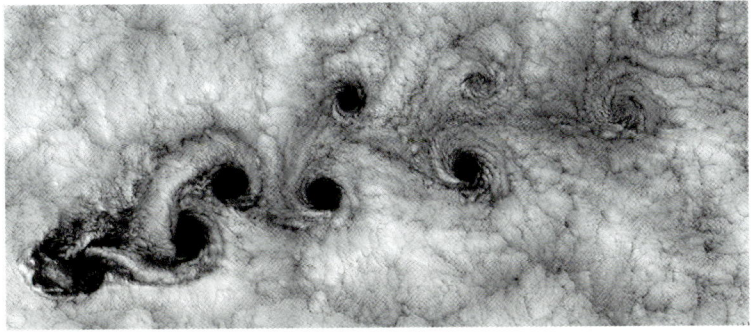

▲ **Formation de nuages en arrière des Îles Juan Fernández**

La structure globale de champs d'écoulement est décrite par des phénomènes topologiques, comme les tourbillons et les sources. Sur l'image du bas, de petites perturbations sur l'allée de von Karman déclenchent l'apparition ou la fusion de tourbillons voisins. Les lignes vertes ou jaunes montrent l'évolution dans le temps de tourbillons caractéristiques, et la fusion des tourbillons aux embranchements blancs.

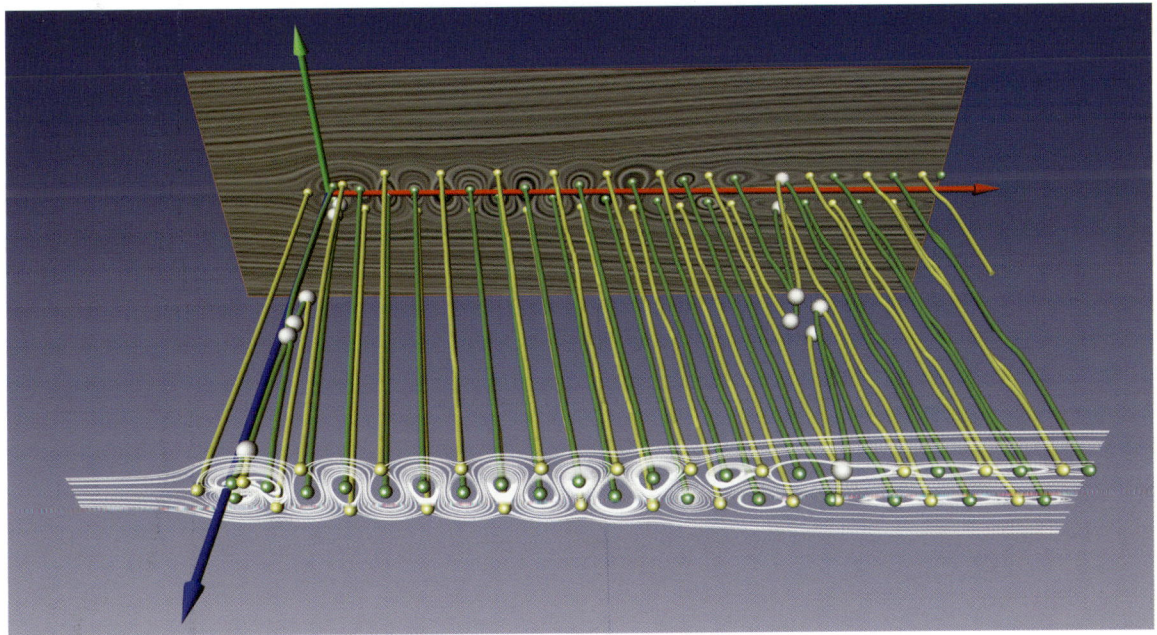

▲ **Transformation de tourbillons au cours du temps dans une allée de tourbillons de Karman**

➤ Image du haut de Bob Cahalan *http://earthobservatory.nasa.gov/Newsroom/NewImages/images.php3?img_id=3328 NASA*
➤ Image du bas de Tino Weinkauf, Holger Theisel, Bernd R. Noack d'après les données de Gerd Mutschke.
➤ T. Weinkauf *www.tinoweinkauf.net/gallery/*
➤ *http://www.tache-aveugle.net/IMG/pdf/rapportESPCI.pdf*
➤ *http://www.novapix.net/zoom.php?id_img=12037&search=EQI&action2=1*

Topologie des courants

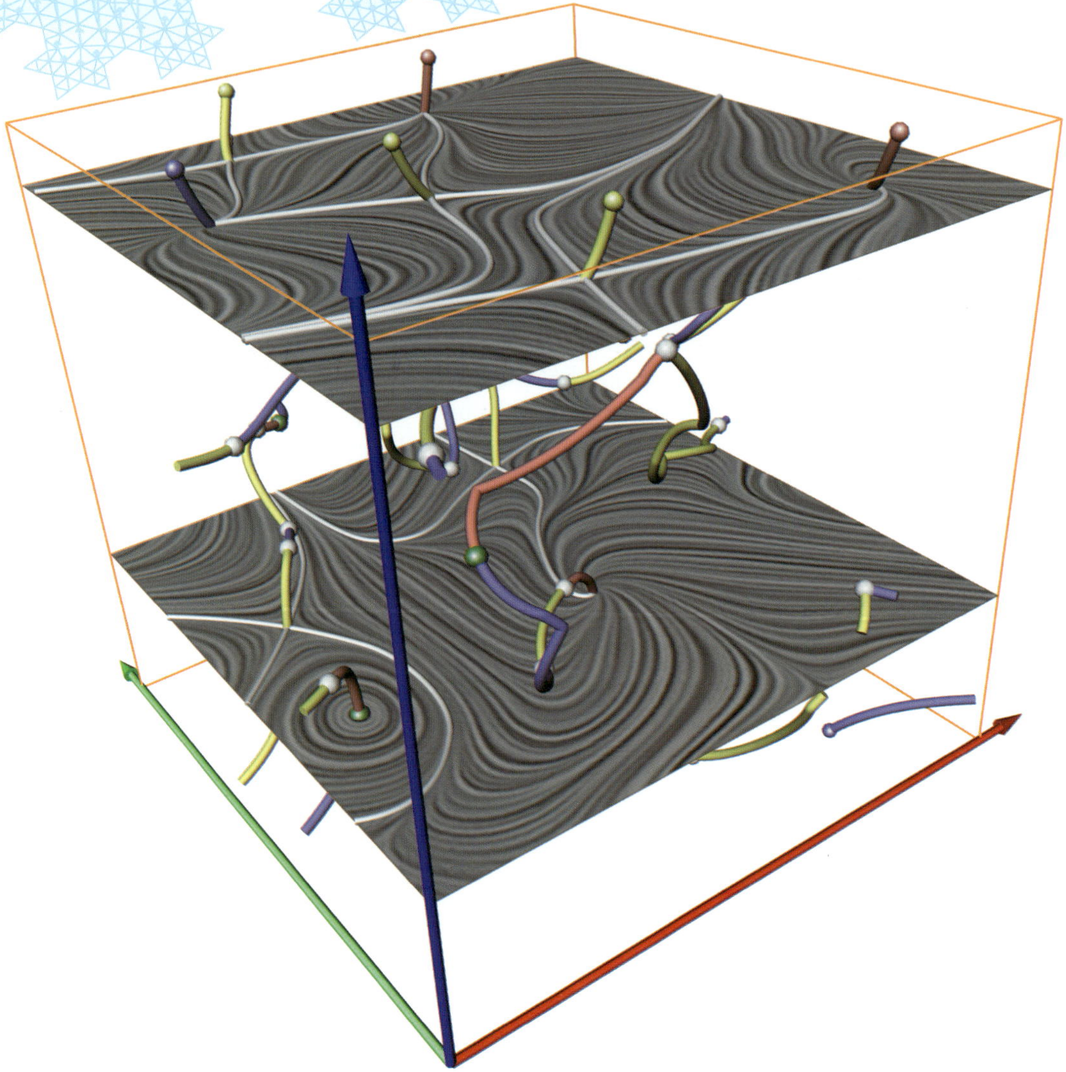

▲ **Lignes de séparation et courbes de turbulence**

❯ Images de Tino Weinkauf
 T. Weinkauf *www.tinoweinkauf.net/gallery/ Weinkauf Gallery*
❯ É. Guyon, J.-P. Hulin et L. Petit, *Ce que disent les fluides*, Belin, 2e édition, 2010.
❯ *http://www.editions.polytechnique.fr/files/pdf/EXT_1332_5.pdf*

Tourbillon, selle et trajectoires

De nombreux écoulements ont un comportement caractéristique, dans lequel le courant coule d'une façon homogène presque «tout droit».

Pour caractériser l'écoulement, on étudie des lignes et des surfaces de séparation entre les zones. Les tourbillons, ou bien leurs trajectoires dans des courants qui évoluent temporellement, correspondent aussi à des tracés caractéristiques.

Tino Weinkauf développe de nouvelles méthodes de visualisation pour calculer les trajectoires de tourbillons, de zones de selle ou d'autres caractéristiques topologiques de courants, afin d'étudier de façon visuelle leur évolution dans le temps.

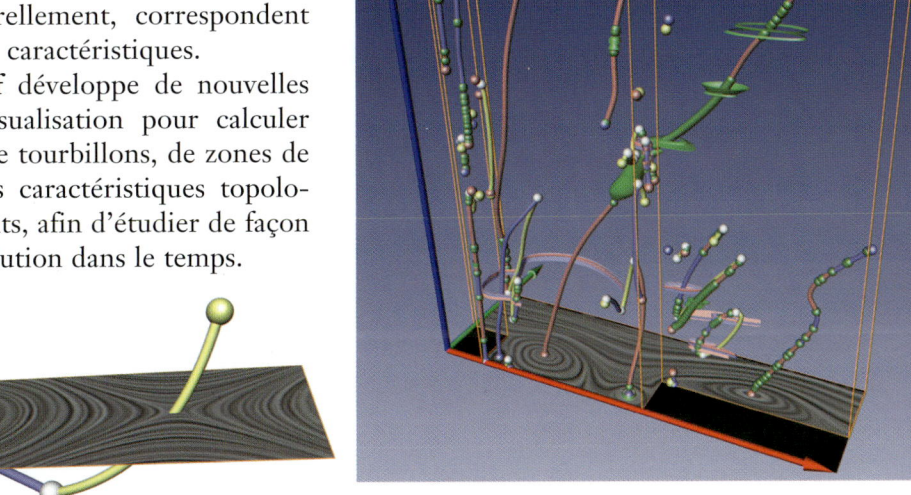

▲ Fusion d'un tourbillon et d'une selle dans un écoulement plan qui évolue dans le temps. Le courant est montré à un instant donné.

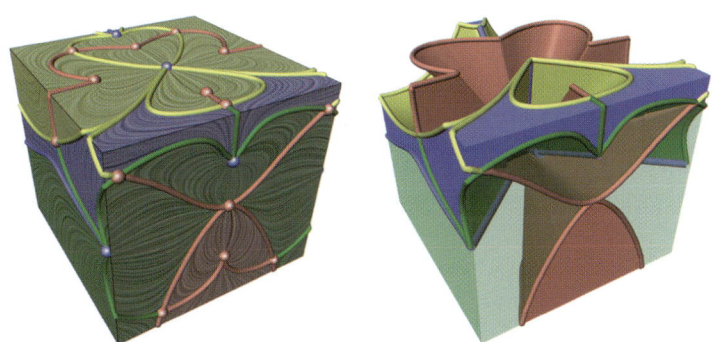

▲ Des volumes traversés par un courant peuvent souvent être divisés en zones au comportement d'écoulement similaire.

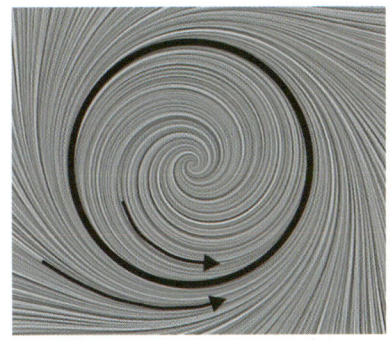

▲ Trajectoire fermée dans un champ tourbillonnaire

Lignes de courant
Visualisation d'équations différentielles

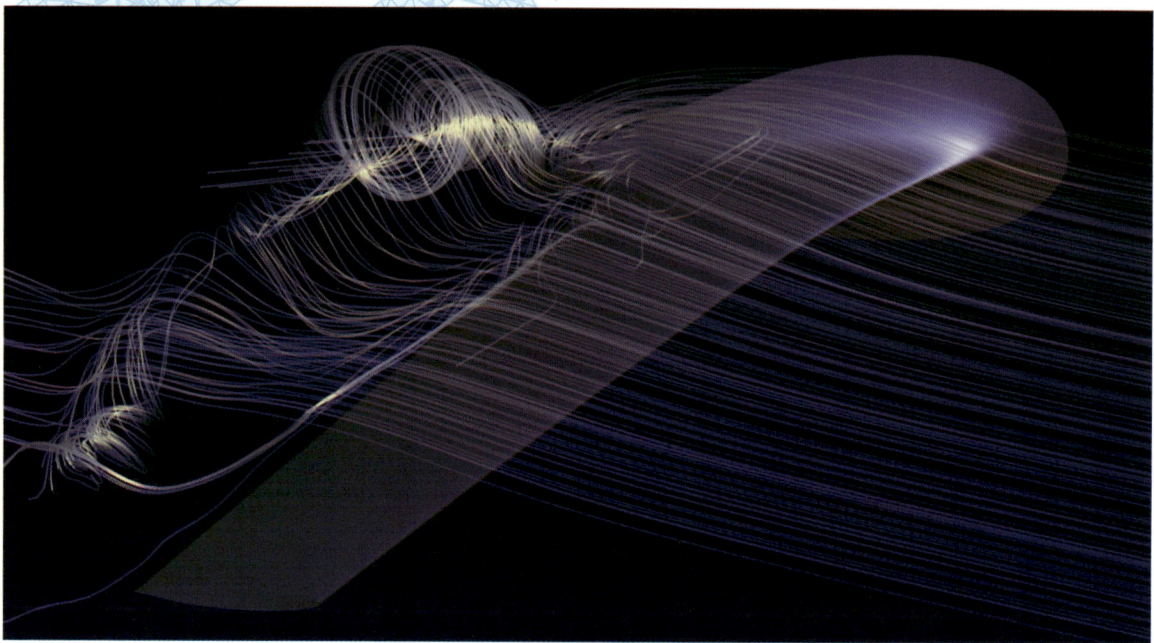

▲ **Mise en évidence des turbulences à la surface d'une aile, à l'aide de lignes de courant lumineuses.**

Les trajectoires de particules mettent en évidence la structure d'écoulements complexes, comme ici la circulation d'air autour d'une aile d'avion (en haut) ou les courants au voisinage d'une hélice de bateau (ci-contre en haut). De tels courants en trois dimensions constituent un défi aussi bien pour la simulation numérique que pour les méthodes de visualisation. Les techniques classiques, comme la représentation d'un courant par des flèches (à l'instar de la direction du vent sur les cartes météorologiques), ne sont pas adaptées aux courants en trois dimensions : les flèches situées à l'avant dissimuleraient inévitablement les zones situées en arrière. La méthode des trajectoires lumineuses présentée ici est due à une idée de **Detlef Stalling, Malte Zöckler** et **Hans-Christian Hege**. Cette méthode montre une évolution particulière du courant dans l'espace, même lorsque plusieurs lignes de courant s'accumulent dans les zones de tourbillon.

➤ Images de Tino Weinkauf, Christoph Petz.
➤ D. Stalling, M. Zöckler, H.-Chr. Hege, « Fast Display of Illuminated Field Lines », *IEEE TVCG* 3(3), 1997.
➤ *http://web.univ-pau.fr/meet/pubdir/RHEO98F.pdf*

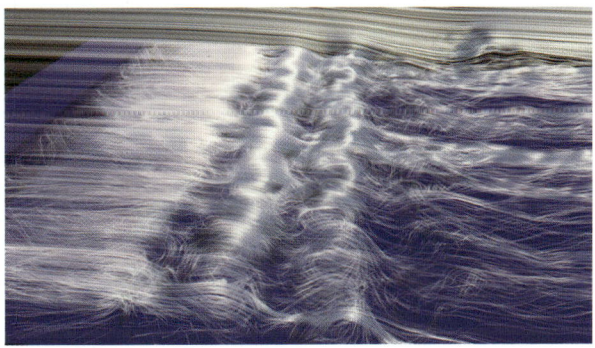

▲ Mise en évidence de tourbillons au voisinage d'une hélice de bateau

Courant à l'arrière d'une hélice de bateau

La structure du courant à l'arrière d'une hélice de bateau est très complexe, alternant zones homogènes et zones de turbulences. En optimisant la forme de l'hélice, on cherche à former un courant qui ne crée pas de bulles d'air dans le voisinage des pales. On évite ainsi d'éventuels dégâts à l'hélice.

▲ Turbulences à l'arrière d'une aile

Lignes de champ électrique

Visualisation de molécules

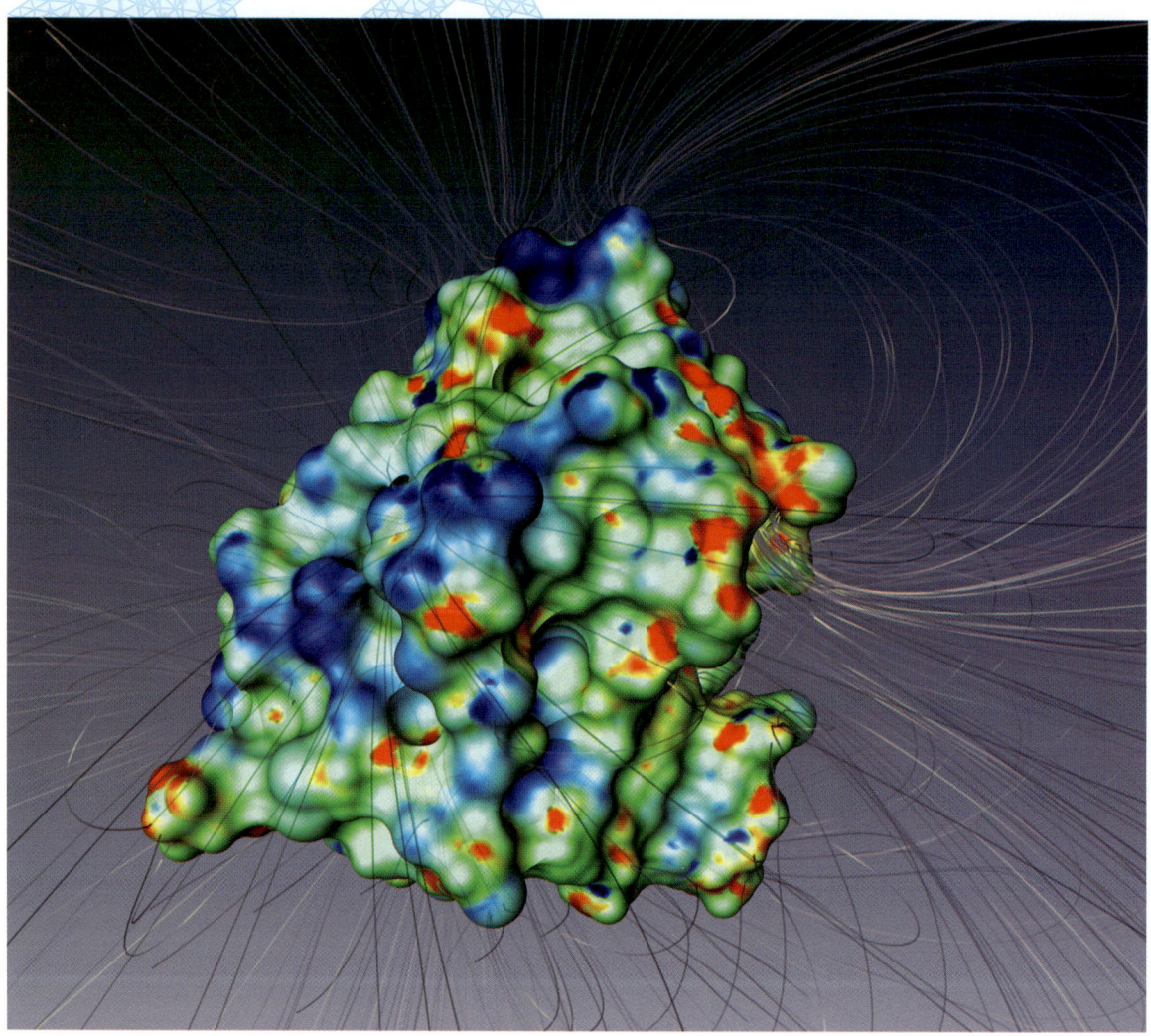

▲ **Lignes de champ électrique autour de l'enzyme ribonucléase T1.**

❯ Images de Daniel Baum, Johannes Schmidt-Ehrenberg
❯ J. Schmidt-Ehrenberg, D. Baum, H.-Chr. Hege, « Visually Stunning - Molecular Conformations », *The Biochemist* 23(5), 2001.
❯ D. Stalling, M. Zöckler, H.-Chr. Hege, « Fast Display of Illuminated Field Lines », *IEEE TVCG* 3(2), 1997.

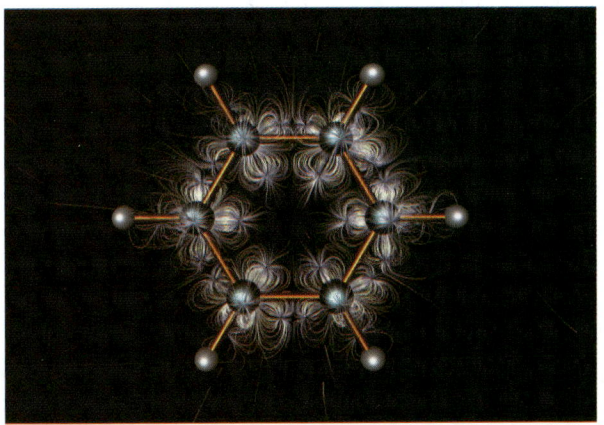
▲ Lignes de champ autour d'une molécule de benzène

▲ Vue rapprochée du champ de la molécule de benzène

La forme et les propriétés dynamiques des molécules ont des effets directs sur leurs propriétés chimiques et biologiques. Une connaissance précise du champ électrostatique est essentielle pour la construction ciblée de molécules lors de la fabrication de médicaments. La mise en évidence des grandeurs scalaires et vectorielles qui interviennent ici dans un volume en trois dimensions exige des méthodes de représentation innovantes. Nous montrons sur cette page une nouvelle méthode de représentation du champ électrostatique autour de molécules.

On utilise pour cela un éclairage particulier des lignes de champ, de façon analogue aux modèles éclairés pour les surfaces. Même si les lignes de champ sont des lignes à une dimension d'un point de vue mathématique, des points lumineux et des zones d'ombre caractéristiques apparaissent cependant sur le modèle, comme nous l'avons déjà rencontré sur les surfaces éclairées. Le nombre de lignes de champ a ensuite été choisi proportionnel à la densité électrique, ce qui fait ressortir l'évolution du champ. Le champ électrostatique autour de la molécule de benzène a été approché par un modèle de charges ponctuelles qui reproduit bien le champ réel, en particulier à des distances assez grandes.

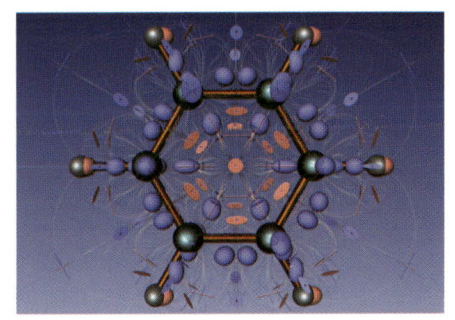
▲ Points critiques d'un champ électrostatique

Pour analyser le champ électrostatique de façon globale, il ne suffit pas d'avoir l'évolution de lignes individuelles, mais il faut aussi marquer en particulier les pôles et autres ramifications, comme illustré sur l'image du dessous.

Le lissage de données scannées en 3D

Maillages orthogonaux dans le plan

▲ **Modèle scanné bruité**

Les scanners en 3D auscultent point par point les surfaces à l'aide d'un rayon laser et fournissent sur l'écran de l'ordinateur un modèle sous forme d'une grille en trois dimensions. La précision des scanners d'aujourd'hui est inférieure au millimètre, cependant les données restent bruitées et imprécises.

Pour une utilisation ultérieure, un lissage est indispensable. Un problème similaire apparaît en photographie numérique, où il faut compenser certaines imprécisions du système optique.

▲ **Tête de César lissé, coloré selon la courbure**

➤ K. Hildebrandt, K. Polthier, « Anisotropic Filtering of Non-Linear Surface Features », *Computer Graphics Forum*, 23 (3), 2004.
➤ Exemple de lissage d'un maillage : *http://www.youtube.com/watch?v=MUGDuW_QzGA*
➤ De nombreux exemples visibles sur : *http://page.mi.fu-berlin.de/polthier/articles/anisotropic*

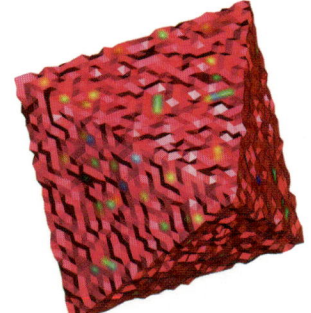

▲ Avant-après : bruité-lissé.

Un moyen très simple de lissage consiste à associer à chaque point la moyenne des valeurs des points qui l'entourent. Par ce procédé, les sommets deviennent moins pointus, cependant d'importantes arêtes vives sont adoucies et disparaissent après quelques étapes (voir séquence de trois images, en bas).

Les méthodes modernes évaluent la courbure de la surface sur la base des données initiales bruitées, pour lisser ensuite avec une intensité fonction de la direction. Un exemple est donné par le flux anisotrope moyen de courbure, une méthode géométrique de diffusion. En se fondant sur les derniers développements de la géométrie différentielle discrète, il est possible de reconstruire des arêtes caractéristiques (voir la colonne de droite et l'image principale de gauche).

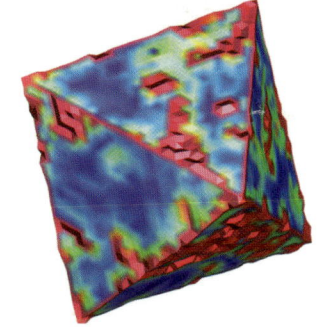

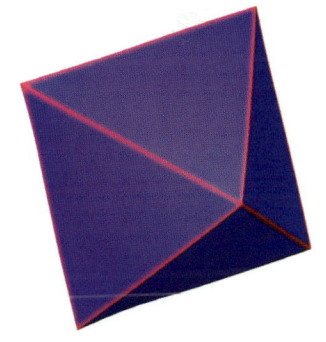

▲ Les arêtes marquantes du modèle test bruité d'un octaèdre sont effectivement reconnues et reconstituées dans la procédure de lissage.

◀ Un tel lissage involontaire doit être évité

Vibrations

On ne peut pas entendre la forme des tambours !

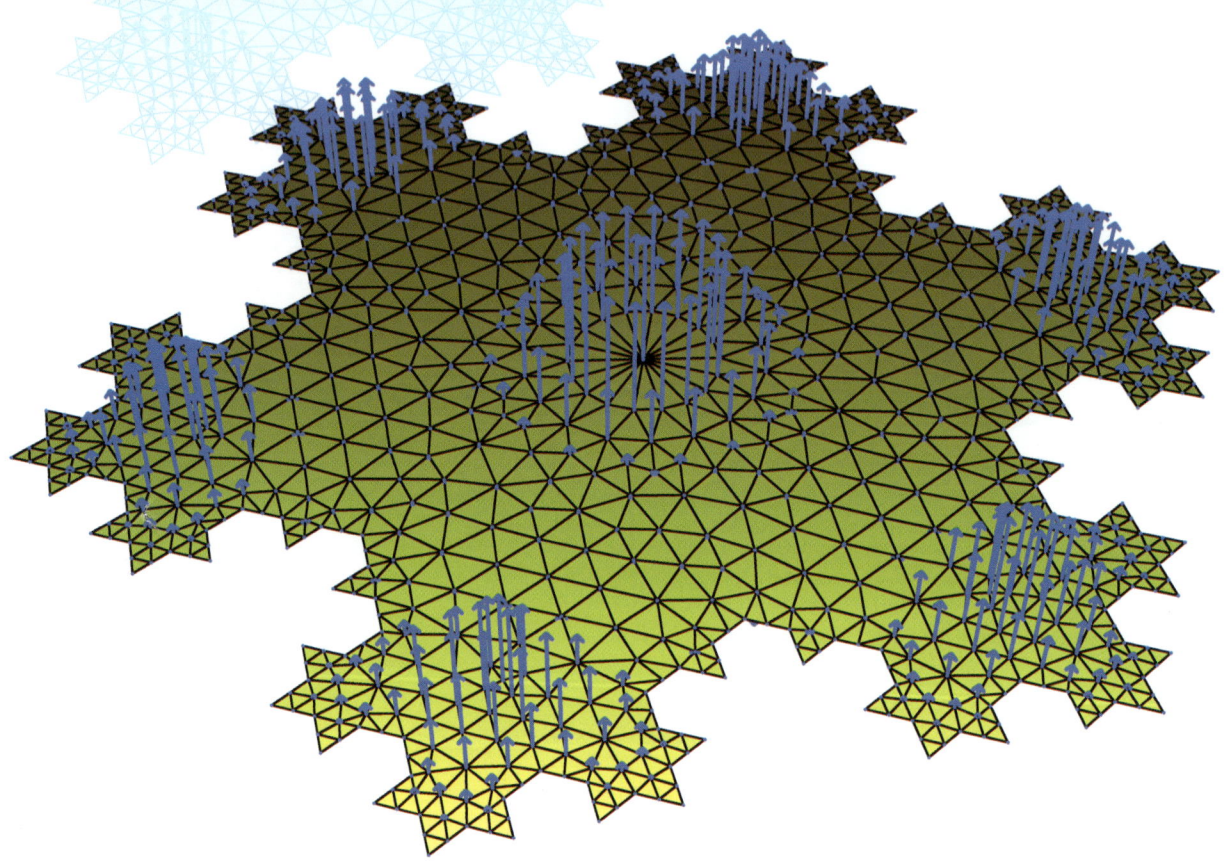

« Peut-on reconnaître la forme d'un tambour à sa sonorité ? » C'est la célèbre question que posa **Mark Kac** en 1966. Il s'agit de reconnaître la forme d'une peau de tambour fixée sur les bords, à l'aide du spectre de fréquences des vibrations propres. Ce n'est naturellement pas ce problème, même très évocateur, qui est intéressant, mais la recherche des critères permettant de distinguer des surfaces quelconques ou des objets de dimension plus élevée. Pour cela, on étudie par exemple le spectre d'opérateurs différentiels dans l'espoir de pouvoir déduire la différence des formes de la différence des spectres. Concernant la question de Kac, c'est l'opérateur de Laplace qui décrit les vibrations de surfaces de dimension 2.

> M. Kac, « Can one hear the shape of a drum ? », *Am. Math. Monthly*, 1966, (73), 1-23.
> D. L. Webb, C. Gordon, S. Wolpert, « One cannot hear the shape of a drum », *Bull Am. Math. Soc.*, 1992, (27), 134-138.
> M. Brazovskaia, C. Even et P. Pieranski, « Les tambours liquides », *Pour la Science*, n° 234, avril 1997.
> *http://fr.wikipedia.org/wiki/Géométrie_spectrale*

Deux tambours isospectraux

Les deux surfaces de droite et de gauche ont les mêmes fréquences propres, mais leurs formes sont différentes.

La première paire de ces surfaces dites isospectrales fut trouvée en 1992 par **David L. Webb, Carolyn S. Gordon** et **Scott Wolpert** et constitue ainsi le premier contre-exemple à la question de Kac : non, on ne peut donc pas distinguer des tambours ou des surfaces d'après leur sonorité. Les deux surfaces isospectrales présentées ici sont connues sous leurs petits noms de Bilby et Hawk.

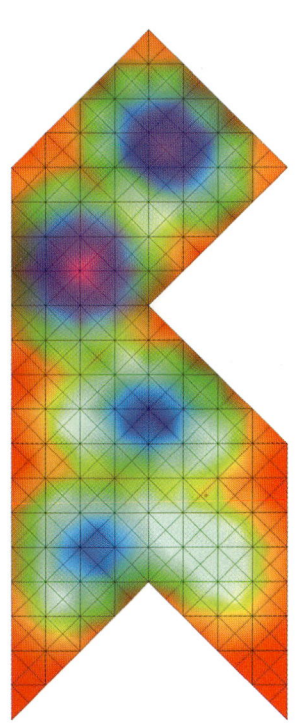

Même pour des surfaces simples, le calcul des informations spectrales est difficile, d'autant plus que ces dernières sont d'ailleurs utiles ! Ci-dessous, nous voyons respectivement une vibration propre de la surface de Costa et du flocon de von Koch qui inspira **Helaman Ferguson** pour sa sculpture de bronze.

▾ **Une vibration propre de la surface de Costa**

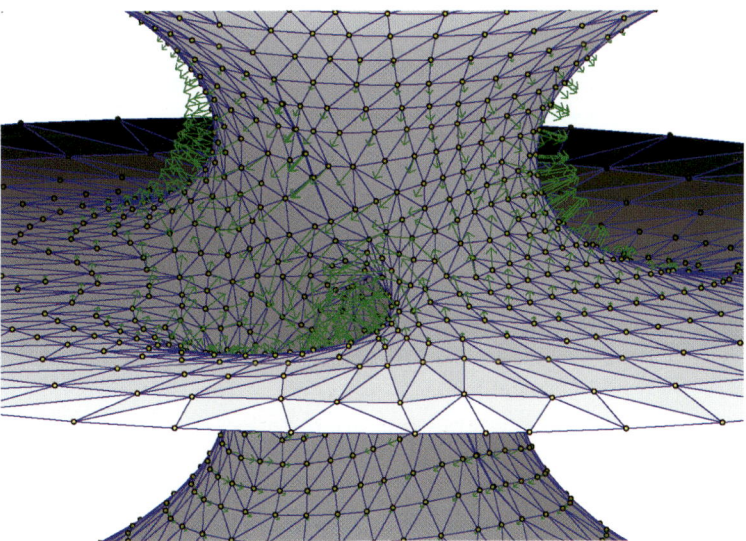

▲ **Sculpture en bronze (H. Ferguson)**

▸ S. Weintraub *www.ams.org/featurecolumn/archive/199706.html*
▸ Cornell Theory Center *www.ams.org/images/199706.mpg*
▸ H. Ferguson *www.helasculpt.com/gallery/snowflakelaplacedirichlet*

Le problème du voyageur de commerce

…ou comment planifier un trajet

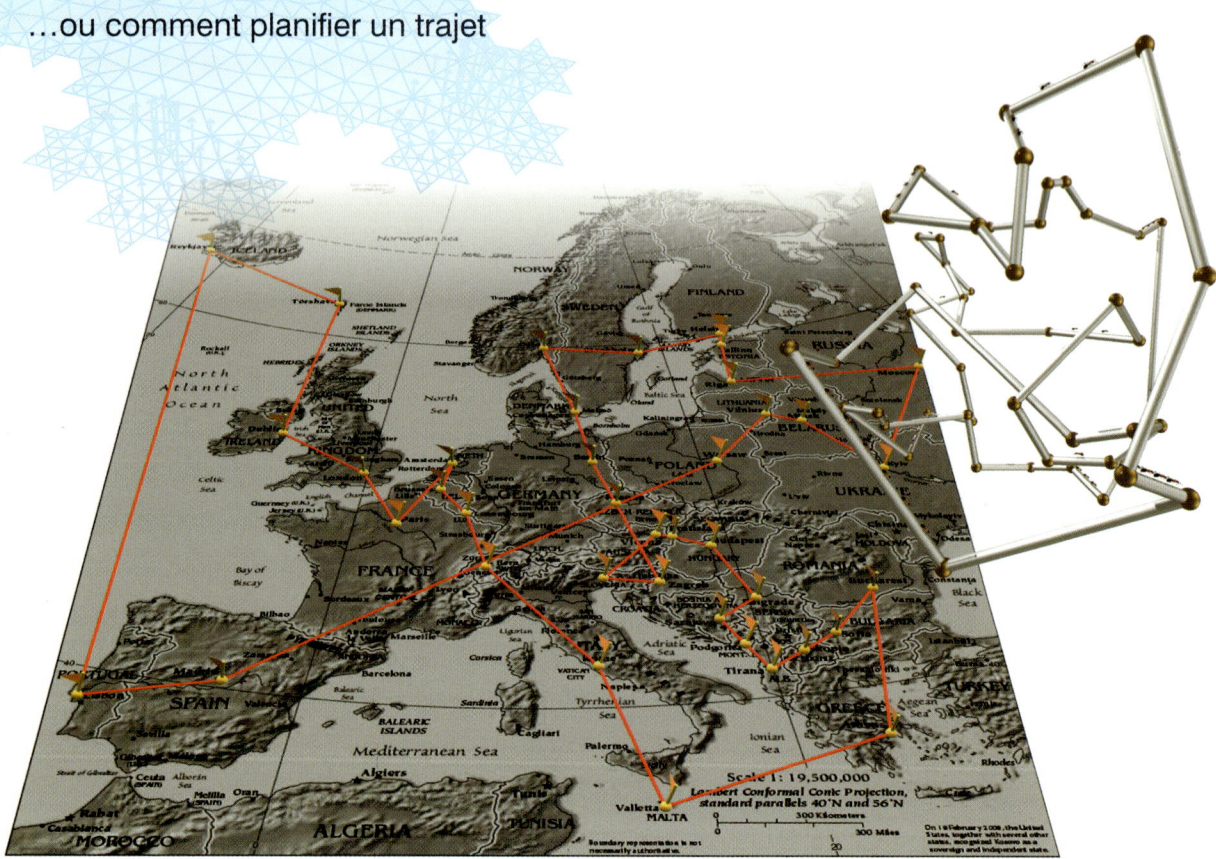

▲ **Une solution au problème du voyageur de commerce**

Le problème du voyageur de commerce est l'un des problèmes d'optimisation les plus connus et les plus étudiés. Il s'agit de visiter n villes données et de revenir à la fin à son point de départ.

L'optimisation elle-même consiste à planifier la boucle qu'il faut former de façon à minimiser la longueur du trajet. La question semble facile : il suffit de calculer les longueurs de tous les trajets possibles et de choisir le plus court. En fait, il apparaît que, même avec un nombre réduit de lieux à visiter, le nombre de trajets possibles « explose » lorsque le nombre de villes augmente. Plus précisément, il croît de façon exponentielle : il faut en effet considérer $0,5(n-1)!$ trajets possibles. À partir de quelques douzaines de stations, il est impossible, même à l'ordinateur le plus rapide du monde, de résoudre le problème avec la méthode directe, dite de la « force brute ».

❯ J.-P. Delahaye, « Les problèmes NP sont-ils si compliqués ? », *Dossier Pour la Science*, n° 74, janvier-mars 2012.
❯ P. Knollmüller *www-cgi.uni-regensburg.de/~bac04259/Kurse/WS05-06_SeminarNeuronaleNetze/ameisen_text.pdf*
❯ *http://fr.wikipedia.org/wiki/Problème_du_voyageur_de_commerce*

Optimisation à l'aide du marquage odorant des fourmis

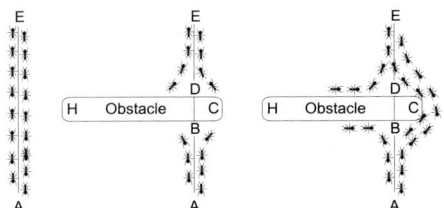

▲ **Idée derrière la « simulation des fourmis »**

Parmi les nombreuses tentatives d'optimisation, celle de la « simulation des fourmis » s'est révélée très efficace. Des fourmis doivent tout d'abord aller de A vers B, tout en laissant une trace odorante. Si un obstacle se trouve entre A et B, la moitié des fourmis choisira le trajet ABHDE et l'autre le trajet ABCDE.

Cela dure ainsi jusqu'à ce que les premières fourmis qui avancent vers E arrivent à proximité de D (respectivement que celles qui vont vers A arrivent à proximité de B).

À partir de ce moment, il y a dans chaque sens une trace odorante correspondant au chemin le plus court (puisque les fourmis qui ont fait le détour ne sont pas encore arrivées), ce qui fait que davantage de fourmis sont attirées sur le « chemin plus rapide », renforçant ainsi encore la trace odorante sur le chemin le plus court.

Cela conduit bientôt presque tous les insectes à choisir le chemin le plus court.

Le problème du conteneur

Combien de boîtes rentrent dans le conteneur ?

On donne n boîtes rectangulaires, qui doivent être emballées dans un conteneur lui-même rectangulaire. Peut-on ranger les boîtes de façon à les faire entrer dans un seul conteneur ? Sinon, quel est le plus petit nombre de conteneurs permettant de ranger toutes les boîtes ? Cette question est connue comme la version à deux dimensions du « problème du conteneur » (en anglais *Bin packing problem*), l'un des problèmes d'optimisation les plus anciens de l'algorithmique ; il est très important en logistique et en conception assistée par ordinateur (par exemple une réduction de 1 % de la surface nécessaire permettrait à une grande entreprise de transports américains d'économiser 10 millions de dollars !)

Le nombre de rangements possibles explose dans le cas d'un grand nombre de boîtes. La recherche de la solution idéale est désignée comme « problème de classe NP » (*Non déterministe Polynomial*) – il s'agit d'une classe de complexité de problèmes pour lesquels, si la vérification de la solution peut se faire en un temps polynomial, cela est en revanche impossible pour son calcul. C'est pourquoi on utilise des « algorithmes heuristiques » qui cherchent toujours des approximations de résultats utilisables, dont la « valeur » comparée à la solution idéale peut même être calculée.

Les algorithmes de 2D-Bin-Packing sont classés selon deux critères : si les boîtes peuvent être tournées, et s'il faut prévoir des « coupes à la guillotine ». Dans ce dernier cas, le fond du conteneur doit pouvoir être subdivisé en surfaces partielles sur lesquelles sont placées les boîtes, au moyen de coupes successives, toujours de part en part. Pour cela, la plupart des algorithmes commencent par effectuer un « Level Packing » : en observant les projections planes, ils placent d'abord les boîtes par plans ou couches (*voir à droite*), avant d'employer des méthodes heuristiques d'optimisation. Le problème partiel du remplissage efficace d'un tel plan est appelé « Strip Packing » et utilise des méthodes faciles ; la méthode dite de la « Next Fit Decreasing Height » classe d'abord les boîtes par hauteur décroissante et les range ensuite les unes après les autres dans le plan.

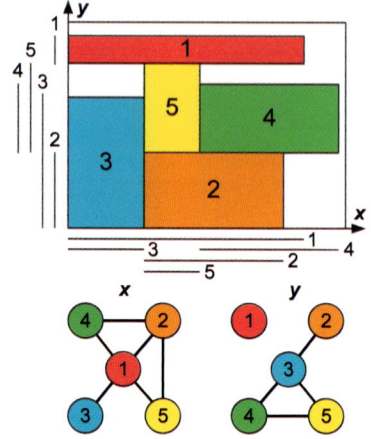

▲ Graphes d'intervalles pour l'axe des x (à gauche) et pour l'axe des y (à droite).

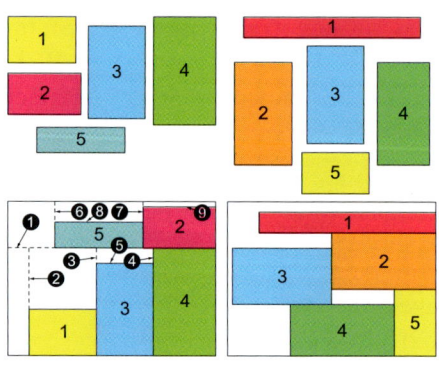

▲ *Level Packing*, ou disposition dans le plan. Les numéros indiquent l'ordre des coupes à la guillotine.

▲ Emballage libre avec des boîtes que l'on peut tourner. Des coupes à la guillotine ne seraient pas possibles ici.

➤ http://fr.wikipedia.org/wiki/Problème_de_bin_packing
➤ http://www.lifl.fr/~clautiau/?n=Vulgarisation.Bin-packing
➤ A. Lodi, S. Martello, M. Monaci, « Two-dimensional packing problems: A survey », *European Journal of Operational Research*, 141 (2002), 241-252.

▲ **L'application la plus fréquente de l'algorithme 2D-Bin-Packing se trouve en logistique, où il s'agit de placer des paquets sur une surface de chargement réduite de la façon la plus optimale possible. Ci-dessous sont présentées trois sortes de chargements compacts de ce type, en perspective et en projection.**

Si une boîte ne rentre plus dans le plan actuel, on crée un nouveau plan (de même pour les conteneurs). La méthode dite de «First Fit Decreasing Height» élargit cette idée en testant tous les plans existants pour voir s'ils peuvent encore contenir une boîte à la fin. Toutes les heuristiques qui travaillent par optimisation de problèmes locaux partiels (par exemple sur un «strip packing» optimal), sont appelées des «algorithmes gourmands».

Le résultat partiel est susceptible d'être amélioré en tentant de placer les boîtes d'un conteneur dans les parties vides d'un conteneur voisin. Pour cela, on peut employer la méta-heuristique «Tabu Search» qui met en mémoire les solutions déjà trouvées et évite de nouveaux calculs inutiles. Le dessin du rangement peut être représenté en graphes d'intervalles : on construit un graphe dans chacune des dimensions X et Y, les nœuds représentant les boîtes et les arêtes indiquant les superpositions sur l'axe correspondant (voir page de gauche, en haut). Une analyse habile des graphes d'intervalles accélère la recherche de vides à l'intérieur d'un schéma de rangement.

Si l'on réunit différentes techniques de rangement dans un algorithme, on voit apparaître des combinaisons particulières qui non seulement fascinent les étudiants en combinatoire, mais permettent également de faire économiser beaucoup d'argent à l'industrie logistique et à celle du traitement des matériaux !

➤ Images de Peter Calvache
➤ J. M. Harwig, J. W. Barnes, «An Adaptive Tabu Search Approach for 2-Dimensional Orthogonal Packing Problems», *Military Operations Research*, vol. 11, n° 2, 2006, pp. 5-26(22).
➤ S. Martello, D. Vigo, «Exact Solution of the Two-Dimensional Finite Bin Packing Problem», *Management Science*, mars 1998, vol. 44, n° 3, 388-399.

Méthodes de tri

Souvent utilisées et d'efficacité variable

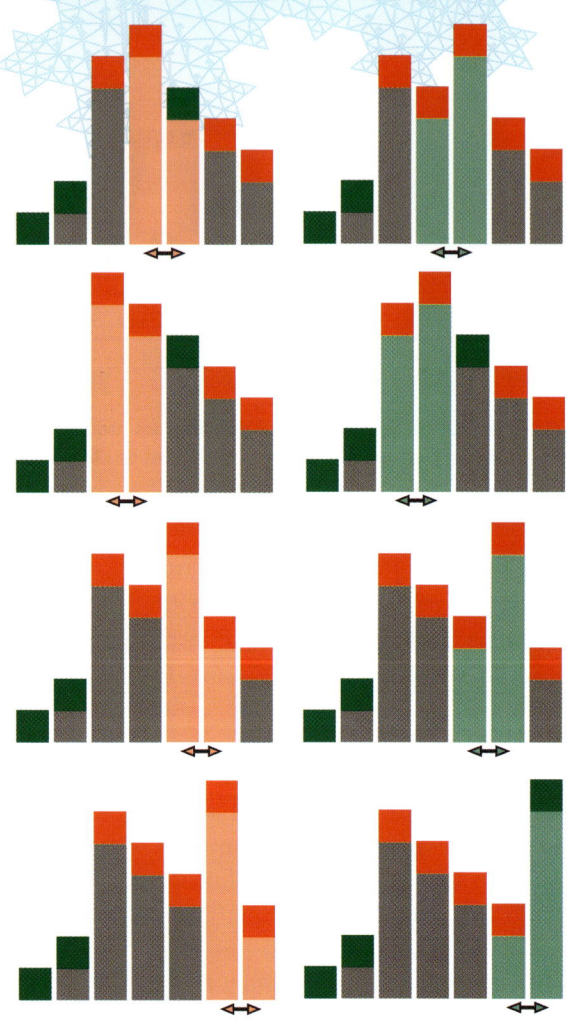

▲ **Algorithme Tri à bulles en action**

Dans beaucoup d'exercices, le problème consiste à ranger des éléments donnés selon une certaine règle. Dans la suite, nous nous contenterons de classer n nombres selon leur valeur. Le problème étant fréquent, une quantité d'algorithmes ont déjà été développés. On juge le plus souvent l'efficacité d'un algorithme à sa rapidité, parfois aussi à son besoin en capacité de mémoire.

Si l'on a peu de nombres, il est possible d'employer l'algorithme Tri à bulles (*Bubblesort*): on passe en revue tous les nombres et l'on compare chacun au suivant. Tant que celui-ci est plus grand, tout va bien. Si le suivant est plus petit (en haut à gauche), alors on échange les deux nombres (ci-contre). Le classement est ainsi amélioré, mais pas encore terminé.

On réitère ensuite l'opération. Les paires d'images du bas montrent la situation après les échanges suivants (sans que cela ait amélioré grand-chose). Après un nombre suffisant de passages, il ne sera plus nécessaire de poursuivre les échanges, et les nombres seront classés.

Si ce procédé ne consomme pas de mémoire additionnelle et se montre très robuste, il exige cependant beaucoup de calculs. Le nombre de comparaisons nécessaires dépend largement de la situation initiale (dans le meilleur des cas, un passage suffit, dans le pire des cas, il faut effectuer $n(n-1)/2$ comparaisons). Les nombres plus petits se déplacent plus lentement vers la bonne position que les autres. C'est pour cela que l'algorithme se dénomme *Tri à bulles* (dans l'eau, les petites bulles montent plus lentement que les grosses).

➤ Wikipedia : *http://fr.wikipedia.org/wiki/Tri_à_bulles*
➤ D. E. Knuth, *Sorting and Searching, Band 3 der Reihe The Art of Computer Programming*, Addison Wesley, 1997.
➤ T. Niemann : *www.epaperpress.com/sortsearch/download/sortsearch.pdf*

L'algorithme de tri par tas

L'algorithme de tri par tas est un algorithme efficace de tri qui date de 1964 (**Robert Floyd, J. W. J. Williams**). Il lui faut généralement $n \log n$ pas pour atteindre son but. Pour cela, il est pratique de présenter la suite de nombres à trier sous la forme d'un arbre binaire. La liste des nombres tout en haut correspond ainsi à l'arbre représenté en dessous. Cet arbre est ensuite transformé en un tas binaire. Dans un tas, les valeurs des enfants d'un nœud sont toujours inférieures à celle du père situé au-dessus. Cette structure ordonnée contribue à la rapidité du tri dans l'algorithme. Le procédé récursif est présenté pour quatre nombres. On transforme d'abord l'arbre binaire en tas (images de 1 à 5), la plus grande valeur étant à la racine. Cette valeur est échangée avec celle du

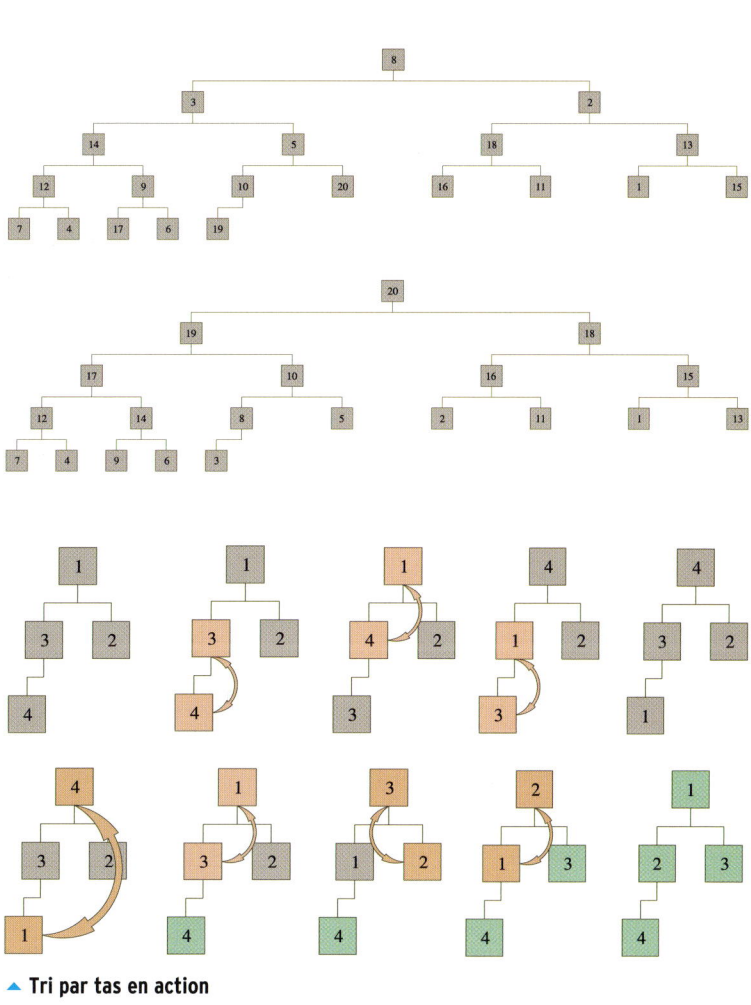

▲ Tri par tas en action

dernier nœud (6e image), le nombre de la fin étant ainsi déjà à la bonne place (représenté en vert sur la 7e image) et peut donc être laissé de côté dans la suite. On travaille à présent à respecter la loi du tas (7e image), la plus grande valeur se retrouvant de nouveau à la racine, on la glisse à l'avant-dernière place, etc., jusqu'à ce que l'arbre soit achevé.

➤ Wikipedia : *http://fr.wikipedia.org/wiki/Tri_par_tas*
➤ *http://www.siteduzero.com/tutoriel-3-261748-le-tri-par-tas.html*
➤ R. Schaffer, R. Sedgewick, « The Analysis of Heapsort », *Journal of Algorithms,* volume 15, Issue 1, Juli 1993, S. 76–100.
➤ M. Copley *www2.hawaii.edu/~copley/665/HSMain.html*

Algorithme de tri rapide

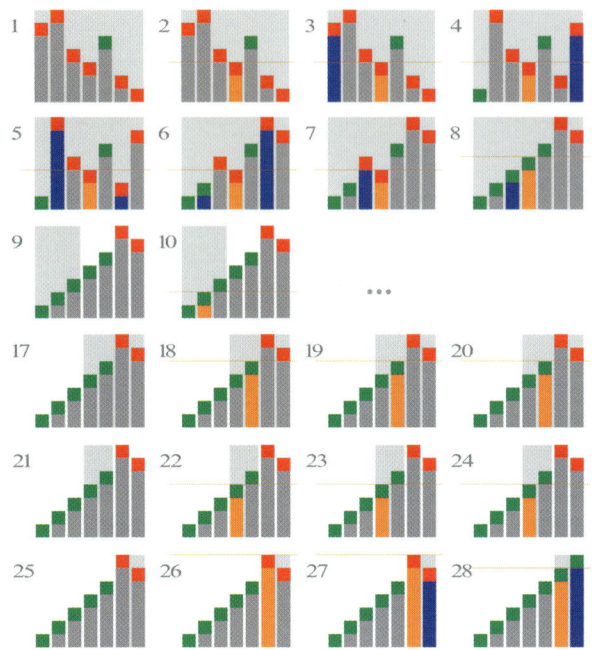

▲ **Algorithme de tri rapide en action**

Puisque l'on est très souvent amené à trier des données informatiques, il a fallu trouver des algorithmes les plus rapides possibles. Hormis l'algorithme de tri par tas, il existe aussi la méthode de tri rapide (**Quicksort**), qui est récursive. Comparée à la méthode de tri par tas, elle est d'autant plus performante que le nombre d'éléments à trier est grand.

Illustrons le procédé à partir d'un exemple comportant 7 nombres non triés (1). L'algorithme prend un nombre au hasard, à peu près au milieu (orange) et partage ainsi l'ensemble de nombres en deux parties (2). Dans le cas idéal, tous les nombres qui sont plus petits que ce nombre « pivot » sont situés à sa gauche et les autres sont à sa droite. Dans l'exemple présenté, on constate que le premier élément de la partie gauche et le dernier élément de la partie droite ne remplissent pas ces conditions (3). Ces éléments sont alors échangés.

Le procédé est répété (5 à 8) jusqu'à ce qu'aucune amélioration ne soit plus possible de cette façon. À présent, on étudie et on classe de la même façon la moitié gauche et la moitié droite (deux nouveaux éléments pivots), jusqu'à ce qu'il n'y ait plus non plus d'amélioration possible, et ainsi de suite. Lorsque l'intervalle ne contient plus que deux éléments, après avoir encore contrôlé et éventuellement échangé, le procédé est terminé (sur l'exemple seulement à l'étape 28).

En moyenne, la méthode nécessite, pour n nombres, $n \log n$ étapes. Dans le pire des cas, on peut cependant avoir besoin de n^2 pas.

➤ C. A. R. Hoare, « Quicksort », *Computer Journal*, vol. 5, 1, 10-15 (1962).
➤ Wikipedia : *http://fr.wikipedia.org/wiki/Tri_rapide*
➤ *http://www.dailly.info/Tri-rapide*

La double hélice de l'ADN

Des milliards de briques le long de deux hélices

L'ADN (acide désoxyribonucléique) est le support de l'hérédité de tous les êtres vivants. On peut se l'imaginer comme de longs fils fins (des chromosomes en forme d'hélice) qui contiennent le plan de construction de l'espèce concernée. L'ADN de l'Homme est constitué d'environ trois milliards de briques alignées, de quatre types différents.

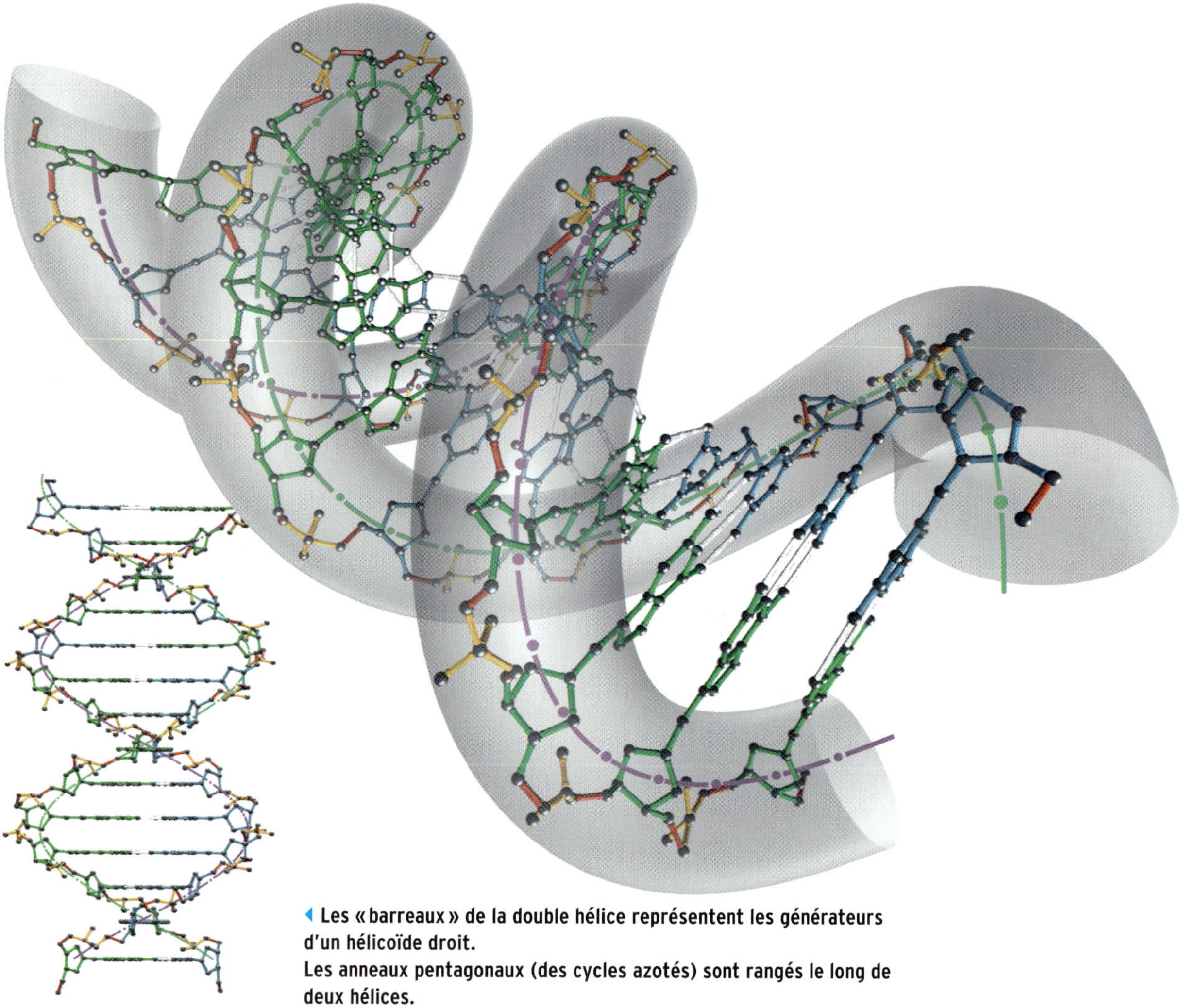

◀ Les « barreaux » de la double hélice représentent les générateurs d'un hélicoïde droit.
Les anneaux pentagonaux (des cycles azotés) sont rangés le long de deux hélices.

> Images de Franz Gruber
> Wikipedia : *http://fr.wikipedia.org/wiki/Acide_désoxyribonucléique*

Chirurgie virtuelle de la mâchoire

Comment planifier l'opération sur ordinateur

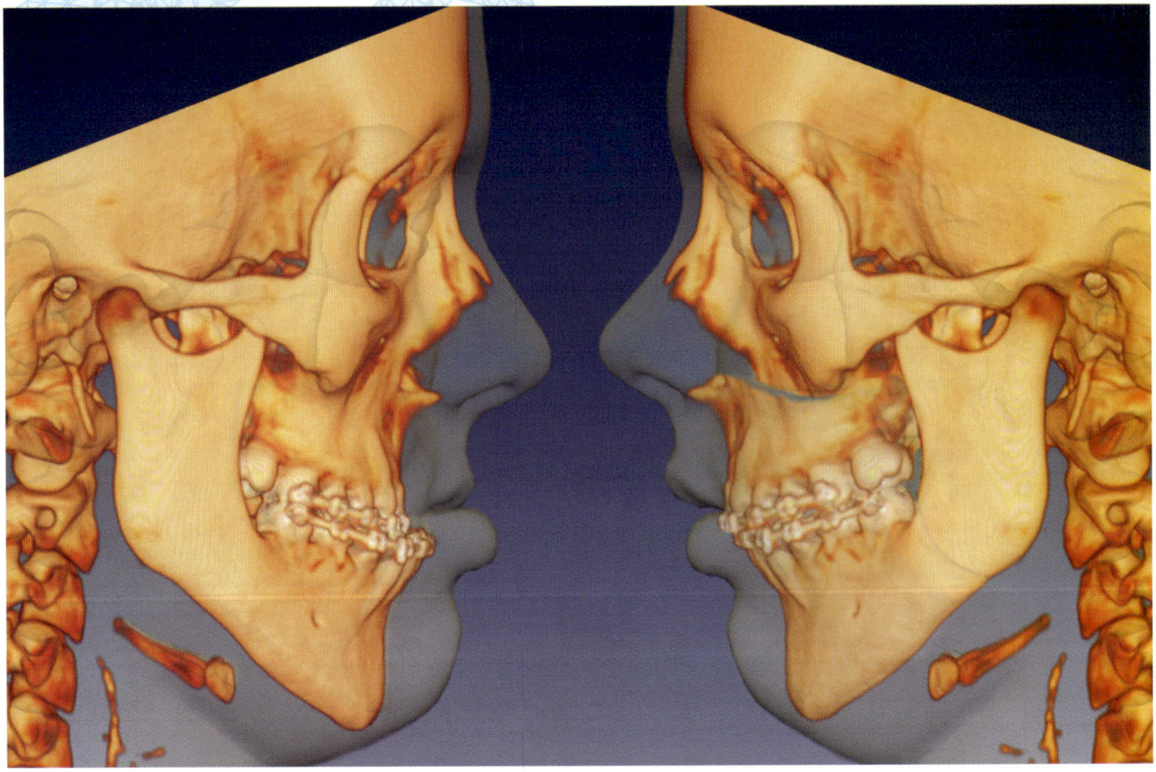

▲ **Correction d'une mauvaise position de la mâchoire (avant-après)**

Des interventions chirurgicales complexes, comme la correction de mauvaises positions de la mâchoire, sont simulées sur ordinateur avant l'opération. Pour cela, on fait intervenir les dernières techniques issues des mathématiques numériques et de la visualisation scientifique. Les médecins et les patients peuvent ainsi observer sur l'écran de l'ordinateur les conséquences de l'intervention, avant même d'opérer.

> Images de Stefan Zachow
> S. Zachow *www.zib.de/visual/projekte.html*
> S. Zachow, *Facelab* in : MathFilm Festival 2008, Springer Verlag, DVD, 2008.
MathFilm Festival 2008 : *www.mathfilm2008.de/2008.003.05*, téléchargeable sur : *http://typo.zib.de/fileadmin/visual/movies/cas/zib-cas-Facelab.mpg*

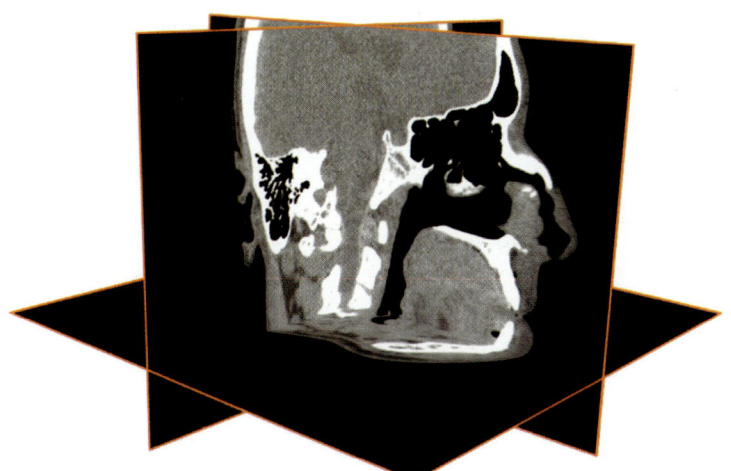

▲ **Analyse d'images tomographiques**

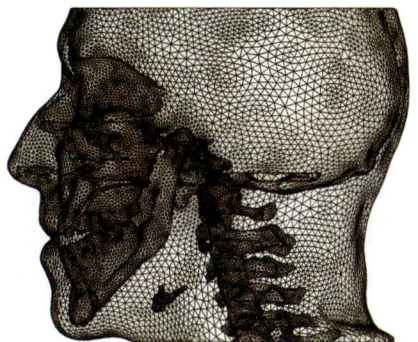

Pour cela, il faut d'abord établir un modèle numérique de l'anatomie individuelle du patient. La reconstitution se fait habituellement sur la base de données tomographiques, c'est-à-dire une série d'images de coupes. On identifie sur ces données les structures anatomiques concernées (par exemple la peau et les os) et l'on représente leur surface par un maillage triangulaire (image en haut à droite). À l'étape suivante, on construit une grille 3D à partir de ces surfaces, qui peut par exemple être constituée de tétraèdres ou de prismes à base triangulaire. À chaque élément de volume sont alors associées des propriétés matérielles spécifiques des tissus. On dispose ainsi d'un « patient virtuel » sur lequel on peut planifier l'opération et simuler numériquement les effets de la thérapie. De cette façon, il est par exemple possible de tester, bien avant l'opération, différentes variantes de l'intervention. On calcule ainsi avant l'intervention chirurgicale la forme que prendront les tissus mous après le déplacement de portions osseuses (grande image de gauche).

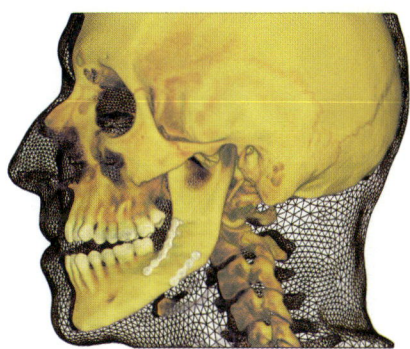

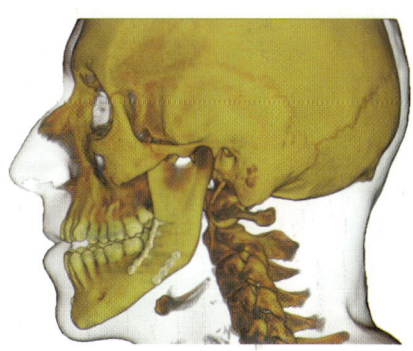

▲ **Reconstitution d'un modèle numérique**

▶ S. Zachow, H.-Chr. Hege, P. Deuflhard, « Computer assisted planning in cranio-maxillofacial surgery », *J. Comp. and Inf. Techn.*, 14(1) 2006.

Radiolaires

dessinés par Ernst Haeckel

Les radiolaires sont des petits êtres vivants qui flottent en très grande quantité à proximité de la surface dans le Pacifique et l'Océan Indien. Leur squelette de silice présente des formes hautement symétriques, qui font penser de façon frappante aux solides réguliers de la géométrie ou aux surfaces discrètes de courbure moyenne constante. Ce n'est pas un hasard, car les squelettes aussi obéissent à de semblables stratégies d'optimisation.

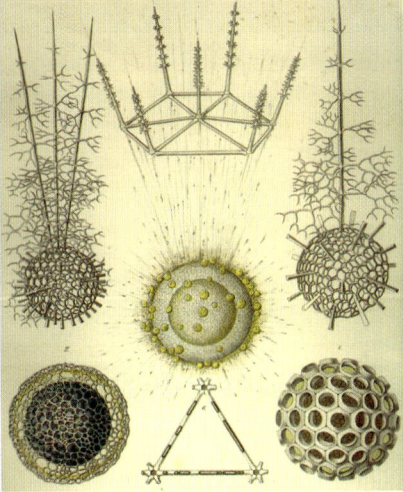

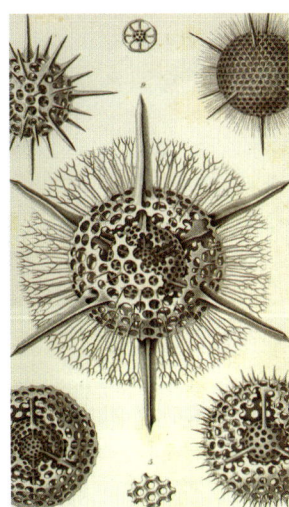

Ernst Haeckel (1834-1919) fut zoologue et philosophe. En dehors de son intérêt pour la théorie de l'évolution, il se consacra à l'étude des radiolaires. Il y mit à profit son talent artistique de dessinateur et réalisa des croquis détaillés de la panoplie de formes qu'il avait lui-même observées. Un extrait est paru dans son album *Kunstformen der Natur* («Formes artistiques de la nature»). Avec ses dessins, Haeckel fut l'un des premiers visualisateurs scientifiques.

> Images de Ernst Haeckel, scannées par Kurt Stüber *www.biolib.de Online-Library*
> E. Haeckel, *Kunstformen der Natur*, Planches 61, 71 et 91, 1904.
> E. Haeckel, *Die Radiolarien*, Planches 11 et 24, 1862.
> *http://www.mnhn.fr/mnhn/geo/radiolaires/index.html*
> Friedrich-Schiller-Universität Jena *www2.uni-jena.de/biologie/ehh/museum/fuehrungen.htm*

Géométrie épipolaire

Reconstitution à partir de plusieurs images

La reconstitution d'objets de l'espace à partir de photographies est une tâche courante. Plus l'on dispose de photographies d'un objet, plus il est possible de faire confiance aux calculs. Si l'on connaît un objet de l'espace d'après deux photos, et si l'on peut trouver dessus au moins sept, ou mieux une à deux douzaines de points correspondants, il est alors possible de recalculer les points de l'objet dans l'espace à trois dimensions à l'aide de l'algèbre linéaire.

La reconstitution est fondée sur un théorème selon lequel la projection des rayons associés en provenance de centres différents engendre des faisceaux homographiques. L'explication

en est donnée par le croquis de droite, où (C_1, π_1) et (C_2, π_2) sont les deux projections. Les deux rayons de projection issus d'un point P sont dans un plan « épipolaire » (coloré en orange), et leurs intersections avec les plans images sont en correspondance projective. Même après la séparation des images, le birapport associé aux faisceaux de rayons est conservé. Le but du calcul est de trouver les centres de ces « rayons épipolaires ».

Hellmuth Stachel a réalisé les deux photos et put ainsi reconstituer avec exactitude le bâtiment *Otto Wagners*.

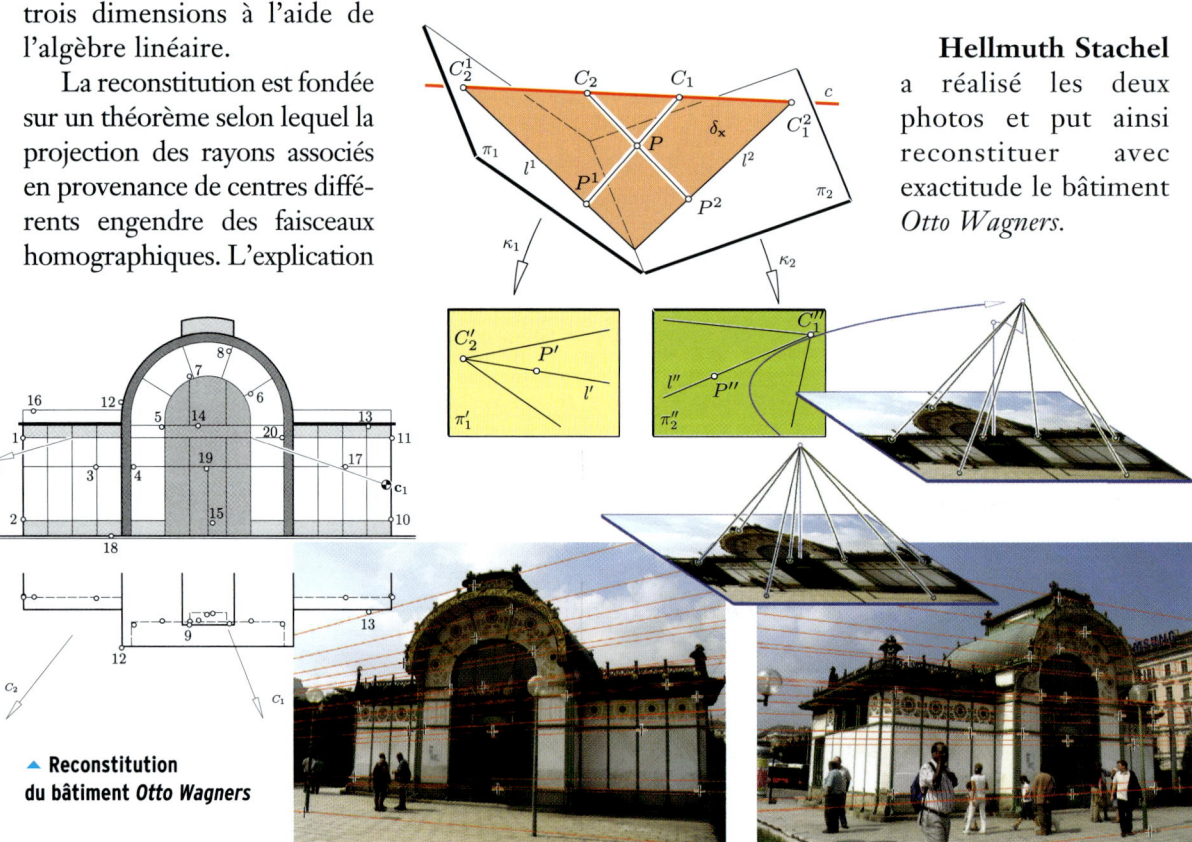

▲ **Reconstitution du bâtiment *Otto Wagners***

➤ Images et photos de Hellmuth Stachel
➤ Détails mathématiques de la reconstitution du bâtiment *Otto Wagners*, par H. Stachel : *www.dmg.tuwien.ac.at/stachel/j10h2stac.pdf*
➤ Wikipedia : *http://fr.wikipedia.org/wiki/Géométrie_épipolaire*
➤ Ian Stewart, « Mais où a été prise la photo ? », *Visions géométriques,* Belin-Pour la Science, 1993.
➤ H. Brauner, « Lineare Abbildungen aus euklidischen Räumen », *Beiträge zur Algebraischen Geometrie*, 21, 5-26 (1986).
➤ E. Kruppa, « Zur achsonometrischen Methode der darstellenden Geometrie », *Sitzungsberichte Abt. II Akad. Wiss. Wien*, math.-nat. Kl. 119 (1910), 487-506.

De la photo à l'objet dans l'espace

Comment reconstituer un objet à partir d'une photo unique ?

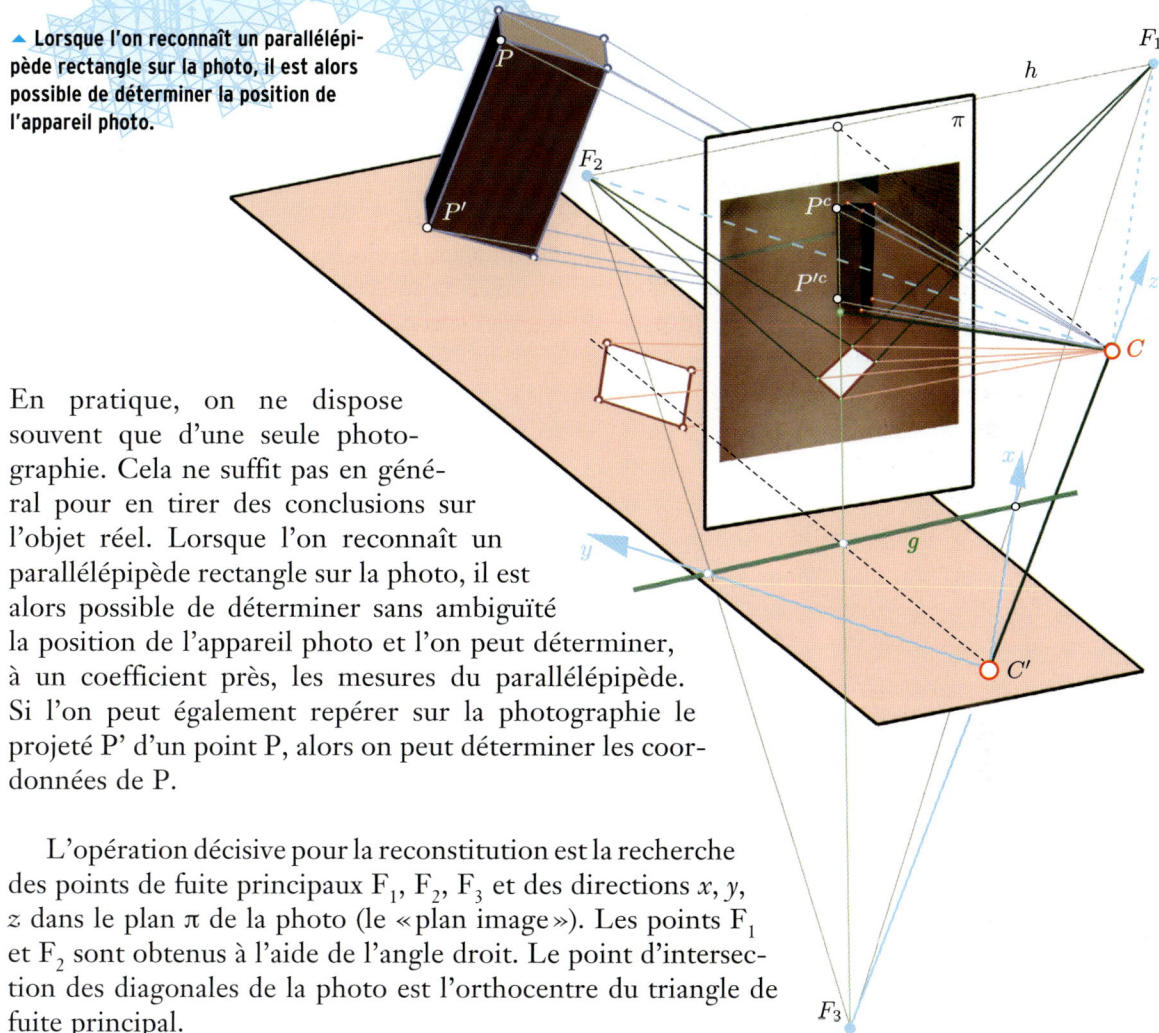

▲ Lorsque l'on reconnaît un parallélépipède rectangle sur la photo, il est alors possible de déterminer la position de l'appareil photo.

En pratique, on ne dispose souvent que d'une seule photographie. Cela ne suffit pas en général pour en tirer des conclusions sur l'objet réel. Lorsque l'on reconnaît un parallélépipède rectangle sur la photo, il est alors possible de déterminer sans ambiguïté la position de l'appareil photo et l'on peut déterminer, à un coefficient près, les mesures du parallélépipède. Si l'on peut également repérer sur la photographie le projeté P' d'un point P, alors on peut déterminer les coordonnées de P.

L'opération décisive pour la reconstitution est la recherche des points de fuite principaux F_1, F_2, F_3 et des directions x, y, z dans le plan π de la photo (le « plan image »). Les points F_1 et F_2 sont obtenus à l'aide de l'angle droit. Le point d'intersection des diagonales de la photo est l'orthocentre du triangle de fuite principal.

La photo est souvent un peu « décalée » lorsque l'on ne travaille pas dans des conditions de studio. Le centre optique C de l'appareil photo et son projeté C' (le « pied » de l'appareil) déterminent à présent la projection. g et h sont respectivement la ligne de terre et l'horizon.

➤ http://fr.wikipedia.org/wiki/Reconstruction_3D_à_partir_d'images
➤ G. Glaeser, *Geometry and its applications in arts, nature and technology*, Springer, 2012.

Réflexions

▲ **Profondeur infinie offerte par le regard dans un cube aux parois réfléchissantes**

Des labyrinthes de miroirs peuvent facilement engendrer des espaces mathématiques infinis, ou encore créer des images complexes par réflexions d'éléments simples. Sur l'image ci-dessus, nous regardons avec un appareil photo l'intérieur d'un cube aux parois réfléchissantes, à travers un coin coupé (voir le croquis de la situation en haut à droite).

Le rayon visuel est indéfiniment réfléchi d'une face à l'autre et donne ainsi l'illusion de profondeur infinie.

❯ Images de Jürgen Richter-Gebert
❯ J.H. Conway, H. Burgiel, C. Goodman-Strass, *The Symmetry of Things*, A K Peters, 2008.

▲ Un triangle unique, placé dans un «coin» formé par trois miroirs engendre un octaèdre

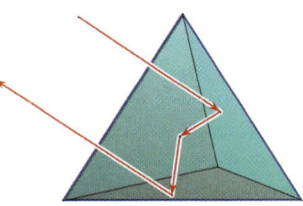

▲ Trajet du rayon dans un coin de miroirs

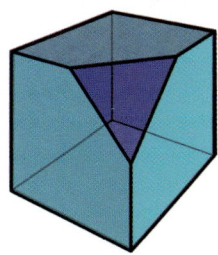

▲ Cube découpé utilisé pour la grande image de gauche

Pour construire de tels «labyrinthes» avec des miroirs, il faut travailler de façon particulièrement soignée. L'angle entre deux miroirs doit être ajusté sans espace et il doit représenter une fraction entière de l'angle total. Les deux images du haut montrent le trajet du rayon dans un coin formé par trois miroirs. Ci-dessous nous observons deux situations qui mènent à des pavages périodiques du plan avec un triangle rectangle et un triangle équilatéral. D'infimes modifications dans la disposition des miroirs annuleraient l'impression d'espace.

Question

Peut-on deviner les angles du triangle de base dans les deux images ci-dessous, à partir de l'observation du pavage périodique obtenu?

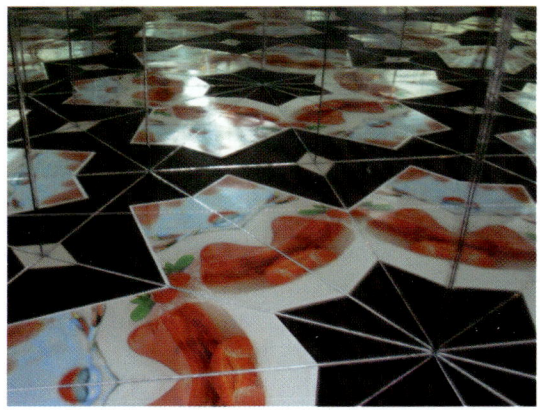

▲ Les deux pavages du plan avec des triangles ont été produits par des miroirs posés verticalement sur le plan.

Index

Crédits des illustrations

Les Éditions Belin remercient Philippe Boulanger pour son aide à l'élaboration de l'ouvrage.

Traduction de l'édition allemande :
Bilder der Mathematik, Georg Glaeser et Konrad Polthier
© Spektrum Akademischer Verlag, Heidelberg 2010
Spektrum Akademischer Verlag fait partie de Springer Science+Business Media
Tous droits réservés

IMPRIM'VERT®

Imprimé en France par I.M.E. – 25110 Baume-les-Dames
N° d'édition : 005695-01 Dépôt légal : juin 2013